PICではじめる
アナログ回路

後閑 哲也 著
技術評論社

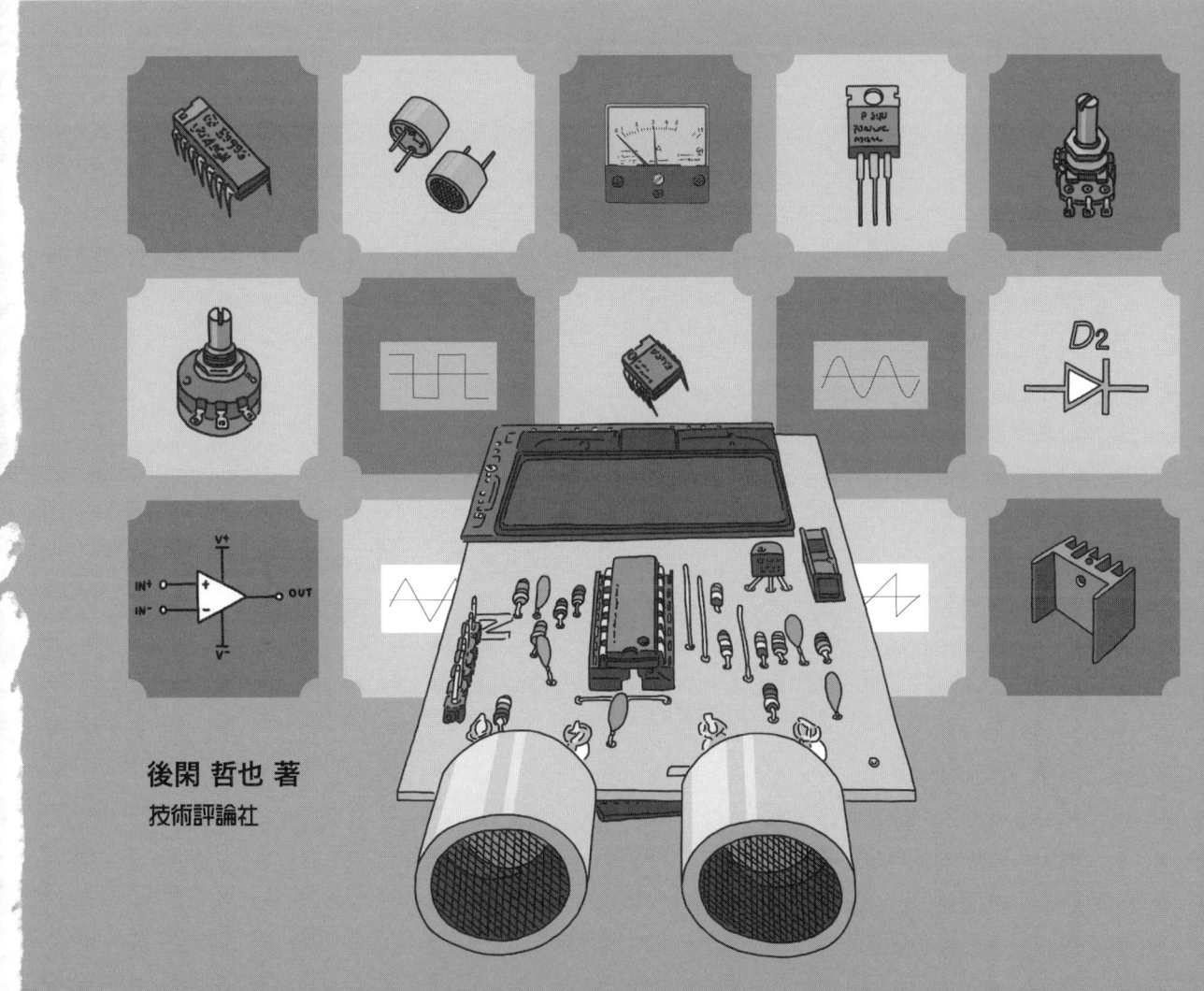

■本書が想定している読者
　本書は、以下の知識をお持ちの方を対象としており、これらの知識についてはすでに理解なさっているものとして説明を進めています。
・PIC マイコンの基礎知識
・電子工作の基礎知識
・C 言語、Java などのプログラミングの基礎知識
・Android アプリケーション開発の基礎知識（Android タブレットを製作物に使う場合）

■ご注意
　本書に記載された内容は、情報の提供のみを目的としています。本書の記載内容については正確な記述に努めて制作をいたしましたが、内容に対して何らかの保証をするものではありません。本書を用いた運用は、必ずお客様自身の責任と判断によって行ってください。これらの情報の運用の結果について、技術評論社および著者はいかなる責任も負いません。
　本書記載の情報については、2014 年 5 月現在のものを掲載しています。それぞれの内容については、ご利用時には変更されている場合もあります。
　以上の注意事項をご承諾いただいた上で、本書をご利用願います。これらの注意事項をお読みいただかずに、お問い合わせいただいても、技術評論社および著者は対処しかねます。あらかじめ、ご承知おきください。

■登録商標
　「PIC」「PICmicro」は、米国およびその他の国で、Microchip Technology Inc. の登録商標です。
　その他、本書に記載されている会社名、製品名などは、米国およびその他の国における登録商標または商標です。なお、本文中には ®、™ マークなどは明記していません。

まえがき

　相変わらず新製品開発の勢いが衰えないマイクロチップ社ですが、最近のPICマイコンで特徴的な動きとして、多種類のアナログモジュールをPICマイコンの周辺モジュールとして実装してきていることがあります。

　「Intelligent Analog」というテーマで特に開発に力が入れられていて、PICマイコンの8ビットから32ビットの全ファミリに対して多種類のアナログモジュールが組み込まれてきています。

　オペアンプやアナログコンパレータなどは、マイコンの外部インターフェースに必要なデバイスを減らしてコストパフォーマンスを改善するという目的で実装されています。しかしこれだけではなく、特に16/32ビットファミリでは、10Mspsや28Mspsという高速のA/Dコンバータや、16ビット分解能の高精度A/Dコンバータ、10/16ビット分解能のD/Aコンバータなど、これまでにない高速、高精度のアナログモジュールが実装されてきていて、新たなアプリケーションの開拓を目的とした挑戦的なものとなっています。

　これらのアナログモジュールを有効活用した設計開発ができれば、アナログ信号を扱う新しいアプリケーションの製品を、より低コストで実現することができます。

　これまでマイコンといえばデジタル設計だけ考えていればよかったのですが、今後はデジタルとアナログ両方の設計ができることが求められています。

　本書は、このようなマイコンに関わるアナログ回路の設計の基礎と、最新のアナログモジュールの使い方について、実際に応用した作品を製作しながら解説していきます。

　読者の方々がアナログ信号をマイコンシステムに取り込む開発を行う際、わずかでも本書がお役に立てれば幸いです。

　末筆になりましたが、本書の編集作業で大変お世話になった技術評論社の藤澤 奈緒美さんに大いに感謝いたします。

2014年5月
後閑 哲也

目次 CONTENTS

第1章 ● デジタル制御システムと入出力インターフェース ... 11

- 1-1 デジタル制御システムの基本構成 ... 12
- 1-2 インターフェースとシグナルコンディショニング ... 13
- 1-3 シグナルコンディショニングの種類 ... 14
- 1-4 シグナルコンディショニングの課題 ... 16

第2章 ● インターフェース用アナログ回路の基礎 ... 17

- 2-1 アナログとデジタル ... 18
  - 2-1-1 デジタル信号の特徴 ... 18
  - 2-1-2 アナログ信号の特徴 ... 20
- 2-2 増幅 ... 21
  - 2-2-1 アナログ信号の単位 デシベル ... 21
  - 2-2-2 増幅 ... 22
- 2-3 アナログとデジタルの変換の基礎 ... 25
  - 2-3-1 A/D変換の原理と課題 ... 25
  - 2-3-2 サンプリングに関わる課題 ... 26
  - 2-3-3 オーバーサンプリング ... 28
  - 2-3-4 デシメーション ... 29
- 2-4 アナログ・デジタル変換（A/D変換） ... 30
  - 2-4-1 A/D変換の方式と特徴 ... 30
  - 2-4-2 逐次変換方式 ... 31
  - 2-4-3 パイプライン型逐次変換方式 ... 31
  - 2-4-4 フラッシュ型変換方式 ... 32
  - 2-4-5 デルタシグマ型変換方式 ... 33

CONTENTS 目次

- **2-5 デジタルアナログ変換（D/A変換）** ·· 35
  - 2-5-1 D/A変換の方式 ·· 35
  - 2-5-2 抵抗ストリング型変換方式 ··· 35
  - 2-5-3 抵抗ラダー型変換方式 ··· 36
  - 2-5-4 パルス幅変調型変換方式 ·· 37
  - 2-5-5 デルタシグマ型変換方式 ·· 37
- **2-6 精度と誤差** ·· 38
  - 2-6-1 精度と誤差 ·· 38
  - 2-6-2 精度と分解能 ··· 38

第3章●オペアンプの使い方 ··· 41

- **3-1 オペアンプの機能と特性表の見方** ··· 42
  - 3-1-1 オペアンプの基本機能 ··· 42
  - 3-1-2 オペアンプによる基本の増幅回路 ··· 43
  - 3-1-3 オペアンプの規格表の見方 ··· 45
- **3-2 オペアンプの基本の回路構成** ··· 53
  - 3-2-1 オペアンプの電源供給方法 ··· 53
  - 3-2-2 バッファアンプ回路 ·· 55
  - 3-2-3 差動増幅回路 ··· 56
  - 3-2-4 オフセットバイアスを加えた回路 ··· 57
  - 3-2-5 インスツルメンテーションアンプ回路 ······································· 58
  - 3-2-6 加算回路 ··· 59
  - 3-2-7 ポジティブフィードバックとコンパレータ回路 ·························· 60
  - 3-2-8 定電流回路 ·· 61
  - 3-2-9 交流増幅回路 ··· 62
- **3-3 直流増幅回路の設計方法** ·· 64
  - 3-3-1 直流増幅回路の設計留意事項 ·· 64
  - 3-3-2 設定用可変抵抗とのインターフェース設計例 ····························· 65
  - 3-3-3 温度センサとのインターフェース設計例 ··································· 65
  - 3-3-4 ホールセンサとのインターフェース設計例 ································ 67
  - 3-3-5 高精度増幅回路の設計 ··· 70

3-4　交流増幅回路の設計方法 72
3-4-1　交流増幅回路の設計留意事項 72
3-4-2　マイク用インターフェース設計例 73
3-4-3　超音波受信センサのインターフェース設計例 75

3-5　フィルタの基本回路 78
3-5-1　フィルタの種類と特性 78
3-5-2　パッシブフィルタの構成と特性 79
3-5-3　アクティブフィルタの構成と特性 80

3-6　ノイズ対策 83
3-6-1　デジタルノイズの発生要因と対策 83
3-6-2　基板上の実装とパターン設計 84

第4章●PICマイコンとアナログモジュール 87

4-1　PICマイコンの概要 88
4-1-1　PICマイコンファミリの概要 88
4-1-2　アナログモジュール内蔵PICマイコン一覧 90

4-2　アナログモジュールの概要 92
4-2-1　オペアンプ 93
4-2-2　コンパレータ 94
4-2-3　定電圧リファレンス 95
4-2-4　低速A/Dコンバータ 96
4-2-5　中速A/Dコンバータ 97
4-2-6　高速A/Dコンバータ 98
4-2-7　高分解能A/Dコンバータ 99
4-2-8　低速D/Aコンバータ 99
4-2-9　高速D/Aコンバータ 100
4-2-10　オーディオ用D/Aコンバータ 101
4-2-11　高精度容量計測モジュール　CTMU 102

CONTENTS 目次

第5章 ●超音波距離計の製作 ... 105

5-1 　超音波距離計の概要 ... 106
- 5-1-1 　距離計測の原理 ... 106
- 5-1-2 　超音波センサの仕様と使い方 ... 107
- 5-1-3 　超音波距離計の全体構成 ... 109
- 5-1-4 　超音波距離計の機能仕様 ... 111

5-2 　周辺モジュールの使い方 ... 112
- 5-2-1 　オペアンプの使い方 ... 112
- 5-2-2 　コンパレータの使い方 ... 114
- 5-2-3 　定電圧リファレンスの使い方 ... 116
- 5-2-4 　8ビットD/Aコンバータの使い方 ... 118
- 5-2-5 　PWMモジュールの使い方 ... 119
- 5-2-6 　COGモジュールの使い方 ... 122

5-3 　超音波距離計のハードウェアの製作 ... 125

5-4 　超音波距離計のファームウェアの製作 ... 130
- 5-4-1 　ファームウェアの構成 ... 130
- 5-4-2 　ファームウェアの詳細 ... 131

5-5 　超音波距離計の調整と使い方 ... 136

第6章 ●バッテリ充放電マネージャの製作 ... 137

6-1 　バッテリ充放電マネージャの概要 ... 138
- 6-1-1 　バッテリ充放電マネージャの全体構成 ... 139
- 6-1-2 　バッテリ充放電マネージャの機能仕様 ... 139
- 6-1-3 　充放電制御ボードの構成 ... 142

6-2 　周辺モジュールの使い方 ... 144
- 6-2-1 　12ビットA/Dコンバータの使い方 ... 144
- 6-2-2 　バッテリ充電制御ICの使い方 ... 149
- 6-2-3 　Bluetoothモジュールの使い方 ... 151

6-3	バッテリ充放電制御ボードのハードウェアの製作	155
6-4	充電制御ボードのファームウェアの製作	161
6-4-1	ファームウェアの構成	161
6-4-2	ファームウェアの詳細	162
6-5	タブレットのアプリケーションの製作	169
6-5-1	全体構成と機能	169
6-5-2	Eclipseプロジェクトの作成	171
6-5-3	Bluetoothライブラリの使い方	173
6-5-4	マニフェストファイルとBluetoothの使用許可	174
6-5-5	アプリ本体部の構成とアプリの状態遷移	175
6-5-6	アプリケーション本体部の詳細	177
6-6	充放電マネージャの使い方	187
6-6-1	単体動作の手順	187
6-6-2	タブレットとの接続	188
6-6-3	実際のグラフ表示例	188
コラムA	タブレットにアプリをダウンロードする方法	190

第7章 ● ワイヤレスオシロスコープの製作 … 195

7-1	ワイヤレスオシロスコープの概要	196
7-1-1	ワイヤレスオシロスコープの全体構成	196
7-1-2	ワイヤレスオシロスコープの機能仕様	197
7-1-3	無線通信フォーマット	199
7-2	周辺モジュールの使い方	200
7-2-1	PIC24F GCファミリの特徴	200
7-2-2	10Mspsの高速A/Dコンバータの使い方	203
7-2-3	DMAモジュールの使い方	209
7-3	オシロスコープボードのハードウェアの製作	214
7-3-1	オシロスコープボードの構成	214
7-3-2	回路図と製作	216

7-4 オシロスコープボードのファームウェアの製作 ······ 222
- 7-4-1 ファームウェアの構成 ······ 222
- 7-4-2 ファームウェアの詳細 ······ 223

7-5 タブレットのアプリケーションの製作 ······ 232
- 7-5-1 アプリケーションの構成と画面構成 ······ 232
- 7-5-2 マニフェストファイル ······ 233
- 7-5-3 アプリケーション本体プログラムの詳細 ······ 234

7-6 ワイアレスオシロスコープの使い方 ······ 245
- 7-6-1 単体テスト ······ 245
- 7-6-2 タブレットとの接続 ······ 245

第8章 ● デジタルマルチメータの製作 ······ 251

8-1 デジタルマルチメータの概要 ······ 252
- 8-1-1 デジタルマルチメータの機能仕様 ······ 252
- 8-1-2 デジタルマルチメータの構成 ······ 253

8-2 周辺モジュールの使い方 ······ 255
- 8-2-1 高分解能A/Dコンバータの使い方 ······ 255
- 8-2-2 CTMUモジュールの使い方 ······ 260
- 8-2-3 LCDモジュールの使い方 ······ 264

8-3 ハードウェアの製作 ······ 274

8-4 デジタルマルチメータのファームウェアの製作 ······ 279
- 8-4-1 ファームウェアの構成とフロー ······ 279
- 8-4-2 ファームウェアの詳細 ······ 280

8-5 デジタルマルチメータの使い方 ······ 290

第9章 ● ファンクションジェネレータの製作 ······ 291

9-1 ファンクションジェネレータの概要 ······ 292
- 9-1-1 ファンクションジェネレータの機能仕様 ······ 293
- 9-1-2 ファンクションジェネレータの構成 ······ 293

9-2　周辺モジュールの使い方 ... 295
9-2-1　高速D/Aコンバータの使い方 ... 295

9-3　ハードウェアの製作 ... 299

9-4　ファンクションジェネレータのファームウェアの製作 ... 304
9-4-1　ファームウェアの構成とフロー ... 304
9-4-2　ファームウェアの詳細 ... 305

9-5　ファンクションジェネレータの使い方 ... 313

第10章　WAVプレーヤの製作 ... 315

10-1　WAVプレーヤの概要 ... 316
10-1-1　WAVプレーヤの機能仕様 ... 317
10-1-2　WAVプレーヤの構成 ... 317

10-2　周辺モジュールの使い方 ... 319
10-2-1　オーディオD/Aコンバータの使い方 ... 319
10-2-2　SDカードの使い方 ... 323

10-3　ハードウェアの製作 ... 326

10-4　WAVプレーヤのファームウェアの製作 ... 331
10-4-1　ファームウェアの構成とフロー ... 331
10-4-2　ファイルシステムの使い方 ... 333
10-4-3　WAVファイルのフォーマット ... 338
10-4-4　ファームウェアの詳細 ... 339

10-5　WAVプレーヤの使い方 ... 346

参考文献 ... 347

索引 ... 348

Peripheral Interface Controller

第1章
デジタル制御システムと入出力インターフェース

現在の制御システムにおけるマイクロコントローラの位置づけと、その入出力インターフェースで必須とされるシグナルコンディショニングの役割について概説します。マイクロコントローラはマイクロコンピュータと呼ばれることもありますが、本書ではまとめてマイコンとします。

1-1 デジタル制御システムの基本構成

現在の一般的なデジタル制御システムは、図1-1-1のような構成となっていて、通常は何らかのフィードバック制御を行っています。

●図1-1-1 デジタル制御システムの基本構成

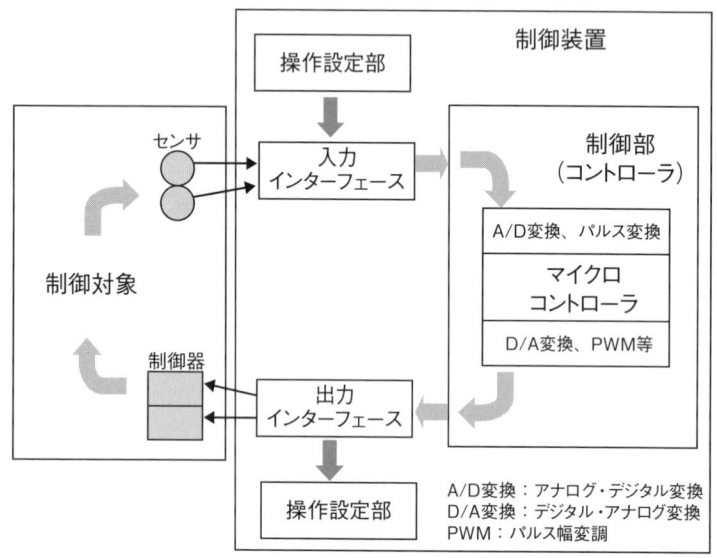

まず、実際に制御を行う**制御対象**があります。例えばエアコンであれば室内の温度や湿度などの環境が制御対象となりますし、ロボットなどであれば、姿勢や方向、モータの速度など多くの制御対象が複雑に絡み合います。

これらの制御対象に変化を与えるものとして**制御器**（**アクチュエータ**ともいわれる）があります。例えばヒータやモータなど実際に制御対象の物理量を変化させる能動的なものです。

さらに制御をするためには制御対象の現在状態を計測する必要があります。このために使われるのが**センサ**で、温度センサや湿度センサ、位置や角度を計測するためのセンサなど、対象の物理量に合わせて非常に多くの種類のセンサが存在します。

さらに制御内容を表示したり、目標値を設定したりするために必要な**操作設定部**が付属しているのが一般的です。これらにも入力と出力があり、スイッチなどのオンオフ入力や、発光ダイオードなどのオンオフ出力などのデジタル信号の他に、連続的に値を設定したり回転速度を連続的に変化させたりするために可変抵抗などのアナログ信号による入力や出力が使われます。

制御装置では、これらのセンサからの計測情報や操作部からの設定情報を入力インターフェース部で適切な物理量に変換し、**制御部（コントローラ）**に入力します。制御部では現在状態と目標となる値との差に基づいて制御量を求め、出力インターフェース部を介して制御器を動作させ、制御対象に変化を加えます。この計測と制御のループを繰り返すことで制御対象を一定の制御状態に保つという**フィードバック制御**が行われることになります。このループのことを**フィードバックループ**と呼んでいます。

最近の制御装置では制御部にマイコンが使われるのが一般的となり、デジタル演算で制御が行われることから**デジタル制御システム**と呼ばれています。

1-2 インターフェースとシグナルコンディショニング

デジタル制御システムの場合には、計測センサなどの入力を、入力インターフェース部でマイコンが扱いやすい信号に変換したあと、制御部で**アナログ・デジタル変換（A/D変換）**や**パルス幅変換**でデジタル数値に変換します。

最近のマイコンはこれらのA/D変換などの機能を内蔵しているものが大部分となっています。マイコンでは、入力したデータに基づいてプログラムによる制御演算を実行した結果を出力します。

出力もデジタル信号の場合とアナログ信号の場合があります。アナログ出力の場合には、**デジタル・アナログ変換（D/A変換）**などでデジタル信号からアナログ信号に変換して出力することになります。さらに出力インターフェース部で電流や電圧などを制御器に合うような信号に変換して制御器を制御しています。

このため、センサはマイクロコントローラが扱いやすい電気信号として出力するのが一般的となりましたし、制御器も電気信号で動作するものが一般的となっています。したがって、入力インターフェース部や出力インターフェース部は、マイクロコントローラが扱いやすいようにするための電気信号の変換機能が主な機能となりました。これを**シグナルコンディショニング**と呼んでいます。このシグナルコンディショニングにはアナログ回路が多用されています。

本書はこのシグナルコンディショニングを行うための回路の設計方法について具体的な例で詳しく解説していきます。特にアナログ回路の設計方法について重点的に解説していきます。

1-3 シグナルコンディショニングの種類　ANALOG

　入力、出力インターフェース部で必要となるシグナルコンディショニングには、扱う信号により異なる機能が必要とされます。
　デジタル制御システムで扱う信号の主なものごとに必要な変換、つまりコンディショニング方法を考えてみます。
　代表的な信号ごとに大別すると、入力インターフェースでは表1-2-1、出力インターフェースでは表1-2-2のようになります。

▼表1-2-1　入力信号の種別と必要な変換方法

信号種類		入力形態	変換方法
アナログ	電圧または電流	計測値に比例した電圧または電流	抵抗で分圧、またはオペアンプなどにより増幅して適当な電圧とする。入力源によっては、差動増幅が必要な場合もある
		計測値に相関のある電圧または電流	オペアンプにより変換と増幅を行い適当な電圧とする 対数変換したりリニアライズ（線形化）したりすることもある
	抵抗値	計測値に比例した抵抗値	オペアンプにより抵抗電圧変換を行い電圧とする リニアライズが必要な場合もある
		抵抗ブリッジによる抵抗変化	オペアンプによる定電流回路と差動増幅で電圧にする
	交流信号	低周波から高周波までの交流信号	オペアンプにより増幅し適当な電圧とする 整流、フィルタなどが必要な場合もある
	音声信号	微小な電圧	
デジタル	オンオフ	電圧のHigh、Low	通常はそのままだが、抵抗分圧したり増幅してレベル合わせをしたりすることもある マイコン内でデジタル値に変換する
	パルス列、幅	計測値に比例したパルス幅または周波数	
	シリアル出力	シリアルデータ出力	

▼表1-2-2　出力信号の種別と必要な変換方法

信号種類		出力形態	変換方法
アナログ	電圧または電流	電圧、電流	高電圧、高電流の場合にはオペアンプやトランジスタでレベル合わせをする
		定電流	定電流回路により制御することもある
	交流信号	低周波から高周波までの交流信号	オペアンプにより増幅し適当な電圧とするフィルタが必要な場合もある
	音声信号	スピーカやヘッドフォンの駆動	アンプにより増幅
デジタル	オンオフ	接点のオンオフや電圧レベルのHigh、Low	接点の場合はリレー 高速、大電流の場合にはトランジスタが使われることもある
	パルス列、幅	制御量に比例したパルス幅（PWM）	モータ駆動などの場合はトランジスタで増幅
	シリアル出力	シリアルデータ出力	シリアル通信で出力 レベル変換することもある

　表のように、入力の場合も出力の場合も、デジタル信号の扱いは比較的容易です。信号のレベル合わせだけすれば、直接マイコンに接続することが可能で、シリアルインターフェースを含めて制御部のマイコンに内蔵されている機能で大部分が実現できます。

　しかし、アナログ信号を扱うためには、信号の変換と増幅という機能が必ずといってよいほど必要となります。マイコン内蔵の機能だけで実現できることもありますが、それだけではできないことも多く、マイコンのインターフェースにはアナログ回路が頻繁に使われることになります。

　したがって、マイコンを使う際には、デジタル回路だけでなく、アナログ回路も設計できることが必須となってきています。

1-4 シグナルコンディショニングの課題 ANALOG

　マイコンの入出力インターフェースのシグナルコンディショニングを設計する際に検討すべき課題は、次のような項目になります。

❶ 信号変換
　マイコンが扱える信号は一般的に数ボルトという電圧です。デジタル信号の場合も、アナログ信号の場合も同じレベルとなります。したがって入力の場合には、外部の信号を電圧に変換し、さらに電圧レベルを合わせる必要があります。出力の場合にも電圧から実際の制御量への変換が必要です。
　この変換の方法を考えることがシグナルコンディショニングの基本の設計となります。

❷ 変換精度と環境変化への対応
　電圧や制御量に変換する際に、誤差の大きさが、そのまま制御性能を左右します。したがって、変換精度を十分考慮した設計をする必要があります。変換精度は高いにこしたことはないのですが、それほど高精度を必要としない場合もありますし、マイコンそのものにも扱える精度に限界がありますから、必要以上に高精度とすることは、コストアップになるだけで無意味なものとなってしまいます。この精度とコストのトレードオフが設計時のポイントとなります。
　精度を検討する際に避けて通れないものに環境変化による影響があります。つまり電子部品はすべて温度や湿度により少なからず特性が変化します。動作電圧によっても変化します。したがって、これらの環境変化も考慮したうえで精度を確保するようにする必要があります。

❸ ノイズ
　特にアナログ回路を構成する場合には、外部から影響を受けるノイズの大きさも制御性能に影響を与えます。回路設計だけでなく、実装方法や周囲の環境の影響への配慮などが必要になることもあります。

❹ 経年変化
　アナログ回路には時間とともに特性が変化あるいは劣化するという経年変化が必ずあります。劣化が少ない、あるいは影響の少ない回路設計をすることも重要な要素です。

　以降では、これらの課題を解決する方法を具体的な例で説明していきます。

Peripheral Interface Controller

第2章
インターフェース用アナログ回路の基礎

マイコンの入出力インターフェースのシグナルコンディショニングに必要とされるアナログ回路について、基礎的な項目を説明します。

2-1 アナログとデジタル

マイコンの入出力インターフェースで必要とされるシグナルコンディショニングには、デジタル信号もアナログ信号もいずれも含まれています。それぞれの特徴を説明します。

2-1-1 デジタル信号の特徴

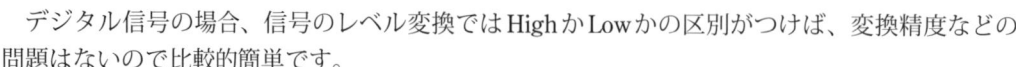

デジタル信号の場合、信号のレベル変換ではHighかLowかの区別がつけば、変換精度などの問題はないので比較的簡単です。

実際のデジタル信号のインターフェース条件を、PICマイコンの例で見てみましょう。代表的な8ビットのPICマイコンの入出力ピンの電気的条件はデータシートにより表2-1-1のように規定されています。

最初が**入力の電圧条件**でLowの場合とHighの場合の最大、最小のスレッショルド[†1]電圧が規定されています。

ここで注意が必要なのは、電源電圧によりスレッショルド電圧条件が異なることと、単純なTTLインターフェースの場合とシュミットトリガバッファやI²Cインターフェースの場合でスレッショルド電圧が異なるということです。特に**シュミットトリガバッファ**のピンは、信号にノイズが多い場合や、非常に立ち上がり、立ち下がりが遅い場合でも安定にLow、Highとなるようにするために用意されているピンで、LowとHighのスレッショルド電圧差を大きくすることで、わずかなノイズや信号変化ではHigh、Lowが反転しないようになっています。

入力漏れ電流の欄には、入力ピンとした場合に流れ込む最大電流が規定されています。外部に接続するデバイスが最低限供給しなければならない電流容量となりますし、プルアップ抵抗に常時流れる電流ともなります。

次の欄には**出力の電圧条件**が規定されています。Lowの場合でも完全に0Vになるわけではなく、最大で0.6Vの電圧となることがあるということを示しています。同様に、Highの場合にも最小で電源電圧より0.7V低い電圧となることがあることを示しています。

最後の欄が出力ピンの場合に接続可能な**最大負荷容量**を示していて、これ以上の容量がある場合立ち上がり、立ち下がりの速度条件が満足されないことを示しています。

[†1] **スレッショルド** LowかHighかを識別するしきい値のこと。

2-1 アナログとデジタル

▼表2-1-1　デジタルインターフェースの規格（PIC16(L)F1934/6/7-I/Eの例）

		DC CHARACTERISTICS				Standard Operating Conditions (unless otherwise stated) Operating temperature $-40℃ \leq T_A \leq +85℃$ for industrial $-40℃ \leq T_A \leq +125℃$ for extended	
Param No.	Sym.	Characteristic	Min.	Typ	Max.	Units	Conditions
	V_{IL}	**Input Low Voltage**					
		I/O PORT:					
D032		with TTL buffer	—	—	0.8	V	$4.5V \leq V_{DD} \leq 5.5V$
0032A			—	—	$0.15 V_{DD}$	V	$1.8V \leq V_{DD} \leq 4.5V$
D033		with Schmitt Trigger buffer	—	—	$0.2 V_{DD}$	V	$2.0V \leq V_{DD} \leq 5.5V$
		with I²C levels			$0.3 V_{DD}$	V	
		with SMBus levels	—	—	0.8	V	$2.7V \leq V_{DD} \leq 5.5V$
D034		MCLR, OSC1 (RC mode)	—	—	$0.2 V_{DD}$	V	
0034A		OSC1 (HS mode)	—	—	$0.3 V_{DD}$	V	
	V_{IH}	**Input High Voltage**					
		I/O ports:					
D040		with TTL buffer	2.0	—	—	V	$4.5V \leq V_{DD} \leq 5.5V$
D040A			$0.25 V_{DD}+0.8$	—	—	V	$1.8V \leq V_{DD} \leq 4.5V$
D041		with Schmitt Trigger buffer	$0.8 V_{DD}$	—	—	V	$2.0V \leq V_{DD} \leq 5.5V$
		with I²C levels	$0.7 V_{DD}$	—	—	V	
		with SMBus levels	2.1	—	—	V	$2.7V \leq V_{DD} \leq 5.5V$
D042		MCLR	$0.8 V_{DD}$	—	—	V	
D043A		OSC1 (HS mode)	$0.7 V_{DD}$	—	—	V	
D043B		OSC1 (RC mode)	$0.9 V_{DD}$	—	—	V	$V_{DD} > 2.0V$
	I_{IL}	**Input Leakage Current**					
D060		I/O ports	—	±5	±125	nA	$V_{SS} \leq V_{PIN} \leq V_{DD}$, Pin at high-impedance @ 85℃
				±5	±1000	nA	125℃
D061		MCLR	—	±50	±200	nA	$V_{SS} \leq V_{PIN} \leq V_{DD}$ @ 85℃
	I_{PUR}	**Weak Pull-up Current**					
D070			25 25	100 140	200 300	μA	$V_{DD} = 3.3V, V_{PIN} = V_{SS}$ $V_{DD} = 5.0V, V_{PIN} = V_{SS}$
	V_{OL}	**Output Low Voltage**					
D080		I/O ports	—	—	0.6	V	$I_{OL} = 8mA, V_{DD} = 5V$ $I_{OL} = 6mA, V_{DD} = 3.3V$ $I_{OL} = 1.8mA, V_{DD} = 1.8V$
	V_{OH}	**Output High Voltage**					
D090		I/O ports	$V_{DD} - 0.7$	—	—	V	$I_{OH} = 3.5mA, V_{DD} = 5V$ $I_{OH} = 3mA, V_{DD} = 3.3V$ $I_{OH} = 1mA, V_{DD} = 1.8V$
		Capacitive Loading Specs on Output Pins					
D101	C_{OSC2}	OSC2 pin	—	—	15	pF	In XT, HS and LP modes when external clock is used to drive OSC1
D101A	C_{IO}	All I/O pins	—	—	50	pF	

注記（図中の吹き出し）：
- 入力のLowの電気的条件　ピンのタイプにより条件が異なる
- 入力のHighの電気的条件　ピンのタイプにより条件が異なる
- 入力ピンに流れ込む漏れ電流の条件
- 出力のLowの電気的条件
- 出力のHighの電気的条件
- 出力負荷の最大容量の条件

2-1-2 アナログ信号の特徴

デジタル信号に対しアナログ信号の場合には、アナログ信号のままではマイコンは処理できないので、何らかの方法でデジタル信号に変換する必要があります。この信号の変換方法そのものにも多くの種類があって、その方法の選択自身も課題となりますし、変換の際にも次のような多くの課題があります。

❶信号の増幅
電圧、電流、電力いずれを増幅するかにより増幅回路が異なりますし、どれほど増幅が必要かなどの条件を検討する必要があります。

❷変換方法
・アナログからオンオフ2値への変換方法
・アナログからデジタル数値への変換方法（A/D変換）
・デジタルからアナログへの変換方法（D/A変換）

❸精度と誤差
増幅あるいは変換する際の精度とそれに伴う誤差について、必要十分な条件を検討することが必要となります。

❹経年変化、ドリフト
部品の経年による特性変化や、温度などによる変化により特性が変化します。この変化に対しても許容範囲の精度などの特性を維持する必要があります。

❺ノイズ
外来ノイズにより信号が乱れますが、フィルタなどによる抑制と誤差対策を検討する必要があります。

以下では、これらのアナログ信号のシグナルコンディショニング方法の種類と課題への対策について説明します。

2-2 増幅

アナログ信号のインターフェースでは、信号の増幅が必要な場合が多くあります。
増幅には、電圧、電流、電力のそれぞれに対応させた回路が必要です。回路の説明に入る前に、増幅の基本について説明します。

2-2-1 アナログ信号の単位　デシベル

アナログ信号は電圧や電力などの種類がありますが、いずれも小さい信号と大きい信号の差が10万倍以上になり、桁数が大きくなって表現しにくいので、対数表現の**デシベル**と呼ばれる単位を使います。

このデシベルは基準となる信号の何倍かを表していて、もともと電力の比を表していたもので次のようになります。

$$dB = 10\log \frac{P_X}{P_0} \qquad P_X：比測定電力 \quad P_0：基準電力$$

これを電圧の比で表す場合には次の式となります。電圧の2乗が電力に比例することから10が20になっています。

$$dB = 20\log \frac{V_X}{V_0} \qquad V_X：比測定電力 \quad V_0：基準電力$$

このようにデシベルはもともと比を示すだけなのですが、V_0 に基準電圧を指定すれば絶対値を示すことになります。これには次のようなものがあります。

❶dBm
600Ω負荷で1mWのときを基準とした電力の比の表現で、このとき負荷の両端の電圧は0.775V_{RMS}になります。

❷dBv
0.775V_{RMS}を基準として電圧比を表し、負荷のインピーダンスには無関係となっています。主に業務用オーディオ機器の信号レベルを表すのに使われます。

❸dBV または dBs
1V_{RMS}を基準とした電圧の比を表し、インピーダンスには無関係となっています。主に家庭用オーディオ機器に使われます。

よく使われるのが**dBV**で、$1V_{RMS}$を基準としたものとなっています。これを式で示すと、$1V_{RMS}$が基準なので次のように表せます。実際の使い方ではdBVを略してdBとだけの表記としていることもあるため、多少紛らわしくなっています。

$$dBV = 20\log V_x$$

マイコンのシグナルコンディショニングでよく使う増幅では電圧増幅の場合が多いためdBVが多く使われます。デシベルと実際の電圧値を表で示すと、表2-2-1のようになります。

▼表2-2-1　デシベルの値と電圧値

倍率	電力 dBm	電圧 dBV	dBV電圧値	
			RMS値	ピーク値
1/1,000倍	−30	−60	1.00mV	±1.41mV
1/100倍	−20	−40	10.0mV	±14.1mV
1/31.6倍	−15	−30	31.6mV	±44.7mV
1/10倍	−10	−20	0.100V	±0.141V
1/3.16倍	−5	−10	0.316V	±0.447V
1/2倍	−3	−6	0.500V	±0.707V
$1/\sqrt{2}$倍	−1.5	−3	0.707V	±1.000V
1倍	0	0	1.000V	±1.414V
$\sqrt{2}$倍	1.5	3	1.414V	±2.000V
2倍	3	6	2.000V	±2.828V
3.16倍	5	10	3.162V	±4.471V
10倍	10	20	10.00V	±14.14V
31.6倍	15	30	31.62V	±44.71V
100倍	20	40	100.0V	±141.4V
1,000倍	30	60	1.00kV	±1.41kV

2-2-2　増幅

増幅とは、何らかの能動素子を使って入力信号より大きなエネルギーを持つ出力信号を生成することをいいます。

本書で扱う増幅は基本的に電子回路によるものを扱います。この場合対象となるのは**電圧増幅**と**電力増幅**で、電流増幅は通常電力増幅に含められるか、電圧に変換してからの場合は電圧増幅と同じ扱いとなります。

能動素子としては**トランジスタ**が最も基本的なものとなりますが、素子そのものの温度特性や経年変化が大きいため、精度が必要なマイコンの入力用シグナルコンディショニングでは最近はほとんど使われていません。

単純なオンオフ制御出力の電力増幅用としては、**MOSFET**が多用されています。

トランジスタに代わって使われている増幅用能動素子が**オペアンプ**で、高精度の増幅が可能で経年変化も少なくできるため、入力用シグナルコンディショニングとして多くの用途で使われています。

■増幅率・減衰率

この増幅の度合いを表すのが**増幅率**で、基本は何倍という倍率なのですが、多くの場合デシベルで表現します。これは、例えば図2-2-1（a）のように大きな増幅率とするため多段の直流増幅回路を構成した場合、合計の倍率は各段の倍率を乗算して6,000倍となりますが、デシベルで表現すると合計のデシベル増幅率を加算で表すことができて簡単になるためです。これは電圧増幅だけでなく、電力増幅についても同じように加算で表現できます。

●図2-2-1　多段の増幅回路

（a）多段増幅回路の増幅率

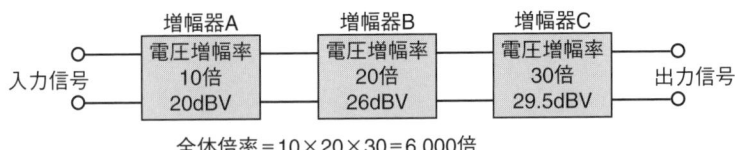

（b）減衰器を含む回路の増幅率

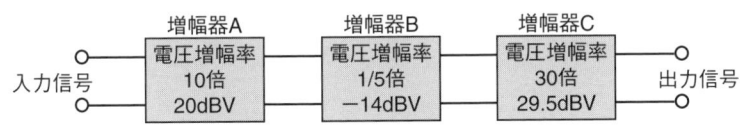

増幅は常に1倍より大きいとは限らず、小さくなることもあります。例えばフィルタ回路などは、一部の周波数範囲だけを通過あるいは抑制する働きを持っていますが、この回路を通過すると全体のレベルも小さくなることがあります。このように1倍より小さな増幅率の回路の場合、**減衰器**、**減衰回路**と呼んでいて、その減衰率もやはりデシベルで表現します。

図2-2-1（b）のように1/5の倍率を持った減衰器が間に入った多段増幅回路の合計の増幅率は倍率では各段を乗算して60倍に、デシベルでは加算して35.5dBVということになります。

●交流信号の場合

このようにシグナルコンディショニングで扱う信号が直流の場合は単純に倍率として考えてもよいのですが、交流信号の場合には、周波数によって倍率が異なるという別の要素が加わります。

回路構成にもよりますが、オペアンプで交流増幅回路を構成した場合、図2-2-2のように周波数によって増幅率が異なるようになります。このような図を**周波数特性**（略して「**f特**」と呼ばれています）といいます。

中ほどのフラットなレベルから電力が1/2になる3dBmダウンした位置の周波数を、高域、低域それぞれ**高域遮断周波数**、**低域遮断周波数**と呼んでいます。さらに、この両遮断周波数の範囲を**帯域幅**と呼んでいます。

●図2-2-2　オペアンプ回路の周波数特性

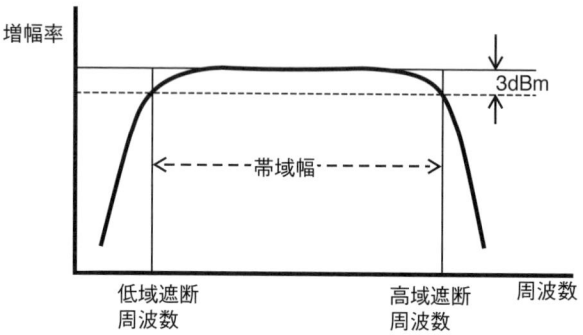

2-3 アナログとデジタルの変換の基礎

入力シグナルコンディショニングでオペアンプなどを使って入力信号を適当な電圧に増幅したあと、アナログ量からデジタル数値に変換します。この変換は、**アナログ・デジタル変換(A/D変換)** と呼ばれます。

アナログ信号とデジタル信号の相互の変換には、連続量と離散値との変換に関わるいくつかの課題があります。ここではそれを改良するために工夫された方法について説明します。

2-3-1 A/D変換の原理と課題

A/D変換でアナログ量をデジタル量に変換する原理は図2-3-1のようになります。まずアナログ信号は連続的に変化する信号です。この値を一定間隔で刻み、この間にある値はすべて刻んだ値とするのがデジタル数値となります。つまり、例えば時刻T_{n+1}ではアナログ値は約7.9で7と8の刻みの間にありますが、これを7として扱うのがデジタル値となります。つまりとびとびの離散した値となります(なお、アナログ値の測定を**標本化**(**サンプリング**)、一定の刻みで離散した値にすることを**量子化**といいます)。

●図2-3-1 アナログ・デジタル変換の原理

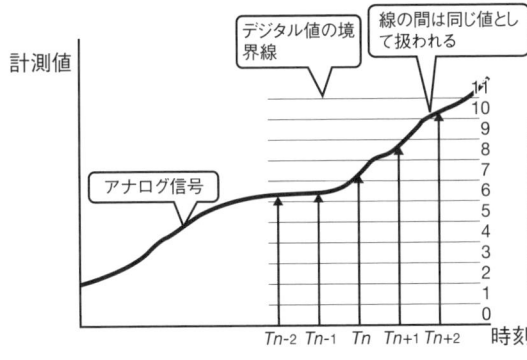

時刻	アナログ値	デジタル値
T_{n-2}	5.3	5
T_{n-1}	5.3	5
T_n	6.4	6
T_{n+1}	7.9	7
T_{n+2}	9.3	9

●分解能

こうすると何が課題かというとまず刻みの数です。刻みの数が多いほど細かく計測値を分けられるので刻みの細かさが課題となります。これが**分解能**と呼ばれるもので、10ビット分解能というと、この刻みが1,024個(2の10乗)に分割されますし、12ビット分解能の場合は4,096個(2の12乗)に分割されます。つまりA/D変換の分解能のビット数が大きいほど細かい計測値が扱えることになります。

どこまで分解能を上げたとしても、刻み1つ分の間は同じデジタル値で表されてしまうので、元のアナログ量とは誤差が生じることになります。これを**量子化誤差**と呼んでいます。量子化誤差の平均値は最小分解能の1/2の大きさとなります。

●変換速度

もうひとつの課題は**変換速度**です。アナログ量は基本的に連続ですが、A/Dコンバータは変換に時間を要するため一定間隔でしか変換ができません。この一定間隔の時間を**サンプリング時間**と呼びTで表すとすると、図2-3-1のようにn番目のサンプリングの次はT時間後のT_{n+1}のときということになります。つまりこのサンプリングの間で起きるアナログ量の変化はわからないことになります。サンプリング時間が短いほど間隔を狭くできるので、高速に変化するアナログ量を正確に変換できることになります。

通常このA/D変換の速さは、**sps**（sampling/sec）というように表し、100kspsとか20kspsなどと表現します。つまり100kspsということは、最高$10\mu \sec$間隔でサンプリングができるということになります。

デジタル制御では、サンプリングのためセンサのアナログ信号を一定間隔でしか読み込めないので、高速で変化する対象の制御には追従できず変化速度が制限されることになります。

2-3-2　サンプリングに関わる課題

●サンプリング定理

アナログの連続量をデジタル値に変換する際には、まずサンプリングが必要となります。ここで一番基本となるのは「**サンプリング定理**」または「**ナイキスト定理**」と呼ばれるもので次のようにあらわされます。

> 対象の信号がfcより高い周波数を含まないとき、fcの2倍以上の周波数でサンプリングすれば、サンプリングされた信号から元の信号が再現可能

したがって、高い周波数まで扱う場合には、その倍以上のサンプリング周期が必要になるということです。しかし、実際にはサンプリング周期の1/2に近づくほど元の信号の再現が難しくなるので、数倍以上のサンプリング周期とします。

この条件から、A/D変換の変換速度が速いほど高い周波数まで扱えるということになります。

●サンプリングノイズの問題

次にサンプリングにより発生する原理的な問題があります。

図2-3-2（a）の②のようなアナログ信号をサンプリングすると図2-3-2（b）のような階段状の信号となります。

これは図2-3-2（a）の①のようなパルス状の信号で、元の信号②を変調するのと同じことなので、周波数帯域で表すと、図2-3-2（c）のようになります。つまり元の信号に対してサンプリン

グ周期の倍数を中心とした**高調波**が生成されることになります。この場合、元の信号だけ取り出すためにはフィルタを使って余分な高調波を減衰させる必要があります。**ローパスフィルタ**(第3-5-1項参照)を使えば図2-3-2(c)のような場合は問題なく元の信号だけを取り出すことができます。

●図2-3-2　サンプリングによる変調

(a) サンプリングによる変調

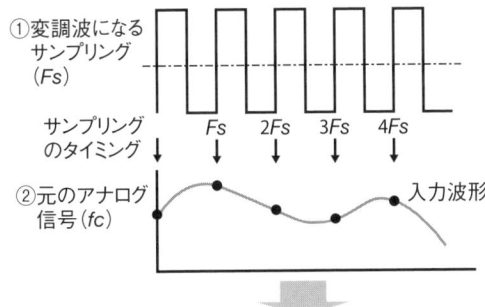

(b) 変調により生成される信号

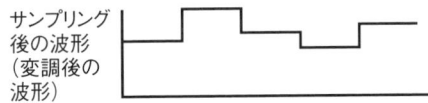

(c) サンプリングにより生成される信号

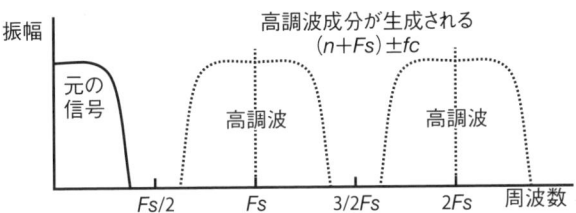

しかしこれが、図2-3-3(a)のように、高調波と元の波形が一部重なるようになってしまう(これを**エリアシング**と呼ぶ)と、元の波形をきれいに取り出すことが不可能となってしまいます。つまり、この状態でフィルタを通して元の波形部を取り出しても一部の高調波が混入してしまい、信号のノイズ(サンプリングノイズ)となってしまいます。

このエリアシングが起きないようにするためには、元の波形をサンプリングする前にサンプリング周波数(F_S)の1/2 [†2] 以下の範囲となるようにローパスフィルタに通す必要があります。このフィルタのことを**アンチエリアシングフィルタ**と呼んでいます。

さらに、元の波形が F_S の1/2近くまで含まれていると、アンチエリアシングフィルタには、F_S の近くで急激に減衰させる非常に特性の鋭いものが必要になり、設計は難しく高価な回路となってしまいます。

---

†2　**サンプリング周波数の1/2**　この周波数をナイキスト周波数という。

これを回避するため、**オーバーサンプリング**という方法を使います。つまりサンプリング周波数を通常よりはるかに高い周波数とする方法です。この場合図2-3-3 (c) のようになるので、アンチエイリアシングフィルタには特性の緩やかな簡単な構成のものを使うことができます。

●図2-3-3　アンチエリアシング

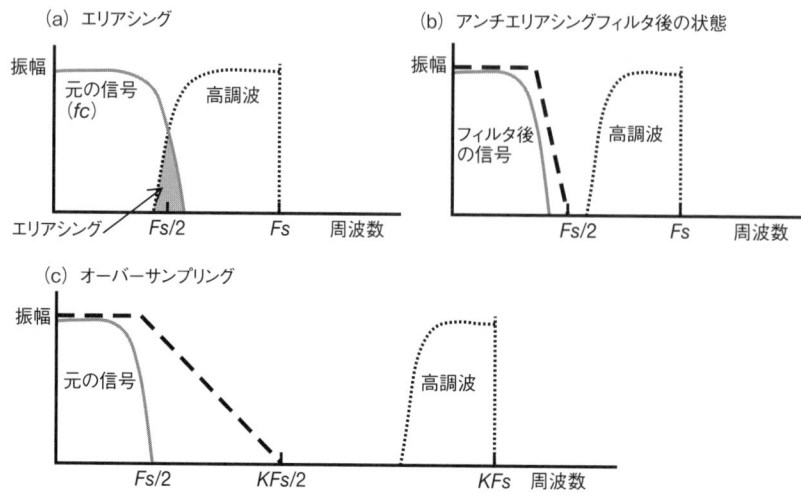

このオーバーサンプリングはアナログ信号を出力する場合、つまりD/A変換の場合にも有効です。出力する信号に対して十分高い周期のサンプリング周波数とすれば、含まれる高調波は高い周波数成分だけなので、緩やかな特性のローパルフィルタで除去できます。

2-3-3　オーバーサンプリング

オーバーサンプリングにはさらに別のメリットがあります。オーバーサンプリングを使ったA/D変換システムの原理的な構成は、図2-3-4 (a) のようになります。本来のサンプリング周波数F_Sに対し、オーバーサンプリング比がK倍の周波数でオーバーサンプルするものとします。

最初に簡単なアンチエイリアスフィルタで元の信号をフィルタして、オーバーサンプリング周波数の1/2以下に抑制します。この状態が図2-3-4 (b) で、これをA/D変換した結果の量子化誤差によるノイズは、周波数0から$KF_S/2$の全体に含まれることになります。

このあと、図2-3-4 (c) のように、本来の元のサンプリング周波数（F_S）のデータとするために不要となる$F_S/2$以上の周波数成分をフィルタで抑制してしまいます。この際、デジタル変換後のデジタル値をフィルタすることになるので、**デジタルフィルタ**が使えます。デジタルフィルタは非常に鋭いフィルタを構成できるので、量子化ノイズもほぼ$F_S/2$の範囲だけが残ることになります。結果的に、オーバーサンプリング比Kが大きければ量子化ノイズも$1/K$にされるので、大幅に小さくなることになります。さらにデジタルフィルタから出てきた結果はデジタル値のままなので、この値をA/D変換結果として使うことができます。

2-3 アナログとデジタルの変換の基礎

●図2-3-4 オーバーサンプリング

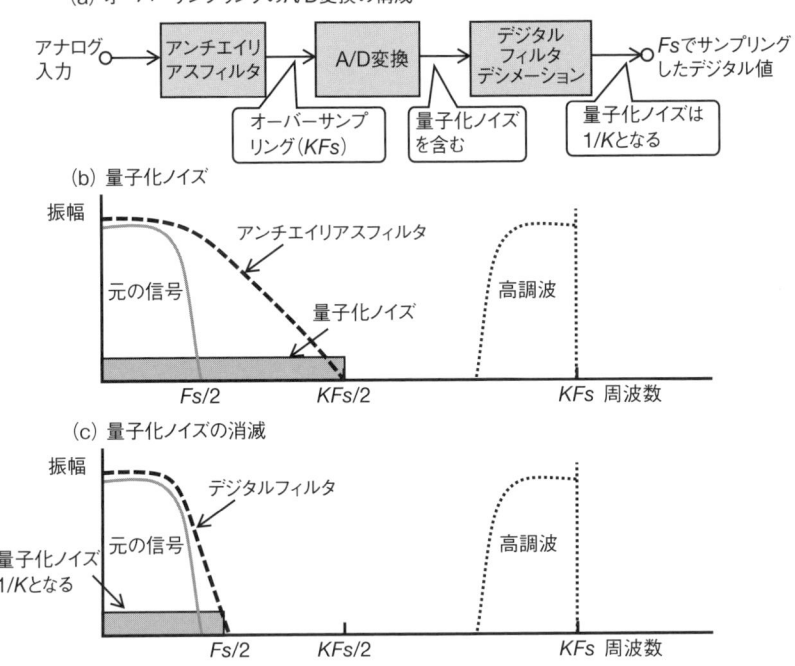

2-3-4 デシメーション

図2-3-4 (a)の最後に行う**デシメーション**とは、オーバーサンプリングで高速サンプリングしたものを、本来のサンプリング周波数の間隔となるようにサンプリング値を間引きして戻すことです。

図2-3-4(c)でローパスフィルタを通過したあとの信号は$F_S/2$以下の信号しか含んでいないので、サンプリング定理に従い単純にK回ごと、つまりF_Sの周期で間引きしても、問題なくサンプリング周期がF_Sの元の信号が復元されます。

実際に、この間引きをどのように行うかというと、多くの場合、図2-3-4 (c)のデジタルフィルタによるローパスフィルタには、**FIRフィルタ**（FIR：Finite Impulse Response；**有限インパルス応答フィルタ**）という積和演算を使ったフィルタを使います。FIRフィルタはサンプリングしたデータごとに重みづけ係数を乗じて移動平均をとることでフィルタを構成しています。したがって通常はFIRフィルタの出力結果はオーバーサンプリングと同じ周期で出力されます。しかし、ここでFIRフィルタの出力をF_Sの周期で行うようにすれば、フィルタの中に間引きを一緒に組み込んでしまうことができます。これでデジタルフィルタと間引きのデシメーションとを同時に行うことができるので、演算時間を大幅に減らすことができます。

2-4 アナログ・デジタル変換（A/D変換）

A/D変換は**A/D コンバータ**と呼ばれる機能モジュールで行われますが、この変換方式にはいくつかの種類があり、それぞれに特徴があり使い分けられています。

2-4-1 A/D変換の方式と特徴

A/D変換方式にはいくつかありそれぞれに特徴を持っています。最近よく使われている方式を大別すると次の4種類となります。
- 逐次変換方式
- パイプライン型逐次変換方式
- デルタシグマ変換方式
- フラッシュ型変換方式

これらA/D変換の方式とそれぞれがカバーする分解能、サンプリング速度の範囲の現状はおよそ図2-4-1のようになります。それぞれ日々改善が行われており、分解能もサンプリング速度もカバー範囲が広がっています。

●図2-4-1 A/D変換方式の種類とカバー範囲

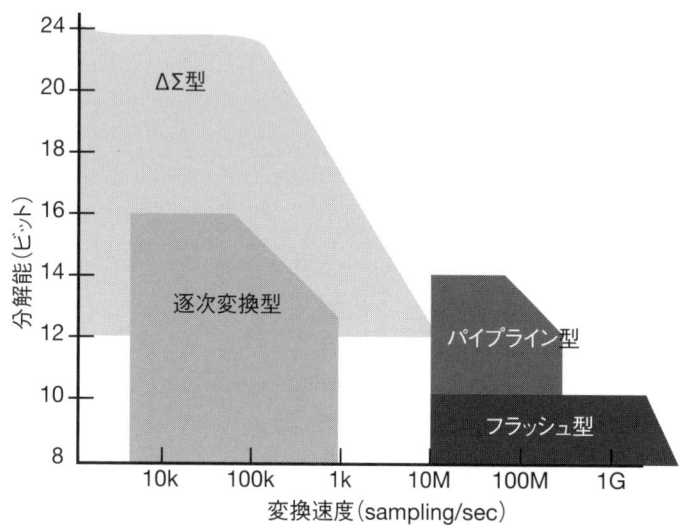

ここでそれぞれの変換方式の原理と特徴を説明します。

2-4-2 逐次変換方式

逐次変換方式の原理は図2-4-2のようになります。基本はD/Aコンバータでリファレンスとなる最大値の1/2を出力し、被測定アナログ値との大小をコンパレータで比較します。被測定側が大きければ最上位ビットを1とし小さければ0とします。次に被測定値を含む半分の側のさらに1/2の電圧をD/Aコンバータで出力します。この値と被測定値との大小で2ビット目の0か1をセットします。さらにこの被測定値を含む側の1/2の値をD/Aコンバータで出力し、この大小で3ビット目の0、1をセットします。

この動作を分解能のビット数回だけ繰り返せば変換が終了することになります。主にD/Aコンバータの分解能がこのA/Dコンバータの分解能を決めることになります。

変換の間何度も被測定値を参照するので、その間値を保持する**サンプルホールド**が必要となります。

多くは12ビット以下で1Msps以下の範囲で使われていて、マルチプレクサと組み合わせれば入力チャネルを増やすことができるので、現在ではほとんどのマイコンに内蔵されているA/Dコンバータとなっています。

● 図2-4-2 逐次変換方式の原理

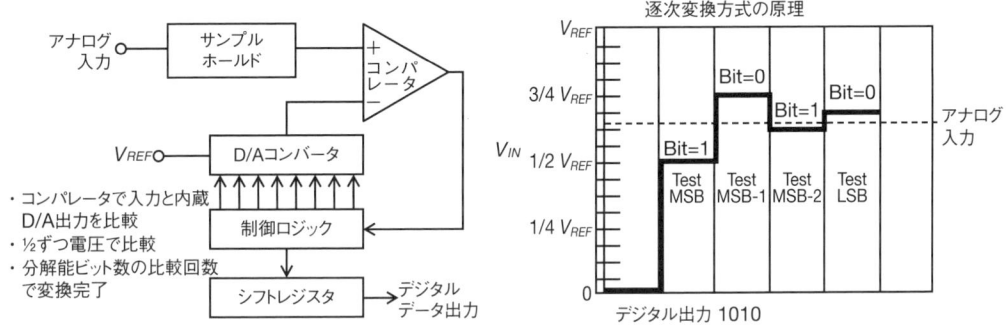

2-4-3 パイプライン型逐次変換方式

逐次変換方式のD/A変換とサンプルホールドとコンパレータを複数組用意し、比較をビットごとに次々と実行する方式が**パイプライン型逐次変換方式**です。その内部構成は図2-4-3のようになります。

最初にコンパレータで$1/2V_{REF}$をリファレンスとして入力信号を比較します。これでMSB[†3]の0か1かが決定します。この0か1を逆にD/Aコンバータで0か$1/2V_{REF}$に変換し、元の信号か

[†3] **MSB** Most Significant Bit/Byte。最上位ビットまたはバイトのこと。LSB (Least Significant Bit/Byte) は、最下位ビットまたはバイト。

ら引き算をした結果をサンプルホールド(S/H)で保持します。これで1段目の変換が終了します。

次に今度は$1/4V_{REF}$をリファレンスとして同じ動作を、次の段では$1/8V_{REF}$をリファレンスとしてと、順次繰り返すことで各ビットの0か1かが決まり、最終的にA/D変換した結果が得られます。

どの段も次の段に移行したあとは、次のアナログ入力を処理できるようになるので、順次パイプライン的に変換をすることができます。

最初の変換が完了したあとは、1クロックごとに結果が得られることになるので、逐次変換に比較して高速変換が可能となります。

12ビット以下で数10Mspsの速度が可能なので、高速なマイコンに内蔵されています。

●図2-4-3 パイプライン型逐次変換方式の原理

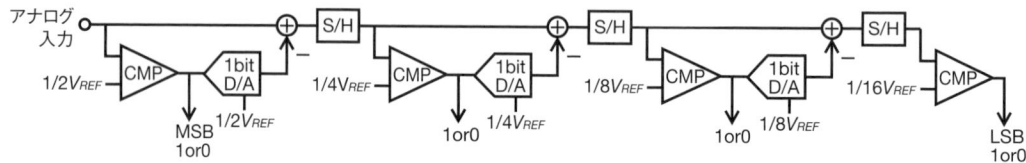

2-4-4 フラッシュ型変換方式

パイプライン型ではシリアルにコンパレータが接続された構成ですが、これを並列に接続して同時に動作させるのが**フラッシュ型変換方式**で、内部構成は図2-4-4のようになります。

●図2-4-4 フラッシュ型変換方式の原理

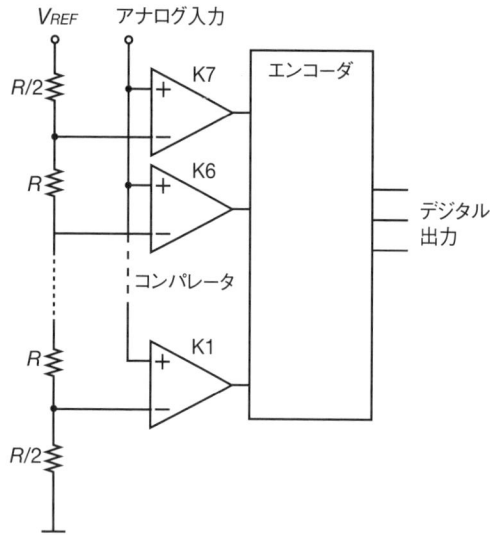

2-4 アナログ・デジタル変換（A/D変換）

変換に必要な分解能のビット数−1の数のコンパレータを用意し、そのリファレンス側を抵抗分割で$1/2V_{REF}$、$1/4V_{REF}$、$1/8V_{REF}$としておきます。これでアナログ入力の電圧に応じてコンパレータの0、1が出力されるので、結果をラッチに保持し、バイナリにエンコードして変換結果とします。

全ビットが同時に1クロックで動作するので、高速な変換が可能です。映像信号や高周波のA/D変換に使われますが、現状ではマイコンに内蔵されているものはありません。

2-4-5 デルタシグマ型変換方式

前節で説明した図2-3-4の構成で、A/D変換部にデルタシグマ変調器[†4]を使ったものが**デルタシグマ型変換方式**です。

このデルタシグマA/D変調器の内部構成は図2-4-5のようになっていて、動作は次のようになります。

● 図2-4-5　デルタシグマ変調の原理

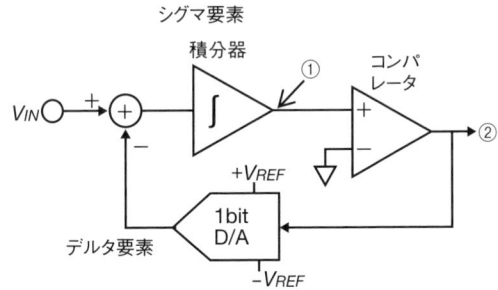

(a) $V_{IN} = +1/2V_{REF}$ の場合の変換結果

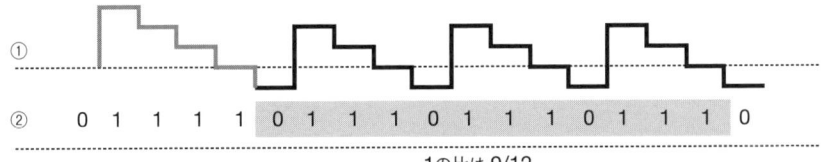

1の比は 9/12

(b) $V_{IN} = -1/2V_{REF}$ の場合の変換結果

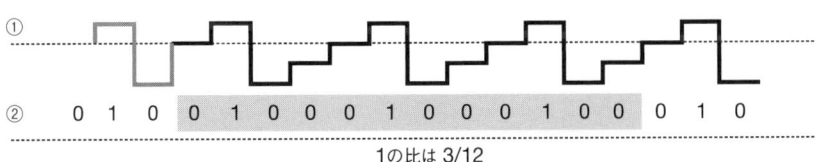

1の比は 3/12

例えば図2-4-5（a）のようにV_{IN}が$+1/2V_{REF}$という電圧であった場合、図2-4-5（a）のように、②の出力が0から始まるとすると、D/Aの出力は$-V_{REF}$となるので、加算結果は$3/2V_{REF}$になり

[†4] **デルタシグマ変調器**　ΔΣ変調器と書くこともある。積分（シグマ（Σ））と微分（デルタ（Δ））を使うことからこの名がついている。

積分器の出力①も同じとなります。これでコンパレータが反転し②が1になります。今度は、加算器でV_{REF}が引き算されるので$-1/2V_{REF}$が積分器の入力となり、それまでの$3/2V_{REF}$からV_{REF}が積分器②の出力となります。

まだプラスなので②は1のままで、さらに$1/2V_{REF}$が引き算され積分器出力が$1/2V_{REF}$になります。これが繰り返されて積分器の出力が$-1/2V_{REF}$になったとき②が反転し0になります。ここまでが一巡の動作で、以降は同じ動作が繰り返されます。この繰り返しのパターンが「0111」となります。

次に図2-4-5(b)のようにV_{IN}が$-1/2V_{REF}$の場合には、やはり最初②が0として考えると、最初の部分だけ異なりますが繰り返し部分はちょうど図2-4-5(a)の順序を逆にした形になります。この時の繰り返しパターンは「0100」となります。

ここで変調した結果の0と1の数の割合が重要で、図のように3回の繰り返し分の0と1を数えると1の割合が図2-4-5の(a)は9/12、(b)は3/12となり、これにリファレンス範囲の$\pm V_{REF}$を乗ずれば、(a)は$1/2V_{REF}$、(b)は$-1/2V_{REF}$となります。

つまりA/D変換でデジタル数値化されたことになります。この繰り返しを多くすれば分解能が上がり、小さな差異が1の割合の差として現れることになります。

デルタシグマ変調器には積分器とD/Aによるフィードバックがあることにより、2つの効果があります。

一つ目の効果は、積分器そのものが信号に対してはローパスフィルタとして働くことです。

二つ目の効果は、フィードバックにより量子化誤差を補正する効果をもつことですが、フィードバックの中に積分器があるので、低い周波数に対してはフィードバック効果が大きく量子化誤差を効果的に低減し、高い周波数になるほどその効果が下がるという特性を持つことになります。

この結果、図2-4-6のようにA/D変換後の量子化誤差のノイズを$F_S/2$以上の範囲に押し出すことができます。これを**ノイズシェーピング**と呼びます。

この結果をデジタルフィルタで$F_S/2$以下の範囲だけ取り出すと、ほとんど量子化ノイズを含まない結果を得られることになります。これがデルタシグマA/D変換の基本原理で、この量子化誤差を大きく低減できるという原理によりデルタシグマA/Dコンバータは分解能を高くすることができます。

しかし、図2-3-4のように初段でオーバーサンプリングするためクロック周波数が高くなるので、この周波数限界により変換速度はあまり高速にはできません。

●図2-4-6　デルタシグマ変調によるノイズシェーピング

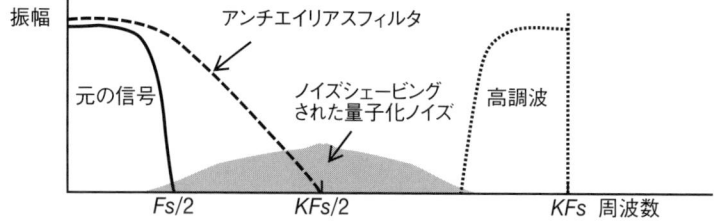

2-5 デジタルアナログ変換（D/A変換）

D/A変換も**D/Aコンバータ**という機能モジュールが使われますが、これにもいくつかの方式があり、それぞれに特徴があります。

2-5-1 D/A変換の方式

一般的なデジタルアナログ変換の方式には表2-5-1のようなものがあります。
以下でそれぞれの変換方式の原理と特徴を説明します。

▼表2-5-1　デジタルアナログ変換の方式

方　式	サンプリング	分解能	特徴、用途
抵抗ストリング	DC～1MHz	6～12	低消費電力 電子ボリューム、制御
抵抗ラダー	DC～10MHz	6～12	低消費電力 サーボ、制御
パルス幅変調型 （PWM）	DC～1MHz	6～10	簡易 制御、音声応答
デルタシグマ	100kHz～10MHz	18～24	高分解能、低雑音 オーディオ

2-5-2 抵抗ストリング型変換方式

抵抗ストリング型のD/A変換は、$n$bitの場合は2のn乗個の同じ値の抵抗を図2-5-1のように直列に接続し、アナログマルチプレクサで必要な箇所に接続します。出力は単純にV_{REF}の電圧を等分した電圧となります。**デジタルポテンショメータ**（電子ボリューム）として使われる場合もあります。マルチプレクサの切り替えがデジタル値で行われ、接続されたポイントのアナログ電圧が出力されます。

●図2-5-1　抵抗ストリング型D/Aコンバータの構成

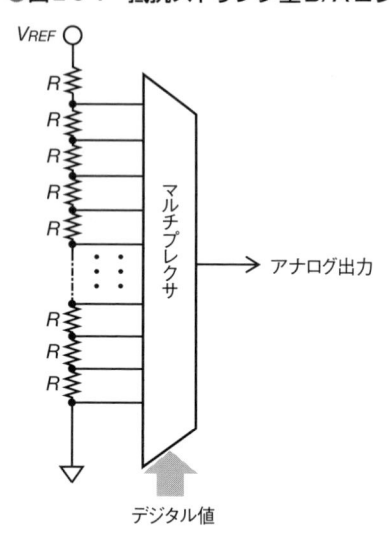

2-5-3　抵抗ラダー型変換方式

抵抗ラダー型つまりはしご形抵抗方式は図2-5-2のような構成で、Rと$2R$の2種類の抵抗が梯子型に接続されていることからこのように呼ばれています。

　この方式はRと$2R$の抵抗がビット数分だけで済むため桁数の多い高精度のD/Aコンバータに適しています。このため多くのD/Aコンバータに採用されています。

　図は4ビットのD/Aコンバータの例ですが、$2R$の抵抗には前段の1/2の電流が流れるという原理を使って段数ごとに1/2になることを利用しています。これでバイナリのデジタルデータから直接アナログ信号に変換できるので、ストリング型より少ない抵抗で多ビットの変換が可能となります。

●図2-5-2　抵抗ラダー型D/Aコンバータの構成

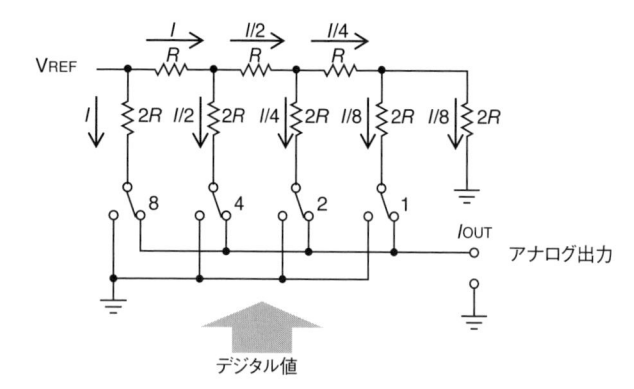

2-5-4 パルス幅変調型変換方式

デジタルデータをPWM[5]のデューティ比に変換してPWMパルスを出力し、そのパルス列からローパスフィルタを使って直流のアナログ信号を得る方式が**パルス幅変調型**です。

パワートランジスタをPWMパルスでオンオフ駆動し、トランジスタの出力に直接LCローパスフィルタを挿入すると、リニアアンプなしで低損失で大出力なアナログ信号を出力することができます。この信号に直接スピーカーを接続したものがD級アンプ[6]です。モータなどの可変速度制御信号などにも使うことができます。

2-5-5 デルタシグマ型変換方式

デルタシグマ型D/Aコンバータはデルタシグマ変調器を使ったD/A変換で、その原理は図2-5-3のようになります。

まず、デジタル入力を時間方向に補完してサンプリング周波数を数十倍にします。これを**オーバーサンプリング**といい、これでもともとのノイズのエネルギーが広帯域に分散されて減衰します。

さらに、この出力をデルタシグマ変調器に通すことでシリアルのビット列に変換します。前節で説明したようにデルタシグマ変調器ではノイズシェーピング効果により低域のノイズが大幅に低減されます。しかし高域はフィードバック効果が少なくなるためノイズ成分は多くなります。

この出力をデジタルフィルタによるローパスフィルタを通して元々の帯域だけ通過させるようにすれば、大幅にノイズの少ないアナログ信号が取り出せます。このため、デルタシグマD/A変換では高分解能の変換ができます。しかしオーバーサンプリングの倍率が大きくなるため、動作周波数が制限されるので、高速な変換はできないことになります。

● 図2-5-3 デルタシグマD/Aコンバータの原理

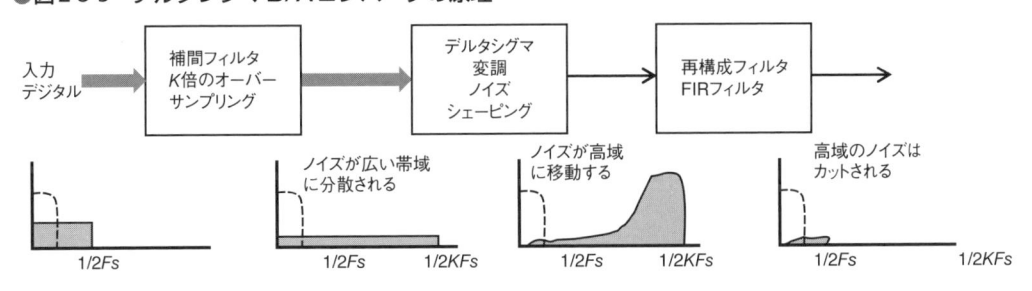

---

[5] **PWM** Pulse Width Modulation。パルス幅変調。周期が一定になっている連続パルスのオンとオフ期間の割合（デューティ比）を変えることで制御する方式。

[6] **D級アンプ** PWMパルスで増幅するデジタルアンプ。オーディオアンプに使われるアンプは他にA級・B級などがあるが、A級・B級ともに、アナログアンプである。

2-6 精度と誤差

入力シグナルコンディショニングでアナログ信号を扱う場合は、大部分の場合計測が伴います。計測には精度と誤差が存在するので、常にこれに注意する必要があります。

2-6-1 精度と誤差

誤差は、真値と計測値との差のことをいいます。一般に真値は不明なので、近似値で表します。
精度とは、計測した結果のばらつきの程度、つまりどれくらい計測値が近い値の範囲に入るかを表していて、真値との差は含みません。
ここで測定の場合、図2-6-1のように「正確さ」と「精密さ」と「精度」が関連してきます。
正確であるというのは、図2-6-1(1)のように誤差が小さいということで計測の平均値と真値との誤差が少ないことを示しています。
精密であるということは、図2-6-1(b)のように測定値のばらつきが小さいことを示しています。
結果として精度がよいというのは、図2-6-1(c)のように精密であって正確であることをいいます。

● 図2-6-1　正確さと精密さと精度の関係

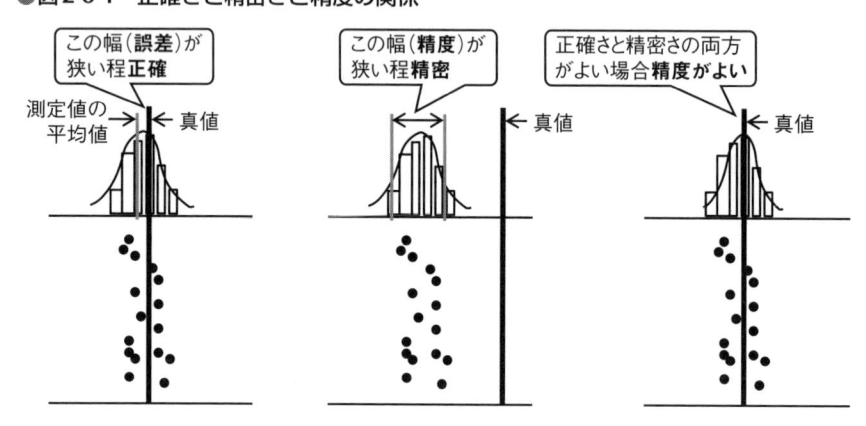

2-6-2 精度と分解能

必要とされる精度が決められている場合、シグナルコンディショニングでの分解能は必要な精度と同じかそれ以上である必要があります。

例えばA/Dコンバータの分解能と計測できる測定限界は表2-6-1のようになります。表中の最小電圧、つまり測定限界はリファレンス電圧が1Vのときなので、リファレンス電圧が異なる場合は、表の値にリファレンス電圧を乗ずる必要があります。

感覚的に、A/Dコンバータ単体で計測する場合には、10ビットでは10mV単位、12ビットでは1mV単位での計測ができますが、μV単位の計測には20ビット以上が必要ということを知っている必要があります。

▼表2-6-1　A/Dコンバータの分解能と測定限界

分解能 ビット数	分解能 ステップ	最小電圧 V_{REF}＝1V	分解能 (%)	分解能 (ppm)	分解能 (dBV)
8	256	3.91mV	0.391	3,910	48.16
10	1,024	977μV	0.0977	977	60.21
12	4,096	244μV	0.0244	244	72.25
16	65,536	15.3μV	0.00153	15.3	96.33
18	262,144	3.81μV	0.00038	3.81	108.37
20	1,048,576	954nV	9.54E-05	0.954	120.41
22	4,194,304	238nV	2.38E-05	0.238	132.45
24	26,777,216	59.5nV	5.95E-06	0.0595	144.49

実際の例で説明すると、A/Dコンバータで温度を計測する際に、次のような精度の条件とした場合の分解能を求めてみます。前段のシグナルコンディショニングで、全温度範囲がリファレンスの0Vから5Vの範囲になるように調整されているものとします。

- リファレンス：0V～5.0V
- 測定温度範囲：－10℃～＋70℃
- 温度測定精度：0.1℃

まず必要な温度分解能は、温度範囲が80℃で0.1℃の精度なので、800分解能となります。したがって10ビットのA/Dコンバータであれば、1,024分解能なので要求を満足できます。

次にリファレンス電圧の精度が問題になります。1,024分解能なので、1/1,024＝約0.1％となり、リファレンスの5Vは±0.1％以上の精度が必要となります。この精度を求めると、電圧リファレンスはかなり高精度のものが必要になってしまいます。

温度精度を0.5℃とすれば160分解能なので、8ビットで256分解能あれば十分なので、リファレンスも1/256＝±0.4％の精度となって少し楽な条件となります。

さらにシグナルコンディショニングに使っている増幅アンプの精度も±0.1％以上の精度が必要ということになります。これらの精度はすべて加算されるので、さらに高精度が必要になることになります。

このように、温度で0.1℃の精度を求めると、かなり厳しい条件を要求されることがわかります。

Peripheral Interface Controller

第3章
オペアンプの使い方

マイコンのシグナルコンディショニングでアナログ信号を扱う場合、最もよく使われるオペアンプについて、その特性の見方と基本となる使い方を説明します。

3-1 オペアンプの機能と特性表の見方

オペアンプとはOperational Amplifierを略した言葉で、電圧を増幅する素子です。増幅回路を構成した場合、外部に接続する抵抗の比だけで増幅度合を制御できるため、再現性が高く使いやすい素子となっています。ここでは、オペアンプの基本となる動作と、オペアンプを選択する際に必要なデータシートの見方を説明します。

3-1-1 オペアンプの基本機能

オペアンプの回路図記号は図3-1-1のように表現します。電源ピンの記述は省略されることもあります。

●図3-1-1　オペアンプの回路図記号

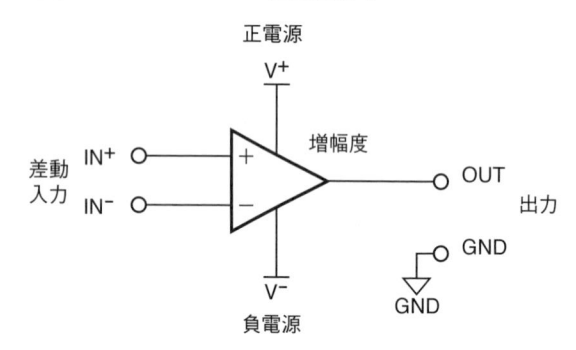

図のように2つの入力ピンと1つの出力ピンを持つアナログ素子です。入力ピンにはプラス側とマイナス側がある**差動入力**となっていて、重要な機能の差異なので回路図でも必ず＋と－で区別します。

基本の機能は2つの入力ピンの差の電圧を増幅して出力するという**差動増幅**動作になります。その増幅度合を**増幅度**と呼び、通常数万倍以上となっています。＋ピン側のほうの電圧が高ければ出力もプラス側となり、－ピン側の電圧が高ければ、出力はマイナス出力となります。逆に入力電圧が数Vと高くても、＋ピンと－ピンの間の電圧に差がなければ出力は0のままとなります。

ところが、このオペアンプの増幅度が数万倍以上と無限大に近い大きさがあるため、そのまま使ったのでは、ほんのわずかでも入力ピン間に電圧差があると、出力はプラスかマイナスの最大値に張り付いてしまい、実用的に使えるアンプとはなりません。

しかし、この増幅度が無限大に近いということが大きなメリットとなる方法があります。これが「ネガティブフィードバック」という方法です。このネガティブフィードバックを利用してオペアンプを使うのが基本的な使い方です。

3-1-2 オペアンプによる基本の増幅回路

ネガティブフィードバックを利用してオペアンプを電圧増幅のために使うには基本的な接続方法があり、反転増幅回路と非反転増幅回路の2種類となります。

1 反転増幅回路

最も原理的なネガティブフィードバックを実現する基本回路が図3-1-2(a)です。この回路では、入力の差動電圧の−側がプラス電位になると出力にマイナス電圧が生じます。反対にマイナス電位になると出力にプラス電圧が生じます。このように入力に対して出力の極性が反転するので、**反転増幅回路**と呼びます。

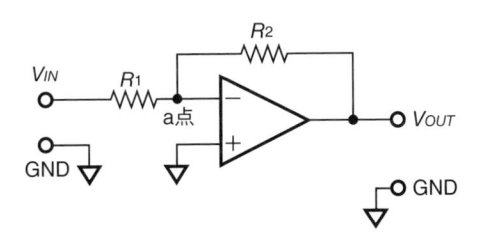

●図3-1-2　反転増幅回路

(a) 基本の接続　　　　　　　　　　(b) 等価回路

$$\frac{V_{IN}}{R_1} = \frac{V_{OUT}}{R_2} \quad \text{したがって} \quad \frac{V_{OUT}}{V_{IN}} = \frac{R_2}{R_1}$$

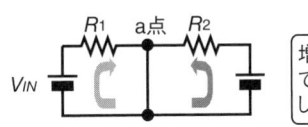

増幅率が抵抗の比だけで決まるので、アンプとして設計しやすい

この回路では出力から入力側に抵抗R_2を介して出力信号が戻るようになっています。これを**フィードバック**といいます。さらに戻って来る電圧は極性が逆になっているので、**ネガティブフィードバック（負帰還）**と呼びます。

この回路の動作ですが、まず数万倍の増幅度なので、差動入力に少しでも差があると、オペアンプの出力となって現れます。しかしすぐ出力が入力側にフィードバックされ、この極性が反対なので出力が出ないように、つまり差動入力の差がなくなるように働きます。そして出力電圧は、入力へのフィードバックがちょうど入力を打ち消す値でバランスがとれて安定します。

結果的に、オペアンプの差動入力端子間はいつも同じ電圧になるように動作することになります。これを**イマジナルショート**と呼んでいます。

このイマジナルショートの両者はいつも同じ電圧なので、実際に接続されているものと仮定して回路を簡略化すると図3-1-2(b)のように簡単なものになってしまいます。この回路ではa点で仮想的に接続されているとすると、左右両方向からの電流が等しく逆向きになって釣り合うので、図の式のように考えることができます。つまり入力側の電流はV_{IN}/R_1で、出力側の電流はV_{OUT}/R_2となりますが、これが逆向きで釣り合うので、

$$\frac{V_{IN}}{R_1} - \frac{V_{OUT}}{R_2} = 0 \quad \text{つまり} \quad \frac{V_{OUT}}{R_2} = \frac{V_{IN}}{R_1}$$

となります。これを書き直すと

$$\frac{V_{OUT}}{V_{IN}} = \frac{R_2}{R_1} \quad \text{となるので、}$$

オペアンプ回路の増幅度(A)は、

$$A = \frac{R_2}{R_1}$$

ということになります。結果として、この回路では2個の抵抗の比だけで増幅度が決定される非常に考えやすい回路となります。これが、オペアンプの最大のメリットで、増幅度が抵抗の比だけで決まるため回路設計が非常にやりやすくなります。

2 非反転増幅回路

反転増幅回路に対して、図3-1-3(a)のように、入力と出力が同じ極性になるようにしたネガティブフィードバック回路を**非反転増幅回路**と呼びます。このときには、入力と出力が同じ極性となるので実際に使うときには扱いやすい回路となります。

●図3-1-3　非反転増幅回路

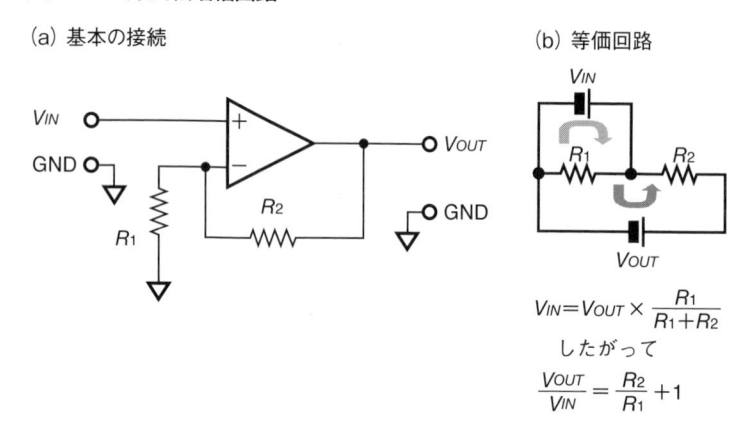

(a) 基本の接続　　　　　　　　　　(b) 等価回路

$$V_{IN} = V_{OUT} \times \frac{R_1}{R_1 + R_2}$$

したがって

$$\frac{V_{OUT}}{V_{IN}} = \frac{R_2}{R_1} + 1$$

　反転増幅回路とは、差動入力のプラスとマイナスが逆なことに注意して下さい。この場合V_{IN}がプラスならV_{OUT}もプラスと同じ極性になります。
　しかしフィードバックはマイナス入力側に接続されているため、出力に現れた電圧はやはり入力電圧を打ち消す方向に働くので、バランスが取れたところで出力電圧が安定します。この回路を反転増幅回路と同じようにイマジナルショートを使って簡略化すると、図3-1-3(b)のように考えることができます。

図のように、電圧は同じ向きなので、V_{OUT} を分圧したら V_{IN} と同じになるというように考えると、

$$V_{IN} = V_{OUT} \times \frac{R_1}{R_1 + R_2}$$

となります。したがって非反転増幅回路での増幅率 (A) は、

$$A = \frac{V_{OUT}}{V_{IN}} = \frac{R_1 + R_2}{R_1} = \frac{R_2}{R_1} + 1$$

となります。

ここでも増幅率が抵抗の比だけで決まるので扱いが簡単になります。

3-1-3　オペアンプの規格表の見方

オペアンプには多くの種類があります。どのような信号を増幅あるいは変換するかによって最適なオペアンプを選択しなければなりません。このような場合、オペアンプの性能を調べるため**データシート**を使います。このデータシートには多くのパラメータが記載されていますが、それぞれのパラメータの意味が理解できていないと最適なオペアンプの選択はできません。そこでオペアンプのデータシートの見方を説明します。

データシートの中で、まず使うのは**絶対最大定格**と**電気的特性**という2つの要素です。電気的特性は、通常は**DC特性** (DC Electrical Specifications)、**AC特性** (AC Electrical Specifications)、**温度特性** (Temperature Specifications) の3つで規定されていて、これらをもとに実際の設計をします。それぞれのデータシートの項目と見方を説明します。

■1 絶対最大定格

これ以上の使用条件で使うと壊れるという限界値を規定したものです。実際のデータシートの例は図3-1-4となります。

●図3-1-4　絶対最大定格のデータシート例

Absolute Maximum Ratings

$V_{DD} - V_{SS}$ ……………………………………………………… 7.0V
All Inputs and Outputs ……………………… $V_{SS} - 0.3$V to $V_{DD} + 0.3$V
Difference Input Voltage ……………………………………… $|V_{DD} - V_{SS}|$
Output Short Circuit Current ……………………………………… Continuous
Current at Input Pins ……………………………………………… ±2mA
Current at Output and Supply Pins ……………………………… ±30mA
Storage Temperature ……………………………………… −65℃ to +150℃
Junction Temperature ……………………………………………… +150℃
ESD Protection On All Pins (HBM; MM) ……………………… ≧ 2kV; 200V

多くの項目がありますが、注意しなければならないのは次のような項目です。

❶電源電圧（$V_{DD} - V_{SS}$）

オペアンプにはプラスとマイナスの2本の電源ピンがあり、例えば正負5Vなどの2種類の電源を使う場合と、+5VとGNDの1種類だけで使う場合があります。いずれの場合も2本の電源ピンの電圧差で絶対最大定格があらわされています。この電圧差が規定範囲内であれば正負両電源でも単電源でも壊れることはありませんが、実際には次の電気的特性で制限されます。

❷入出力電圧（All Inputs and Outputs または Difference Input Voltage）

2本の入力ピンに加えることができる、または出力できる最大電圧が規定されています。通常は電源電圧が制限範囲となります。入力電圧には2本のそれぞれに加えられる電圧（**同相入力電圧**：All Inputs and Outputs）と、2本の電圧差（**差動入力電圧**：Difference Input Voltage）とがあります。

❸ジャンクション最高温度（Junction Temperature）

オペアンプが使える最大温度を表しますが、IC内部の接合部の温度で表現されているので、発熱量から使用可能な温度を求めます。しかしオペアンプの発熱量はほんのわずかなので、絶対最大定格で使用温度範囲が制限されることはなく、電気的特性の方で制限されるのが一般的です。

❷ DC特性

DC特性を実際の例で示すと図3-1-5のようになります。

●図3-1-5 DC特性の実際の例（MCP6022 データシートより）

Electrical Specifications: Unless otherwise indicated, $T_A = +25℃$, $V_{DD} = +2.5V$ to $+5.5V$, $V_{SS} = $ GND, $V_{CM} = V_{DD}/2$, $V_{OUT} \sim V_{DD}/2$ and $R_L = 10kΩ$ to $V_{DD}/2$.

Parameters	Sym	Min	Typ	Max	Units	Conditions
Input Offset						
Input Offset Voltage:						
Industrial Temperature Parts	V_{OS}	−500	−	+500	μV	$V_{CM} = 0V$
Extended Temperature Parts	V_{OS}	−250	−	+250	μV	$V_{CM} = 0V$, $V_{DD} = 5.0V$
Extended Temperature Parts	V_{OS}	−2.5	−	+2.5	mV	$V_{CM} = 0V$, $V_{DD} = 5.0V$ $T_A = -40℃$ to $+125℃$
Input Offset Voltage Temperature Drift	$\Delta V_{OS}/\Delta T_A$	−	±3.5	−	μV/℃	$T_A = -40℃$ to $+125℃$
Power Supply Rejection Ratio	PSRR	74	90	−	dB	$V_{CM} = 0V$
Input Current and Impedance						
Input Bias Current	I_B	−	1	−	pA	
Industrial Temperature Parts	I_B	−	30	150	pA	$T_A = +85℃$
Extended Temperature Parts	I_B	−	640	5,000	pA	$T_A = +125℃$
Input Offset Current	I_{OS}	−	±1	−	pA	
Common-Mode Input Impedance	Z_{CM}	−	$10^{13}\|\|6$	−	Ω||pF	
Differential Input Impedance	Z_{DIFF}	−	$10^{13}\|\|3$	−	Ω||pF	

Parameters	Sym	Min	Typ	Max	Units	Conditions
Common-Mode						
Common-Mode Input Range	V_{CMR}	$V_{SS}-0.3$	—	$V_{DD}+0.3$	V	
Common-Mode Rejection Ratio	CMRR	74	90	—	dB	$V_{DD}=5V$, $V_{CM}=-0.3V$ to $5.3V$
	CMRR	70	85	—	dB	$V_{DD}=5V$, $V_{CM}=3.0V$ to $5.3V$
	CMRR	74	90	—	dB	$V_{DD}=5V$, $V_{CM}=-0.3V$ to $3.0V$
Voltage Reference (MCP6021 and MCP6023 only)						
VREF Accuracy ($V_{REF} - V_{DD}/2$)	VREF_ACC	-50	—	$+50$	mV	
VREF Temperature Drift	$\Delta V_{REF}/\Delta T_A$	—	± 100	—	$\mu V/℃$	$T_A=-40℃$ to $+125℃$
Open-Loop Gain						
DC Open-Loop Gain (Large Signal)	A_{OL}	90	110	—	dB	$V_{CM}=0V$, VOUT$=V_{SS}+0.3V$ to $V_{DD}-0.3V$
Output						
Maximum Output Voltage Swing	V_{OL}, V_{OH}	$V_{SS}+15$	—	$V_{DD}-20$	mV	0.5V input overdrive
Output Short Circuit Current	I_{SC}	—	± 30	—	mA	$V_{DD}=2.5V$
	I_{SC}	—	± 22	—	mA	$V_{DD}=5.5V$
Power Supply						
Supply Voltage	V_S	2.5	—	5.5	V	
Quiescent Current Per Amplifier	I_Q	0.5	1.0	1.25	mA	$I_O=0$

　設計上必要な項目は使う目的によって異なってきますが、それぞれの項目は次のような意味になります。

❶入力オフセット（Input Offset）とオフセットドリフト（Drift）

　理想的なオペアンプは差動入力の差のみを増幅しますが、実際のオペアンプでは差動入力回路にわずかなアンバランスを含んでいて、本来の差動入力にこのわずかなアンバランス分を含んで増幅します。このアンバランスのことを**入力オフセット電圧**（V_{OS}）といいます。

　さらにこのオフセット電圧は周囲温度によって変動します。これを**ドリフト**と呼んでいます。この影響により図3-1-6のように本来の0V出力が温度によりずれていってしまいます。

●図3-1-6　オフセットドリフトの影響

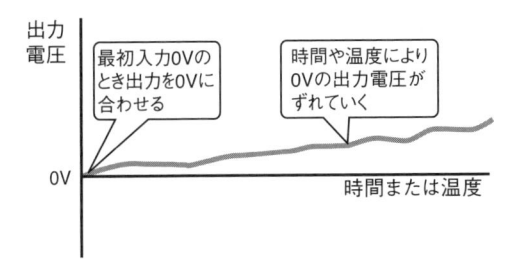

一般的なオペアンプの入力オフセット電圧は数mV以下で、ドリフトも数μV/℃以下となっていますが、高精度の測定をする際には問題になります。このような場合には、オフセットが小さなオペアンプを選択します。

　ゼロオフセットオペアンプという種類があり、入力オフセットが数μV以下、温度ドリフトも0.01μV/℃以下という高性能なオペアンプもあります。

❷電源除去比（PSRR：Power Supply Rejection Ratio）

　オペアンプを規定の範囲の電源電圧で使っても、電源電圧が変動すれば特性が変化します。これができるだけ変化しないように工夫されている度合を**電源除去比**と呼んでいます。通常はデシベルで表します。90dBということは電圧変動が電源の変動に対して1/31,600に抑制されるということです。

❸入力バイアス電流（Input Bias Current）と入力オフセット電流（Input Offset Current）

　理想オペアンプでは2つの入力には全く電流が流れないということになっていますが、現実のオペアンプではわずかに流れます。これを**入力バイアス電流**（I_B）と呼びます。温度によって値が大きく変化します。

　この影響による入力のアンバランスを避けるために、後述する図3-2-1や図3-2-2にあるR_3があります。本来のR_3の値はR_1とR_2の並列抵抗値になります。

　これでプラスとマイナスの入力バイアス電流が同じ値であればR_3でキャンセルされますが、この電流にもアンバランス分があり、それを**入力オフセット電流**（I_{OS}）と呼んでいます。

　微小な電圧を扱う場合には、このバイアス電流による影響を加味する必要があります。

❹入力インピーダンス（Input Impedance）

　理想オペアンプでは入力インピーダンスは無限大ですが、現実のオペアンプは有限です。同相と差動の入力インピーダンスがあります。しかし、最近のオペアンプはCMOS構造のものが多く、このインピーダンスの値は非常に大きくなっているので問題になることはまずありません。それよりもバイアス電流のほうの影響が大きくなります。

❺同相入力範囲（Common Mode Input Range）

　オペアンプが動作することができるそれぞれの入力ピンに加えられる電圧範囲で、通常は電源電圧までとなっています。

❻同相除去比（CMRR：Common Mode Rejection Ratio）

　理想オペアンプでは2つの入力の差の電圧だけを増幅しますが、現実のオペアンプでは差以外に両方のピンに加わる同相電圧の影響を受けます。この受ける比率を**CMRR**と呼んでいます。

　CMRRもデシベルで表現し、90dBということは、影響が1/31,600だけあるということです。

❼ 開ループゲイン (Open-Loop Gain)

オペアンプが持つ増幅率です。理想的には無限大ですが、現実のオペアンプでも数万倍以上というオーダーなので、ほぼ無限大として扱うことができます。デシベルで表現し110dBということは約30万倍ということになります。

❽ 出力振幅電圧 (Maximum Output Voltage Swing)

オペアンプが出力できる出力電圧の範囲を表します。電源電圧の内側に限られます。図3-1-7のように**レール・ツー・レール** (Rail-to-Rail) というオペアンプでは電源電圧ぎりぎりまで出力することができます。通常単電源用オペアンプではV_{SS}ぎりぎりまで出力できるようになっています。

● 図3-1-7

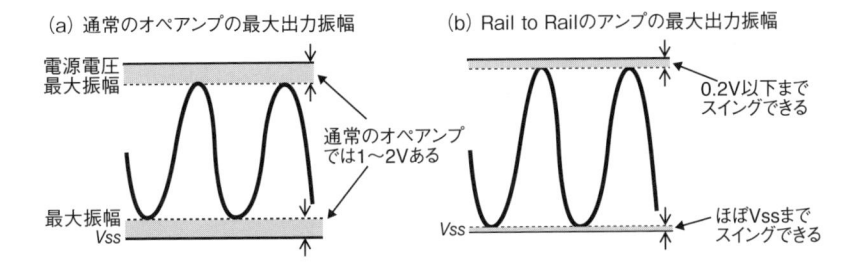

(a) 通常のオペアンプの最大出力振幅　　(b) Rail to Railのアンプの最大出力振幅

電源電圧 / 最大振幅　通常のオペアンプでは1〜2Vある　0.2V以下までスイングできる

最大振幅 V_{SS}　ほぼV_{SS}までスイングできる

❾ 出力短絡電流 (Output Short Circuit Current)

出力が駆動できる最大電流となります。この電流までは負荷をドライブできることになります。

❿ 供給電源電圧 (Supply Voltage)

オペアンプを実際に使う際の電源電圧となります。通常2ピンの電源ピンの差がこの範囲であれば、単電源でも正負電源でも使えます。

⓫ 静止消費電流 (Quiescent Current per Amplifier)

負荷を何も接続しないときのオペアンプごとの消費電流です。最近のオペアンプは消費電流が非常に少なくなっています。

3 AC特性

オペアンプを動作させたときの特性を表します。実際のAC特性の例が図3-1-8となります。

● 図3-1-8　AC特性（MCP6022 データシートより）

Electrical Specifications: Unless otherwise indicated, $T_A = +25°C$, $V_{DD} = +2.5V$ to $+5.5V$, V_{SS} = GND, $V_{CM} = V_{DD}/2$, $V_{OUT} \sim V_{DD}/2$, $R_L = 10k\Omega$ to $V_{DD}/2$ and $C_L = 60$ pF.

Parameters	Sym	Min	Typ	Max	Units	Conditions
AC Response						
Gain Bandwidth Product	GBWP	—	10	—	MHz	
Phase Margin	PM	—	65	—	°	$G = +1$
Settling Time, 0.2%	t_{SETTLE}	—	250	—	ns	$G = +1$, $V_{OUT} = 100$ mV$_{P-P}$
Slew Rate	SR	—	7.0	—	V/μs	
Total Harmonic Distortion Plus Noise						
$f = 1$ kHz, $G = +1$ V/V	THD+N	—	0.00053	—	%	$V_{OUT} = 0.25V$ to $3.25V$ ($1.75V \pm 1.50V_{PK}$), $V_{DD} = 5.0V$, $BW = 22$ kHz
$f = 1$ kHz, $G = +1$ V/V, $R_L = 600\Omega$	THD+N	—	0.00064	—	%	$V_{OUT} = 0.25V$ to $3.25V$ ($1.75V \pm 1.50V_{PK}$), $V_{DD} = 5.0V$, $BW = 22$ kHz
$f = 1$ kHz, $G = +1$ V/V	THD+N	—	0.0014	—	%	$V_{OUT} = 4V_{P-P}$, $V_{DD} = 5.0V$, $BW = 22$ kHz
$f = 1$ kHz, $G = +10$ V/V	THD+N	—	0.0009	—	%	$V_{OUT} = 4V_{P-P}$, $V_{DD} = 5.0V$, $BW = 22$ kHz
$f = 1$ kHz, $G = +100$ V/V	THD+N	—	0.005	—	%	$V_{OUT} = 4V_{P-P}$, $V_{DD} = 5.0V$, $BW = 22$ kHz
Noise						
Input Noise Voltage	E_{ni}	—	2.9	—	μV$_{P-P}$	$f = 0.1$ Hz to 10 Hz
Input Noise Voltage Density	e_{ni}	—	8.7	—	nV/√Hz	$f = 10$ kHz
Input Noise Current Density	i_{ni}	—	3	—	fA/√Hz	$f = 1$ kHz

それぞれの項目は次のような意味になります。

❶ 周波数特性とGB積（GBWP：Gain Bandwidth Product）

DC信号でのオペアンプの開ループゲインは数万倍と極めて大きい値ですが、これが周波数の上昇とともにある周波数から直線的に下がるという特性を持っています。周波数がさらに下がるとある周波数でゲインが1倍になり、それ以降もどんどん低下します。

このような特性をオペアンプの**周波数特性**と呼び、図3-1-9のようになります。ゲインが下降し始めるとその傾きは-20dB/dec[†1]、つまり周波数が10倍になるとゲインは1/10になるという一定の傾きで降下します。

この図から周波数上昇とともにゲインが減少するので、フィードバックへのゲインも減少することになります。ゲイン1のとき（**ユニティゲイン**または**Unity Gain**と呼ぶ）から下がるとフィードバック用のゲインがないので増幅器としては機能しなくなってしまいます。

この特性から開ループゲインと、ゲインが1の時の周波数がわかれば全体の特性がわかることになるので、ゲイン1のときの周波数を**ゲインバンド幅積（GB積、GBWP）**と呼んでいます。

実際にオペアンプを使うときには、図3-1-9のようにゲインを大きくすると、増幅できる周波数範囲が狭くなることに注意が必要で、必要な周波数範囲とゲインから最適なGB積を持つオペアンプを探します。

---

†1　**dB/dec**　decはdecadeの略。10倍ということ。周波数が10倍に変化したときにどれくらい減衰するかを示す。dB/octという場合もあり、周波数が2倍に変化したときにどれくらい減衰するかを示す。

●図3-1-9　オペアンプの周波数特性と位相特性（MCP6022のデータシートより）

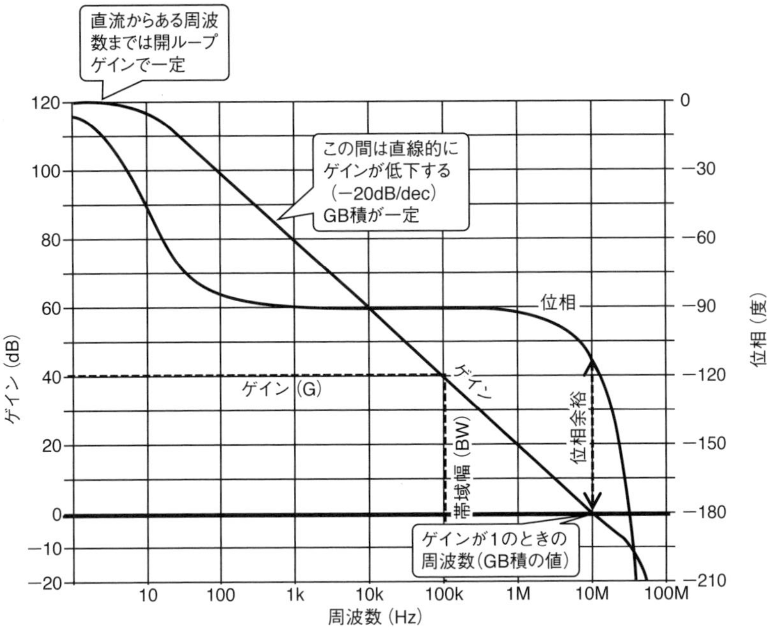

[直流からある周波数までは開ループゲインで一定]
[この間は直線的にゲインが低下する（−20dB/dec）GB積が一定]
[ゲインが1のときの周波数（GB積の値）]

❷位相余裕（Phase Margin at Unity Gain）

　オペアンプを高い周波数で使う場合にはゲインが不足してしまいますが、さらに、別の**位相遅れ**という問題があります。オペアンプの内部では少なからず信号の位相が遅れます。この遅れがゲイン1以上のとき180度になると、出力と入力の位相が同じになってしまうため、負帰還でなく正帰還になってしまい発振することになります。

　位相余裕とは、図3-1-9のようにゲイン1のときに位相が180度に対して何度余裕があるかを表しています。これが大きいほど安定な動作をすることになります。

　しかし、オペアンプの入力や出力に容量成分があると位相が大きく変化し、場合によると発振することもあるので、設計には注意が必要です。

❸スルーレート（Slew Rate）

　入力電圧がステップ状に変化したとき、出力電圧がどれくらいの速度で追従できるかを示すのが**スルーレート**となります。

　スルーレートが問題となるのは、立ち上がり、立ち下がりが高速なパルスの場合だけでなく、正弦波のような場合でも周波数が高くなる場合や、出力振幅が大きい場合に問題となり、正常な正弦波から歪んで三角波のようになってしまうことになります。

　ここでスルーレート（SR）と周期（T）、振幅（V）の関係は次のようになります。

$$SR = 2\pi V/T$$

つまりある周波数である振幅の波形を歪みなく出力するには $SR \geqq 2\pi V/T$ 以上のスルーレートが必要ということになります。

実際の例で計算すると、例えば100kHzで10Vの振幅の出力を出すには、

$$SR = (2\pi \times 10V) / 10\mu sec \fallingdotseq 6.28V/\mu sec$$

となるので、6.28V/μsec以上のスルーレートが必要ということになります。

❹入力換算雑音 (Input Noise Voltage)

オペアンプ内部で発生するさまざまな交流雑音をひっくるめて入力電圧または入力電流に換算したものです。通常は振幅の高さで表すのでピーク・ピークの電圧V_{P-P} (V_{PP})という単位となります。

4 温度特性

オペアンプの実際の温度特性は図3-1-10のようになります。

●図3-1-10　オペアンプの温度特性 (MCP6022のデータシートより)

Electrical Specifications: Unless otherwise indicated, V_{DD} = +2.5V to +5.5V and V_{SS} = GND.						
Parameters	Sym	Min	Typ	Max	Units	Conditions
Temperature Ranges						
Industrial Temperature Range	T_A	−40	−	+85	℃	
Extended Temperature Range	T_A	−40	−	+125	℃	
Operating Temperature Range	T_A	−40	−	+125	℃	
Storage Temperature Range	T_A	−65	−	+150	℃	
Thermal Package Resistances						
Thermal Resistance, 5L-SOT-23	θJA	−	256	−	℃/W	
Thermal Resistance, 8L-PDIP	θJA	−	85	−	℃/W	
Thermal Resistance, 8L-SOIC	θJA	−	163	−	℃/W	
Thermal Resistance, 8L-MSOP	θJA	−	206	−	℃/W	
Thermal Resistance, 8L-TSSOP	θJA	−	124	−	℃/W	
Thermal Resistance, 14L-PDIP	θJA	−	70	−	℃/W	
Thermal Resistance, 14L-SOIC	θJA	−	120	−	℃/W	
Thermal Resistance, 14L-TSSOP	θJA	−	100	−	℃/W	

温度特性として留意するのは使用温度範囲だけで通常は問題ありません。

❶動作温度範囲 (Temperature Ranges)

これは製品のランクでわかれていて、上図では工業用 (Industrial) と拡張品 (Extended) で使用温度範囲が異なっています。

❷熱抵抗 (Thermal Resistance)

熱抵抗とは放熱をする際の熱の伝導度を表しています。大部分パッケージで熱抵抗が決まっていますが、オペアンプで発熱するような使い方をすることはまずありません。

3-2 オペアンプの基本の回路構成

オペアンプの基本機能や特性に関する理解ができたところで、次は、具体的にオペアンプを使った回路設計方法を説明します。

最も基本となる回路は前節で説明した反転増幅回路と非反転増幅回路です。いずれの場合も増幅率（ゲイン）が抵抗の比だけで決まるので正確で安定なアンプを作ることができます。これを応用して多くの応用回路が考案されています。これらの応用回路を組み合わせて多くのアプリケーションに最適な回路を設計していきます。これらの応用回路を説明します。

3-2-1 オペアンプの電源供給方法

まずオペアンプにエネルギーを供給する電源の接続方法からです。

オペアンプの電源供給方法には、プラスとマイナスの2種類を使う**2電源方式**と、プラスだけを使う**単電源方式**の2通りがあります。最近ではマイコンなどのロジック回路との接続が多くなってきたため、マイナス電源を除いた単電源用オペアンプも多くなってきました。それぞれの場合の電源供給について説明します。単電源オペアンプの特徴は出力がほぼ0V付近まで出すことができることです。

■ 2電源方式の場合

プラスとマイナスの電源を使います。信号入出力はグランドレベルつまり0Vを基準としてプラスマイナスを入出力できます。これを実際の反転増幅回路で表すと図3-2-1となります。

この回路でのポイントは、図のようにプラスとマイナスの両電源ピンの近くにパスコン[†2] C_1、C_2を接続しておくことです。パスコンは電源から混入するノイズに対するフィルタの役割と、オペアンプ自身の急激な消費電流変動に対するバッファの働きをして安定な動作を確保します。

電源電圧の正負の電圧値そのものが多少異なっても、入出力信号はグランドとの電位差だけで動くので、影響はありません。ただし、出力信号の最大振幅電圧は低いほうの電源電圧で制限されます。

またR_3の役割はプラスとマイナスの入力のアンバランスを解消することです。これは、現実のオペアンプでは、わずかですが入力ピンに電流が流れ込みます。これが入力バイアス電流ですが、これにより理想的なオペアンプではなくなりプラスとマイナスの入力にアンバランスを生じさせます。このため、R_3をR_1とR_2の並列抵抗と同じ値にすれば、アンバランスが解消され特性を改善することができます。

---

†2 **パスコン** バイパスコンデンサ。電源回路の途中に挿入するコンデンサ。電源の供給を手助けし、グランドに流れるノイズ電流を平均化して減らすことができる。電源ピンの近くに必ず挿入することが推奨される。

●図3-2-1　2電源方式の基本回路

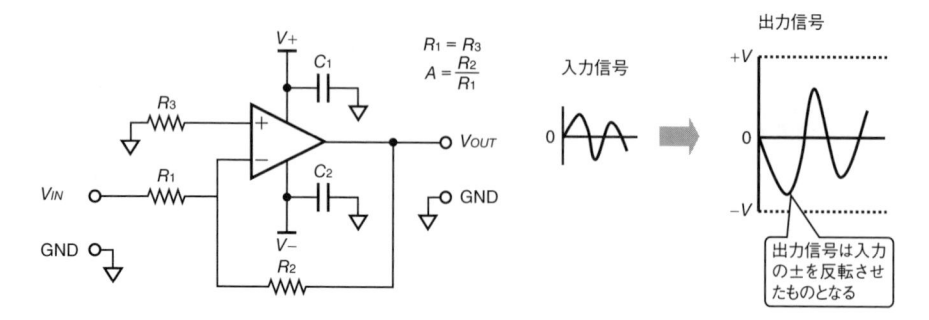

2 単電源方式の場合

プラス側だけの信号を扱えばよい場合には、オペアンプを単電源で使うことができます。この時の標準回路は図3-2-2のような非反転増幅回路にします。つまり、図のように入力も出力もプラス側だけの振幅となるので出力は入力をゲイン倍した相似形となります。電源にパスコンが必要なことも、R_3の役割も2電源方式の場合と同じです。

●図3-2-2　単電源によるオペアンプの駆動

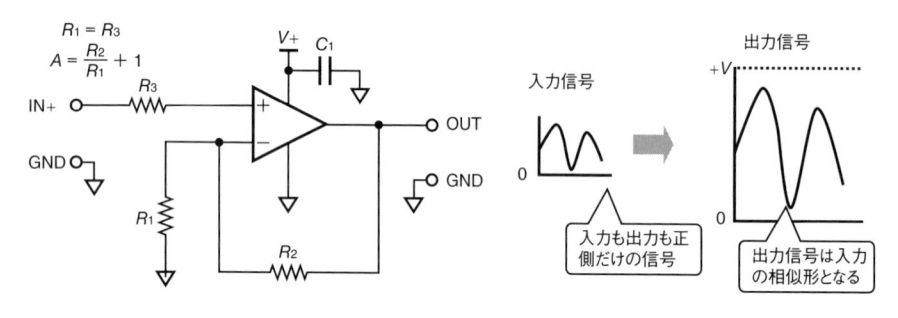

単電源でオペアンプを使う場合に注意しなければならないことがいくつかあります。

❶ 出力電圧の最大振幅

単電源で直流信号を増幅する場合の問題は出力信号の振幅の範囲です。つまり、一般の汎用オペアンプの出力は電源電圧一杯までは出せず、電源電圧より1Vから2V程度低い電圧までしか出力できません。これでは単電源のときには電源電圧に比較的低い電圧を使うことが多いため、有効な出力電圧範囲が狭くなってしまい困ります。このような場合には「Rail to Rail」と呼ばれる特性を持ったオペアンプを使います。このRail to Railの可能なオペアンプを使えば、図3-1-7のように電源電圧範囲よりわずかに低いところまで出力信号として出力することができます。

実際の例でどの程度かというと、「MCP6022」というオペアンプでは、図3-1-5で示したデータシートの「Maximum Output Voltage Swing」の項目から、電源V_{DD}が2.5Vから5Vの範囲の場合の出力電圧範囲は、$V_{SS}+15\text{mV}\sim V_{DD}-20\text{mV}$となっているので、ほぼ電源電圧と同じ範囲の振幅まで出力できることがわかります。

❷ 測定用には0V付近は使えない

　測定用途などで、単電源でオペアンプを使って増幅するときには、0V付近が問題になります。つまりRail to Railのオペアンプを使っても、入力が0Vのとき出力は完全には0Vにはなりません。したがって、計測用に単電源のオペアンプで直流電圧を増幅して使う場合には、0V付近の電圧は無視できるような使い方に限定する必要があります。どうしても0Vを使う必要がある場合は、マイナス電源を加えて2電源方式にする必要があります。

❸ そのままでは交流入力に使えない

　交流にはマイナス側の電圧を含むので、図3-2-2の標準回路のままでは交流に使うことができません。単電源回路を交流アンプとして使うときにはオフセットを強制的に加えて使う必要があります。

3-2-2 バッファアンプ回路

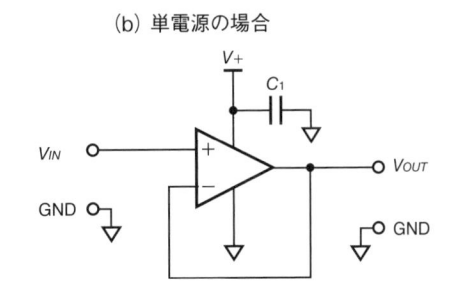

　非反転増幅回路の特別な場合として、図3-2-3のような回路を使うことがあります。この回路はフィードバックが100%なので入力と出力が同じ、つまり増幅率が1のアンプとなります。したがって入出力電圧には何も変化がないのですが、出力インピーダンスを小さくすることができます。つまり、出力電流を増やしたり、後段に接続される負荷の影響を前段に与えないようにしたりするために使われます。このため**バッファアンプ**とか**電圧フォロワ**とか呼ばれています。

　2電源の場合も単電源の場合もいずれもよく使われますが、単電源の場合にはプラス側の電圧しか増幅できないので注意が必要です。

　またバッファアンプとして使えないオペアンプもあります。データシートで、「ユニティゲイン動作で安定である」となっているオペアンプを使う必要があります。つまりゲイン1のときの位相余裕（Phase Margin at Unity Gain）が十分大きい（通常は60度以上のもの）オペアンプを使います。そうしないと出力が発振してしまうことになります。

●図3-2-3　バッファアンプ

(a) 2電源の場合　　　　　　　　(b) 単電源の場合

3-2-3 差動増幅回路

オペアンプはもともとプラス側入力とマイナス側入力の電圧差を増幅していますが、反転増幅回路や非反転増幅回路では、片方の端子をグランドに接続してしまっており、入力も出力もグランドとの電圧差で動作するようになっています。

このため、入力側を長い線で接続したり、信号源側のグランドとの間に電位差があったりすると問題が発生します。つまり両方の入力端子がグランドに対して同じ条件になっていないので入力端子に電圧差が生じてしまい、これが信号に重なって出力に現れてしまいます。

そこで、両方の入力端子を完全にバランスさせた回路が**差動増幅回路**と呼ばれる回路です。この基本回路は図3-2-4のようにします。

この回路では、$R_1 = R_2$ かつ $R_3 = R_4$ の場合には、両方の入力がグランドに対してバランスしているため、両方の端子とグランド間に同じ電圧(これをコモンモード電圧と呼ぶ)が加わっても差動電圧は現れないので出力には影響しません。増幅率は反転増幅回路と同じ考え方でよく、R_3/R_1 倍となります。しかし、この増幅回路を使う場合には、入力源側も差動出力として使えるようになっている必要があるので、使うときには注意が必要です。

●図 3-2-4　差動増幅回路

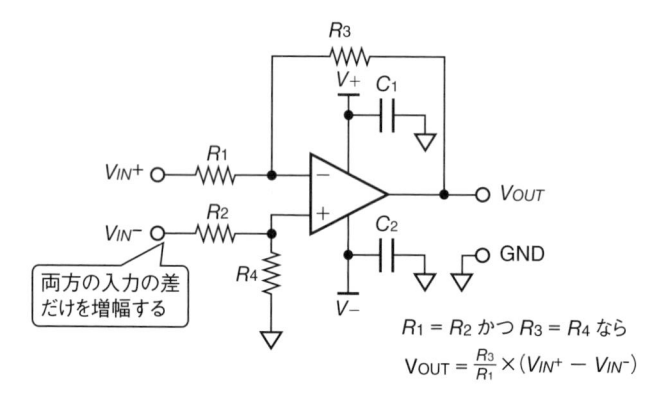

両方の入力の差だけを増幅する

$R_1 = R_2$ かつ $R_3 = R_4$ なら
$V_{OUT} = \frac{R_3}{R_1} \times (V_{IN^+} - V_{IN^-})$

この回路を電流検出用のアンプとして使うことができます。電流検出は通常測定する回路に直列に小さな値の抵抗を挿入し、その両端に発生する電圧降下で検出します。抵抗値が小さいため発生する電圧も小さいので増幅する必要があります。このような場合に差動増幅回路が使え、図3-2-5のようにして使います。この場合オペアンプのプラス入力側に流れる電流が測定電流に加わるので、オペアンプの抵抗値は大きめにする必要があります。またこの電流が一定方向であれば単電源のオペアンプで構成できます。

ただし、差動入力の同相電圧の制限から、被測定側の電源電圧が $V+$ と同じか低いという条件が必要です。

● 図3-2-5　電流検出回路の例

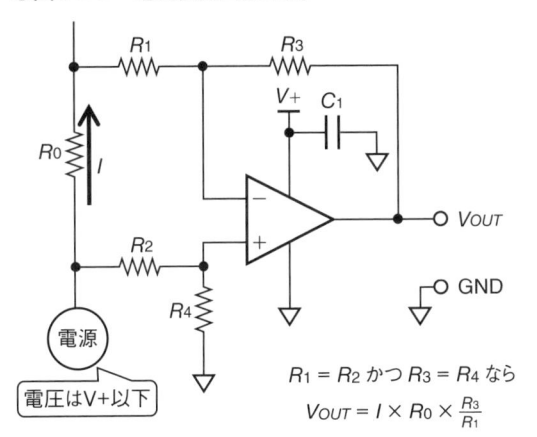

$R_1 = R_2$ かつ $R_3 = R_4$ なら
$V_{OUT} = I \times R_0 \times \frac{R_3}{R_1}$

電源（電圧はV+以下）

3-2-4　オフセットバイアスを加えた回路

　オペアンプの単電源動作の基本回路では、プラスの入力しか扱うことはできません。ここで、プラス側に強制的に電圧（**オフセットバイアス**）を加え、**動作基準点**を変更することで、プラスとマイナス両方の電圧を入力することができるようになります。この基本回路が図3-2-6となります。
　この回路では、$R_3 = R_4$であれば入力が$V+/2$のとき出力は$V+/2$と電源電圧の中央になります。したがってこれに入力信号が入った場合には、増幅され反転した波形が出力側に、$V+/2$を中心にして現れます。
　単電源で常に一定の電圧以上あるいは以下の入力が加わるような場合に、電圧をシフトして出力がプラスの範囲に納まるようにして使います。また交流入力の場合にも使うことができます。C_2のコンデンサは、抵抗自身によるノイズや、電源電圧に重畳しているノイズを減衰させる目的で挿入します。

● 図3-2-6　オフセットバイアスを加えた回路

$R_3 = R_4$ なら
出力 $V+/2$ が中心で上下する

出力信号は入力の±を反転させたものとなる

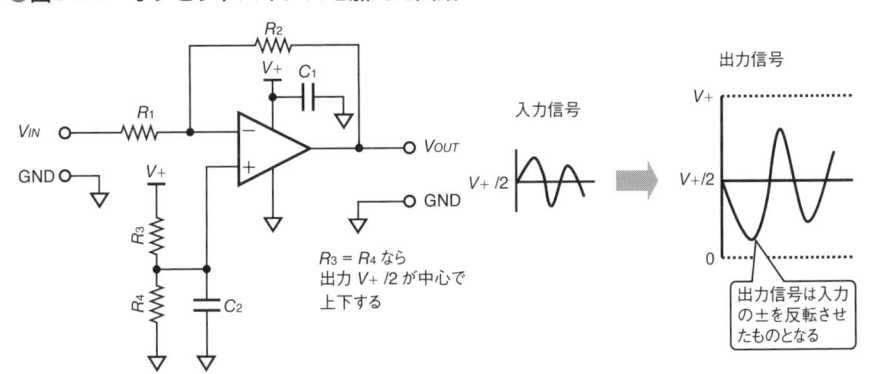

2電源回路の場合、このオフセットバイアスを非常に小さな電圧とすればオペアンプのオフセット誤差を補正する機能として使うこともできます。実際のオフセット補正回路は図3-2-7のようになります。
　この回路でVR_1の中点は$V+$から$V-$までの範囲で変化します。これをR_3とR_4で分圧してオペアンプに加えています。例えば、$V+ = 5V$、$V- = -5V$とし、$R_3 = 10kΩ$、$R_4 = 100Ω$とすれば50mVから-50mVの範囲でオフセットを調整できることになります。

●図3-2-7　オフセット補正回路を追加した回路

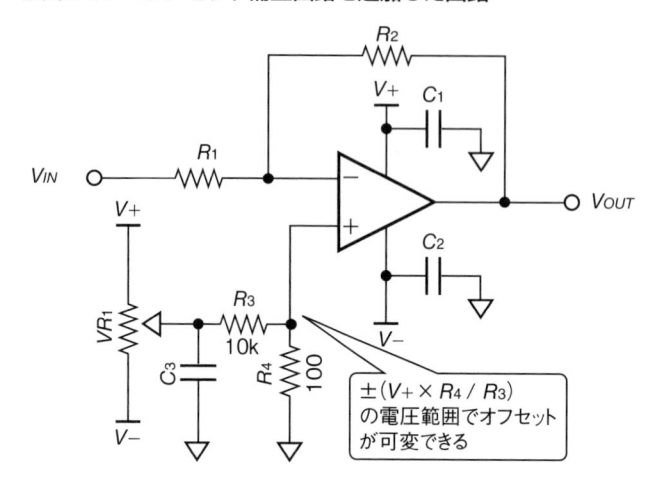

3-2-5　インスツルメンテーションアンプ回路

　図3-2-4の差動入力回路は実は完全には入力がバランスしていません。入力インピーダンスが両方で異なってしまうからです。つまり、それぞれの入力ピンに加わる電圧が異なると、入力から流れ込む電流値が変わってしまいます。入力源側が十分低いインピーダンスであれば大きな差にはなりませんが、精度の高い計測をする場合には誤差となって現れます。
　そこで完全に入力をバランスさせた回路が**インスツルメンテーションアンプ（計装アンプ）**と呼ばれる回路で、図3-2-8が基本回路となります。これは図3-2-4の前段にバッファ回路を追加した構成となります。
　これで入力回路は全く同じ構成になり、ハイインピーダンスになるので完全にバランスが取れることになります。さらにゲインには入力の抵抗は関係しないので、任意の値にすることができます。R_1が両方の入力アンプに共通に使われ、R_2との比でゲインを決める要素になります。これが非常に使いやすい機能で、R_1の抵抗値を変えるだけで全体のゲインをコントロールできることになります。
　2電源回路でも単電源回路でも使えますが、単電源の場合には、入力信号が両方とも正側だけで$V_{IN-} ≧ V_{IN+}$であるという条件が必要です。

圧力センサなどの抵抗ブリッジの差電圧の増幅アンプなどがこの条件に当てはまるので、よく使われています。

●図3-2-8　インスツルメンテーションアンプの基本回路

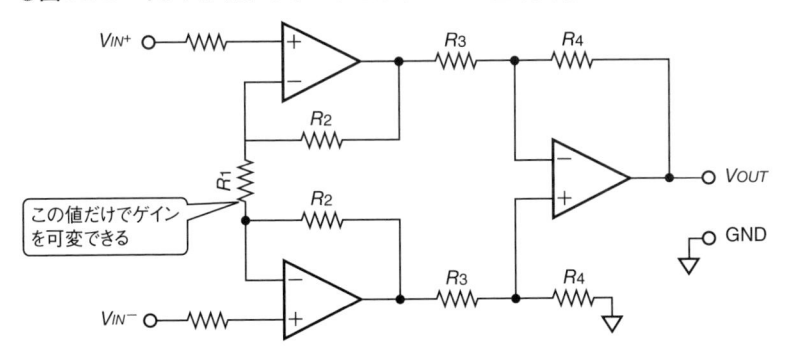

$$V_{OUT} = (V_{IN}^+ - V_{IN}^-) \times (\frac{2 \times R_2}{R_1} + 1) \times \frac{R_4}{R_3}$$

3-2-6　加算回路

　オペアンプで2つ以上の電圧の加算を行うことができます。その基本回路は図3-2-9のようになります。

　この回路で$R_1 = R_2 = R_3$とすると単純な2つの入力の加算となりますし、R_1とR_2の比を変えれば重みを付けた加算となります。

　さらに$R_1 = R_2$で$R_3 = R_1/2$とすると2つの入力の平均をとることになります。

　入力は2つ以上にもできるので、複数の電圧値の加算は自由にできます。ただし加算結果が$V+$を超えないようにする必要があります。

　この加算回路を応用すると、反転増幅回路でもオフセットバイアスをかけることができるので、オフセットの調整用にも使うことができます。

●図3-2-9　オペアンプによる加算回路

(a) 加算回路

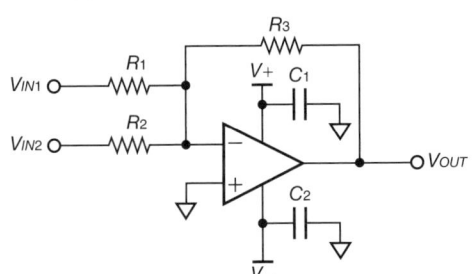

(b) 加算回路の動作

R_3には$\frac{V_{IN1}}{R_1} + \frac{V_{IN2}}{R_2}$の電流が流れるので、$R_3$による電圧降下は

$$-V_{OUT} = V_{IN1} \times \frac{R_3}{R_1} + V_{IN2} \times \frac{R_3}{R_2}$$

ここで$R_1 = R_2 = R_3$とすると
$-V_{OUT} = V_{IN1} + V_{IN2}$

3-2-7 ポジティブフィードバックとコンパレータ回路

　これまでのオペアンプの使い方はすべてネガティブフィードバックを使っていましたが、ポジティブフィードバック（正帰還）を使う回路もあります。この代表的な使用例はオペアンプをコンパレータとして使う場合です。
　コンパレータはセンサなどの電圧のHigh、Lowだけを検出して、デジタル回路への入力とするような場合に使います。

　オペアンプはフィードバックなしで使うと、マイナス入力を基準としてプラス入力が大きければ出力はプラス最大値に、小さければマイナス最大値に触れるので、もともと比較機能を持っていることになります。
　オペアンプは非常に大きな増幅度なので、差動入力のほんのわずかの差を検出することが可能です。
　しかし、実用的には余り感度がよいと困ることがあります。例えば、ちょうどスレッショルド付近のわずかな差しかない場合、出力がHighとLowを行ったり来たりして不安定な動作となってしまいます。
　このような問題を回避するためのテクニックがあります。それが**ポジティブフィードバック（正帰還）**と呼ばれる方法です。
　このポジティブフィードバック回路は、**シュミット回路**とか、**ヒステリシス回路**とも呼ばれていて、基本的な回路構成は図3-2-10 (a)のようになります。
　後段にマイコンなどを接続することになるので、多くの場合単電源動作とします。
　基準電圧V_Tが比較の基準電圧になります。この回路では、出力電圧をR_2とR_1で分圧した次の式で表される電圧がヒステリシスV_Hとなり、この電圧がV_Tに正帰還で加算されることになるので、図3-2-10 (b)のように出力を反転させるためには、入力は基準電圧よりこのヒステリシス分だけ余分な電圧が必要です。

$$V_H = (V_{OUT} - V_T) \times \frac{R_1}{R_1 + R_2}$$

　このヒステリシスがあると、ノイズなどのわずかの電圧差でコンパレータが動作して不安定になるのを防ぐことができます。
　実際のR_1、R_2、R_3の値の決め方は、R_1とR_3はバランスをとるため同じ値とします。通常は数kΩを使います。あとはヒステリシスをどの程度にするかでR_2を決めます。
　注意が必要なのは、スレッショルドの電圧によりHigh側とLow側でヒステリシスの値が異なってしまうということです。スレッショルドがV+/2であればヒステリシス値は同じとなりますが、これからずれるとヒステリシスの値が上下で異なる値となります。

● 図3-2-10 コンパレータのヒステリシス

(a) コンパレータ基本回路

(b) ヒステリシスの動作

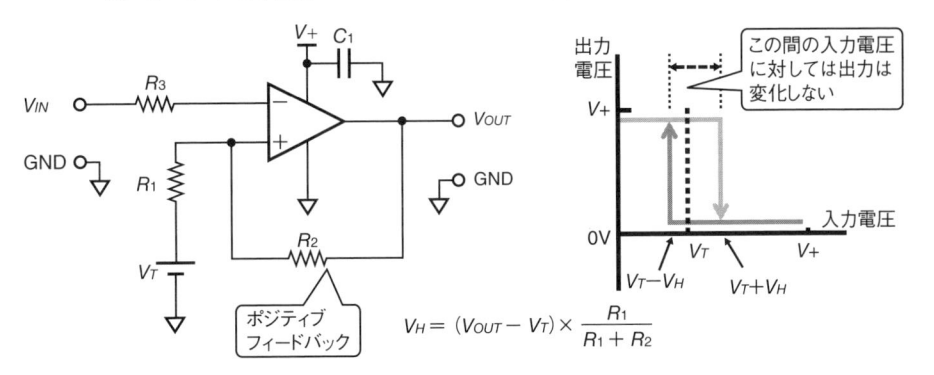

ポジティブフィードバック

$$V_H = (V_{OUT} - V_T) \times \frac{R_1}{R_1 + R_2}$$

実例として、$V_+ = 5V$単電源で基準電圧を$V_T = 1V$としたコンパレータ回路を考えてみます。$R_1 = R_3 = 10kΩ$、$R_2 = 1MΩ$とすると、

出力が1→0になるときは　$V_H = (5 - 1) \times \dfrac{10k}{1M} \fallingdotseq 40mV$

出力が0→1になるときは　$V_H = (0 - 1) \times \dfrac{10k}{1M} \fallingdotseq -10mV$

というヒステリシスとなります。

このヒステリシスの大きさを変えたいときは、R_1とR_2の比を変えればよいということになります。R_1を大きくすればヒステリシスが大きくなり、小さくすれば小さくなります。

3-2-8 定電流回路

オペアンプを出力用途で使う場合もあります。図3-2-11は**定電流回路**で、図3-2-11(a)が吸い込みタイプで、V_{IN}で設定した電圧によりI_{IN}に吸い込む電流を一定に保つ働きをします。同じように、図3-2-11(b)は吐き出しタイプで、同じようにV_{IN}で設定した電圧によりI_{OUT}で吐き出す電流を一定に保ちます。

定電流値はイマジナルショートから、$V_{IN} = R_2 \times I_{IN}$ または $V_{IN} = R_2 \times I_{OUT}$ となるので、いずれもV_{IN}/R_2で決まる電流が流れます。R_2とV_{IN}以外の要素がないので一定の電流となります。

ここでQ1のトランジスタには、I_{IN}、I_{OUT}の電流が大きい場合にはダーリントンタイプのトランジスタ[†3]で電流増幅率hfeの大きなものを使います。またR_1はオペアンプの過電流保護用なのでなくても構いませんが、数100Ω程度とします。

[†3] ダーリントントランジスタ　2個のトランジスタをチップ内部でダーリントン接続したもの。電流増幅率が2個のトランジスタの積となるため、電流増幅率が非常に大きな1個のトランジスタとして使うことができる。

● 図 3-2-11　定電流回路

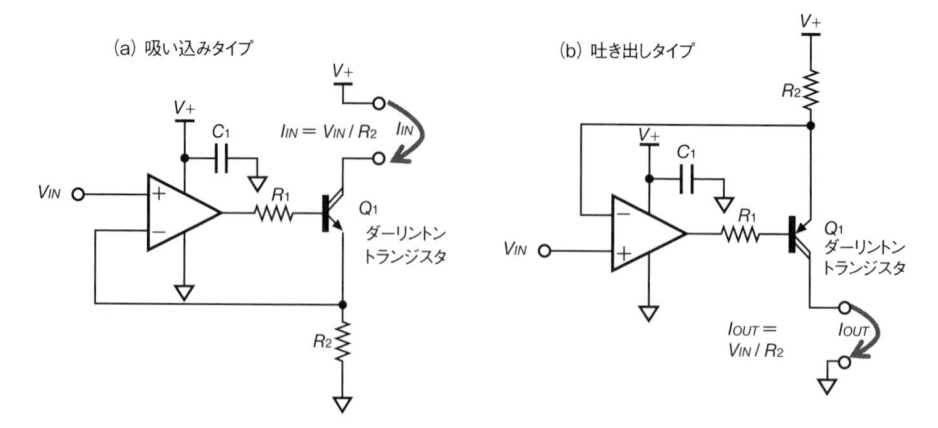

(a) 吸い込みタイプ　　　　　　　　　(b) 吐き出しタイプ

$I_{IN} = V_{IN} / R_2$

$I_{OUT} = V_{IN} / R_2$

ダーリントントランジスタ

3-2-9　交流増幅回路

■ 2電源方式の交流増幅器

2電源方式の交流増幅器の基本回路は図3-2-12のようになります。

これは2電源方式の基本の反転増幅回路にC_3とC_4のコンデンサが追加されただけです。つまり信号に含まれる直流分をC_3とC_4でカットして、交流だけが通過するようにしたことになります。このコンデンサは前段、後段と接続するためのものなので**カップリングコンデンサ**と呼んでいます。

● 図 3-2-12　交流用の反転増幅回路

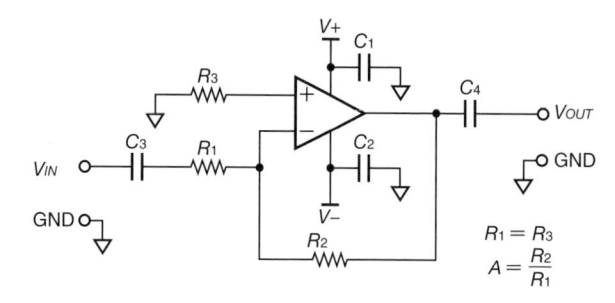

$R_1 = R_3$
$A = \dfrac{R_2}{R_1}$

各定数の決め方も、C_3とC_4以外は直流の場合とまったく同じ考え方でできます。

C_3の入力カップリングコンデンサはハイパスフィルタの役割をするので、通過させる最低周波数fcと入力インピーダンスR_{IN}から

$$C_3 > \dfrac{1}{2\pi fc \times R_{IN}}$$

となるように決めて目的の周波数が減衰しないで通過するようにします。ここでオペアンプ回路の入力インピーダンスR_{IN}は、R_1とR_2の並列抵抗となります。

例えば、$fc = 20\text{Hz}$、$R_1 = 5\text{k}\Omega$、$R_2 = 50\text{k}\Omega$とすると

$R_{IN} = 50\text{k}\Omega$と$5\text{k}\Omega$の並列$≒ 4.5\text{k}\Omega$

$C_{IN} > \dfrac{1}{6.28 \times 4.5\text{k}\Omega \times 20\text{Hz}} = $約$1.8\mu\text{F}$

となるので、実際の値としては$2.2\mu\text{F}$か$4.7\mu\text{F}$を使います。

C_4の値は次に接続される回路の入力インピーダンスを基にして同じように求めます。

❷ 単電源方式の交流増幅器

単電源の交流増幅器の回路は図3-2-13のようになります。オペアンプの＋入力には電源電圧をR_3とR_4で分圧したオフセットバイアス電圧が加えられています。$R_3 = R_4$とすれば電源電圧の1/2の電圧が加わります。こうすると入力が0Vのとき出力が電源電圧の1/2となり、この電圧を中心にして交流信号が両側に振れることになります。そのほかの定数の決め方は2電源方式の場合と同じです。

正側だけの電圧で出力されるので、この出力を直接マイコンに接続することもできます。

●図3-2-13 単電源の交流増幅器

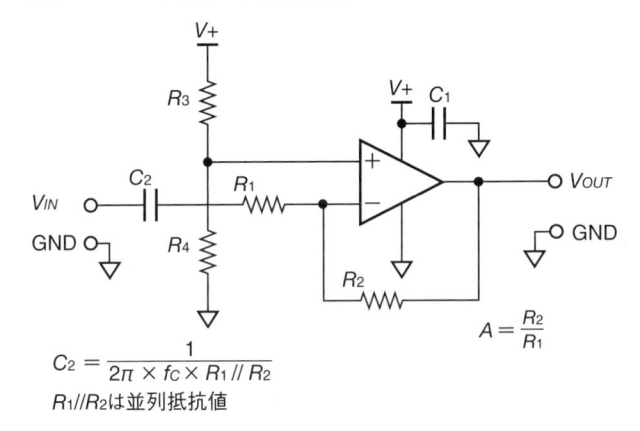

$C_2 = \dfrac{1}{2\pi \times fc \times R_1 /\!/ R_2}$

$R_1 /\!/ R_2$は並列抵抗値

$A = \dfrac{R_2}{R_1}$

3-3 直流増幅回路の設計方法

オペアンプの基本回路や特性に関して理解できたところで、次は、具体的にオペアンプを使った回路設計方法を説明します。まず、直流を増幅する回路の設計方法です。マイコンのシグナルコンディショニングで直流を扱う場合、多くは計測用として使われます。そこで計測用の増幅器としてオペアンプを使う場合の設計上のポイントを説明します。

3-3-1 直流増幅回路の設計留意事項

直流増幅で扱う信号は、完全な直流から低周波で変動する信号を含んだ範囲を扱うことが大部分です。例えば温度センサや加速度センサなどを含み、計測用が基本の用途となります。

このような直流アンプを設計する際に考えなければならない項目は表3-3-1のようになります。増幅する対象の電圧がmVレベルか、Vレベルかで設計が大きく変わるので、まずは入力電圧が高いほうから具体的な例で説明します。

▼表3-3-1 直流増幅回路設計時のポイント

項　目	課　題	検討内容
振幅電圧	扱う信号にプラスマイナスがあるか	出力信号にプラスマイナスが必要な場合には、電源もプラスマイナスが必要 片側極性だけのときは単電源でも可
	扱う信号のレベル	極微小電圧か 電圧増幅率はいくつかにすればよいか 一段増幅で構成するか多段構成にするか
	入力信号の電圧の全範囲を正しく出力できるか	電源電圧が出力電圧より高いことが条件 オペアンプの最大出力振幅電圧が関係
精度	電圧変換に必要な精度	特に高精度な変換の場合は温度補償が必要 電源の精度も要検討
オフセットドリフト	入力0のとき、出力も0になるか 温度などによる変動範囲	特に高精度なアンプの場合には誤差になるので問題、オフセット補正が必要 オペアンプにオフセット変動の少ないものを使う
ノイズ	ノイズが重畳しているか	信号にノイズが重畳している場合は除去フィルタが必要になる
インピーダンス	出力、入力のインピーダンスマッチ	特別に低いインピーダンスの出力が必要か 特別に高いインピーダンスの入力が必要か

3-3-2 設定用可変抵抗とのインターフェース設計例

　設定用に可変抵抗を使い、その電圧値をA/Dコンバータでデジタル値に変換して設定値として用いる場合を考えます。

　設定用の可変抵抗の出力は、電源($V+$)とグランドの間に可変抵抗の両端を接続すれば、0Vから$V+$まですべての範囲を可変できます。したがって、この場合には増幅は不要で、そのままマイコンのアナログ入力ピンに接続できます。マイコン側も$V+$で動作していれば全範囲をデジタル値として変換できます。この場合の接続回路は図3-3-1 (a)のようにします。

　R_1は保護用抵抗で、電源やグランドがVR_1経由で直接マイコンのピンに接続されないようにしています。またC_1のコンデンサはノイズ低減用で、可変抵抗の変化がスムーズになるようにします。

　ここで注意が必要なことは、可変抵抗には図3-3-1 (b)で示すような変化カーブに種類があることです。直線的に設定値を変化させたいときはBカーブでよいのですが、音量や明るさなどを調整する場合には、人間の感覚が対数的であることに合わせてAカーブを使うとスムーズな変化に感じるようになります。

●図3-3-1　設定用可変抵抗の接続

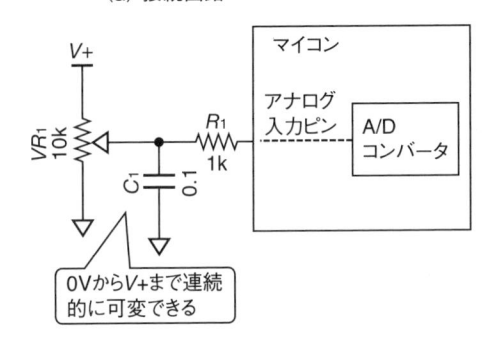

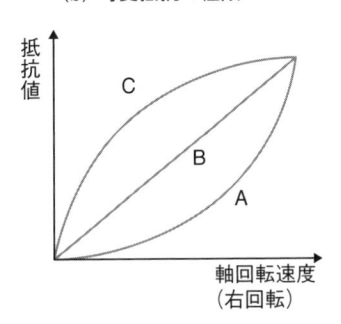

3-3-3 温度センサとのインターフェース設計例

　半導体型温度センサの多くは、温度1度あたり10mVから20mV程度の傾きを持った直流電圧出力となっています。これをマイコンに接続するためのインターフェース回路を考えてみます。

　まず電圧範囲ですが、-20℃から+50℃までの70℃の範囲を計測する場合には、全電圧変化幅は0.7Vか1.4V程度になります。これをマイコンのアナログ入力とするには、数倍程度の増幅をするとA/Dコンバータの全入力範囲を使えるようになります。

実際の回路で設計を進めてみます。使う温度センサをLM35DZとし、50℃まで計測できる温度計を製作します。

このセンサは2℃から150℃の範囲で0V＋10mV/℃の電圧を出力します。したがって2℃から50℃までの範囲を計測する場合には、20mVから500mVの出力ということになります。

1 回路構成を決める

温度センサの出力は温度に比例する正のみの電圧出力なので、アンプ出力を入力信号と同じ極性にするため非反転増幅回路を使います。また、デジタル回路と電源が共用できるようにすれば、全体の回路が簡単化されるので、5V単電源のオペアンプ回路とすることにします。

オペアンプにはMCP602を選択しました。オペアンプのオフセット誤差はデータシートによると±2mVありますが、この温度センサの精度を加味すると無視してよい範囲なので、無調整とすることにします。これで回路を決めると図3-3-2のようになります。

●図3-3-2　温度センサとのインターフェース回路

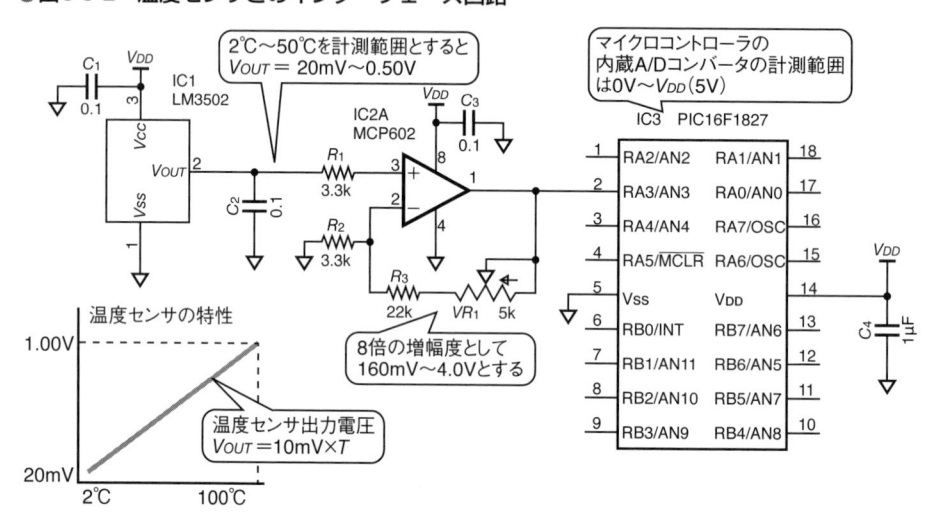

2 必要なゲインを求める

温度センサの出力は2℃から50℃のとき20mVから500mVなので、オペアンプの最大出力電圧が電源電圧よりやや低い4.0Vとなるようにするとすれば、4V÷500mV＝8倍となります。これで2℃のとき160mVとなるので0V付近は使わないことになり、オペアンプの振幅制限はすべてクリアできることになります。

3 R_2、$R_3＋VR_1$でゲインを設定する

R_1は単にバランスを取るためだけなのでR_2と同じ値とします。R_1、R_2の大きさは入力源となるセンサなどが要求する負荷抵抗で決めますが、大体数kΩが一般的な値となります。

ここでR_2を3.3kΩとすると、（$R_3＋VR_1$）の抵抗には、非反転増幅回路の基本の式から、

$$8 = \frac{R_3 + VR_1}{R_2} + 1、つまり \quad 7 \times R_2 = R_3 + VR_1 \text{ となるので、}$$

R_2の7倍つまり23.1kΩが必要ということになります。

　ここでVR_1に可変抵抗を使ったのは、抵抗値には誤差があり、3.3kΩといっても数％の誤差があるためです。つまりR_3を固定抵抗と可変抵抗（ボリューム）の直列構成にして、$R_3 + VR_1$の抵抗値とすることにします。可変抵抗を調整することで、R_2やR_3の抵抗値に多少の誤差があってもぴったりの増幅度に調整することができます。固定抵抗と直列構成にしてVR_1を小さめの値にすれば、調整範囲が狭くなり微調整がやりやすくなります。

4 その他の定数を決める

　C_2のコンデンサは、温度センサ出力のノイズ吸収用で簡単なローパスフィルタの機能を果たします。0.01μFから0.1μF程度の値としておきます。C_1、C_3のコンデンサは電源用パスコンで、通常0.1μFから数μF程度の積層セラミックコンデンサを使います。

　以上ですべての回路設計が完了したことになります。

3-3-4　ホールセンサとのインターフェース設計例

　次に**ホールセンサ**[†4]とのインターフェース回路を考えてみます。
　実際のホールセンサは図3-3-3のような4端子の半導体素子で、±電流の2端子間に定電流を流しておいて、素子に磁力が加わると電流と直角方向にホール電圧を発生します。このホール電

●図3-3-3　ホールセンサの外形と規格

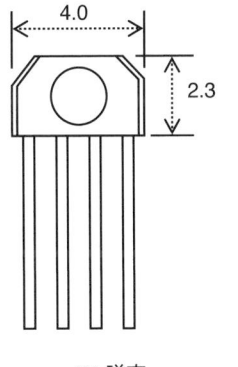

型名：THS119
【規格】
最大電流Ic　　：10mA
入力内部抵抗：450〜900Ω（Ic＝5mA）

ホール電圧　　：55〜140mV（Ic＝5mA、0.1T）
直線性　　　　：±2％
出力内部抵抗：580〜1350Ω（Ic＝5mA）

【ピン配置】
1：電流＋
2：出力＋
3：電流−
4：出力−

[†4]　**ホールセンサ**　磁界の強さに応じた電圧を出力する素子。位置や動き、回転速度などの検出に使われる。

圧を取り出すため専用の±出力端子があります。発生する電圧は、数10mVから100mVと比較的高いものです。このセンサを使う回路を設計してみます。

1 定電流値を決める

　最初に設計するのは定電流回路ですが、電源電圧は5V単電源で進めることにします。まず、ホールセンサにどれくらいの電流を流せばよいかを決めます。データシートから電流と出力ホール電圧の関係は図3-3-4のようになっています。電流値が大きいほど大きな出力電圧が得られます。また、入力内部抵抗が最大900Ωとなっており、電源電圧5V以内で流せる電流としては5mA×900Ω≒4.5Vなので、これ以上は難しくなります。さらに定電流回路を図3-2-11（a）のものを使うとすると、抵抗R_2の電圧降下分も5Vの中で確保する必要があるので、この分を見込んで4mA流すことにします。これでホールセンサでの電圧降下は4mA×900Ωで3.6Vとなります。R_2の電圧降下分を1Vとして、$R_2 = 1V \div 4mA = 250Ω$となります。

●図3-3-4　電流とホール電圧の関係（データシートより）

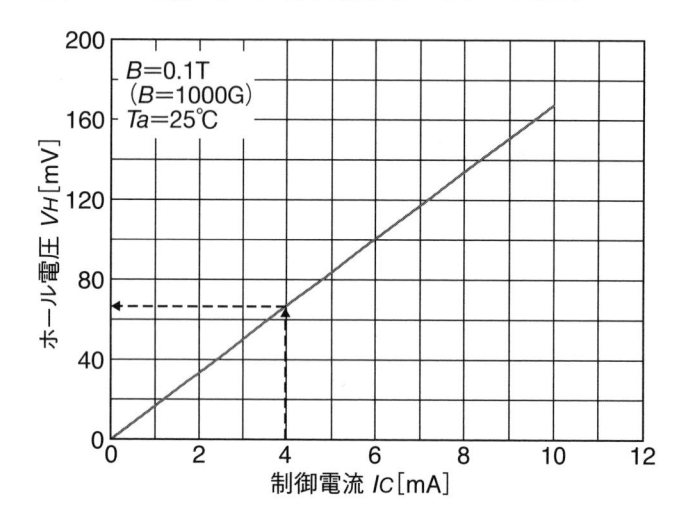

2 回路構成を決める

　ホールセンサの出力は出力端子間の電位差なので、出力側に使う増幅器は差動増幅回路を使うことになります。結果として設計した回路は図3-3-5となります。

3-3 直流増幅回路の設計方法

●図3-3-5　ホールセンサとのインターフェース回路

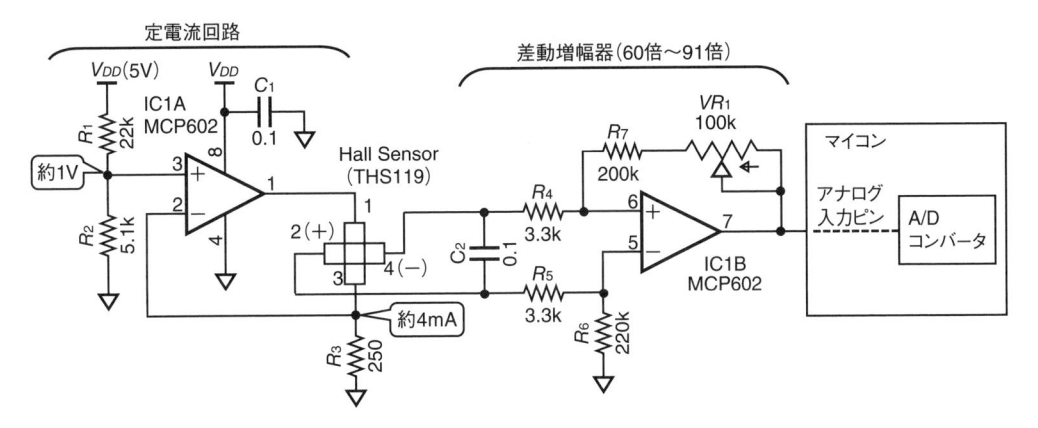

3 定数を決める

　定電流回路の定数を決めます。まずR_3は250Ωとしたので決定済みです。あとはR_1とR_2ですが、分圧した電圧が1VになるようにすればR_3の電圧降下が1Vとなって4mA流れることになるので、R_1を22kΩ、R_2を5.1kΩとしました。

　出力側の差動増幅器のゲインを決めます。まず、データシートから磁力と出力電圧の関係は図3-3-6となり、これに4mAの線を追加すると、出力電圧は1,000ガウス(0.1テスラ)まで計測するとすれば0Vから65mVということになります。

　5V÷65mV≒77倍となり増幅器に必要なゲインは77倍となります。しかし、ホールセンサの規格をみると、ホール電圧は同じ条件でも55〜140mVと非常に幅があります。したがってゲインは調整できるようにして校正する必要があることがわかります。また、0V付近の計測はそれほど必要ないとすれば単電源の振幅範囲制限をクリアできます。

　こうして増幅器の入力抵抗R_4、R_5を3.3kΩとすれば、

　　　$R_7 + VR_1 = 3.3\mathrm{k}\Omega \times 77$倍 ≒ 250kΩ

となるので、これが中心となるようにR_7を200kΩ、VR_1を100kΩとしました。

● 図3-3-6　磁束と出力電圧の関係（データシートより）

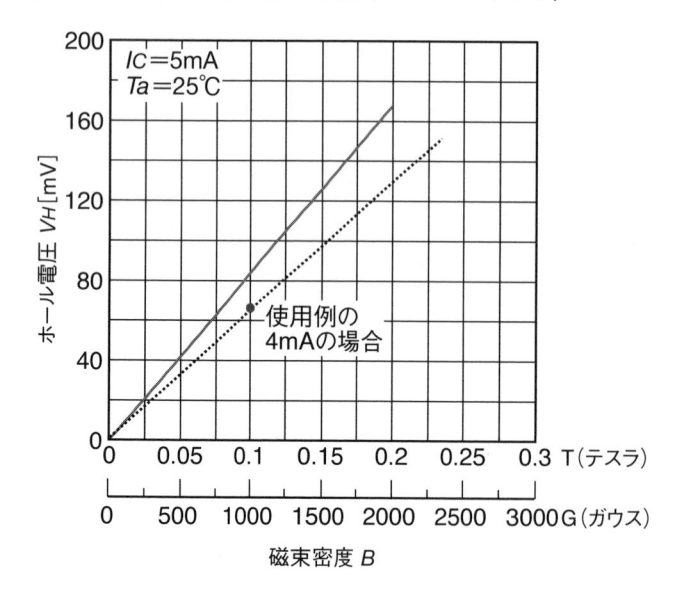

これで全体の定数が決まり、図3-3-5の回路設計が完了したことになります。

C_2のコンデンサはノイズ対策です。使用するオペアンプは、計測対象がそれほど高速な必要がないとすれば、汎用のものなら大抵のものは使えます。

3-3-5　高精度増幅回路の設計

直流増幅回路では、高精度のアナログデータを扱うときには注意が必要です。3-3-3項のような温度入力の場合には、センサ自身の精度が±1℃程度とそれほど高精度ではないため、アナログ入力回路の精度をあまり高精度にする必要はないので図3-3-2の回路で十分です。

しかし、例えば温度センサに非常に高精度のものを使って、温度測定精度を±0.1℃以下、つまり0.1℃÷50℃＝0.2％以下にしようとすると、この数倍の0.1％以下の精度の増幅回路が必要となります。

この精度の入力回路を作る場合には、回路に使っているオペアンプや抵抗や可変抵抗などの素子そのものの変動誤差、特に温度変化が問題になります。例えば、一般的な炭素皮膜抵抗の温度係数は200ppm/℃程度あり、50℃の範囲で使うとすると、10,000ppm（0.1％）以上もずれることになります。このような場合には、特別に温度変化の少ない抵抗素子を選択したり、可変抵抗の温度変化を抑制する回路の工夫をしたりしなければなりません。

また、オペアンプ自身の特性も影響があり、オフセットドリフトの変動が小さいものを選択する必要があります。

mVレベルの直流電圧を増幅する場合には、増幅率を大きくしなければならないので、オフセットの調整が必須となりますし、そのドリフトにも留意しなければなりません。

オフセットの調整は、前節の図3-2-7の回路を使えばできますが、可変抵抗の温度特性などでかえって温度変化が大きくなったりするため、最近は余り使われなくなり、「**低オフセット**」というオペアンプを選んで使うようになりました。これで100μV程度までは低くすることができます。

温度や経年変化によるドリフトを補正する回路を組み込むのは現実的ではないので、もともとドリフトの小さなオペアンプを選択する必要があります。

例えば、マイクロチップのオペアンプには特別にオフセット誤差を小さくした種類があって、表3-3-2のように極小さなオフセットのものもあります。

EEPROMによる補正とは、工場出荷時にオフセット誤差を計測し、キャンセルする値をEEPROMに書き込んで内部D/Aで補正する機能をもつものです

初期校正型は電源オン時に毎回上記補正をします。自動補正型は常時オフセット誤差を内部で測定し補正するようにしています。

この自動補正型の数μV以下のオフセット誤差であれば、オフセット誤差はないといえるレベルです。

▼表3-3-2　低オフセットオペアンプの種類

種類	汎用	EEPROMによる補正	初期校正型	自動補正型
オフセット	±3mV	±250μV	±200μV	±3μV
経年変化	±300μV	±300μV	±50μV	±1μV
温度ドリフト	±2μV/℃	±2μV/℃	±2μV	±0.01μV/℃
製品例	MCP627x MCP628x MCP629x MCP6L7x MCP6L9x	MCP60x MCP61x MCP602x MCP603x MCP605x MCP606x MCP607x	MCP62x MCP65x MCP6N1x	MCP6V0x MCP6V2x

3-4 交流増幅回路の設計方法

オペアンプを使って音声や音楽、振動など、ある程度の周波数範囲の交流信号をマイコンに入力したい場合に必要となる、交流増幅回路の設計方法を具体的な例で説明します。交流増幅回路では、多くの場合数mVというような低レベル信号なので、十分に増幅しないとマイコンなどに入力できるレベルになりません。そこで大きなゲインを得ながら帯域を確保するため多段構成にすることが多く、ノイズ対策も重要な課題となります。

3-4-1 交流増幅回路の設計留意事項

交流増幅器でもオペアンプを使って増幅しますが、交流だけ増幅すればよいので、前項のような直流用のオペアンプ回路とはちょっと異なった課題があります。交流増幅の設計で考慮すべき項目は表3-4-1のようになります。

▼表3-4-1 交流増幅回路設計時のポイント

項目	課題	検討内容
振幅電圧	どの程度の信号レベルか	微小な電圧の増幅で大きなゲインが必要な場合は多段構成の増幅回路が必要となる
	入力信号の振幅電圧の全範囲を正しく出力できるか	入力電圧はゲイン倍されて出力されるので、電源電圧がこれを上回っていることが条件となる。さらにオペアンプ自体の最大出力振幅電圧も関係する
周波数特性	扱う周波数全範囲で正しくゲイン倍されているか	オペアンプ自体の周波数特性と設定ゲインで決まる。特にゲインが大きくなると周波数特性が悪化するので多段構成にする
ノイズ	ノイズ除去方法	大きなゲインでの増幅はノイズも増幅する。信号の帯域制限などのフィルタが必要
スルーレート	入出力が同じ波形になっているか	オペアンプ自体のスルーレート特性で決まる

オペアンプへの電源は、基本として扱う信号が交流であることから、プラスとマイナスの2電源方式が基本となっています。しかし、最近ではマイコンなどのロジック回路との接続が多くなってきたため、マイナス電源を除いた単電源で、オフセットバイアスを加えて使うことも多くなりました。交流増幅ではオフセットやドリフトが無視できるので、単電源でも容易に使えます。

しかし大きなゲインが必要なことが多いのでノイズ対策が重要な要素となります。

3-4-2 マイク用インターフェース設計例

マイクから入力した音声をマイコンで使いたい場合に必要となる増幅器です。マイクはもともとμVレベルの非常に小さな電圧しか出力しないのですが、最近はICアンプを組み込んだモジュールタイプのマイクが発売されています。こちらを使うとすでに増幅されているため扱いやすくなります。それでも出力電圧は－20dBVなので、かなりの増幅が必要です。

実際の回路で設計を進めてみます。まず、使用するマイクはモジュールタイプで電源が1.5V～5.5V、－22dBVの感度、周波数帯域は100Hz～10kHzとなっています。

1 回路構成を決める

マイコンに接続するには、数Vのレベルなので約0dBVです。したがって、増幅器に必要なゲインは22dBVとなります。つまり約13倍です（22dBV＝$20\log V_X$から、$V_X = 10^{1.1} \fallingdotseq 13$）。これであれば1段のオペアンプで十分です。マイコンに接続するので単電源で動作させることにします。これで、基本的な単電源の反転増幅回路でオフセットバイアスを追加すればよいことになります。こうして作成した回路が図3-4-1となります。

● 図3-4-1 実際の交流アンプの例

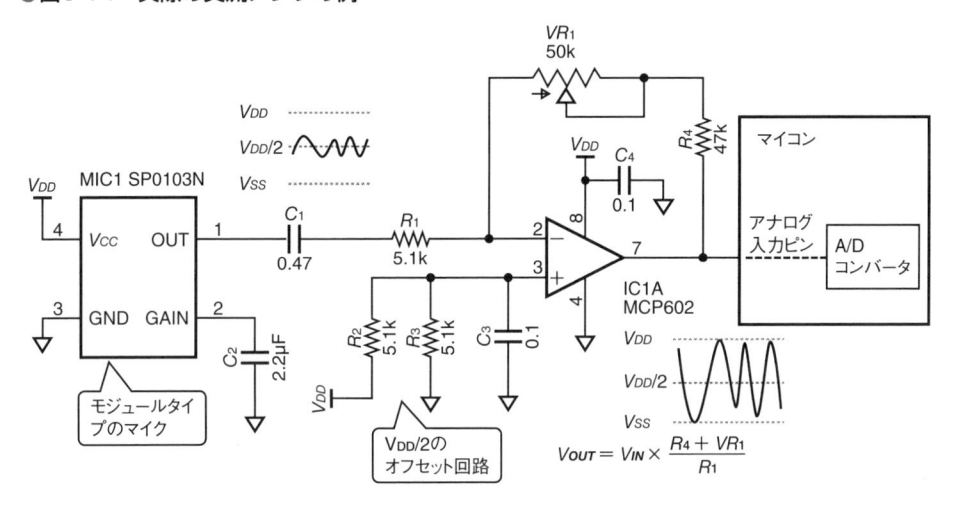

$$V_{OUT} = V_{IN} \times \frac{R_4 + VR_1}{R_1}$$

2 オペアンプを決める

次に必要なゲイン13倍と周波数特性10kHzを確保できるオペアンプを探すことになります。このような場合、各メーカから図3-4-2のようなオペアンプの性能差を表す図表があれば便利に使えます。

● 図3-4-2　オペアンプの種類一覧表

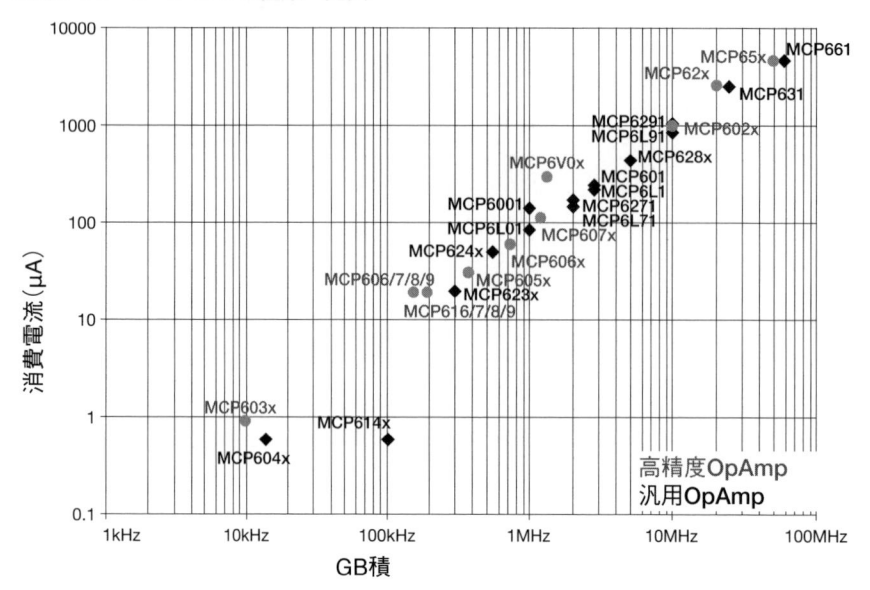

この一覧表の中ほどにあるMCP601ファミリからMCP602というGB積が2.5MHzのオペアンプで確認してみます。データシートから周波数特性グラフを見ると図3-4-3となります。

この図から、ゲイン20dBのときの周波数帯域幅は約100kHz以上と読み取れるので、問題なく10kHzは増幅できます。

● 図3-4-3　MCP602のゲインと周波数特性

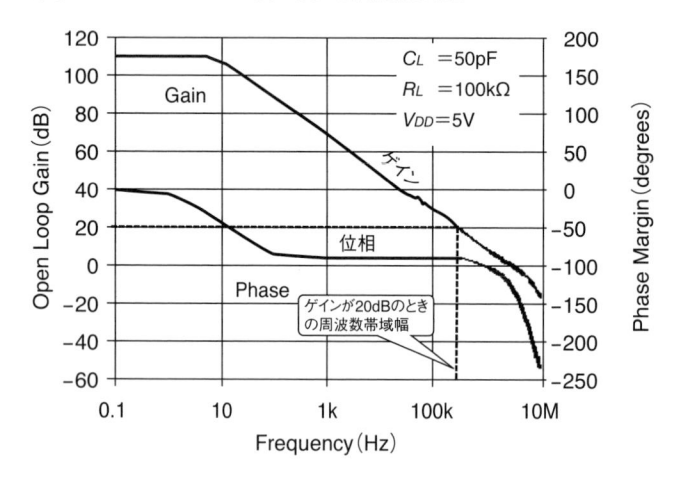

3 定数を決める

抵抗の定数を決めていきます。まずR_2、R_3はオフセットバイアス生成用ですから、同じ値で数kΩから数10kΩの範囲であれば問題ないので、5.1kΩとしました。

次にゲインを決める R_1 と R_4 です。マイクの信号なので、信号レベルにかなりの幅があることが予想できるため、可変抵抗を使ってゲインをちょっと広い範囲で可変できるようにします。目標は13倍のゲインですから、$R_1 = 5.1 \text{k}\Omega$ とすれば、$R_4 + VR_1 \geqq 66 \text{k}\Omega$ ということになるので、47k＋50kの可変抵抗として47k〜97kまで可変できるようにしました。

あとは C_1 の値ですが、マイクの低域100Hzまで減衰しないようにするには、$C_1 = 1/(2\pi \times 100\text{Hz} \times 5.1\text{k}) \fallingdotseq 0.31\mu\text{F}$ となるので、実際の値としては $0.47\mu\text{F}$ を使うことにします。

残りのコンデンサはパスコンなので、$0.1\mu\text{F}$ から数 μF の間で適当な値としておきます。

これで図3-4-1の回路設計ができたことになります。

3-4-3 超音波受信センサのインターフェース設計例

超音波の受信センサからの出力を増幅し、コンパレータで検出できるようにする増幅回路を考えます。

超音波センサの受信信号は、パルス状で40kHzのパルスが約1msec継続します。そのときの信号レベルは送信センサからの距離によって大きく変化しますが、およそ数mVです。増幅感度が高いほど長い距離を計測できることになります。この増幅器を設計してみます。

❶ 回路構成を決める

まず、40kHzという特定の周波数を増幅するのですから、交流増幅器ということになります。また、マイコンに接続するので、単電源の5Vで動作させることにします。

次にmVオーダーから3V程度まで増幅する必要があるので、ゲインは約500倍程度必要ということになります。これをオペアンプ一段で実現するには無理があるので、2段構成にします。ゲインを初段で33倍程度、2段目で15倍程度にすれば495倍となるので、この程度としておきます。

さらに超音波センサはグランドから浮いているので、差動入力で接続することにします。増幅したあとは、パルスの有無だけ検出できればよいので、両波整流してプラス側の1個のパルスにしてからコンパレータに入力して有無の判定をするようにします。こうしてでき上がった回路図が図3-4-4となります。

ここで、単電源の交流増幅器なので、オフセットバイアスを電源電圧の1/2として抵抗分圧で生成し、2段のオペアンプに共通で使います。

初段は差動入力ですが、精度はそれほど必要ないので、オペアンプ1個で差動増幅器を構成しています。コンパレータはマイコン内蔵のものを使うことにし、スレッショルドをマイコン内蔵のD/Aコンバータで自由に設定できるようにしておきます。

両波整流には、ショットキーバリアダイオード[5]を使って、低い電圧から整流できるようにします。

---

[5] ショットキーバリアダイオード　順方向の電圧降下が0.3Vと低い特徴を持つダイオード。スイッチングが高速なのも特徴の1つ。

●図3-4-4 超音波センサ用増幅回路

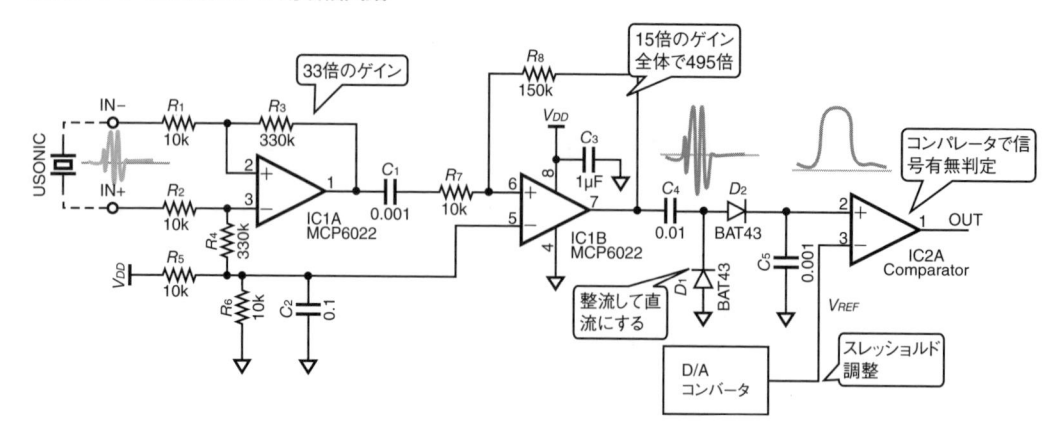

2 オペアンプの選択

　初段の増幅器はゲインが33倍（約30dB）で、40kHzの増幅が必要なので、図3-4-2で少しGB積が大き目のものを選択します。ここでは、GB積が10MHzのMCP6022を選択しました。このオペアンプの周波数特性は図3-4-5のようになります。
　この図から、30dBのゲインのときの帯域は100kHz以上となるので40kHzは問題なく増幅できます。

●図3-4-5　オペアンプの周波数と位相特性（MCP6022のデータシートより）

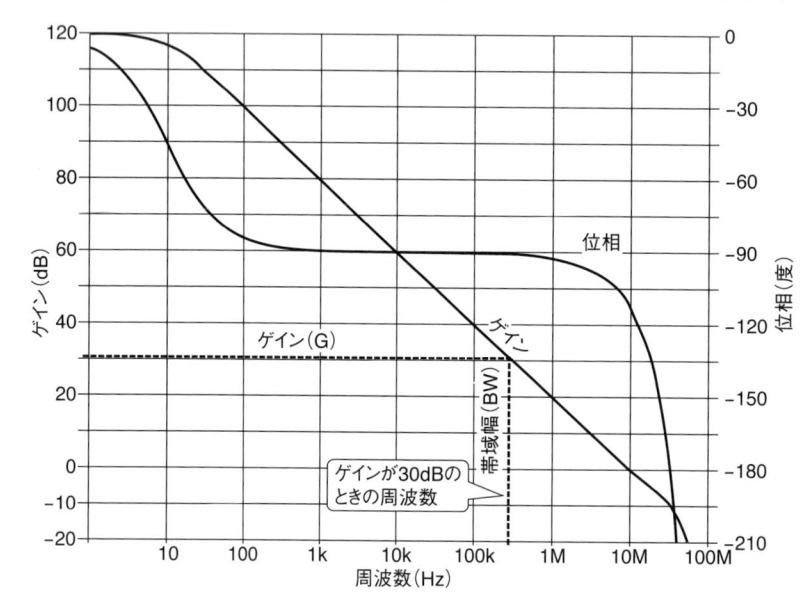

3 回路定数を決める

分圧抵抗のR_5とR_6は適当な値として同じ10kΩとしました。超音波センサの負荷はあまり大きくないほうが効率よく電圧を取り出せるので、R_1とR_2を10kΩとします。初段は33倍のゲインが必要なので、R_3は330kΩが必要となります。

2段目も同じ構成としてゲインが15倍なので、R_7は10kΩ、R_8は150kΩとします。結果の総ゲインは2段で33倍×15倍＝495倍となりほぼ500倍となりました。

次に結合コンデンサC_1の値を決めます。この回路では40kHzという特定の周波数だけ増幅すればよいので、ハイパスフィルタの構成にして、余計な低い周波数は通過しないようにしてしまいます。

$C_1 = 1 / (2\pi \times 40kHz \times 10k) \fallingdotseq 0.0004\mu F$ となるので、やや大きめの$0.001\mu F$として、40kHzは減衰することなく通過できるようにします。

次の段の段間コンデンサC_4は、整流回路に十分エネルギーを供給できるように大きめの$0.01\mu F$としています。

整流後の平滑用コンデンサC_5は周波数が高いのと、短時間の平滑だけなので、大きい容量だと波形が抑制されてしまいます。このため小さめの$0.001\mu F$としました。これで平滑後の波形は、図3-4-3の図中にあるように、1個のパルスとして出力されます。パルスのピーク電圧は超音波送信センサとの距離に反比例して変わります。ノイズとの区別がつくようなスレッショルドにして、コンパレータで波形の有無を検出するようにマイコン側でD/Aコンバータを設定します。

3-5 フィルタの基本回路

シグナルコンディショニングの中で、不要な信号を減衰させて目的の信号だけを増幅するようにしたいと思うことがあります。このような場合に使える回路がフィルタ回路です。

本項では、フィルタを構成する基本的な回路構成について説明します。

3-5-1 フィルタの種類と特性

フィルタには多くの種類がありますが、その基本となるものは次の4種類です。

❶ ローパスフィルタ

図3-5-1(a)のように、低い周波数のみ通過させ、高い周波数は減衰させます。通過帯域から3dBだけ減衰する周波数を遮断周波数と呼びます。

❷ ハイパスフィルタ

図3-5-1(b)のように、高い周波数を通過させ、低い周波数を減衰させます。
通過帯域から3dBだけ減衰する周波数を遮断周波数と呼びます。

❸ バンドパスフィルタ

図3-5-1(c)のように、ある特定の周波数近傍だけ通過させ、それより高いほうも低いほうも減衰させます。両端に遮断周波数があります。

❹ バンドストップフィルタ

図3-5-1(d)のようにある特定の周波数近傍だけ減衰させ、それより高いほうも低いほうも通過させるフィルタです。**ノッチフィルタ**とか、**バンドエリミネートフィルタ**とも呼ばれることがあります。

●図3-5-1 フィルタの種類

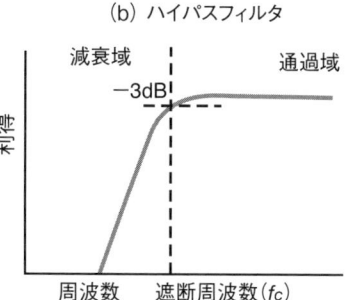

(a) ローパスフィルタ

(b) ハイパスフィルタ

3-5 フィルタの基本回路

(c) バンドパスフィルタ

(d) バンドストップフィルタ

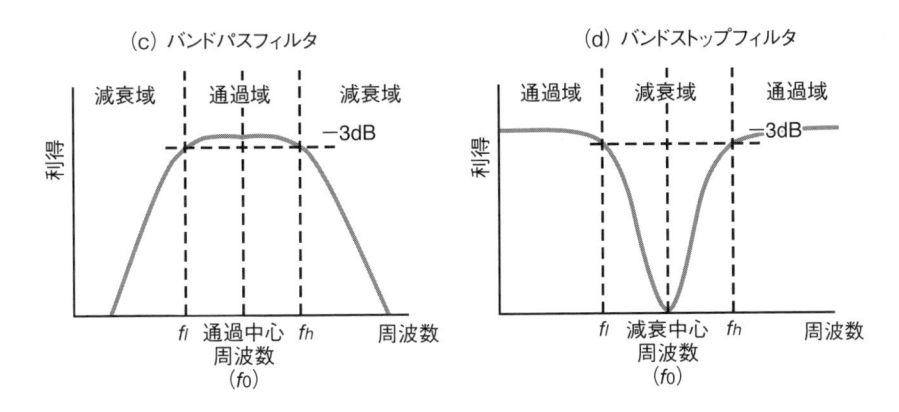

フィルタの特性として一番よく使われるのが**遮断周波数**で、いずれの場合も通過域に対し3dBだけ減衰する周波数のことをいいます。

次によく使われるのがフィルタの減衰傾きで、傾斜が周波数に比例するものを**1次フィルタ**、周波数の2乗に比例して減衰するものを**2次フィルタ**と呼んでいます。この次数が高いほど急激に減衰する傾斜を持つフィルタとなります。

1次フィルタの傾きは−20dB/dec となり、2次フィルタは−40dB/decの傾きとなります。

3-5-2 パッシブフィルタの構成と特性

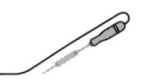

受動部品、つまり抵抗とコンデンサだけで構成するフィルタのことを**パッシブフィルタ**と呼び、図3-5-2のような回路構成と特性になります。

●図3-5-2 パッシブフィルタの種類と特性

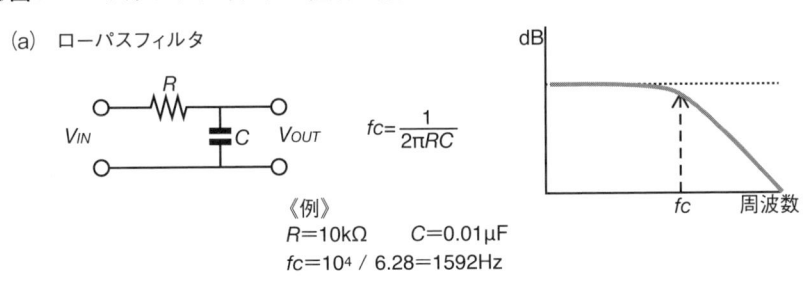

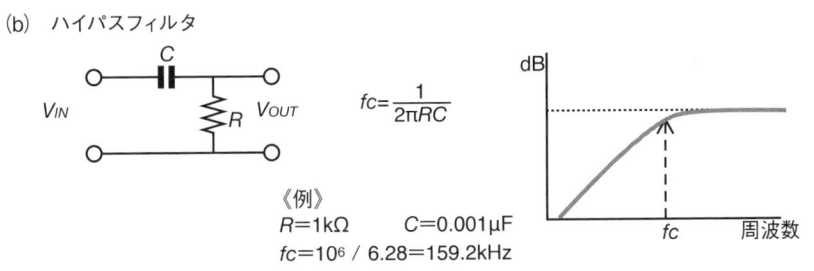

(a) ローパスフィルタ

$$fc = \frac{1}{2\pi RC}$$

《例》
$R = 10k\Omega$ $C = 0.01\mu F$
$fc = 10^4 / 6.28 = 1592Hz$

(b) ハイパスフィルタ

$$fc = \frac{1}{2\pi RC}$$

《例》
$R = 1k\Omega$ $C = 0.001\mu F$
$fc = 10^6 / 6.28 = 159.2kHz$

1 ローパスフィルタ

図3-5-2(a)のように、コンデンサで高い周波数を減衰させるもので、その遮断周波数fcは次の式で求められます。

$$fc = \frac{1}{2\pi RC}$$

傾きは1次フィルタとなるので、-20dB/decの傾きとなります。

2 ハイパスフィルタ

図3-5-2(b)のように、コンデンサで低域の周波数を減衰させるもので、その遮断周波数はローパスフィルタと同じ式で求められます。

3-5-3 アクティブフィルタの構成と特性

オペアンプという能動素子を使ったフィルタを**アクティブフィルタ**と呼び、回路構成により多くの特性とすることができます。基本の回路構成は次のようになります。

1 ローパスフィルタ

オペアンプを使ったアクティブローパスフィルタの基本回路構成は、図3-5-3のようになります。

●図3-5-3 アクティブローパスフィルタの基本構成

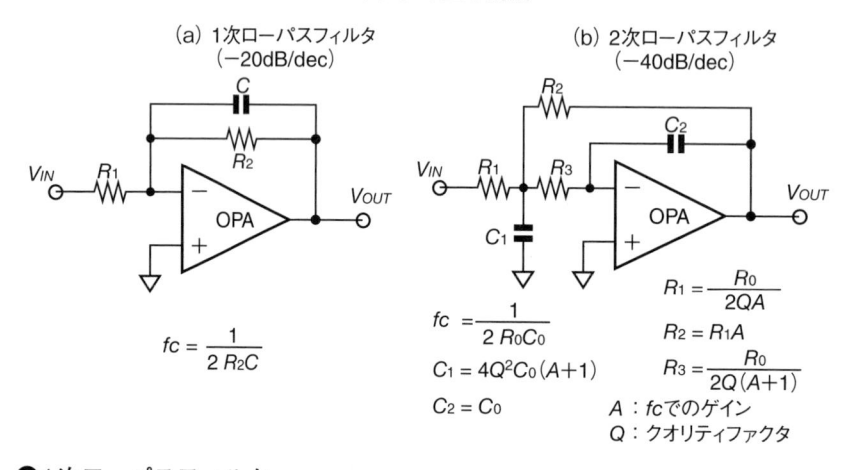

(a) 1次ローパスフィルタ (-20dB/dec)

$$fc = \frac{1}{2R_2C}$$

(b) 2次ローパスフィルタ (-40dB/dec)

$$fc = \frac{1}{2R_0C_0}$$

$$C_1 = 4Q^2 C_0 (A+1)$$

$$C_2 = C_0$$

$$R_1 = \frac{R_0}{2QA}$$

$$R_2 = R_1 A$$

$$R_3 = \frac{R_0}{2Q(A+1)}$$

A：fcでのゲイン
Q：クオリティファクタ

❶ 1次ローパスフィルタ

図3-5-3(a)が1次のローパスフィルタで、コンデンサCにより高周波のネガティブフィードバックを増加させることにより減衰させています。

遮断周波数はパッシブフィルタと同じで

$$fc = \frac{1}{2\pi R_2 C}$$

となります。1次フィルタなので-20dB/decの減衰特性となります。

3-5 フィルタの基本回路

パッシブフィルタと異なるのは、通過域に対し R_2/R_1 のゲインを持つことで、通過域の信号は増幅されます。

❷2次ローパスフィルタ

図3-5-3(b)が2次のローパスフィルタの場合で、多重の負帰還を使って急峻な減衰特性としています。遮断周波数は図中でクオリティファクタ(Q)を使って C_1、C_2 と R_1、R_2 から C_0 と R_0 を求めることで、次の式で求められます。

$$fc = \frac{1}{2\pi R_0 C_0}$$

ここで**クオリティファクタ**は遮断特性の急峻さを決めるパラメータで、図3-5-4のように、$1/\sqrt{2}$ の値にしたときが最も標準的な $-40\mathrm{dB/dec}$ の減衰特性となり、大きくするほど減衰が始まる肩の部分が持ち上がる減衰特性となり、小さくするほど肩の部分が緩やかな減衰特性となります。

●図3-5-4 クオリティファクタの差異

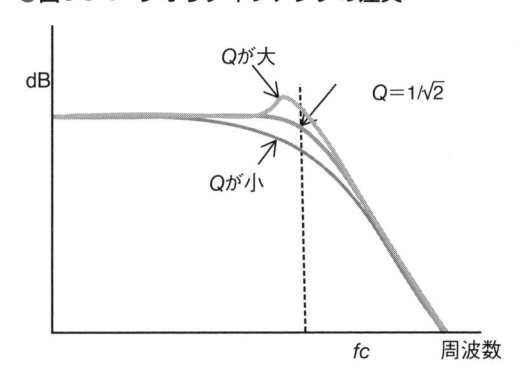

❷ ハイパスフィルタ

アクティブハイパスフィルタの基本回路構成は図3-5-4となります。

●図3-5-5 アクティブハイパスフィルタの基本構成

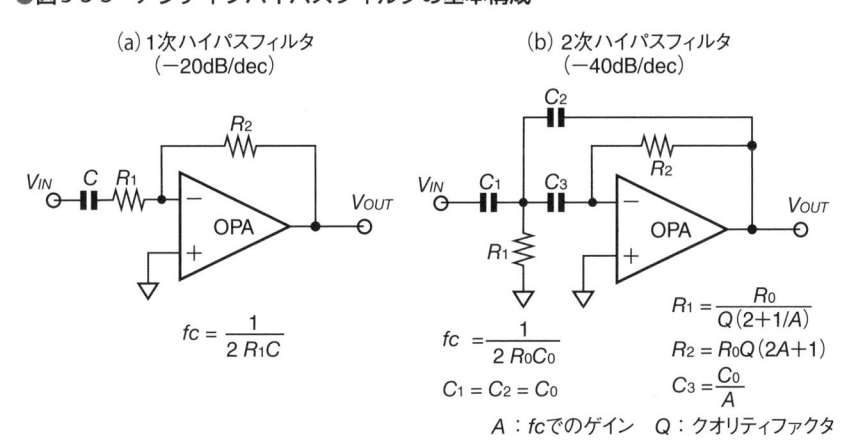

(a) 1次ハイパスフィルタ ($-20\mathrm{dB/dec}$)

$$fc = \frac{1}{2 R_1 C}$$

(b) 2次ハイパスフィルタ ($-40\mathrm{dB/dec}$)

$$fc = \frac{1}{2 R_0 C_0}$$

$C_1 = C_2 = C_0$

$R_1 = \dfrac{R_0}{Q(2+1/A)}$

$R_2 = R_0 Q(2A+1)$

$C_3 = \dfrac{C_0}{A}$

A:fcでのゲイン　Q:クオリティファクタ

❶1次ハイパスフィルタ

　図3-5-5（a）が1次のハイパスフィルタです。この構成は単純な交流増幅器の結合コンデンサと同じ役割なので、交流増幅器でコンデンサの値を変更することで、ハイパスフィルタとして動作させることができます。

　遮断周波数もやはりパッシブフィルタと同じで

$$fc = \frac{1}{2\pi R_1 C}$$

となります。傾きも-20dB/decとなります。

❷2次ハイパスフィルタ

　図3-5-5（b）が2次のハイパスフィルタで、こちらも多重の負帰還を使って急峻な特性を出しています。各定数はやはりクオリティファクタ（Q）を使って図中の式からC_0とR_0を求めれば

$$fc = \frac{1}{2\pi R_0 C_0}$$

となります。減衰の傾きは-40dB/decとなりますが、クオリティファクタの値により減衰時の肩の特性が大きく変わります。

❸バンドパスフィルタ

　アクティブフィルタでは、ローパスフィルタとハイパスフィルタを組み合わせることでバンドパスフィルタを構成できます。その基本回路構成は図3-5-6となります。

　単純にハイパスフィルタとローパスフィルタを一緒にしただけなので、1次のバンドパスフィルタとなります。遮断周波数もそれぞれの遮断周波数と同じとなり、この間が通過帯域ということになります。

●図3-5-6　バンドパスフィルタの基本構成

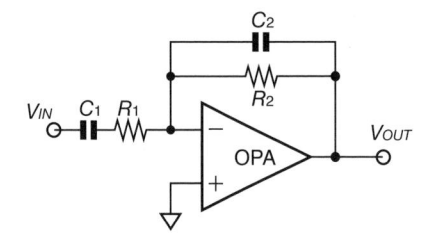

　このようにアクティブフィルタは組み合わせたり、多段構成にしたりすることで次数の高いフィルタを構成できますが、定数の設計が難しくなるため、通常は設計ツールを使って定数や回路構成を設計することが多くなりました。

　マイクロチップ社からも「FilterLab　Filter Design Software」というフィルタ設計ツールが提供されています。

3-6 ノイズ対策

マイコンの入出力でシグナルコンディショニングを行うということは、デジタル回路とアナログ回路が混在する回路構成になるということです。

この場合、常にデジタル回路からのノイズがアナログ回路に影響を与えることを意識している必要あります。

特に、微小な電圧を扱う場合には、製作したあとにどの対策をすれば効果が一番大きいかはそれぞれのケースで異なりますし、処置方法があとからでは難しいので、対策は設計時にできるだけ組み込んでおく必要があります。

そこで、ノイズに対する基本的な設計上の対策を説明します。

3-6-1 デジタルノイズの発生要因と対策

デジタルノイズが発生する要因を把握しておくことは、ノイズ対策をする上で重要なことです。そこでデジタルノイズの要因をその原理からみてみます。

まず、デジタル信号の波形ですが、基本的に矩形波となっています。矩形波というのは、多くの正弦波の合成信号として表せます。

したがって矩形波には、基本周波数以外に数十倍の周波数の成分を含んでいます。特に波形の立ち上がり、立ち下がりには高い周波数成分を含んでいます。

次にデジタルICの内部回路の構造的な特徴として、信号がHighからLow、LowからHighに切り替わる瞬間に大きな電流が流れます。

この2つの要因が重なると、非常に高い周波数の大電流が波形のスイッチング時に発生することになります。デジタル回路からのノイズは大部分がこのタイミングで発生します。

したがってこの原因から考えられるノイズ対策は、次のような項目になります。

❶信号の振幅を下げる

単純に流れる電流は電圧に比例するので、振幅電圧を下げればノイズも減少します。

❷パルスの立ち上がり時間を遅くする

パルスに含む周波数成分の高い部分を少なくすることになるので、比例してノイズ成分も減少します。

❸パルスの形をきれいにする

これはパルスに含まれる余計な高調波を減らすことになり、ノイズも減少します。この対策にはインピーダンスマッチングも含まれます。

❹**スイッチング電流の少ないマイコンを選択する**
　スイッチング電流はほぼ消費電流に比例するので、消費電流の少ないマイコンを選択し、さらに消費電流が少なくなる使い方をするようにします。
❺**スイッチング速度を遅くする**
　基本的なパルスの周波数を下げることでノイズも減少します。この実現はクロック周波数を下げてマイコンの動作速度を下げることでできます。
❻**パスコンを最適化する**
　パスコンの実装位置、コンデンサの種類や容量、パターン配線などを最適にすることでノイズも減少します。
❼**大きな電流のオンオフを避ける**
　LEDやコイルなどの電流が比較的大きな負荷をオンオフする制御は、アナログ信号を入力する時間帯を避けて行うようにします。

3-6-2　基板上の実装とパターン設計

　アナログ回路とデジタル回路を同じ基板上に実装する場合のノイズ対策方法の基本について図3-6-1で説明します。

❶**配置を分ける**
　アナログ回路部とデジタル回路部は、部品配置を分けできるだけ離すことが基本です。電磁放射によるノイズもこれで減少させることができます。
❷**グランドループが重ならないようにする**
　これはデジタル回路に電流が流れるループと、アナログ回路に電流が流れるループが重ならないよう配置するということです。
❸**アナロググランドは基本的にベタパターンとする**
　全体のインピーダンスを下げてノイズが混入しにくくなります。
❹**グランドパターンを分離する**
　デジタル系のパターンとアナログ系のグランドを分離して作成し、電源にもっとも近い場所の1か所で接続する(1点アース)ことで、電流ループの重なりを基本的に回避できます。
❺**平衡回路を使う**
　極微小電圧を扱う場合には、グランドを分離することでかえってノイズが増える場合もあります。これは、基板パターン間の容量成分でコモンモードノイズ[†6]のループができてしまうことに原因があります。これを避けるにはグランドパターンを分離せず、回路配置を分離して、ベタパターンとしても電流ループが重ならない配置とします。またアナログ入力回路を平衡回路[†7]構成としてコモンモードのノイズに強くすることが必要です。

[†6]　**コモンモードノイズ**　差動信号ラインと電源やGND間に発生する電流が同一方向のノイズ。
[†7]　**平衡回路**　等長、等間隔の2本の配線で、差動信号で信号を送る回路方式。コモンモードノイズを打ち消すことができる。

●図3-6-1　混在回路の配置と電流ループ

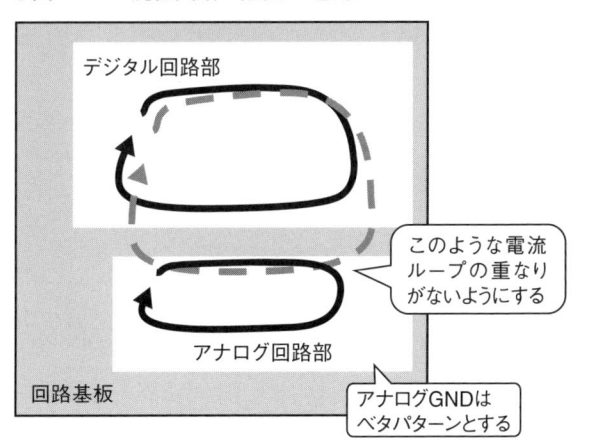

デジタル回路部

このような電流ループの重なりがないようにする

アナログ回路部

回路基板

アナログGNDはベタパターンとする

Peripheral Interface Controller

第4章
PICマイコンとアナログモジュール

PICマイコンファミリの全体概要と各ファミリの概要を説明し、アナログモジュールを内蔵するPICマイコンと、アナログモジュールを一覧し、各アナログモジュールの概要を説明します。

4-1 PICマイコンの概要

現状のPICマイコンファミリの全体と、各ファミリの概要を説明します。

4-1-1 PICマイコンファミリの概要

まず、PICマイコンファミリの種類について概要を説明します。現在の最新のPICファミリは図4-1-1のようになっています。これらファミリを全部あわせると800種類を超える膨大な数となっています。これにパッケージの種類を掛け合わせると数千種類という数になります。

●図4-1-1　PICファミリの現状

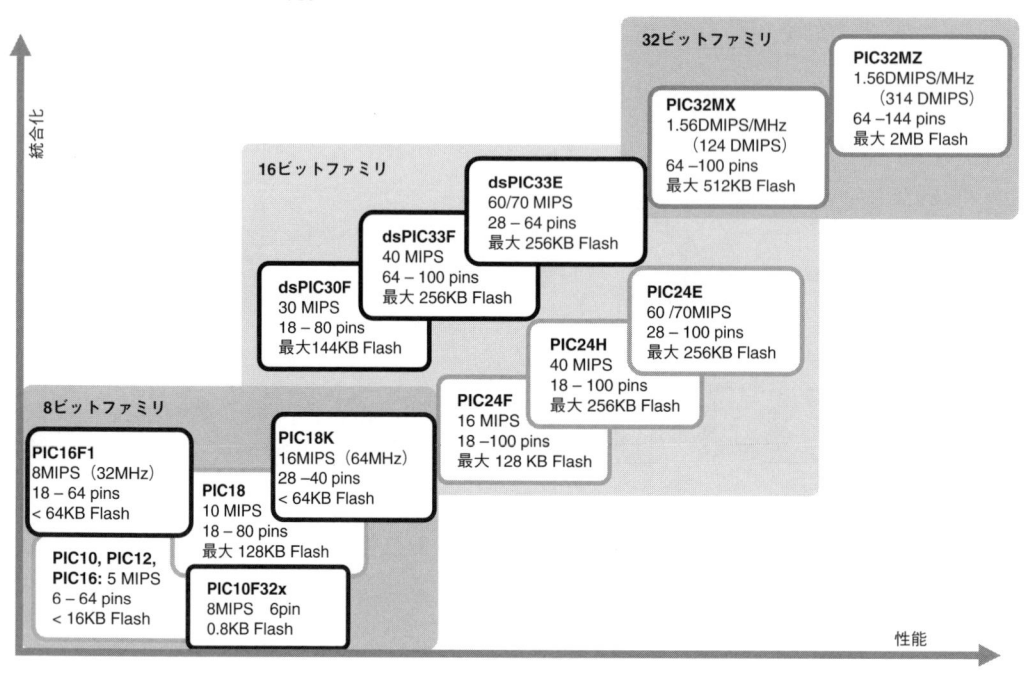

32ビットファミリ

- **PIC32MZ**
  1.56DMIPS/MHz
  （314 DMIPS）
  64－144 pins
  最大 2MB Flash

- **PIC32MX**
  1.56DMIPS/MHz
  （124 DMIPS）
  64－100 pins
  最大 512KB Flash

16ビットファミリ

- **dsPIC33E**
  60/70 MIPS
  28－64 pins
  最大 256KB Flash

- **dsPIC33F**
  40 MIPS
  64－100 pins
  最大 256KB Flash

- **dsPIC30F**
  30 MIPS
  18－80 pins
  最大144KB Flash

- **PIC24E**
  60/70MIPS
  28－100 pins
  最大 256KB Flash

- **PIC24H**
  40 MIPS
  18－100 pins
  最大 256KB Flash

- **PIC24F**
  16 MIPS
  18－100 pins
  最大 128 KB Flash

8ビットファミリ

- **PIC16F1**
  8MIPS（32MHz）
  18－64 pins
  ＜ 64KB Flash

- **PIC18K**
  16MIPS（64MHz）
  28－40 pins
  ＜ 64KB Flash

- **PIC18**
  10 MIPS
  18－80 pins
  最大 128KB Flash

- **PIC10, PIC12, PIC16:** 5 MIPS
  6－64 pins
  ＜ 16KB Flash

- **PIC10F32x**
  8MIPS　6pin
  0.8KB Flash

縦軸：統合化　　横軸：性能

1 8ビットファミリ

PIC10/12/16/18の4種類があります。それぞれに新たな世代ともいうべき強化版が開発されています。

❶ PIC16ファミリ

最新のミッドレンジファミリとして、エンハンスドコアファミリのPIC16F1ファミリが追加されました。このファミリはこれまでのPIC16のアーキテクチャを大幅に変更してメモリ容量を拡大し、クロック周波数も1.6倍に上げています。

このPIC16F1ファミリには特にアナログを強化したファミリがあります。12ビットA/D、8ビットD/A、コンパレータ×3ch、オペアンプ×2ch内蔵と目いっぱいアナログモジュールが内蔵されています。

❷ PIC18ファミリ

高性能8ビットファミリで、最高クロック周波数も64MHzとなっています。このファミリの特徴は高機能な周辺モジュールを内蔵していることで、USBやイーサネット、CAN、モータ制御など高機能なモジュールを内蔵しています。しかし、アナログモジュールの実装は遅れていて、オペアンプを内蔵したものはまだありませんが、近いうちに実装されてくるものと思います。

2 16ビットファミリ

PIC24F/24H/24Eと、dsPIC30F/33F/33Eのそれぞれ3種類ずつがあります。両者のCPUコアは同じで、DSP機能の有無で分かれています。Eバージョンが最新のデバイスで、一番高速なデバイスとなっています。

❶ PIC24ファミリ

16ビットファミリの中の基本のデバイスです。たくさんの周辺モジュールが内蔵されています。特にシリアルインターフェースが多種類で、いずれも複数チャネル実装されているので多くの周辺デバイスを接続することができます。

また16ビット×16ビットの乗算器がハードウェアで内蔵されていて、40MIPSの場合25nsecで乗算が完了するので、算術演算は非常に高速です。

オペアンプやデルタシグマA/Dコンバータなどを実装したファミリもあり、多くのアナログアプリケーションに役立つファミリです。

❷ dsPICファミリ

dsPICファミリは、PICファミリの中でもユニークなDSP機能を持ったファミリです。周辺モジュールはPIC24ファミリと共通になっていますが、dsPIC独自のものとしてオーディオコーデック用のインターフェースDCIや16ビットのオーディオDACが用意されていて、オーディオを扱うアプリケーションに便利になっています。

❸ 32ビットファミリ

32ビットファミリはPIC32MXとPIC32MZの2ファミリで、最新のPIC32MZは314DMIPSと、従来のどの製品より圧倒的に高速で大容量のメモリとなっています。アナログモジュールでは、28Mspsという高速A/Dコンバータが実装されています。

4-1-2 アナログモジュール内蔵PICマイコン一覧

8ビット、16ビット、32ビットそれぞれのファミリでアナログモジュールを内蔵しているものは表4-1-1のようになっています。

選択の条件は次の2つのいずれかです。現状ではPIC18ファミリには該当するものがありません。
①オペアンプを内蔵している
②特別高機能なアナログモジュールを内蔵している

網かけのモジュールが特別な高機能アナログモジュールです。DMAモジュールはアナログモジュールではありませんが、高速アナログモジュールを使う場合には必須のモジュールなので、その有無を明確にするために項目に追加しています。

表中の略称の意味と、以降で説明するアナログモジュールとの対応は次のようになっています。

```
CMP    ：コンパレータ
FVR    ：定電圧リファレンス
OPA    ：オペアンプ
ADC    ：低速A/Dコンバータ：100ksps以下のもの
         中速A/Dコンバータ：1Mspsのもの
         高速A/Dコンバータ：10Msps、28Mspsのもの
ΔΣADC  ：高分解能A/Dコンバータ
DAC    ：低速D/Aコンバータ：5/8/9ビット分解能のもの
         高速D/Aコンバータ：10ビット分解能、1Mspsのもの
         オーディオ用D/Aコンバータ ：16ビット分解能のもの
CTMU   ：CTMUモジュール（CTMU：Charge Time Measurement Unit）
DMA    ：Direct Memory Access
```

4-1 PICマイコンの概要

▼表4-1-1　アナログモジュール内蔵PICマイコン一覧

ファミリ名	ピン数	CMP	FVR	OPA	ADC CH/Bit	ADC 変換速度	ΔΣ ADC	DAC bit	DAC 変換速度	CTMU	DMA
PIC16F753	14	2	1	2	8/10	25ksps		9	100ksps		
PIC16F785	20	2	1	2	12/10	25ksps		5			
PIC16F1704/5	14	2	1	2	8/10	75ksps		8	100ksps (10μsec)		
PIC16F1708/9	20	2	1	2	12/10	75ksps		8	100ksps (10μsec)		
PIC16F1782/3	28	3	1	2	11/12	75ksps		8	100ksps (10μsec)		
PIC16F1786/8	28	4	1	2	11/12	75ksps		8	100ksps (10μsec)		
PIC16F1784/7/9	40/44	4	1	3	14/12	75ksps		8	100ksps (10μsec)		
PIC24FxxKM202	28	3	1	2	19/12	100ksps		8×2ch	100ksps (10μsec)	Y	
PIC24FxxKM204	44	3	1	2	22/12	100ksps		8×2ch	100ksps (10μsec)	Y	
PIC24FJxxGC006	64	3	3	2	30/12	10Msps	16bit×2ch	10×2ch	1Msps (0.9μsec)	Y	4
PIC24FJxxGC010	100	3	3	2	50/12	10Msps	16bit×2ch	10×2ch	1Msps (0.9μsec)	Y	4
PIC24EPxxGP202	28	1	1	2	6/12	1.1Msps @10bit 500ksps @12bit		5		Y	4
PIC24EPxxGP203	36	1	1	3	8/12	1.1Msps @10bit 500ksps @12bit		5		Y	4
PIC24EPxxGP204	44	1	1	3	9/12	1.1Msps @10bit 500ksps @12bit		5		Y	4
PIC24EPxxGP206	64	1	1	3	16/12	1.1Msps @10bit 500ksps @12bit		5		Y	4
PIC24EPxxMC202	28	1	1	2	6/12	1.1Msps @10bit 500ksps @12bit		5		Y	4
PIC24EPxxMC203	36	1	1	3	8/12	1.1Msps @10bit 500ksps @12bit		5		Y	4
PIC24EPxxMC204	44	1	1	3	9/12	1.1Msps @10bit 500ksps @12bit		5		Y	4
PIC24EPxxMC206	64	1	1	3	16/12	1.1Msps @10bit 500ksps @12bit		5		Y	4
dsPIC33FJxxMC804	44	2	1		9/12	1.1Msps @10bit 500ksps @12bit		16×2ch	100ksps		8
dsPIC33FJxxGP804	44	2	1		13/12	1.1Msps @10bit 500ksps @12bit		16×2ch	100ksps		8
dsPIC33EPxxGMx04	44	1	1	4	18/12×2ch	1.1Msps @10bit 500ksps @12bit		5×2ch		Y	4
dsPIC33EPxxGMx06	64	1	1	4	30/12×2ch	1.1Msps @10bit 500ksps @12bit		5×2ch		Y	4
dsPIC33FJxxGS502	28	4	1		12/10×2ch	1Msps		10	1.5Msps (650ns)		
dsPIC33FJ16GS504	44	4	1		12/10×2ch	1Msps		10	1.5Msps (650ns)		
dsPIC33FJxxGS606	64	4	1		16/10×2ch	1Msps		10	1.5Msps (650ns)		4
PIC32MZxxECx064	64	2	1		24/12	28Msps		5			8
PIC32MZxxECx100	100	2	1		40/12	28Msps		5			8

4-2 アナログモジュールの概要

ANALOG

　最近のPICマイコンには、アナログ関連のモジュールが非常に多種類実装されてきています。マイコン周辺のシグナルコンディショニングを設計する場合に必要な素子がマイコン内に実装されれば、回路部品も減りますし、配線によるノイズの影響などもなくすことができるので、有効な使い方をすれば便利なモジュールです。

　本章では、現在多くのPICマイコンファミリに実装されている表4-2-1のようなアナログモジュールについて概要を説明します。

▼表4-2-1　PICマイコン内蔵のアナログモジュール

アナログモジュール名	機能仕様	搭載PICファミリ
オペアンプ	Rail-to-Rail入出力 GB積：2.5MHz～4.7MHz コンパレータ機能を一緒にしているものもある	PIC18を除く 全ファミリ
コンパレータ	速度：20nsec～2μsec 低速D/Aコンバータと協調して動作	全ファミリ
定電圧リファレンス	電圧：1.200V 　　　1.024/2.048/4.096V 精度：±3%～5% A/D、D/A、コンパレータ、オペアンプのリファレンス用	全ファミリ
低速A/Dコンバータ	逐次変換方式 分解能：10/12ビット、速度：20ksps～200ksps	8ビットファミリ
中速A/Dコンバータ	逐次変換方式 分解能：10/12ビット、速度：500ksps/1Msps サンプルホールドを複数実装するファミリもある	16ビットファミリ 32ビットファミリ
高速A/Dコンバータ	パイプライン型逐次変換 分解能：10/12ビット、速度：10Msps、28Msps	PIC24F GCファミリ PIC32 MZファミリ
高分解能 A/Dコンバータ	デルタシグマ変換 分解能：16ビット、速度：1ksps～62.5ksps	PIC24F GCファミリ
低速D/Aコンバータ	抵抗ストリング型 分解能：5/8/9ビット セトリングタイム：10μsec	全ファミリ
高速D/Aコンバータ	抵抗ラダー型 分解能：10ビット、速度：1Msps	PIC24 GCファミリ
オーディオ用 D/Aコンバータ	デルタシグマ型 分解能：16ビット、速度：100ksps 高音質なオーディオ再生が可能	dsPIC33MC/GP ファミリ
充電時間計測 （CTMU）	定電流源：0.55/5.5/55μA コンパレータ、A/Dコンバータと協調して動作	全ファミリ

4-2-1 オペアンプ

　PIC18ファミリを除くすべてのファミリで、オペアンプを内蔵したファミリが用意されています。しかも複数組が実装されています。代表的なオペアンプの構成が図4-2-1となります。(a)が8ビットファミリ、(b)が16ビットファミリとなっています。

●図4-2-1　オペアンプの内部構成

(a) 8ビットファミリの場合の例

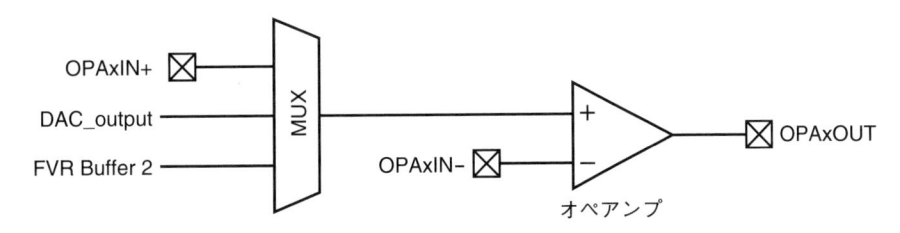

(b) 16ビットファミリの場合の例

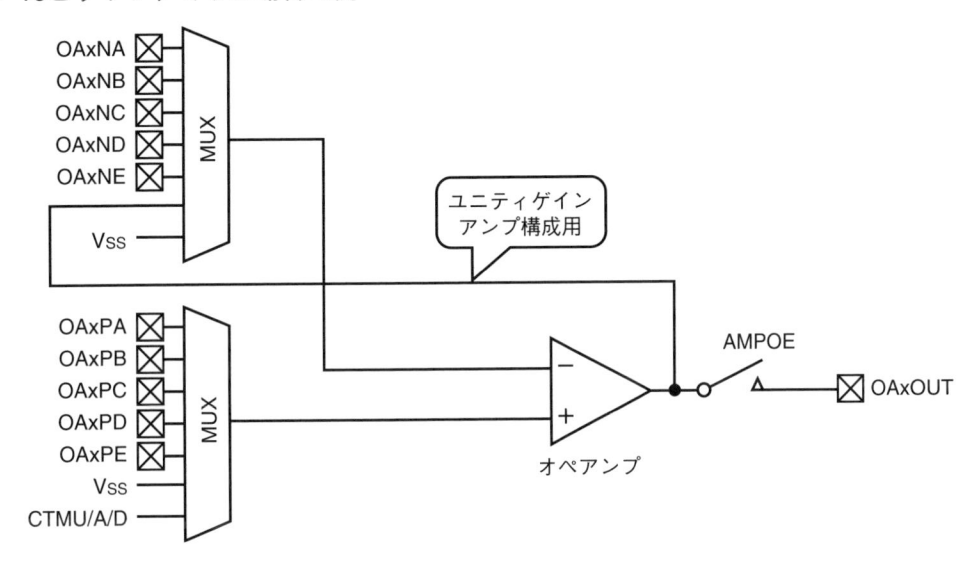

　8ビットファミリと16ビットファミリでは少し構成が異なり、16ビットファミリのほうが入力の選択肢が多くなっていますが、基本構成は同じです。16ビットファミリではオペアンプ自身の出力がマイナス側入力の選択肢に含まれていて、これでゲイン1のバッファアンプを内部接続だけで構成できるようになっているので便利に使えます。
　さらに、このオペアンプをコンパレータとしても構成できるようになっているPICマイコンファミリもあります。

オペアンプとしてのGB積は2.5MHzから4.3MHz程度で、スルーレートが1Vから3V程度なので、1MHz以下の周波数帯域で使うことになります。

4-2-2 コンパレータ

すべてのファミリに複数組実装されていて、多くの用途に使えるように入力の選択や、スレッショルドの設定が細かくできるようになっています。代表的なコンパレータの構成は、図4-2-2のようになっています。

コンパレータの入力は、プラス側もマイナス側もそれぞれに選択肢があって選べます。両方とも外部ピンを選択できるので、外部の電圧比較にも使えます。出力は外部ピンに出すこともできますし、他の内蔵モジュールのトリガ要因として使うこともできます。

コンパレータ本体には45mVのヒステリシスが追加できるようになっていて、これを使えばスレッショルド付近での出力のバタつきを抑えて安定な動作をさせることができます。

外部出力は通常のデジタル出力と同じ扱いになっているので、外部出力をイネーブル(CxOE)にし、さらにTRISレジスタで出力モードにする必要があります。

プラス側入力でDACを選択すると、図4-2-8の低速D/Aコンバータの出力になるので、スレッショルド電圧を自由に設定することができるようになります。

●図4-2-2 コンパレータの内部構成

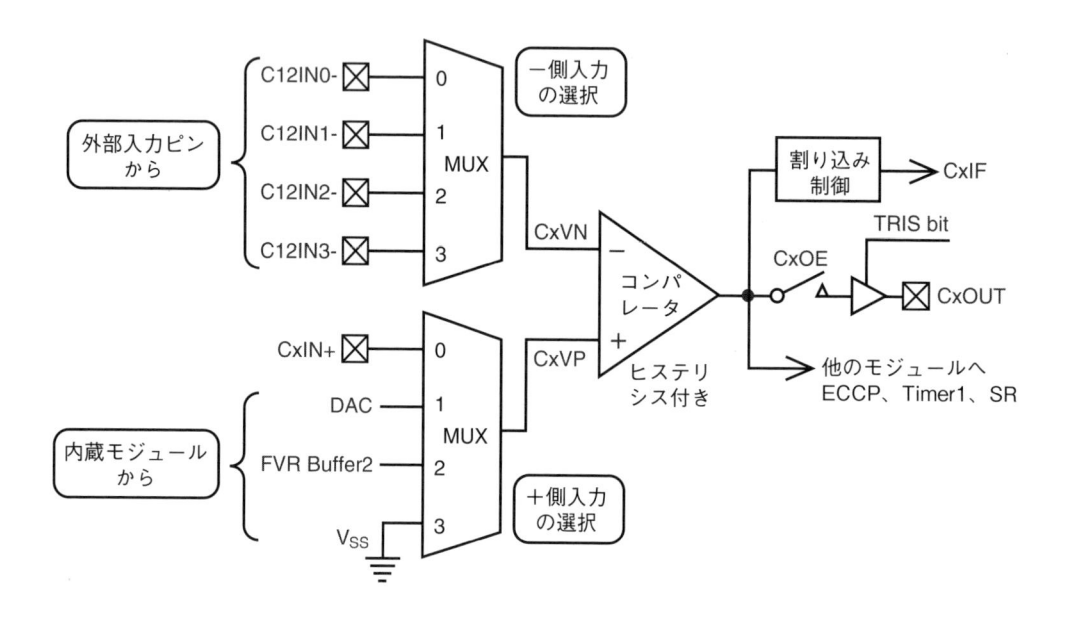

4-2-3 定電圧リファレンス

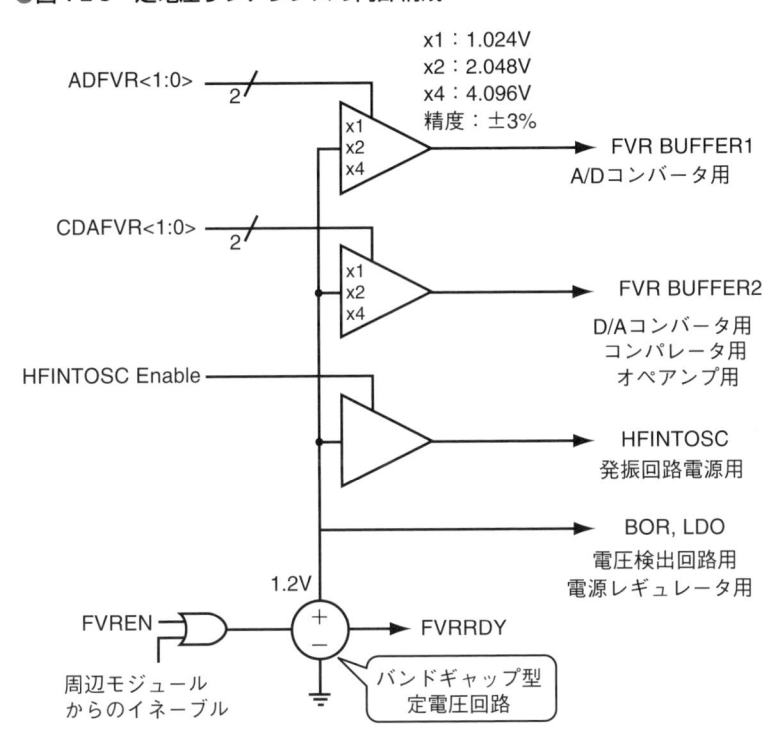

　定電圧リファレンスは、A/Dコンバータ、コンパレータ、D/Aコンバータに対して、電源電圧が多少変動しても安定な一定電圧を供給するモジュールで、アナログ計測やアナログ出力の精度を保つために用意されたものです。

　バンドギャップを利用した定電圧回路で構成されていて、ファミリごとに内部構成は異なっています。例えばPIC16F1ファミリの定電圧リファレンスの内部構成は、図4-2-3となっています。

　このファミリの定電圧リファレンスが電圧設定も豊富で一番使いやすくなっています。元はバンドギャップを利用していて、基本的には1.2Vを基準としています。

　このあと、アンプで電圧を調整して、1.024V、2.048V、4.096Vの3種類が定電圧リファレンスとして使えるようになっています。

　さらに、A/Dコンバータ用と、D/Aコンバータ/コンパレータ/オペアンプ用とバッファが別々に用意されています。

　また、この定電圧リファレンスは、内蔵発振回路用の電源としても使われていて、周波数変動の少ない発振ができるようにしています。さらに、内蔵の電源レギュレータや低電圧検出用のスレッショルド電圧用にも使われています。

●図4-2-3　定電圧リファレンスの内部構成

4-2-4 低速A/Dコンバータ

　8ビットの全ファミリに実装されている10ビットまたは12ビット分解能の逐次変換型A/Dコンバータです。変換速度は20kspsから200kspsで、ファミリごとに速度が異なります。

　代表的なPIC16F1ファミリの10ビットA/Dコンバータは図4-2-4のような構成となっています。チャネルマルチプレクサで選択されたチャネルのアナログ電圧をいったんサンプルホールドで保持し、その保持した電圧を元に逐次変換で変換します。チャネルには外部ピンだけでなく、内蔵のアナログモジュールの電圧も計測できるようになっています。

　変換時の最小、最大電圧をリファレンスで指定しますが、最小側はV_{SS}（0V）か外部リファレンス（AN2）、最大側は電源電圧（V_{DD}）か外部リファレンス（AN3）か定電圧リファレンス（FVR）のいずれかで選択ができます。変換結果は2バイトのデータレジスタ（ADRESHとADRESL）に保存されます。

●図4-2-4　A/Dコンバータの内部構成

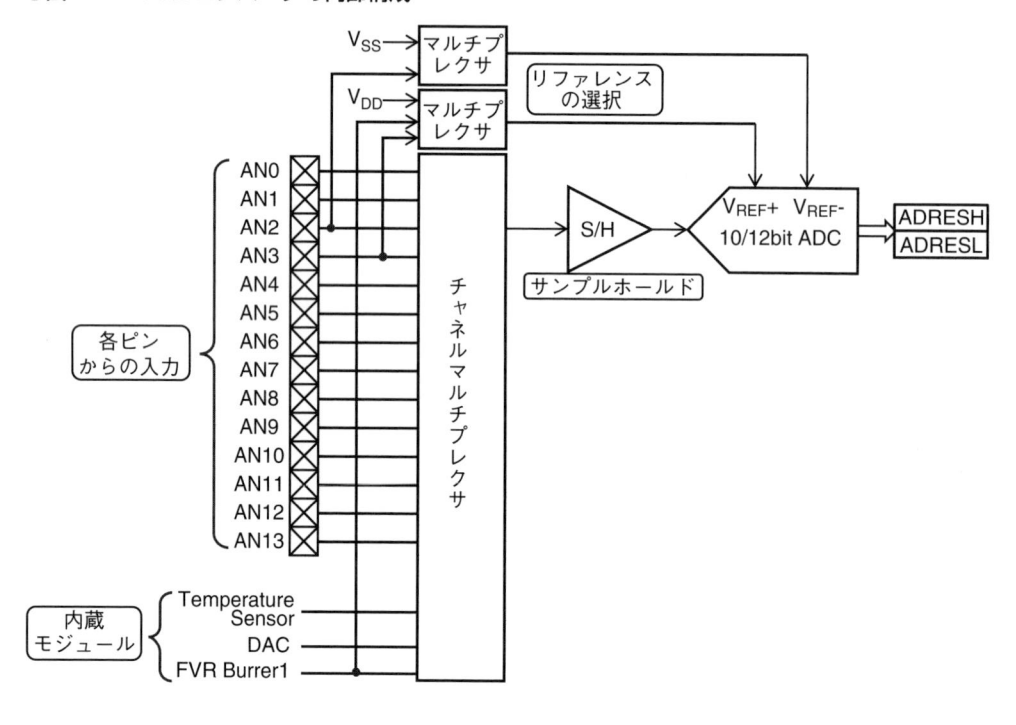

4-2-5 中速A/Dコンバータ

　16ビット、32ビットファミリに実装されているA/Dコンバータで、10ビットで1Msps、12ビットで500ksps のいずれか選択した方で変換を実行します。DMAを内蔵しているファミリでは、変換結果をDMAを使って直接メモリに保存することができます。

　この中速A/Dコンバータの中で4チャネルの同時サンプルが可能なタイプの内部構成は、図4-2-5のようになっています。

　特徴は分解能を10ビットで動作させたときには、4個のサンプルホールドを同時に動作させることができるので、全く同じ時間の4チャネルのアナログ電圧を取り込むことができることです。

　さらに入力チャネルのマルチプレクサが2組（MUXAとMUXB）あり、リファレンスをマルチプレクサごとに異なるものとすることができます。つまり2つのチャネルの差動入力とすることもできます。

　サンプルホールドのS/H0だけを使うことで全チャネルを選択して変換することができますが、さらに自動スキャン機能があり、指定したチャネルを自動的に順次変換してバッファメモリに保存します。この場合には10ビット、12ビットいずれも可能となっています。

　バッファメモリは16個あり、変換の順序にしたがって変換データが保存されます。

●図4-2-5　中速A/Dコンバータの内部構成

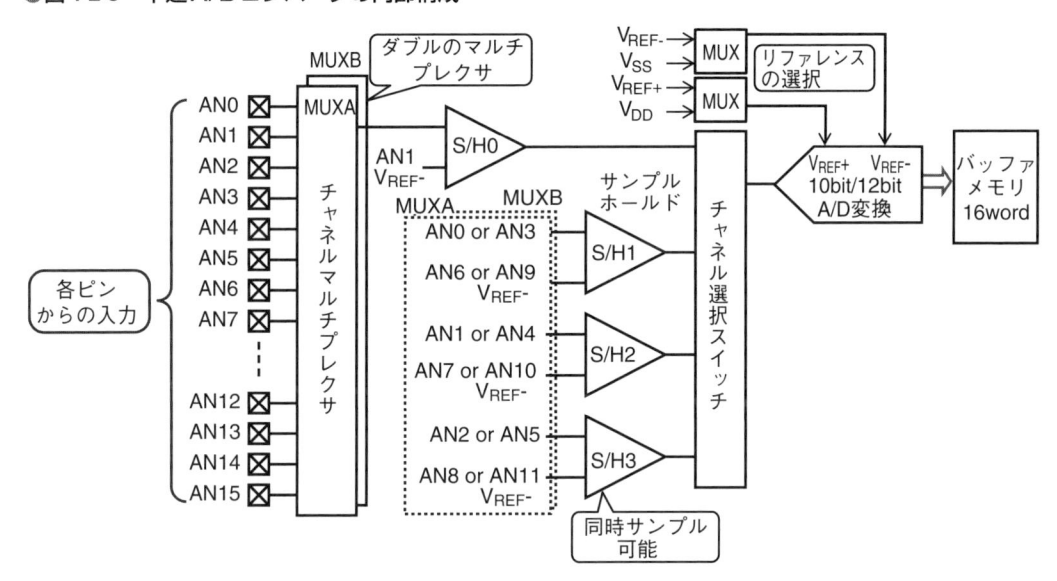

4-2-6 高速A/Dコンバータ

パイプライン型のA/DコンバータでPIC24F GCファミリとPIC32MZファミリに実装されています。分解能は12ビットで、速度はPIC24F GCファミリの場合が10Mspsで、PIC32MZファミリの場合が28Mspsとなっています。

非常に高速でのA/D変換が可能ですが、割り込み等での処理では間に合わないので、DMAを使うことが基本になります。

高速A/Dコンバータの内部構成は図4-2-6のようになっています。

●図4-2-6　高速A/Dコンバータの内部構成

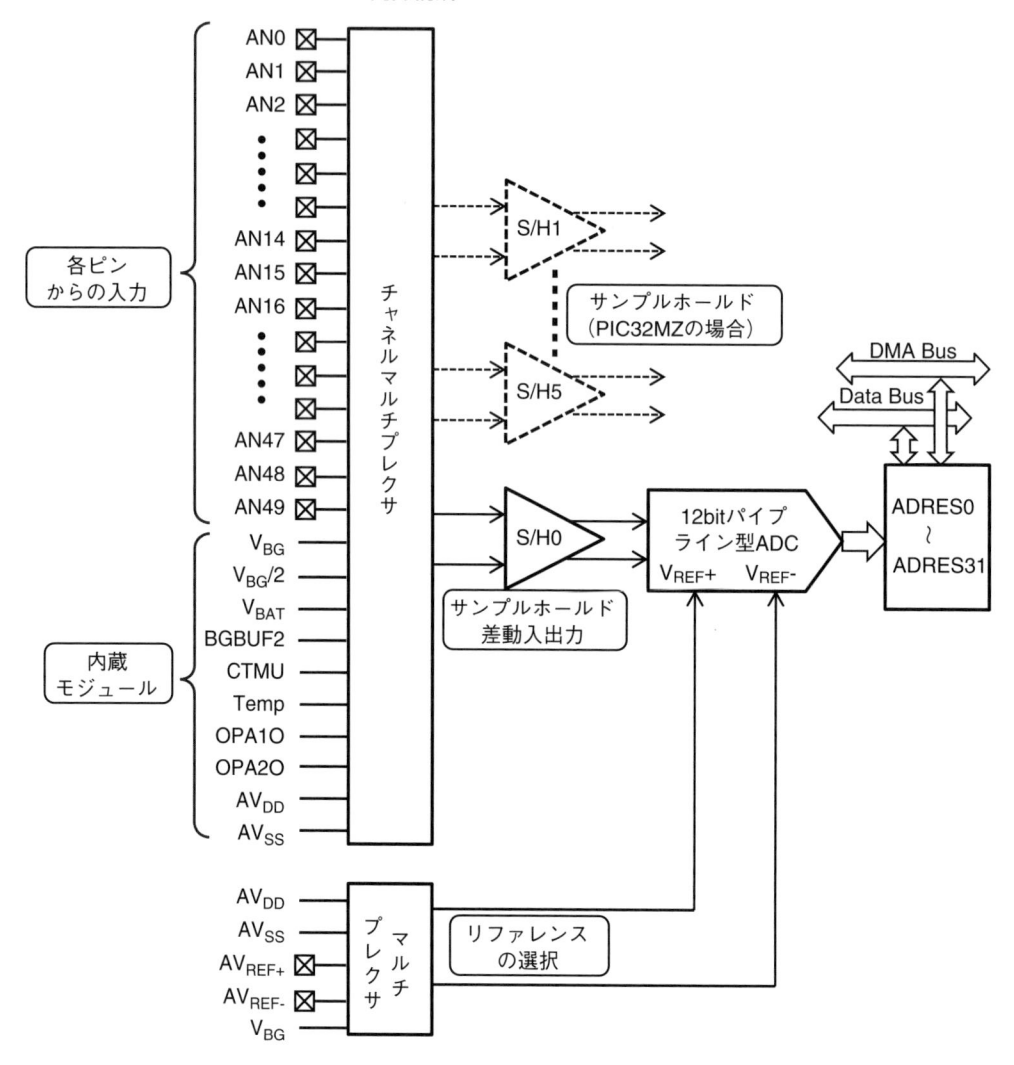

チャネルマルチプレクサで入力を選択しますが、この12ビットA/Dコンバータは差動入力になっているので、プラス側とマイナス側のチャネルの両方を指定して選択する必要があります。さらにPIC32MZの場合にはサンプルホールドが5組あり、同時サンプルが可能となっています。リファレンスもプラス側とマイナス側それぞれに選択ができます。

変換はパイプライン方式で変換され、結果は32個（PIC32MZの場合は45個）のバッファメモリに書き込まれます。同時にDMAを使えばデータメモリに書き込むこともできます。

4-2-7 高分解能A/Dコンバータ

デルタシグマ変換方式のA/Dコンバータで16ビット分解能となっており、内部構成は簡単に示すと図4-2-7のようになっています。

入力チャネルは2チャネルの差動入力となっていて、マルチプレクサ（MUX）でプラス側とマイナス側の入力をペアで切り替えます。その入力をプログラマブルゲインアンプ[†1]（PGA）で最大32倍まで増幅できます。A/D変換はデルタシグマ型で、変換結果は最大32ビットまで得ることができ、2ワードのデータレジスタに格納されます。

変換範囲はリファレンス（V_{REF+}とV_{REF-}）で指定した範囲となります。高精度な電圧を扱うため、リファレンス用として専用の外部ピンが用意されているので、ここに高精度で高安定な定電圧を加えて使います。

●図4-2-7　高分解能A/Dコンバータの内部構成

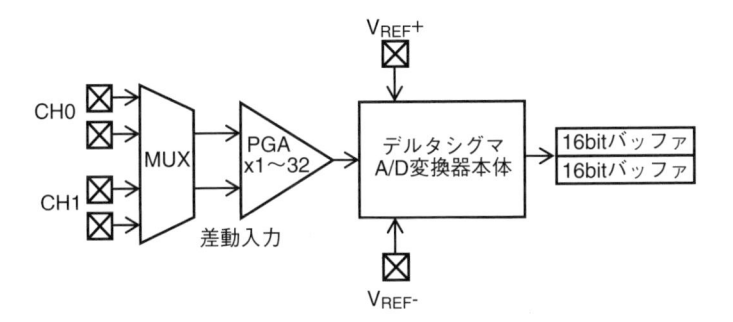

4-2-8 低速D/Aコンバータ

図4-2-8のような抵抗ストリング型のD/Aコンバータとなっており、ファミリによって分解能が5ビット、8ビット、9ビットの3種類があります。

抵抗ストリングの両側に電圧を加えてその間を分圧した電圧を出力します。この分圧の分解能がビット数に依存します。高圧側の電圧と低圧側の電圧は複数の選択肢の中から選ぶことができます。ここで外部ピンを選択すれば自由な電圧範囲で出力させることもできます。

[†1] **プログラマブルゲインアンプ**　設定でゲインを変更できるアンプ。

通常は内蔵のA/Dコンバータやコンパレータ用のリファレンスとして使いますが、出力を外部ピンに出すこともできます。しかし駆動電流が小さいので、通常はオペアンプバッファで駆動電流を大きくして使います。出力は1系統のものと2系統のものがあります。図4-2-8は2系統の場合を示しています。動作速度はセトリングタイム[†2]で10μsecとあまり高速ではありません。

●図4-2-8　低速D/Aコンバータの内部構成

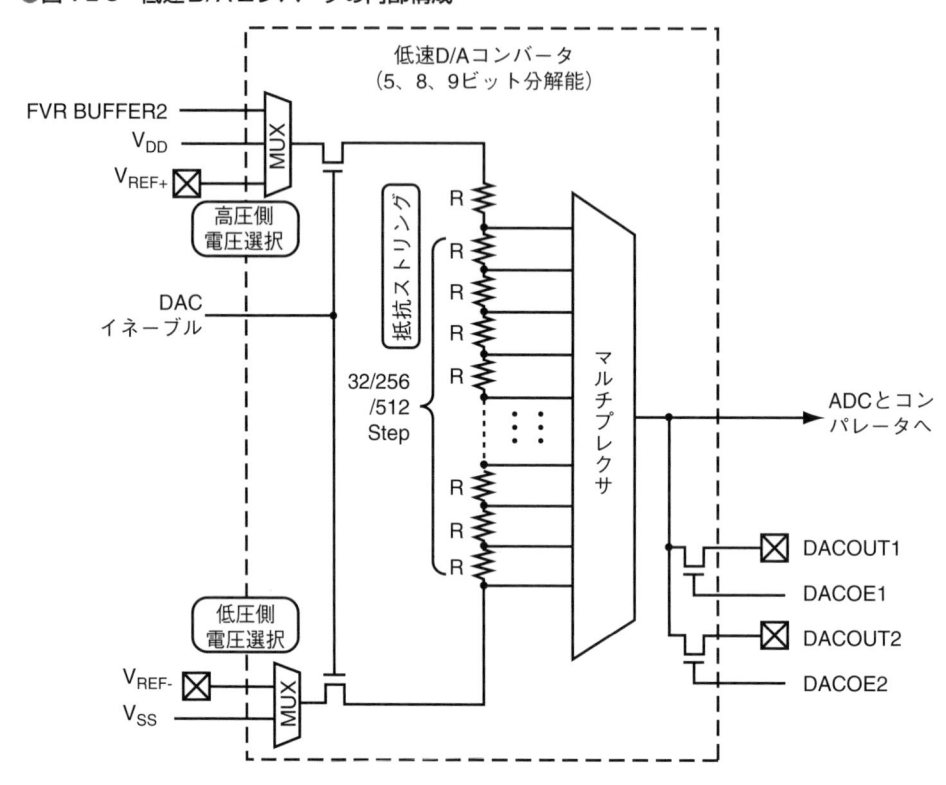

4-2-9　高速D/Aコンバータ

　抵抗ラダー型のD/Aコンバータです。10ビットの分解能で、セトリングタイムが0.9μsecと高速なので、サンプリング速度は1Msps以上まで追従できます。
　高速D/Aコンバータの内部構成は、図4-2-9のようになっています。
　出力電圧範囲は選択したリファレンスにより決まり、その間を抵抗ラダーで分圧して出力します。分圧比はデータレジスタに設定された値により決定します。出力タイミングはトリガとして選択した要因のイベント発生で行われます。出力にはRail-to-Railのバッファアンプを内蔵していて、6mAまでドライブ可能です。

[†2]　**セトリングタイム**　入力信号が変化してから、出力信号が目標とする電圧の±何パーセントかに落ち着くまでの時間。

スルーレートが、3.8V/μsecとなっているので、1μsec以内でフルスイングの出力が可能です。
データレジスタにはI/Oとしても出力できますが、DMAでも出力できるので、高速な出力変更ができます。

●図4-2-9　高速D/Aコンバータの内部構成

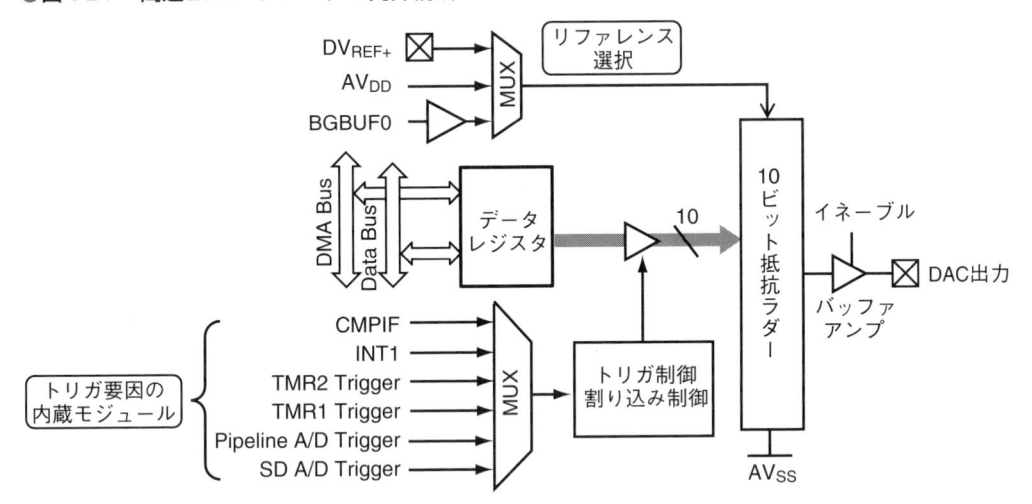

4-2-10　オーディオ用D/Aコンバータ

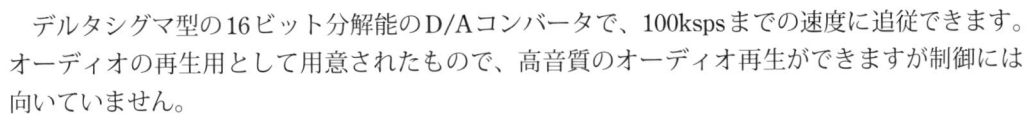

デルタシグマ型の16ビット分解能のD/Aコンバータで、100kspsまでの速度に追従できます。オーディオの再生用として用意されたもので、高音質のオーディオ再生ができますが制御には向いていません。

このオーディオ用D/Aコンバータの内部構成は、図4-2-10のようになっています。

FIFOバッファに蓄えられたPCMの音楽データが、ACLKの一定周期でデルタシグマ型D/Aコンバータに送られてバッファアンプ経由で外部にアナログ信号として出力されます。出力は差動出力になっていて、多ピンのPICマイコンの場合には中間電位の出力も用意されています。

またFIFOバッファが空でACLKのタイミングとなった場合には、デフォルトレジスタ(DACDFLT)にセットされたデータが代替えで出力されます。

最大出力電圧は±1.15Vなので、ほぼ0dBVの出力となります。

オーバーサンプル比が256倍で、SNRが61dBとなっているので、かなりの高音質のオーディオ出力ができます。

●図4-2-10　オーディオ用D/Aコンバータの内部構成

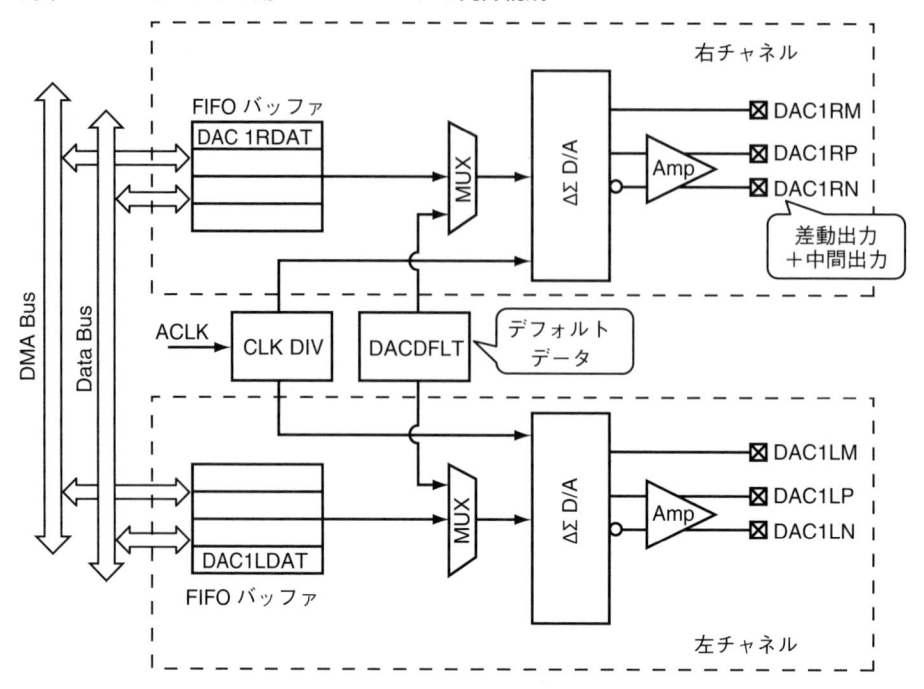

4-2-11 高精度容量計測モジュール　CTMU

　CTMU（Charge Time Measurement Unit）の基本機能は定電流を出力するという機能で、単独で使うのではなく、A/Dコンバータやコンパレータと協調して動作するようになっています。CTMUの構成は図4-2-11のようになっています。

　一定の電流を供給する定電流源とその電流をオンオフするトランジスタ（充電TR）、その先に接続されている回路内の電荷を放電させるためのトランジスタ（放電TR）がおもな構成部品となっています。

　CTMUとコンパレータを組み合わせた場合の動作は、一定の遅延時間を持ったパルスを生成するという機能です。

　図の回路で、CTED1かCTED2のいずれかにパルスを入力すると、そのパルスの最初で放電TRをオンにして遅延用コンデンサCを放電させたあと、すぐ充電TRをオンにして定電流でコンデンサの充電を開始します。充電電圧がREFになったところでコンパレータ出力が反転し、その信号でCTMU制御ロジックがCTPLSに遅延パルスの出力を開始します。こうして遅延したパルスを生成します。

　CTMUとA/Dコンバータを組み合わせた場合の動作は、A/Dコンバータの指定したチャネルに接続されている負荷に定電流を供給するという動作になります。例えば負荷にコンデンサが

接続されていれば、そこに一定時間だけ充電したあとのコンデンサ電圧をA/Dコンバータで計測すれば、コンデンサの容量に応じて電圧が変わるので、これで容量を計測することができます。

定電流値は4段階で切り替えられますし、充電時間はプログラムで任意に設定できるので、かなり広範囲の容量を測定することが可能になります。

●図4-2-11　CTMUの内部構成と関連モジュール

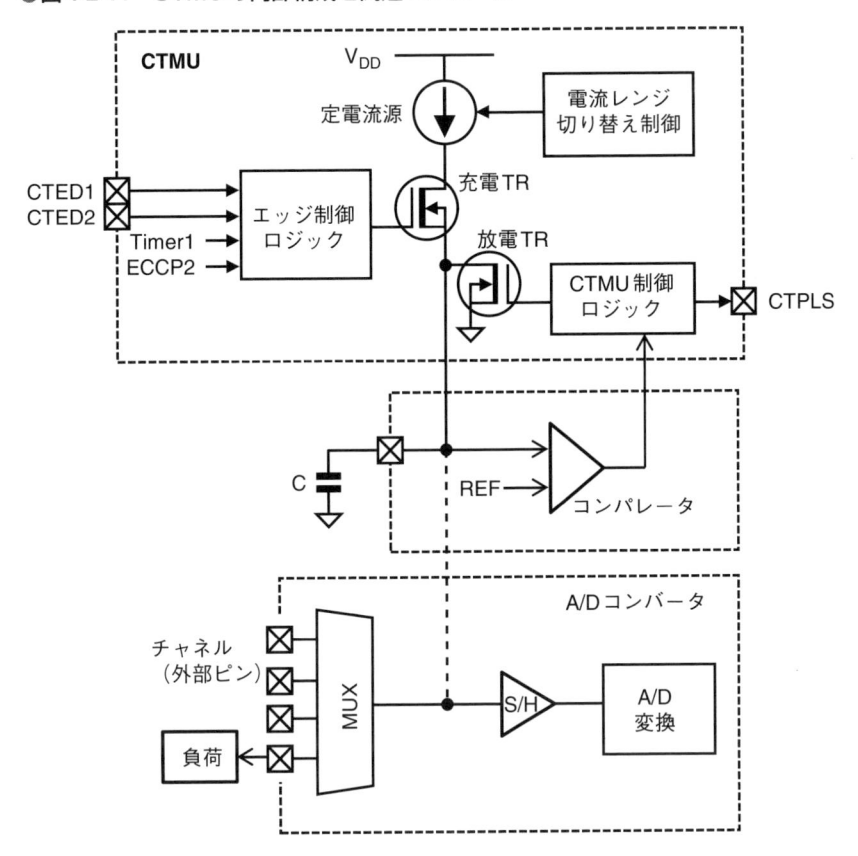

以降の章では、これらのモジュールを含む代表的なPICマイコンを使って、実際にアナログモジュールを使った作品を製作する中で使い方を具体的に説明していきます。

特にPIC24FJxxGCファミリが、大部分のアナログモジュールを実装しているので、このPICマイコンを中心にして説明していきます。

Peripheral Interface Controller

第5章
超音波距離計の製作

超音波センサを使って距離計を製作します。PIC内蔵のオペアンプ、コンパレータ、低速D/Aコンバータ、定電圧リファレンスを使った製作例として説明します。

5-1 超音波距離計の概要

ANALOG

超音波センサを使って、超音波が反射して戻ってくるまでの伝播時間を使った距離計を製作してみます。超音波受信センサの受信回路にPICマイコン内蔵のオペアンプとコンパレータを使います。さらにコンパレータのスレッショルドの調整用に、低速D/Aコンバータと定電圧リファレンスを使います。

完成した超音波距離計の外観は写真5-1-1のようになります。すべて内蔵モジュールで構成したので、ほぼPICマイコンだけで構成されています。

●写真5-1-1 超音波距離計の外観

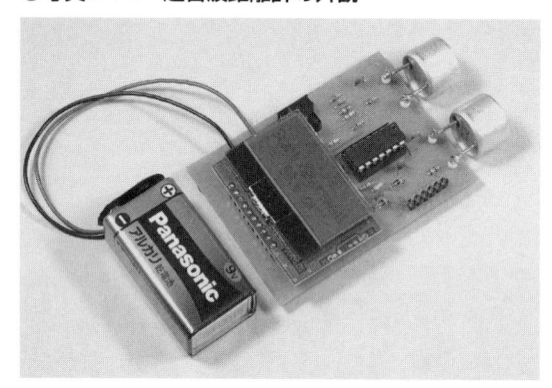

5-1-1 距離計測の原理

この距離計の測定原理は図5-1-1のようになっています。まず送信センサから一定時間(0.5msec程度)だけ超音波を発信します。この信号が測定対象で反射され戻って来るので、これを受信センサで受信します。送信してから受信するまでの時間を計測すれば、超音波の伝播速度から対象物までの距離の往復分が計算で求められます。

図に示したように、反射した超音波の受信センサの出力は微小電圧なので、十分増幅する必要があります。しかし、信号にはかなりのノイズも含まれているので、そのまま増幅しただけでは不安定な動作になってしまいます。

そこでいったんダイオードで整流して正の直流電圧に変換し、さらにコンパレータを使ってある電圧以上の場合だけ検出したと判定するようにします。こうすればノイズによるレベルの低い電圧は無視されるので、安定な測定が可能になります。

また反射波は、対象物からの反射信号到着前に直接ケースなどを伝わった信号が受信される

ので、これは無視するようにする必要があります。したがって、この信号と対象物からの反射信号が重なってしまう近距離の場合は、この方法では測定できないことになります。この距離は送信センサから発信する超音波の継続時間によって決まるので、あまり長い時間超音波の信号を出すことができません。実装方法によっても変わりますが、0.5msec継続の場合で信号遅れを考慮して1msecだけ無視するようにすると、約17cm程度になります。

●図5-1-1　超音波による距離測定の原理

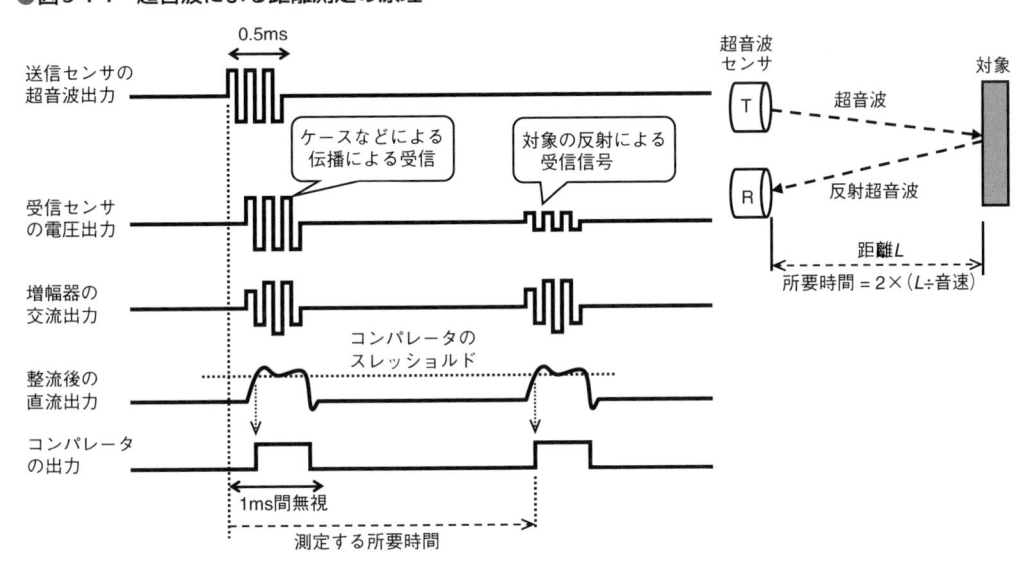

5-1-2　超音波センサの仕様と使い方

　超音波センサは用途によりいくつかの種類がありますが、本書では容易に入手可能なSPL社製の超音波送受信センサの大気中での使い方を説明します。
　この超音波センサには送信用（UT1612MPR）と受信用（UPR1612MPR）があり写真5-1-2のような外観で、見た目には違いはありません。これらはいわゆるスピーカとマイクの役割を果たすセンサとなっています。

●写真5-1-2　超音波センサの外観

この超音波センサの規格はデータシートによれば図5-1-2のようになっています。

●図5-1-2　超音波センサの規格

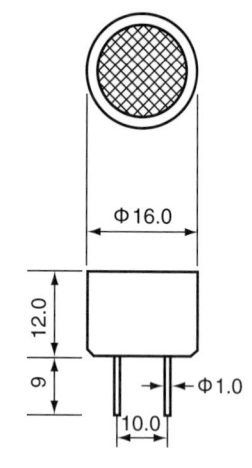

【送信側規格】UT1612MPR
最大入力電圧　：20V$_{P-P}$
出力音圧　　　：Min 115dB
　　　　　　　　（@30cm）
周波数帯域　　：40±1kHz
指向性　　　　：50度で半減
等価容量　　　：2400pF

【受信側規格】UR1612MPR
感度　　　　　：Min －65dB
　　　　　　　　（0dB=1V/ubar）
周波数帯域　　：40±1kHz
指向性　　　　：50度で半減
等価容量　　　：2400pF
最大検出距離　：4m

　外形寸法は送信側と受信側でまったく同じとなっています。この規格から、送信側には最大20V$_{P-P}$の電圧まで入力できることがわかります。また40kHz±1kHzという周波数特性なので、正確な40kHzを加える必要があります。

　送信側の115dBという出力は、30cmの距離で測定したものです。音圧は、指向性を無視すれば音源からの距離が倍になるごとに6dB減衰するので、例えば3m離れた送信側からの音圧は、10倍離れているため60dB減衰することになります。

　そうすると受信側での音圧が115dB－60dBで55dBとなり、受信出力レベルは55－65＝－10dBとなるので、電圧に直すと0.14V$_{P-P}$程度になることになります。

　これが6mになると、120dBの減衰になるので、115－120－65＝－70dB　となって電圧レベルは1mV以下となってしまいます。超音波センサは指向性が強くなるように作られているので、この値よりは大きくなりますが、それでも微小な電圧出力となるので、マイコンに入力するにはかなりの増幅が必要です。

　受信側の－65dBという感度は1V/ubarを0dBとしているので、1ubarあたりの電圧出力では、10の（－65÷20）乗＝0.56mVの出力電圧となります。

　一方、音圧0dBは2x10^{-4}ubarなので、実際の送信器から30cm離れたところでは、出力音圧が115dBですからubarにすると112.5ubarとなります。したがって0.56mV×112.5≒63mVの出力電圧となります。これが3mになると1/10になって、6.3mVということになります。

5-1-3 超音波距離計の全体構成

超音波距離計の製作には8ビットファミリからPIC16F1704を選択しました。このPICマイコンは、14ピンしかありませんが、オペアンプ×2、コンパレータ×2、低速8ビットD/Aコンバータ、低電圧リファレンスと必要なアナログモジュールがすべてそろっています。さらにパルスを生成するPWMモジュールとそれを相補のパルスに変換するCOG (Complementary Output Generator) モジュール、時間を計測するタイマが内蔵されているので、これらの内蔵モジュールをフルに使って作ります。

表示器には小型の液晶表示器を使います。これはI^2Cインターフェースでの接続になるので、2ピンだけで接続が可能です。

こうして全体構成は図5-1-3のようにしました。

●図5-1-3 超音波距離計の構成

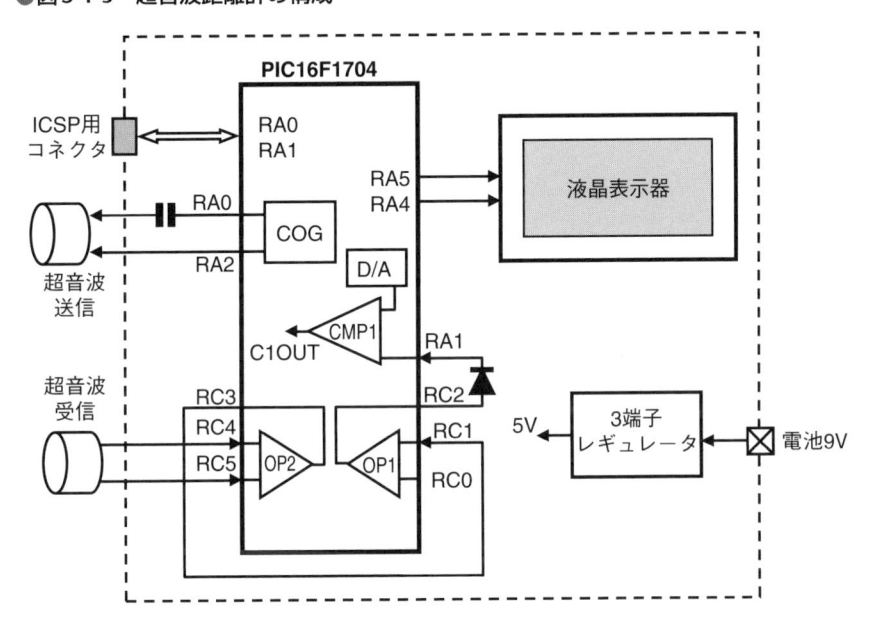

■ 超音波送信センサの駆動

送信側は40kHzという周波数のパルス波で駆動します。このとき駆動振幅電圧と出力音圧レベルの関係ですが、駆動電圧が10V以下の場合には電圧に対して出力音圧がかなり変わりますが、10Vを超えると電圧を上げても出力音圧はあまり増えません。そこで、10V程度のピーク・ピークの電圧パルスで駆動すれば、十分な性能を引き出すことができます。

5V単一電源を使ってこの超音波センサを駆動する場合、単純にパルスを加えても5Vの振幅に

しかなりません。しかし、図5-1-4のようにコンデンサを挿入して交流のプッシュプル[†1]で駆動すると、見かけ上10Vの振幅のパルスを加えることが可能になります。これでセンサの能力を十分引き出すことができます。

実際の超音波送信センサの駆動は、内蔵のPWMモジュールとCOGモジュールを使って直接40kHzのパルスでプッシュプル駆動します。超音波センサの内部インピーダンスは数百Ωと高いので、$10V_{P-P}$の電圧でも必要な電流は少なく、PICマイコンの入出力ピンで十分直接駆動が可能です。

●図5-1-4　超音波送信センサの駆動回路

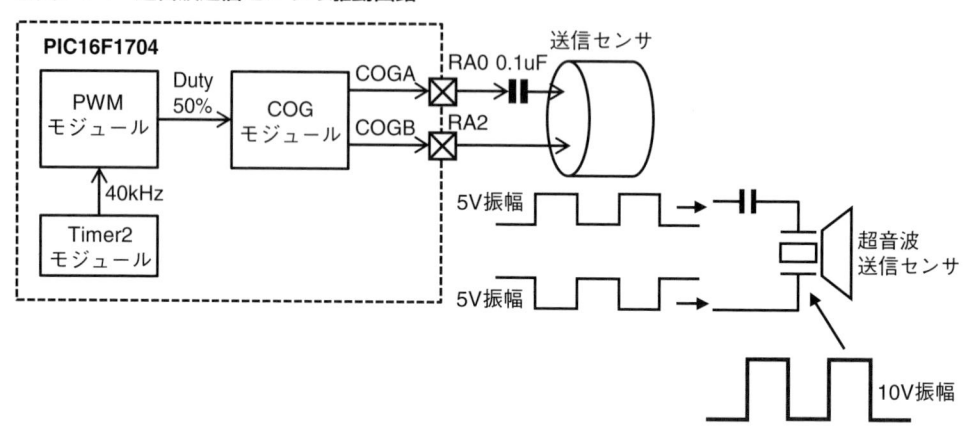

■超音波受信センサの駆動

受信側は40kHzのパルスの交流電圧として現れるので、これを交流増幅器に接続して増幅します。交流増幅器はmVレベルの非常に微小な電圧を増幅する必要があるため、増幅率の大きな交流増幅回路が必要となります。

実際の超音波受信回路は図5-1-5のようにPICマイコン内蔵の2個のオペアンプを使って2段の交流増幅回路として作ります。1段目で33倍、2段目で15倍としているので2段で約500倍の増幅となります。

増幅後のパルスを整流して直流パルスにしますが、その整流には外付けのショットキダイオードを使います。さらにその直流パルスを内蔵のコンパレータに入力して信号有無の判定をしますが、コンパレータのスレッショルドは、内蔵の低速8ビットD/Aコンバータモジュールを使って任意に設定できるようにします。

超音波発振出力をしてからコンパレータの出力が出るまでの時間を内蔵タイマで計測することで、応答時間を計測します。

このようにPICマイコンの豊富な内蔵モジュールを使うことで、ほぼPICマイコンだけですべての機能を実装することができます。

[†1] **プッシュプル**　逆極性の電圧で駆動することで倍の電圧駆動能力とする方法。

● 図 5-1-5　超音波受信センサの駆動回路

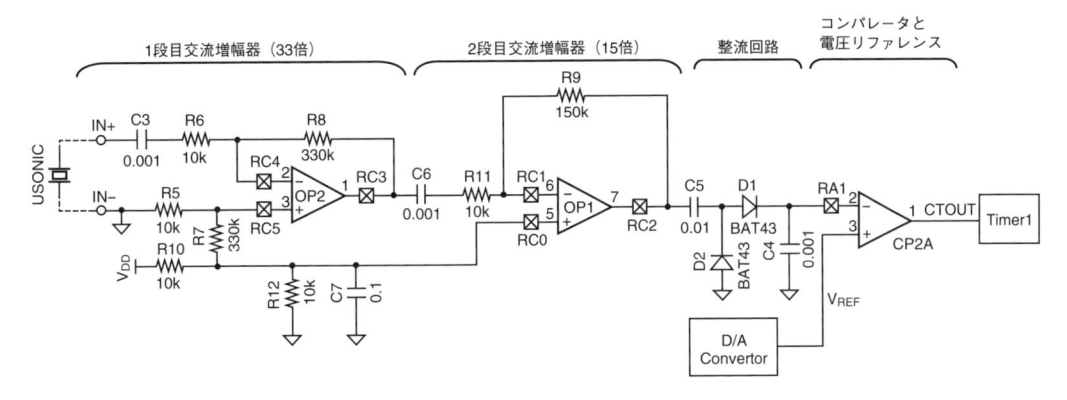

5-1-4　超音波距離計の機能仕様

　製作する超音波距離計の機能と仕様は表5-1-1のようにすることにしました。単純に一定周期で距離を測っては表示することを繰り返すだけです。

▼表 5-1-1　超音波距離計の機能仕様

機能項目	機能・仕様の内容	備　考
電源	006P型　9Vの電池 消費電流：約10mA	6V以上であれば使用可能
距離計測	最大　3m程度	17cm以下は計測不可
液晶表示	距離表示 　xxx.x cm または 　No Answer!!	表示周期は約0.5秒 応答検出ができなかった場合

5-2 周辺モジュールの使い方

ANALOG

　超音波距離計は、豊富な内蔵の周辺モジュール使って製作しますが、それらの使い方を説明します。使うモジュールは、オペアンプ、コンパレータ、定電圧リファレンス、8ビットD/Aコンバータ、PWMモジュール、COGモジュールとなります。それぞれの使い方を説明します。この他に、入出力ピン、I^2Cモジュール、タイマモジュールも使っていますが説明は省略します。

5-2-1 オペアンプの使い方

1 内部構成と特徴
　PIC16F1704には2個のオペアンプ(OPA)が実装されています。それらのオペアンプの構成は図5-2-1のようになっています。すべてのピンが外部ピンに接続できるようになっているので、独立のオペアンプハードウェアとして動作させることができます。

● 図5-2-1　オペアンプの構成

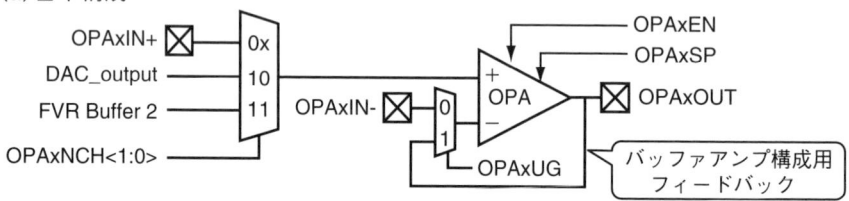

(a) 基本構成

(b) OPA1 の構成

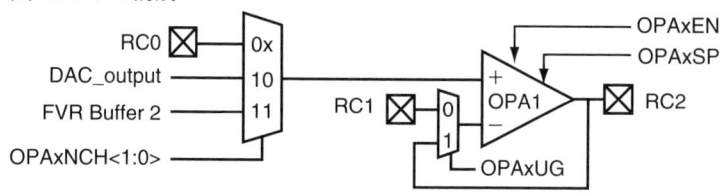

(c) OPA2 の構成

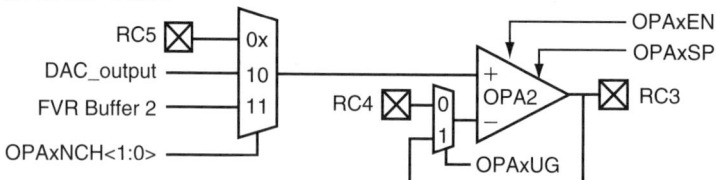

5-2 周辺モジュールの使い方

プラス入力は、設定によりD/Aコンバータ出力か定電圧リファレンスに内部で接続することができるので、オフセット電圧としても使えます。出力はRail to Railということになっているので、ほぼ0VからV_{DD}まで振れますが、入力はV_{DD}より0.5V程度低いところが限界のようです。

2 電気的特性

このオペアンプの電気的特性は表5-2-1のようになっています。

▼表5-2-1 オペアンプの電気的特性

項目	特性（高速モード）	
	Typ	Max
ゲインバンド幅	2MHz	
スルーレート	3V/μs	
オフセット	±3mV	±9mV
オープンループゲイン	90dB	
消費電流	250μA	650μA

3 レジスタと使用手順

オペアンプ動作を設定するための制御レジスタの詳細は、図5-2-2のようになっています。

●図5-2-2 オペアンプ用制御レジスタの詳細

OPAxCONレジスタ

| OPAxEN | OPAxSP | ---- | OPAxUG | ---- | --- | OPAxCH<1:0> |

OPAxEN：OPA有効化
　1：動作　0：停止

OPAxSP：速度選択
　1：高速モード
　0：低速モード

OPAxUG：ユニティゲイン
　1：有効
　　出力を−入力に接続
　0：無効
　　入力をOPAxIN-ピンへ

OPAxCH<1:0>：プラス側接続
　11：FVR Buffer2
　10：D/A出力
　0x：OPAxIN+ピン

これらのレジスタを使ってオペアンプ（OPA）を使う手順は、次のようになります。

❶ANSELxレジスタでアナログピンに設定
　使うオペアンプの3つのピンをANSELxレジスタでアナログピンとします。
❷TRISレジスタで入力モードとする
　OPAの出力ピンも入力モードとします。
❸OPAxCONレジスタでプラス側入力を選択
　OPAxCHの設定で選択します。
❹OPAxUGでマイナス側入力選択
❺OPAxSPの設定で、高速モードと低速モードを選択
　低速モードにすれば周波数特性は低くなりますが、消費電流を抑制することができます。
❻OPAxENでオペアンプを有効化する
　最後にオペアンプ自身を有効化して動作を開始します。

5-2-2 コンパレータの使い方

1 内部構成

PIC16F1704に内蔵されているコンパレータの内部構成は図5-2-3のようになっています。入力側は多くの信号から選択できるようになっており、出力側も割り込みや他のモジュールとの連携ができるようになっています。

●図5-2-3 コンパレータの構成

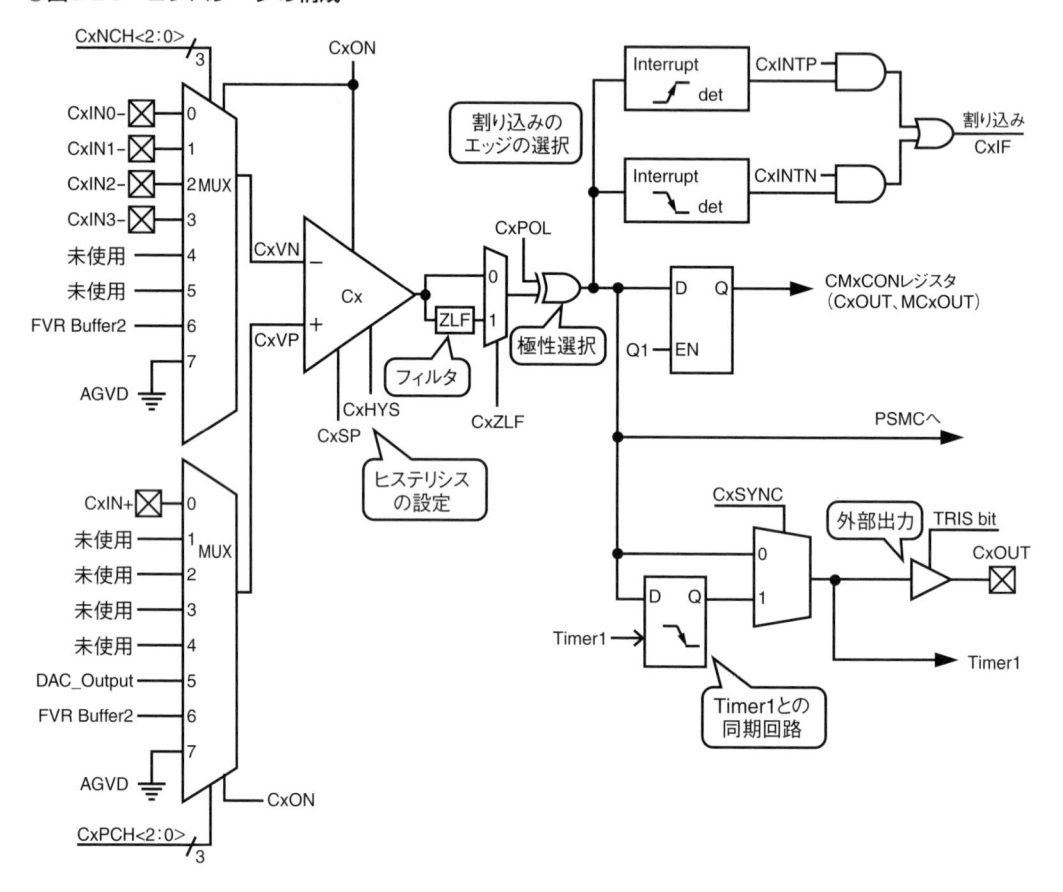

2 特徴

このコンパレータの特徴は次のようになっています。
❶豊富な種類の入力から選択できる
コンパレータのプラス、マイナスいずれの入力も、いくつかの信号から選択ができるようになっています。外部ピンからの信号だけでなく、内蔵のD/Aコンバータ出力や、定電圧リファレンスも選択できるようになっているので、コンパレータのリファレンスとして自由度の高い設定ができます。

5-2 周辺モジュールの使い方

❷ 入力は Rail to Rail

入力電圧はほぼ0VからV_{DD}まで使うことができます。

❸ 高速モードと低速モードの切り替えが可能

レジスタ設定により、高速で標準電力のモードと低速で低消費電力なモードが選択できます。高速モードでは最高60nsecで動作しますが、低速モードでは85nsec程度の動作速度となります。

❹ ヒステリシスの切り替えが可能

ゆっくり変化する入力信号で出力が発振しないようスレッショルドにヒステリシスを設けることができます。ヒステリシスを有効にすると、標準で45mVの電圧差が設けられます。これで、例えばいったんHighになると、スレッショルドより45mV以上低くならないとLowにはならないようになっています。こうして非常に変化が緩やかな入力の場合でも、出力がバタつくことがないようになっています。

❺ 短時間パルスのフィルタによる抑制

フィルタを有効にすることで、ノイズなどによる非常に短時間のパルス状の出力を抑制することができます。

❻ 出力の有効活用

コンパレータの出力は外部ピンに出力できますが、それ以外にも多くの内部モジュールと連携動作をさせるために使うことができます。

・割り込み　コンパレータ出力の立ち上がりか立ち下がりかを選択できる
・タイマ1のゲート信号として使うことができる

3 レジスタと使用手順

コンパレータを制御するために用意されているレジスタは図5-2-4のようになっています。ここでxは1、2のいずれかとなります。

●図 5-2-4　コンパレータ用制御レジスタの詳細

CMxCON0レジスタ

CxON	CxOUT	----	CxPOL	CxZLF	CxSP	CxHYS	CxSYNC

CxON：Cx有効化
　1：動作　0：停止
CxOUT：Cx出力状態
　1：High　0：Low

CxPOL：出力極性選択
　1：反転　0：通常
CxZLF：出力フィルタ有効化
　1：有効　0：無効
CxSP：動作モード選択
　1：高速モード　0：低速モード

CxHYS：ヒステリシス有効化
　1：有効　0：無効
CxSYNC：タイマ1同期有効化
　1：有効　0：無効

CMxCON1レジスタ

CxINTP	CxINTN	CxPCH<2:0>	CxNCH<2:0>

CxINTP：立ち上がり割り込み
　1：有効　0：無効
CxINTN：立ち下がり割り込み
　1：有効　0：無効

CxPCH<2:0>：＋側入力選択
　111：AGND　110：FVR
　101：DA出力
　100、011、010（未使用）
　001：CxIN1＋ピン
　000：CxIN0＋ピン

CxNCH<2:0>：－側入力選択
　111：AGND
　110、011、010（未使用）
　011：CxIN3－ピン
　010：CxIN2－ピン
　001：CxIN1－ピン
　000：CxIN0－ピン

● 図 5-2-4 （つづき）

CMOUTレジスタ

----	----	----	----	----	----	MC2OUT	MC1OUT

MCxOUT：出力状態
CxOUTの状態ミラー

Input Condition	CxPOL	CxOUT
CxVN > CxVP	0	0
CxVN < CxVP	0	1
CxVN > CxVP	1	1
CxVN < CxVP	1	0

　これらのレジスタを使ってコンパレータを使うときには、次のように設定します。

❶ CxNCH と CxPCH で入力信号を選択する
　外部ピンまたは内部電圧リファレンスを選択します。入力ピンを使う場合には、ANSELx レジスタでアナログピンと設定し、TRISx レジスタで入力モードにする必要があります。

❷ 出力極性を選択する
　CxPOL と入力信号により図中の表のような出力になるので、適切な選択をします。

❸ TRIS レジスタの設定
　コンパレータの出力を外部出力する場合には、TRISx レジスタで出力ピンとする必要があります。またデジタルピンに設定する必要もあります。

❹ CxHYS でヒステリシス、CxZLF でフィルタの設定
　必要な場合にはこれらの設定を有効化します。

❺ CxSP で動作モードを選択

❻ 割り込み設定
　割り込みを使う場合には、CxINTP と CxINTN で立ち上がりか立ち下がりかを選択します。

❼ CxON でコンパレータを有効化する
　最後にコンパレータ自身を有効化して動作を開始します。

5-2-3　定電圧リファレンスの使い方

❶ 内部構成

　PIC16F1704に内蔵されている定電圧リファレンスモジュールの構成は図5-2-5(a)のようになっています。まず元となる安定な定電圧を生成するブロックがあり、この電圧をアンプで1倍、2倍、4倍にして出力します。このアンプが2系統あり、A/Dコンバータ用とコンパレータその他用に独立に用意されているので、異なる電圧として供給することもできます。

5-2 周辺モジュールの使い方

● 図5-2-5 定電圧リファレンスモジュールの構成

(a) 定電圧リファレンスモジュールの内部構成

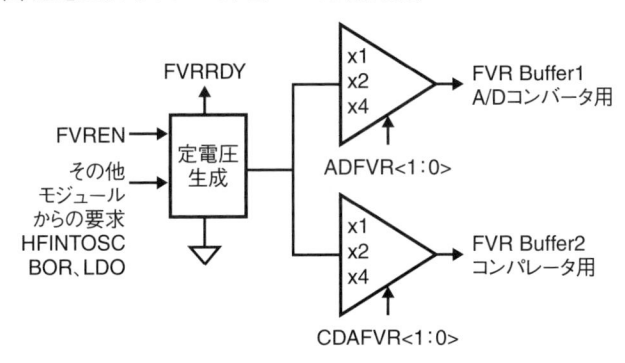

```
FVRRDY ↑
FVREN →  ┌──────┐        x1
その他    │ 定電圧 │────┬──▷ x2 ──→ FVR Buffer1
モジュール→│ 生成  │    │   x4       A/Dコンバータ用
からの要求 │      │    │    ↑
HFINTOSC  └──────┘    │  ADFVR<1:0>
BOR、LDO      ↓        │
                       │    x1
                       └──▷ x2 ──→ FVR Buffer2
                            x4       コンパレータ用
                             ↑
                          CDAFVR<1:0>
```

(b) 定電圧リファレンス制御レジスタ

FVRCONレジスタ

FVREN	FVRRDY	TSEN	TSRNG	CDAFVR<1:0>	ADFVR<1:0>

FVREN：電圧リファレンス有効化
　　1：有効　0：無効停止

FVRRDY：電圧リファレンス状態
　　1：準備完了　0：準備中/停止

TSEN：温度インジケータ有効化
　　1：有効　0：無効停止

TSRNG：温度インジケータレンジ選択
　　1：High(4Vt)　0：Low(2Vt)

CDAFVR<1:0>：リファレンス電圧選択
　　（コンパレータ用）
　　11：4.096V　10：2.048V
　　01：1.024V　00：オフ

ADFVR<1:0>：リファレンス電圧選択
　　（A/Dコンバータ用）
　　11：4.096V　10：2.048V
　　01：1.024V　00：オフ

2 レジスタと使用手順

　定電圧リファレンスモジュールの設定制御用レジスタの詳細は、図5-2-5(b)となっています。出力電圧の設定と状態監視を行うことができます。

　定電圧ブロックは、FVRENビットで有効にすることもできますし、この定電圧を必要とするモジュールが有効化されると自動的に有効になり定電圧を供給します。

　定電圧リファレンスモジュールは、有効化されてから出力が安定になるまで、わずかですが時間がかかります。この間の状態を示すため、FVRRDYビットが制御レジスタの中に用意されています。

　使い方は次の手順で行います。

❶ 電圧の選択

　CDAFVRかADFVRで電圧を選択します。電源電圧で選択範囲が制限されるので注意が必要です。

❷ FVRの有効化

　FVRENビットをセットしてFVRを有効化します。

5-2-4　8ビットD/Aコンバータの使い方

1 内部構成

　　PIC16F1704に内蔵されている8ビットD/Aコンバータの構成は、図5-2-6のようになっています。

　フルスケール電圧としてプラス側とマイナス側が選択できるようになっていて、その電圧の間を256等分した電圧ステップで出力を設定できます。

　出力は内部のコンパレータ用電圧リファレンスとするか、A/Dコンバータの入力とすることができます。さらに出力を外部ピンに2系統まで出力できます。

　外部ピンに出力する場合、D/Aコンバータの出力インピーダンスが高いので、わずかな電流しか出力できません。オペアンプのバッファを追加してインピーダンスを低くする必要があります。

●図5-2-6　8ビットD/Aコンバータの構成

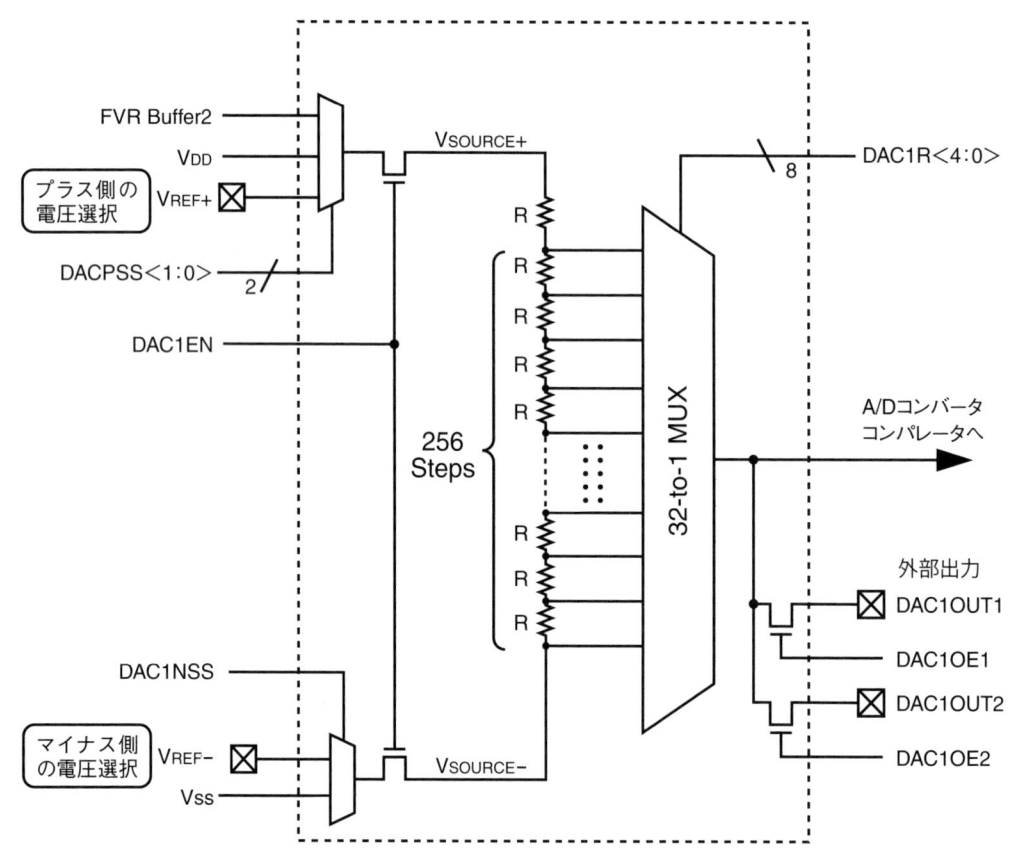

2 レジスタと使用手順

D/Aコンバータの設定制御をするための制御レジスタは図5-2-7となっています。

● 図5-2-7　D/Aコンバータ設定用レジスタの詳細

DAC1CON0レジスタ

DAC1EN	-----	DAC1OE1	DAC1OE2	DA1CPSS<1:0>	-----	DAC1NSS

DAC1EN：D/Aコンバータ有効化　　DAC1OE2：D/A出力2有効化　　DAC1NSS：マイナス側選択
　1：動作　0：無効・停止　　　　　1：有効　0：無効　　　　　　　1：V$_{REF-}$　0：V$_{SS}$

DAC1OE1：D/A出力1有効化　　　　DAC1PSS<1:0>：プラス側選択
　1：有効　0：無効　　　　　　　　11：未使用　10：FVR Buf2
　　　　　　　　　　　　　　　　　01：V$_{REF+}$　10：V$_{DD}$

DAC1CON1レジスタ

DAC1R<7:0>

DAC1R<7:0>　D/A出力電圧設定

設定の手順は次のようになります。

❶ **DAC1CON0レジスタで電圧源の選択を行う**
DA1CPSSでプラス側の電圧、DA1NSSでマイナス側の電圧を選択します。

❷ **DA1OE1、DA1OE2で外部出力をするしないを設定**

❸ **DAC1CON1レジスタで分圧した電圧を設定**
DAC1Rで出力電圧を設定します。

❹ **DAC1ENでD/Aコンバータの動作開始**
最後にD/Aコンバータ自身を有効化して動作を開始します。

5-2-5　PWMモジュールの使い方

1 内部構成

PWMモジュールはアナログモジュールではありませんが、超音波送信センサ用に40kHzのパルスを生成するために使っています。

このPWMモジュールはタイマ2と連動して動作するようになっていて、全体構成は図5-2-8のようになっています。この動作の場合だけ、タイマ2の下位に2ビットのプリスケーラ（PS）が追加されて10ビットのタイマとして動作します。PIC16F1704にはこのPWMモジュールが2組実装されているので、xは3か4になります。

● 図5-2-8　PWMモジュールの内部構成

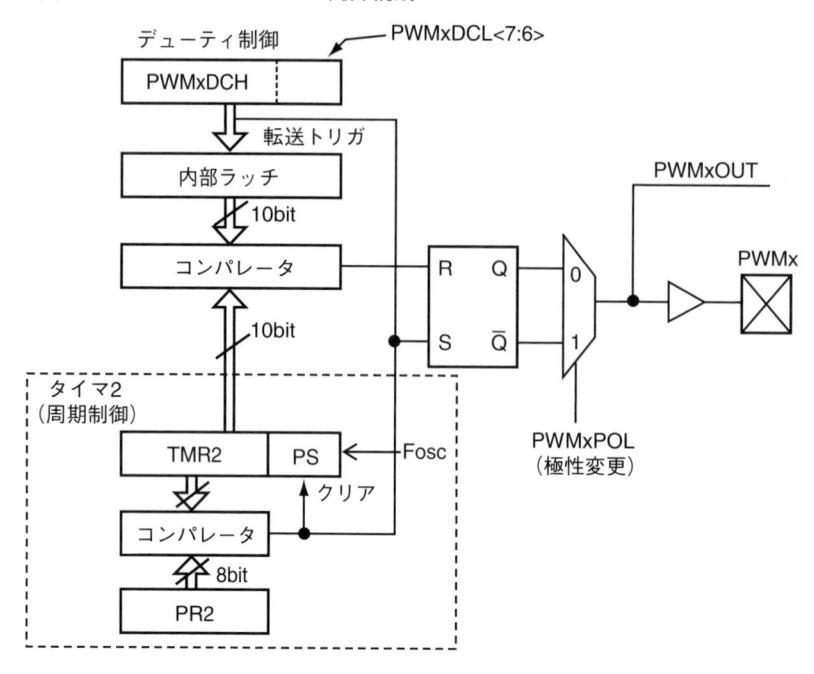

2 動作

このブロックの動作は図5-2-9のようになります。

● 図5-2-9　PWMモジュールの周期とデューティ

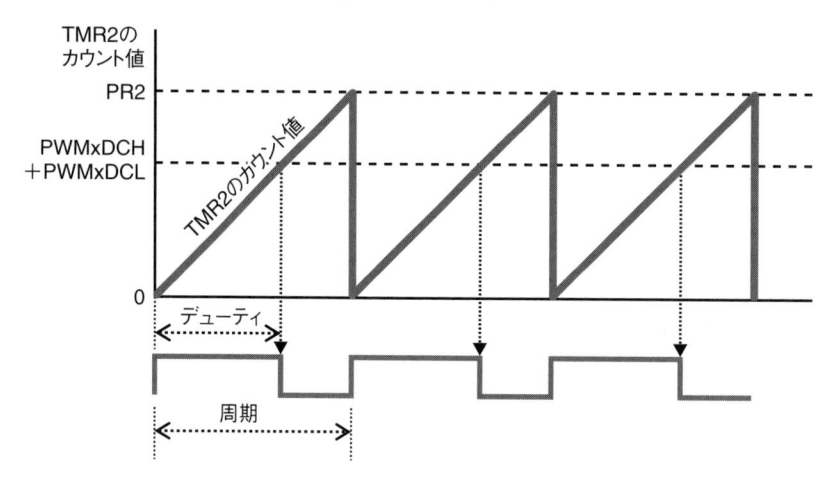

5-2 周辺モジュールの使い方

　TMR2＋PSは常時システムクロック（F_{OSC}）の一定周期でカウントアップしていて、TMR2の8ビットが周期レジスタPR2に設定した値と一致すると、TMR2＋PSを0にクリアし、同時にPWMxピンにHighの出力をします。これでTMR2は0とPR2の値の間を繰り返すことになるので、Highの出力も一定周期で出力されることになります。こうしてパルスの周期がタイマ2で決定されることになります。
　この状態のとき、PWMモジュール側でPWMxDCHとPWMxDCLで設定された10ビットの値がTMR2の一致出力のタイミングで内部ラッチに保存され、コンパレータにより内部ラッチとTMR2＋PSの10ビットの値とが常時比較されます。一致するとPWMxピンの出力をLowにします。このLowになるタイミングがデューティ比となり、PWMパルスが生成されることになります。

❸ レジスタと使用手順
　このPWMモジュールの制御用レジスタは図5-2-10のようになります。タイマ2と連動するので、タイマ2の制御レジスタも一緒に示してあります。

●図5-2-10　PWMxモジュール制御レジスタ

PWMxCONレジスタ（xは3か4）

PWMxEN	---	PWMxOUT	PWMxPOL	---	---	---	---

PWMxEN：PWMxモジュール有効化
　1：有効　0：無効・停止
PWMxOUT：PWMx出力状態
PWMxPOL：PWMx出力極性
　1：Active Low　0：Active High

PWMxDCHレジスタ

PWMxDCH<7:0>

PWMxDCH<7:0>：デューティ上位8ビット

PWMxDCLレジスタ

PWMxDCL<7:6>	---

PWMxDCL<7:6>：デューティ下位2ビット

T2CONレジスタ

---	T2OUTPS<3:0>	TMR2ON	T2CKPS<1:0>

T2OUTPS：ポストスケーラ
　1111：1/16　1110：1/15

　0001：1/2　0000：1/1
TMR2ON：タイマ2有効化
　1：動作　0：停止
T2CKPS：プリスケーラ
　11：1/64　10：1/16
　01：1/4　00：1/1

　この制御レジスタを使ってPWMモジュールを設定する場合の手順は次のようになります。

❶ タイマ2とPR2で周期を決め設定する
　周期はシステムクロックの周波数（F_{OSC}）とタイマ2のプリスケール値（T2CKPS）と周期レジスタPR2により次の式で決定します。

　　周期＝ F_{OSC} ÷ 4 ×（プリスケール値）÷（PR2＋1）

例えばクロックが32MHzと8MHzの場合には、表5-2-1のような周期が設定できます。デューティの上位8ビットをPR2の値より大きくすると常時デューティ100％となってしまうため、PR2以下の値としなければならないので、デューティ分解能がPR2の値で制限されてしまいます。

▼表5-2-1　PWMモジュールの周期設定例
(a) クロック32MHzの場合

PWM周期 (kHz)	0.49	1.95	31.3	40	62.5	125
プリスケーラ	1/64	1/16	1/1	1/1	1/1	1/1
PR2の値	0xFF	0xFF	0xFF	0xC7	0x7F	0x3F
分解能 (ビット)	10	10	10	9	9	8

(b) クロック8MHzの場合

PWM周期 (kHz)	0.12	0.49	7.81	15.6	31.2	62.5
プリスケーラ	1/64	1/16	1/1	1/1	1/1	1/1
PR2の値	0xFF	0xFF	0xFF	0x7F	0x3F	0x1F
分解能 (ビット)	10	10	10	9	8	7

❷PWMxDCHとPWMxDCLでデューティの初期値を設定
❸外部出力する場合の設定
　外部出力するときは、PWMxPOLで極性を指定、さらにTRISレジスタでPWMxピンを出力モードにします。
❹PWMxENで有効化して動作開始
❺TMR2ONでタイマ2の動作を開始するとパルスの出力を開始

　今回の使い方ではシステムクロックは32MHzで、周期が40kHz、デューティは50％なので、

　　PR2 = 0xC7　　PWM3DCH = 0x63　　PWM3DCL = 0

となります。

5-2-6　COGモジュールの使い方

1 基本機能と内部構成
　COG (Complementary Output Generator) の基本機能は単純で、多くの種類の入力信号から立ち上がりエッジ条件と立ち下がりエッジ条件の2つを入力とし、その条件を元にして単一または相補パルスを出力します。さらに相補パルスの切り替わり時にはデッドバンドが追加できます。外部または内部からのフォルト信号によるフォルト制御機能も内蔵されています。さらに動作モードには次のような6種類が用意されていて、多くの組み合わせができるようになっています。

- ステアリングPWMモード
- 同期ステアリングPWMモード
- 順方向フルブリッジモード
- 逆方向フルブリッジモード
- ハーフブリッジモード
- プッシュプルモード

　今回はPWM3を入力とする単純な相補パルス出力を行うハーフブリッジ動作で使います。デッドバンドも遅延も、フォルト入力もなしという条件で使います。この動作モードの場合、COGモジュールの内部構成は、図5-2-11のようになります。

●図5-2-11　COGモジュールの構成

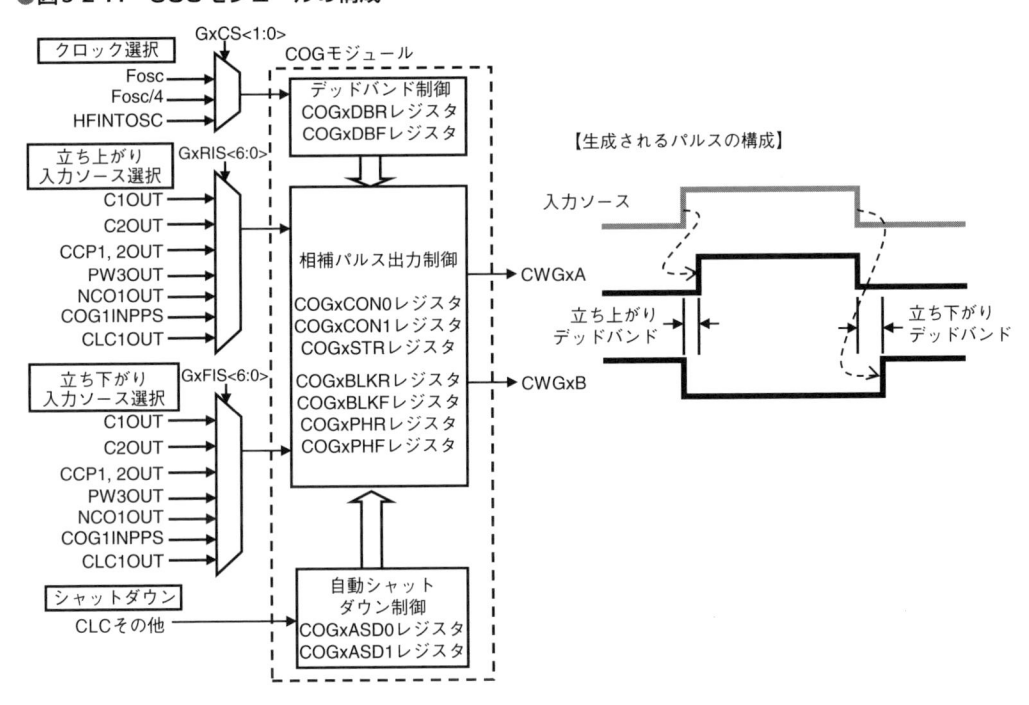

2 レジスタと使用手順

今回の使い方で関連するCOGモジュールの制御用レジスタは図5-2-12のようになっています。

●図5-2-12　COGxモジュール関連レジスタの詳細

COGxCON0レジスタ

GxEN	GxLD	----	GxCS<1:0>		GxMD<2:0>		

GxEN：COGx有効化
　　1：有効　　0：無効
GxLD：バッファレディ
　　1：待ち中　0：完了

GxCS0：クロック選択
　11：未使用
　10：HFINTOSC
　01：Fosc
　00：Fosc/4

GxMD：動作モード選択
　11x：未使用
　101：プッシュプル
　100：ハーフブリッジ
　011：逆フルブリッジ
　010：順フルブリッジ
　001：同期ステアリングPWM
　000：ステアリングPWM

COGxCON1レジスタ

GxRDBS	GxFDBS	----	----	GxPOLD	GxPOLC	GxPOLB	GxPOLA

GxRDBS：立ち上がりデッドバンド選択
　　1：Delay Chain　0：COGxクロック
GxFDBS：立ち下がりデッドバンド選択
　　1：Delay Chain　0：COGxクロック

GxPOLy：COGxy出力の極性選択
　　1：Active Low　0：Active High
　　（yはA～D）

COGxRISレジスタ

----	GxRIS6	GxRIS5	GxRIS4	GxRIS3	GxRIS2	GxRIS1	GxRIS0

COGxFISレジスタ

----	GxFIS6	GxFIS5	GxFIS4	GxFIS3	GxFIS2	GxFIS1	GxFIS0

GxRISy：立ち上がり入力選択
GxFISy：立ち下がり入力選択
　1：選択　0：選択なし

y：選択肢
　6：PWM3 Output　5：CCP2 Output
　4：CCP1 Output　3：CLC1 Output
　2：コンパレータ2　1：コンパレータ1
　0：COGxPPS（ピン割り付け）

COGモジュールの設定は次の手順で行います。

❶**COGxCON0レジスタでクロックと動作モードを指定**

GxCSで$F_{OSC}/4$をクロックに選択、GxMDでハーフブリッジを指定します。

❷**COGxCON1レジスタで極性を指定**

GxPOLAとGxPOLBでAとBの極性をA側はActive HighにB側はActive Lowとして相補の極性とします。

❸**立ち上がりと立ち下がりの入力ソースを指定**

COGxRISレジスタとCOGxFISレジスタでいずれもPWM3を選択します。

❹**GxENでCOGを有効化して動作を開始**

5-3 超音波距離計の
ハードウェアの製作

ANALOG

　製作した超音波距離計の完成後の外観が写真5-3-1となります。超音波センサを直接基板に取り付けてしまいました。このままでも使えますが、適当なケースに実装すれば使いやすいものになると思います。

●写真5-3-1　超音波距離計の完成後の外観

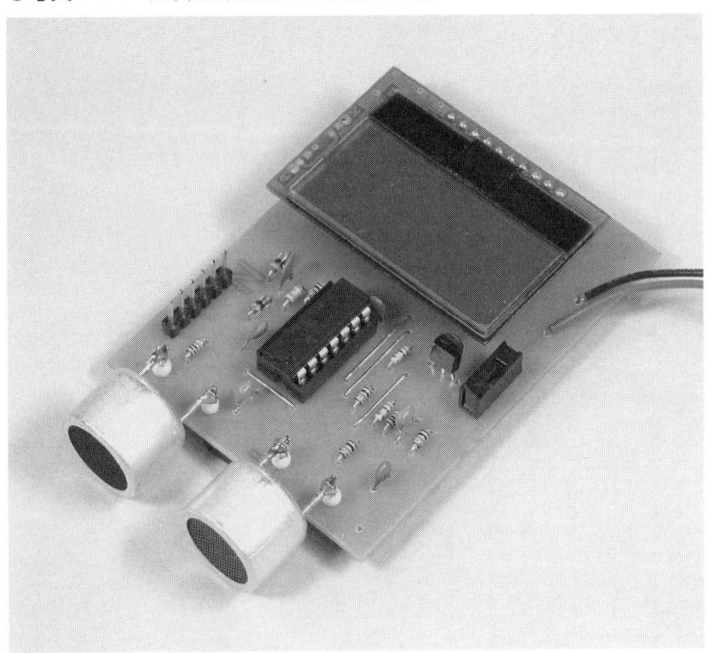

1 回路図

　最終的な超音波距離計の回路図が図5-3-10となります。電源は全体を5Vで動作させますが、携帯型にするため006Pの9Vの電池を使い、3端子レギュレータで5Vを生成しています。
　表示は液晶表示器ですべて行うこととします。あとはPICマイコンしかありません。
　超音波受信センサの増幅器では、入力の片側をGNDに接続していますが、このほうが液晶表示器への表示出力の際のノイズを少なくできるという実機の結果によっています。

●図5-3-1　超音波距離計の基板回路図

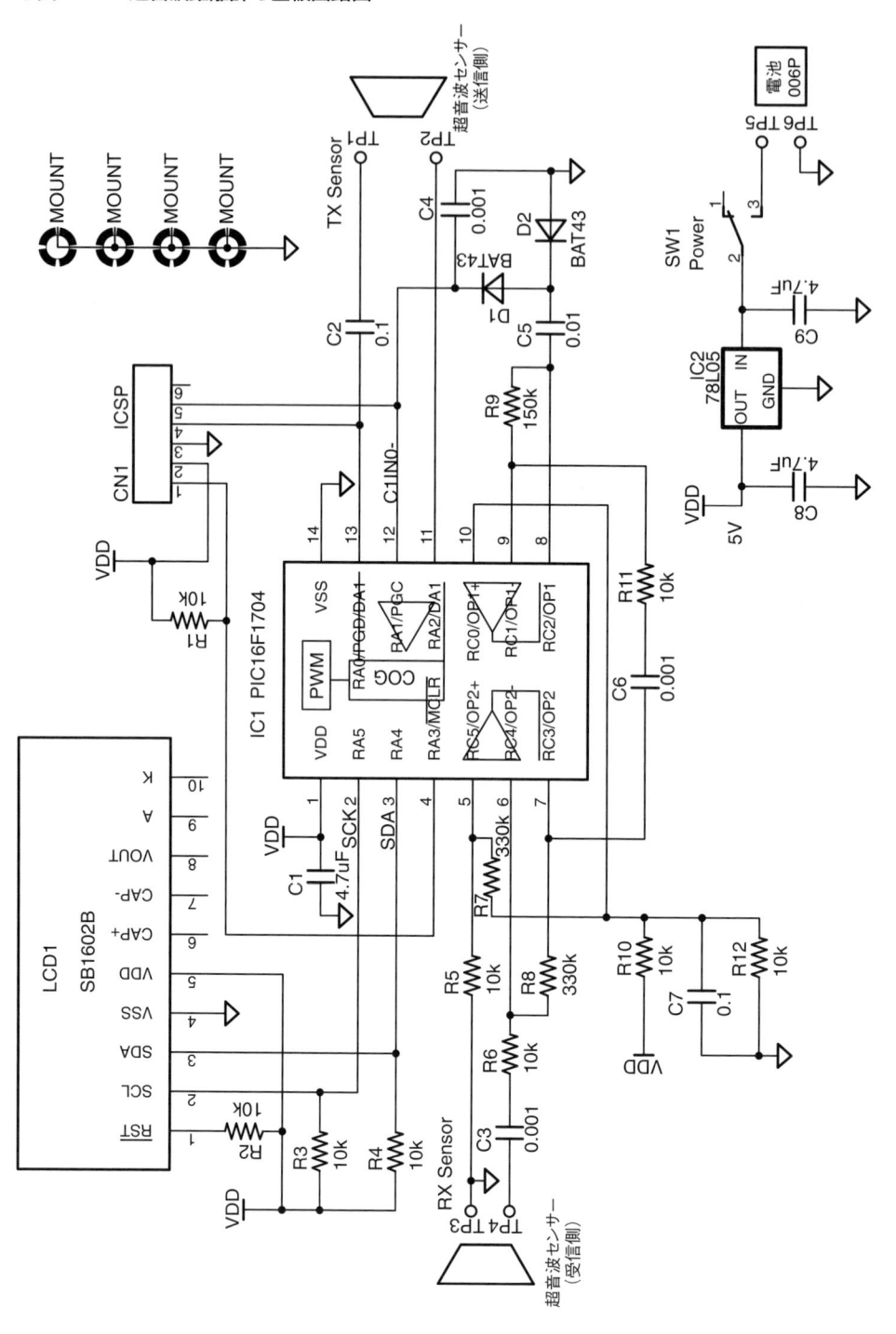

2 部品

この距離計の製作に必要な部品は表5-3-1となります。特に入手の難しいものはないと思います。
なお、プリント基板のパターン図や実装図、回路図は、本書巻末掲載のURLからダウンロードできます。

▼表5-3-1 部品表

記号	品名	値・型名	数量
IC1	PICマイコン	PIC16F1704-I/SP	1
IC2	3端子レギュレータ	78L05相当	1
LCD1	液晶表示器	SB1602B (I^{2}C接続) (ストロベリーリナックス社)	1
D1、D2	ダイオード	BAT43相当	2
R1、R3、R4、R5、R6、R10、R11、R12	抵抗	10kΩ 1/6W	8
R7、R8	抵抗	300kΩ 1/6W	2
R9	抵抗	150kΩ 1/6W	1
C1、C8、C9	チップセラミック	4.7μF 25Vまたは50V	3
C2、C7	積層セラミック	0.1μF	2
C3、C4、C6	積層セラミック	0.001μF	3
C5	積層セラミック	0.01μF	1
CN1	ピンヘッダ	6ピン	1
TP1、TP2、TP3、TP4	テストピン	ビーズ付き	4
	超音波センサ	送信用 UT1612MPR	1
	超音波センサ	受信用 UR1612MPR	1
	ICソケット	14ピン	1
	ピンヘッダメス	10ピン (液晶表示器用)	1
	バッテリ	006P型電池 (スナップ付)	1
POWER	スライドスイッチ	3ピン基板用小型	1
	基板	サンハヤト感光基板10K	1
	ねじ、ナット、カラースペーサ		少々

3 実装

この基板の実装図が図5-3-2となります。片面基板で製作するため、チップコンデンサは表面実装部品なので、はんだ面側に最初に実装する必要があります。このあと、太い線で示したジャンパ線を実装します。次に抵抗を実装します。抵抗の根本付近からリード線を曲げるので、ペンチ等できれいに曲げます。抵抗は結構多いので位置を間違えないようにしてください。次にICソケットを実装し、残りは背の低いものから順に実装します。最後に超音波センサもテストピンを使って基板に直接固定してしまいます。液晶表示器はあとからソケットに実装するようにしています。

●図 5-3-2　基板実装図

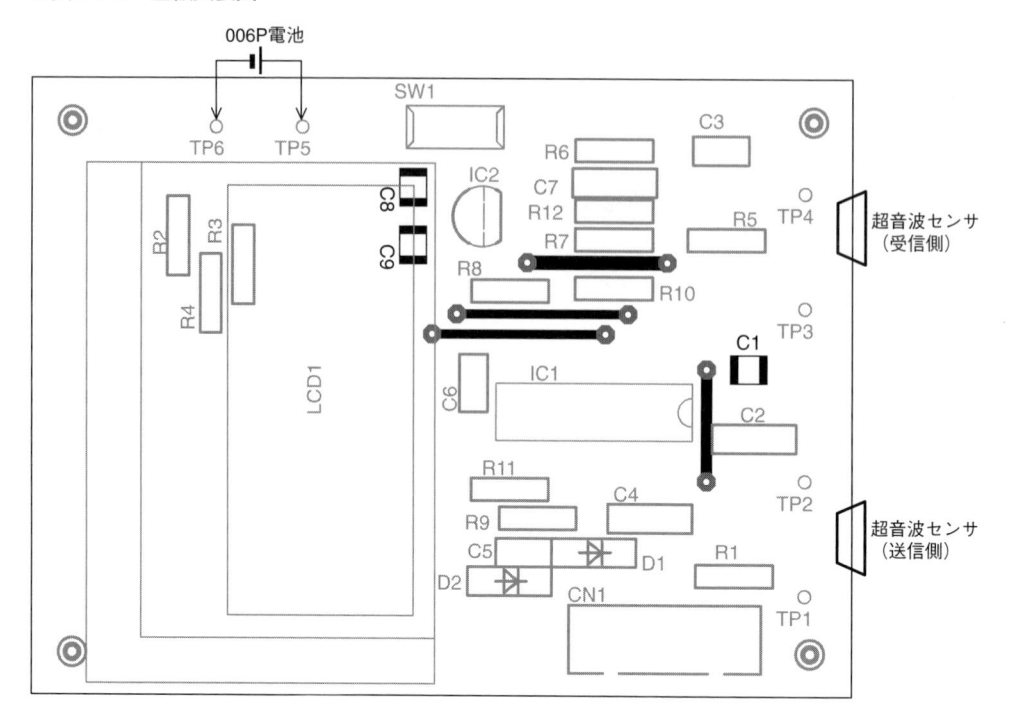

実際に実装を完了した基板の部品面が写真 5-3-2、ハンダ面が写真 5-3-3 となります。液晶表示器をはずした状態です。

●写真 5-3-2　部品面

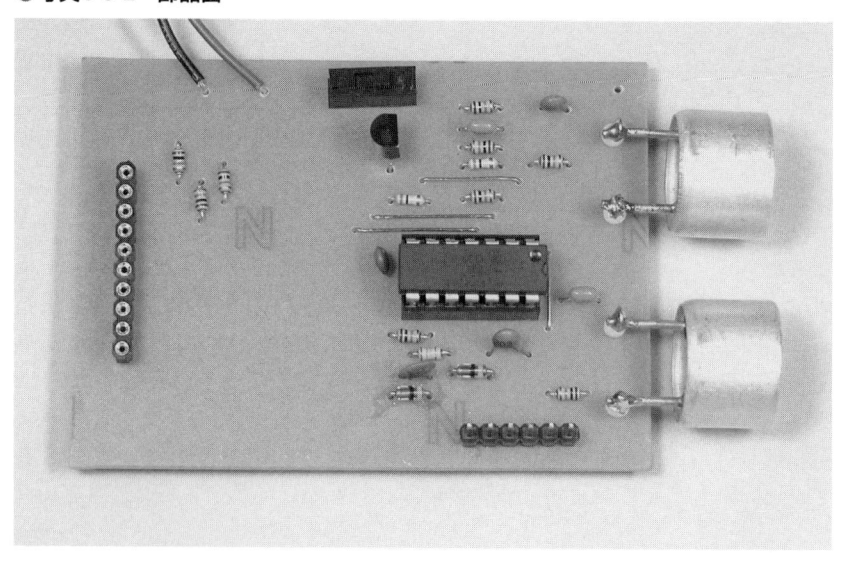

5-3 超音波距離計のハードウェアの製作

●写真5-3-3　ハンダ面

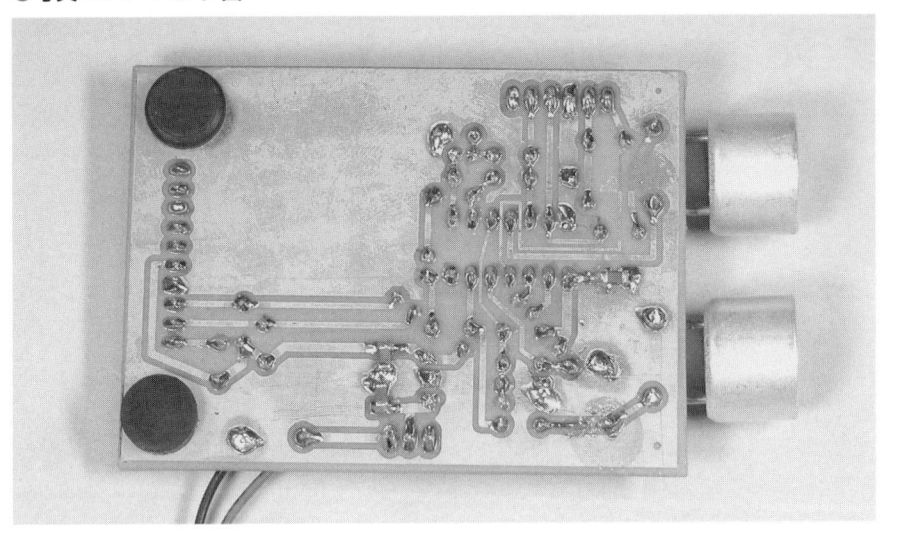

これを好みのケースに実装して完成させます。

5-4 超音波距離計のファームウェアの製作

ANALOG

ハードウェアができ上がったらPICマイコンのファームウェアを製作します。

5-4-1 ファームウェアの構成

　超音波距離計のファームウェアはメインの一本の流れだけで構成しています。全体のファームウェアのフローは図5-4-1のようになっています。最初の初期化部では、使用する内蔵モジュールの初期設定を行います。

　次に永久の繰り返しループに入り、開始メッセージを表示して10msec経ってから0.5msec間だけ超音波を出力します。この間隔を空けたのは、液晶表示器への出力タイミングで超音波受信センサに大きなノイズが重畳してしまうので、この不安定期間を回避するためです。

　出力したら直接の折り返しの受信を無視するため0.5msecだけ待ち、そのあとで時間計測を始めます。時間計測はタイマ1で行うので、ここでタイマをカウント0からスタートさせます。

　反射波の有無はコンパレータの出力がHighになったことで判定しますが、一定時間以上待っても応答がない場合には反射波が無かったということでNo Answerという表示をしてループの最初に戻ります。

　反射波があった場合には、そのときのタイマ1のカウント時間から距離を計算して液晶表示器にcm単位で表示します。このとき最初に無条件で無視した0.5＋0.5msecの時間分の距離を加算しています。この加算値は実際の測定値の誤差を計測して修正する必要があります。

　最後に1秒繰り返し用の待ち時間を挿入してループの最初に戻って繰り返します。

●図5-4-1　ファームウェアフロー

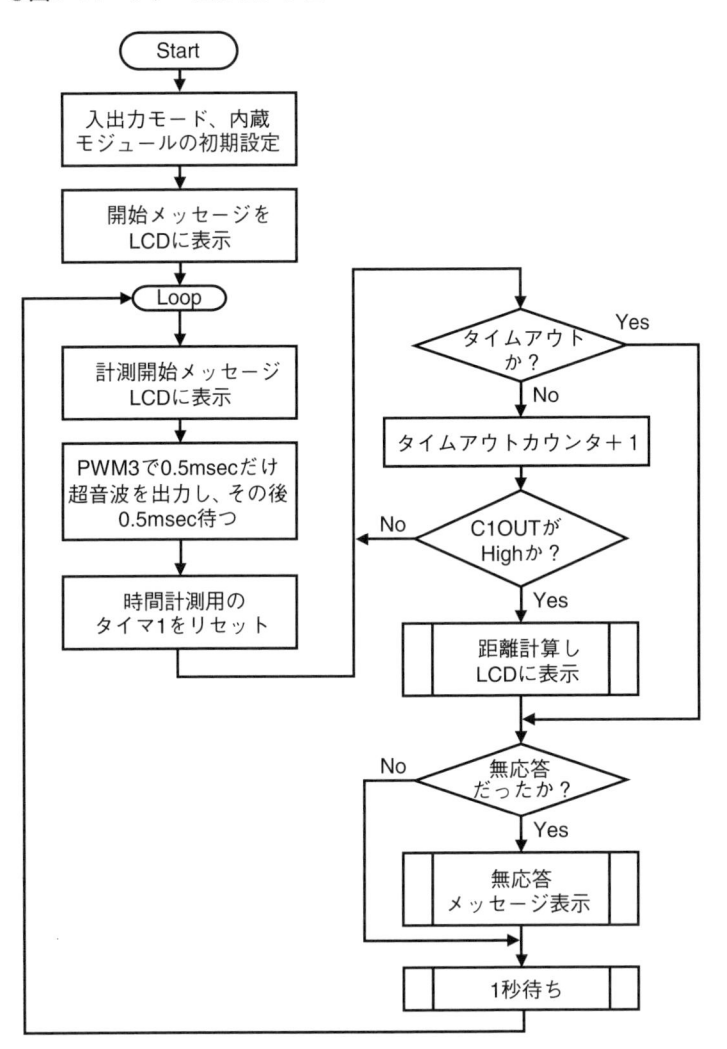

```
          Start
            │
            ▼
    ┌─────────────┐
    │入出力モード、内蔵│
    │モジュールの初期設定│
    └─────────────┘
            │
            ▼
    ┌─────────────┐
    │開始メッセージを  │
    │LCDに表示      │
    └─────────────┘
            │
            ▼
         (Loop)◄──────────────────────────┐
            │                              │
            ▼                              │
    ┌─────────────┐              ┌──Yes──┐ │
    │計測開始メッセージ│           ◄─◇タイムアウト│
    │LCDに表示      │              │ か？   │ │
    └─────────────┘              └───No──┘ │
            │                         │    │
            ▼                         ▼    │
    ┌─────────────┐          ┌─────────────┐│
    │PWM3で0.5msecだけ│       │タイムアウトカウンタ+1││
    │超音波を出力し、その後│    └─────────────┘│
    │0.5msec待つ    │                │    │
    └─────────────┘                 ▼    │
            │                   ┌──No──┐  │
            ▼                 ◄─│C1OUTが│  │
    ┌─────────────┐           │High か？│  │
    │時間計測用の    │           └──Yes──┘  │
    │タイマ1をリセット│               │     │
    └─────────────┘               ▼     │
            │                ┌─────────────┐│
            │                │距離計算し    ││
            │                │LCDに表示    ││
            │                └─────────────┘│
            │                      │      │
            │           ┌──No──┐   ▼      │
            │         ◄─│無応答 │          │
            │           │だったか？│         │
            │           └──Yes──┘          │
            │                 │            │
            │                 ▼            │
            │         ┌─────────────┐     │
            │         │無応答       │     │
            │         │メッセージ表示 │     │
            │         └─────────────┘     │
            │                 │            │
            │                 ▼            │
            │         ┌─────────────┐     │
            │         │1秒待ち      │     │
            │         └─────────────┘     │
            │                 │            │
            └─────────────────┴────────────┘
```

5-4-2　ファームウェアの詳細

　実際のファームウェアの詳細を説明します。
　本書巻末掲載のURLから、ソースリストやプロジェクトファイルなどをダウンロードすることができます。

❶宣言部

　まずリスト5-4-1が宣言部で、ここでは、コンフィギュレーションとグローバル変数の宣言定

義をしています。コンフィギュレーション部は、MPLAB Xのコンフィギュレーション設定ツールで設定し生成したものをコピーして貼り付けただけとなっています。

リスト 5-4-1　宣言部

```
/*******************************
 *  超音波センサを使った距離計
 *  受信構成
 *     OPAMP1→OPAMP2→COMP1→Timer1停止
 *  送信構成
 *     PH1、PH2によるプッシュプル
 *******************************/
#include  <xc.h>
#include  "lcd_lib2.h"
#include  "i2c_lib2.h"
/**** コンフィギュレーション設定 ****/
(コンフィギュレーション部省略)
/**** 定数、変数の定義 *****/
float Value;
long TimeOut;
int ErFlag;
const char StMsg[] = "Start!";
char DistMsg[] = "L = xxx.x cm    ";
char NoAns[]   = "No Answer!!     ";
char MsrMsg[]  = "Start Measure!  ";
char BlnkMsg[] = "                ";
/* 関数プロトタイピング */
void ftostring(int seisu, int shousu, float data, unsigned char *buffer);
void Init(void);
void Delay05(void);
```

（グローバル変数の宣言定義）

2 初期設定部

リスト5-4-2はメイン関数の初期設定部で、使う内蔵モジュールの初期設定をすべて行っています。クロック周波数の設定後、入出力ピンの入出力モードを設定し、次にすべてのモジュールの初期化をまとめた関数Init( )を呼びだしています。続いて液晶表示器に使うI²Cモジュールの初期化ですが、このPICマイコンは周辺モジュールのピンを任意のピンの割り付けできる機能が内蔵されているので、ピン割り付けによりMSSPモジュールで使用するピンを特定してからMSSPモジュールをI²C用に初期化しています。

最後に液晶表示器の初期化をしてから開始メッセージを表示してメインループに進みます。

リスト 5-4-2　初期設定部

```
/*********** main 関数 *************/
void main(void)
{
    /** Clock Setting **/
    OSCCONbits.IRCF = 14;
    /* I/O初期設定 */
    TRISA = 0x3A;                   // RA1 アナログ
    TRISC = 0xFF;                   // すべてアナログ
    ANSELA = 0x02;                  // RA1 analog
```

（各ピンの入出力モード設定）

5-4 超音波距離計のファームウェアの製作

```
                        ANSELC = 0xFF;                  // All Analog
                        /* 内蔵モジュール初期化関数 */
モジュール初期化 ──▶     Init();
                        /** 液晶表示器用 I2C初期化 **/
                        RA5PPS = 0x10;                  // Assign SCL
LCD用I²Cの初期設定 ──▶   SSPCLKPPS = 0x05;
                        RA4PPS = 0x11;                  // Assign SDA
                        SSPDATPPS = 0x04;
                        SSPADD = 0x4F;                  // 100kHz@8MHz
                        SSPCON1 = 0x38;                 // I2Cイネーブル
                        SSPSTAT = 0;                    // 状態クリア
                        /* 開始メッセージ表示 */
                        lcd_init();
LCDの初期化と開始 ──▶    lcd_clear();
メッセージ表示           lcd_str(StMsg);
                        Delayms(500);                   // 0.5秒間表示
```

❸ メインループ部

リスト5-4-3がメインループとなる距離計測実行ループです。まず液晶表示器に計測開始メッセージを表示してから、無応答監視のフラグをセットしておきます。次に0.5msec間だけ超音波を出力し、そのあと無条件で0.5msecだけ待ちます。これでセンサ間の直接反射応答を無視しています。

次に時間測定タイマをスタートさせてから、タイムアウトまで繰り返すループに入り、ここでコンパレータの出力をチェックして反射の有無をチェックします。反射があったらタイマの現在値から時間を取得し、距離に換算します。このとき先に無視した時間分の距離と、実際の誤差を補正して計算します。計算結果を液晶表示器に表示してから繰り返し時間だけ待ち、そのあと無応答フラグをクリアしてから強制的にタイムアウトさせるようにTimeOutを大きな値に設定します。

このループを抜け出したら無応答フラグのチェックをして、無応答だったらその旨を液晶表示器に表示します。

リスト 5-4-3 計測繰り返しループ

```
                         /******** メインループ ************/
                         while(1){
                             /*** 計測開始メッセージ表示 ***/
                             lcd_cmd(0x80);
                             lcd_str(MsrMsg);
LCD1行目計測メッセー ──▶   lcd_cmd(0xC0);
ジ表示2行目消去              lcd_str(BlnkMsg);                  // 2行目消去
ノイズ対策用遅延 ──▶        Delayms(10);                       // LCDノイズ回避
                             /** 計測実行 **/
                             ErFlag = 1;                        // 無応答フラグセット
タイマクリアし応答時 ──▶    TimeOut = 0;                       // 応答監視タイマクリア
間測定開始                   TMR1H = 0;                         // 時間リセット
                             TMR1L = 0;
                             PWM3CONbits.PWM3EN = 1;            // 超音波パルス出力 0.5msec間
                             Delay05();
                             PWM3CONbits.PWM3EN = 0;            // 超音波出力停止
```

```
        Delay05();                              // 自分折り返し回避  0.5msec
    // 応答時間測定
        T1CONbits.TMR1ON = 1;                   // タイマ1スタート
        while(TimeOut < 10000) {                // 応答監視
            if(C1OUT == 1){                     // 応答チェック
                T1CONbits.TMR1ON = 0;           // タイマ1停止
                // 距離計算  音速 344m/s@20℃ 従って 0.0344cm/1usec
                // 1msecでは17.2cm-実測補正2cm
                Value = (float)((TMR1H * 256 + TMR1L)/2);
                Value = 15.2 + (Value * 0.0344);
                ftostring(3, 1, Value, DistMsg+4);
                Delayms(10);                    // LCDノイズ回避
                lcd_cmd(0xC0);
                lcd_str(DistMsg);
                ErFlag = 0;                     // 無応答フラグクリア
                TimeOut = 20000;                // 強制タイムアウト
            }
            else
                TimeOut++;                      // 監視タイマ更新
        }
        if(ErFlag){                             // 無応答だったか？
            // 無応答メッセージ表示
            lcd_cmd(0xC0);
            lcd_str(NoAns);
        }
        Delayms(1000);                          // 1秒繰り返し時間待ち
    }
}
```

- 0.5msec間だけ超音波出力実行後0.5msecだけ待つ
- 無応答の時間まで繰り返す
- 反射波チェック
- 反射波があった場合には距離に換算してLCDに表示
- 無応答監視タイマカウントアップ
- 無応答のチェック
- 無応答だった場合には無応答の表示をする

４ モジュール初期化関数

リスト5-4-4が初期化を行うサブ関数で、アナログ関連モジュールのすべての初期化を行っています。オペアンプ1と2、コンパレータ1、定電圧リファレンス、D/Aコンバータ、PWM3、COG1、タイマ1と2が対象となっています。

リスト 5-4-4　初期化サブ関数

```
/***********************************
 *   モジュール初期化関数
 *   オペアンプ、DAC、FVR、コンパレータ
 ***********************************/
void Init(void){
    /** オペアンプの初期設定 **/
    OPA1CONbits.OPA1SP = 1;      // High speed
    OPA1CONbits.OPA1UG = 0;      // Connect OPA1IN-
    OPA1CONbits.OPA1PCH = 0;     // Connect OPA1IN+
    OPA1CONbits.OPA1EN = 1;      // OPA1 Enable
    OPA2CONbits.OPA2SP = 1;      // High Speed
    OPA2CONbits.OPA2UG = 0;      // Connect OPA2IN-
    OPA2CONbits.OPA2PCH = 0;     // Connect OPA2IN+
    OPA2CONbits.OPA2EN = 1;      // Enable
    /** コンパレータの初期設定 **/
    CM1CON0bits.C1OUT = 1;       // C1VN > C1VP
    CM1CON0bits.C1POL = 1;       // Invert
    CM1CON0bits.C1ZLF = 1;       // Filtered
```

5-4 超音波距離計のファームウェアの製作

```
CM1CON0bits.C1SP = 1;           // High speed
CM1CON0bits.C1HYS = 1;          // Hysteresis Enable
CM1CON0bits.C1SYNC = 0;         // Async Timer1
CM1CON1bits.C1PCH = 5;          // C1VP = DAC
CM1CON1bits.C1NCH = 0;          // C1VN = C1IN0- pin
CM1CON0bits.C1ON = 1;           // Enable
/** FVR 初期設定 **/
FVRCONbits.CDAFVR = 2;          // 2.048V
FVRCONbits.FVREN = 1;           // Enable
/** DAC 初期設定 **/
DAC1CON0bits.DAC1PSS = 2;       // Select FVR 8mV単位
DAC1CON0bits.DAC1NSS = 0;       // Select Vss
DAC1CON1 = 138;                 // 1100mV
DAC1CON0bits.DAC1EN = 1;        // Enable
/* PWM3出力設定  相補出力 40kHz デューティ 50% */
T2CON = 0x4;                    // 8MHz/1->8MHz
PR2 = 199;                      // Period 40kHz
PWM3DCH = 100;                  // 50% Duty
PWM3CONbits.PWM3POL = 0;        // active High
/* COG初期設定 */
COG1CON0bits.G1CS = 0;          // Clock Fcy
COG1CON0bits.G1MD = 4;          // Half Bridge mode
COG1CON1bits.G1POLA = 0;        // active High
COG1CON1bits.G1POLB = 1;        // Active Low
COG1RISbits.G1RIS6 = 1;         // rising = PWM3
COG1FISbits.G1FIS6 = 1;         // falling = PWM3
COG1CON0bits.G1EN = 1;          // Enable
/* COG出力ピンアサイン */
RA0PPS = 8;                     // COGA -> RA0
RA2PPS = 9;                     // COGB -> RA2
/* タイマ1初期設定 */
T1CONbits.TMR1CS = 0;           // clock = Fcy-> 0.125usec
T1CONbits.T1CKPS = 3;           // 1/8 -> 1usec
}
```

　この他に、割り込み処理関数、浮動小数から文字列への変換サブ関数や、遅延関数、液晶表示器用ライブラリなどがありますが、詳細説明は省略します。

　以上がファームウェアの全体になります。これをPICマイコンに書き込めばすぐ動作を開始して液晶表示器に測定値が表示されるはずです。

　実際に液晶表示器に表示された例が写真5-4-1となります。

●写真5-4-1　液晶表示器の表示例

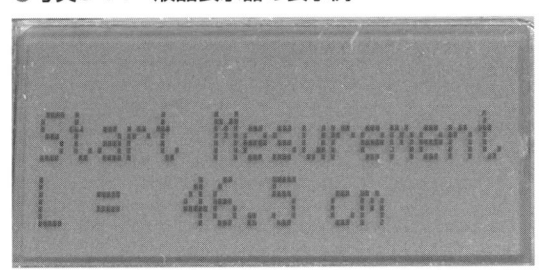

5-5 超音波距離計の調整と使い方

ANALOG

　超音波距離計で調整が必要な項目はコンパレータのスレッショルド電圧のみです。しかし、特別に調整しなくても正常に動作するはずです。

　使い方は簡単で、電源スイッチをオンすれば連続で距離測定を実行し、液晶に距離をcm単位で表示します。距離が遠くて測定不能な場合には、「No Answer」として表示します。

　ここでコンパレータのスレッショルドの正確な決め方を説明します。オシロスコープが必要になります。

　まず通常通りの動作状態にして、オシロスコープでダイオードD1のカソード側、またはCN1の5ピンを観測します。つまり受信結果を整流したパルスを観測します。もう一つのチャネルで送信パルスを観測し、こちらでトリガをかけます。

　これで写真5-5-1のような波形が観測できるはずです。このときの反射波のピーク電圧が測定する距離によって前後に動くのでどれが反射波かはすぐわかります。

　この反射波の電圧レベルをチェックし、この電圧より低く、かつノイズレベルより高い電圧をスレッショルド電圧として設定します。低いほど測定距離が長くなりますが、ノイズによる誤動作も多くなるので、安定に計測できる位置を設定値とします。

　これらのパルスの前後に長めのパルスが観測できますが、これらは液晶表示器を制御する際のノイズが現れたものです。プログラムでは、この範囲は避けているのでこのノイズのレベルは問題になりません。送信波のレベルでオシロスコープの表示が50Vとなっていますが、実際は5Vです。

●写真5-5-1　超音波センサの送信波形と受信波形

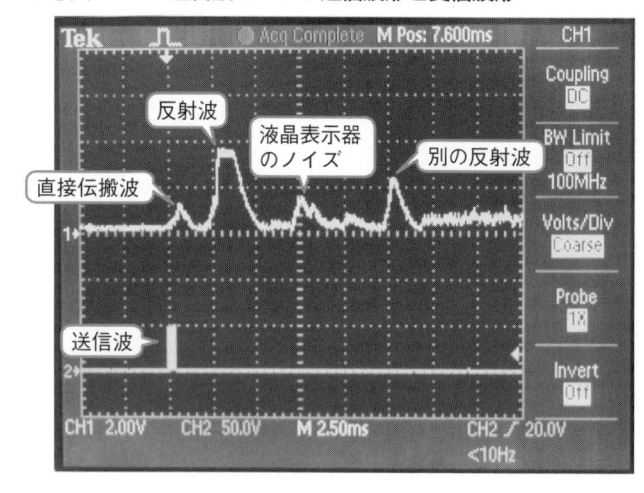

Peripheral Interface Controller

第6章
バッテリ充放電マネージャの製作

リチウムイオンバッテリの充電と放電ができる充放電制御ボードを製作します。Bluetoothによりタブレットに充放電の経過情報を送信し、タブレット側でグラフとして表示できるようにしています。
　これでバッテリが確実に充電されたかどうかもわかりますし、バッテリの能力も判定することができます。

6-1 バッテリ充放電マネージャの概要 ANALOG

　リチウムイオン電池の充放電器で一般に市販されているものは、LEDの表示しかないのが一般的です。これでは、充電池がどの程度充電されているかとか、放電能力がどれほど残っているかなどを正確に知ることはできません。

　そこで、この充電、放電の状況をグラフで表示すればバッテリの能力を正確に把握することができるだろうということで本充放電マネージャを製作することにしました。完成したバッテリ充放電マネージャの全体外観は写真6-1-1のようになります。写真のようにグラフ表示器にはタブレットを使いました。通信はBluetoothです。

●写真6-1-1　バッテリ充放電マネージャの全体外観

6-1-1 バッテリ充放電マネージャの全体構成

　バッテリ充放電マネージャの全体構成は図6-1-1のようにしました。充放電制御ボードとグラフ表示用のタブレットで構成しています。
　充放電制御ボードでは、充電制御は専用のバッテリ充電制御ICを使って、難しい制御はお任せということにしました。放電のほうは定電流回路を構成して一定電流で放電させて熱に変換します。この充電と放電両方のバッテリの電圧と電流値を、一定間隔でPICマイコンにて計測し、その結果を液晶表示器に表示すると同時に、Bluetoothで無線送信します。この計測回路にPIC内蔵のアナログモジュールを活用します。
　計測データを受信したタブレット側ではこれをグラフとして表示します。グラフで描画した結果はタブレット側でデータとして保存、読出しができるようにします。

●図6-1-1　バッテリ充放電コントローラの全体構成

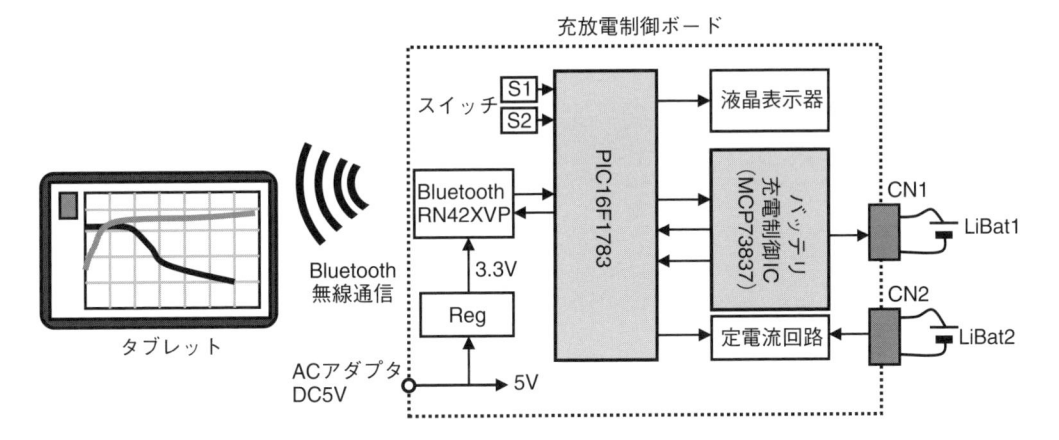

6-1-2 バッテリ充放電マネージャの機能仕様

　製作する充放電制御ボードの機能と仕様は、表6-1-1のようにすることにしました。
　電源には充電電流が0.5Aほど流れるのでACアダプタから直接5Vを供給することにします。
　充放電制御ボードはBluetooth接続ができなくても液晶表示器で表示するので、単体でも使うことができるようにします。
　充電電流、放電電流は可変抵抗により手動で設定変更できるようにします。
　充電機能そのものは、充電制御ICの機能に依存しているので計測値のモニタがその役割となります。

▼表6-1-1　充放電制御ボードの機能仕様

機能項目	機能内容、仕様	備考
電源	DC5Vで1A以上のACアダプタ 最大消費電流：約0.5A	Bluetoothのみ3.3Vで動作 他は5Vで動作
スイッチ	Reset：PICマイコンのリセット S1：手動放電開始 S2：Bluetooth初期化	S2を押しながらリセットでBluetoothの初期設定を行う
液晶 表示器	計測値を常時表示 　充電側電池電圧、充電電流、 　放電側電池電圧、放電電流	表示フォーマット 　Chg x.xxV xxxmA 　Dis x.xxV xxxmA
充電機能	1セルリチウムイオン電池充電 （MCP73837を使用） 電池電圧が4.2Vになるまでは定電流で充電、 以降は定電圧（4.20V）で充電	電池には充電制御機能がないものとする 充電電流は　約100mA～450mAの範囲で可変抵抗により設定可能
放電機能	1セルリチウムイオン電池放電 電池電圧が3.0Vになるまでは定電流で放電、 3.0Vで放電終了し電池開放	放電電流は0mAから500mAの範囲で可変抵抗により設定可能
計測機能	充電側 　電池電圧（0～4.9V）、 　充電電流（0～0.5A） 放電側 　電池電圧（0～4.9V） 　放電電流（0～0.5A）	12ビット分解能 15秒ごとに計測
Bluetooth接続	タブレットからの要求で接続 コマンドに応答する UART通信速度：115.2kbps	送信中をアイコンの点滅で表示 接続中をアイコンで表示

　タブレット側の機能仕様は表6-1-2のようにしました。基本的にデータを受信してグラフとして表示する表示器の役割ですが、それ以外に計測結果をデータファイルとして保存、読出し、削除ができるようにしました。

　充放電制御ボード側ではメモリには保存しないので、グラフを描画する際にはタブレットを最初からずっと接続したままにする必要があります。PICマイコンのRAMメモリが少ないので、これは我慢することにしました。

6-1 バッテリ充放電マネージャの概要

▼表6-1-2　タブレットアプリケーションの機能仕様

機能項目	機能内容、仕様	備　考
表示操作	モニタ開始ボタンタップでデータ収集開始 データ取得ごとに順次グラフ表示 　グラフ解像度　1,560×1,000 ピクセル 　横軸　0〜390分　15秒ステップ 　縦軸　0〜5.00V　5mVステップ 　　　　0〜500mA　5mAステップ 表示グラフと色 　赤線　　　：充電電流　　緑線：充電電圧 　マゼンタ：放電電流　　黄色：放電電圧	開始時点をグラフの開始時点とする
Bluetooth接続	端末を検索してリスト表示 端末を選択して接続 接続状態をメッセージで表示	
モニタ開始	通信を開始してグラフ表示を実行開始する	
データ保存	ファイル名を指定して保存	
データ読出し	ファイル名を指定して読出しグラフで表示	ファイルリストは5個まで表示
データ削除	ファイル名を指定して削除	

　これらの機能を実現するために必要なタブレットと充放電制御ボード間のBluetoothによる無線通信データのフォーマットは、表6-1-3のようにしました。

▼表6-1-3　無線通信データフォーマット

項　目	タブレット→制御ボード	制御ボード→タブレット
計測開始要求と応答	開始ボタンタップ時に送信 「0x53、0x4F、0x45、パディング」 （"SOE"） 常時32バイト固定長	応答として返送 「「M」「O」「K」「E」パディング」 常時32バイト固定長で送信
計測応答	なし	応答として返送 「「M」「A」cVu、cVl、cCu、cCl、 　dVu、dVl、dCu、dCl、「E」パディング」 　cV：充電電圧　　cC：充電電流 　dV：放電電圧　　dC：放電電流 xXu は上位バイトで (計測値÷128) xXl は下位バイトで (計測値％128) 32バイト固定長で送信
計測終了	1,560点計測完了で送信 「0x53、0x4E、0x45、パディング」（"SNE"） 常時32バイト固定長	応答なし、計測値送信を終了 単体では計測継続し液晶表示器に表示

6-1-3 充放電制御ボードの構成

表6-1-1の仕様を満足する充放電制御ボードの構成を図6-1-2のようにしました。PICマイコンには、8ビットの最新デバイスでアナログモジュールが強化されたF1ファミリから、28ピンのPIC16F1783を選択しました。

充電制御ICの電源が5Vとなっているので、全体を5Vで動作させることにします。Buetoothのみ3.3V電源なので、3端子レギュレータを使って生成します。

●図6-1-2 充放電制御ボードの構成

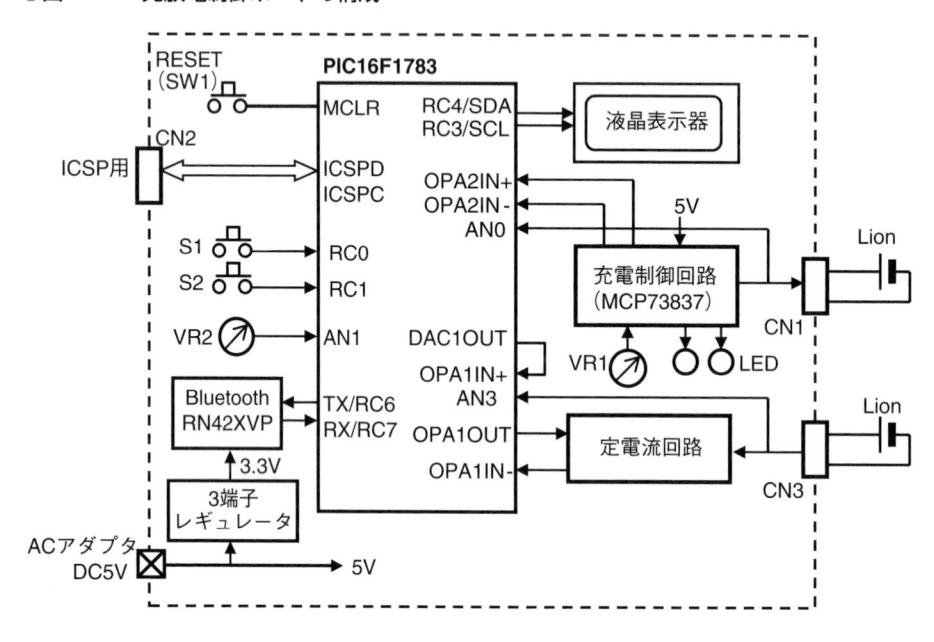

計測はすべてPICマイコン内蔵の12ビットA/Dコンバータで行います。電圧の計測は単純に抵抗で分圧すればちょうど適当な電圧としてPICマイコンに入力できるので問題ありませんが、電流は直列に挿入した低抵抗での電圧降下で計測することになるので、増幅が必要になります。この増幅部は図6-1-3 (a) のように、内蔵オペアンプを使って差動増幅回路として構成しました。これで10倍のゲインがあるので、1Aのときで3Vの出力となります。

放電用の定電流回路にも図6-1-3 (b) のようにオペアンプを使い、さらに定電流値の制御は内蔵の8ビットD/Aコンバータを使って行うことにします。

この調整にはVR2を使います。VR2の電圧値をA/Dコンバータで入力し、その値に比例させてD/Aコンバータの出力をします。これで、連続的に定電流値をコントロールすることができます。出力トランジスタにはダーリントン構成のものを使って電流増幅率を十分大きくしておきます。

エミッタの抵抗が1Ωなので、D/Aコンバータが1V出力のとき1Aの定電流ということになります。これでD/Aコンバータのリファレンスを1.024Vとして使うことにすれば、0Aから1Aまで256ステップで制御できます。
　また1Ωの抵抗の電圧降下をA/Dコンバータで入力して放電電流値を計測します。

●図6-1-3　計測部のアナログ回路構成

(a) 電流測定部の回路構成

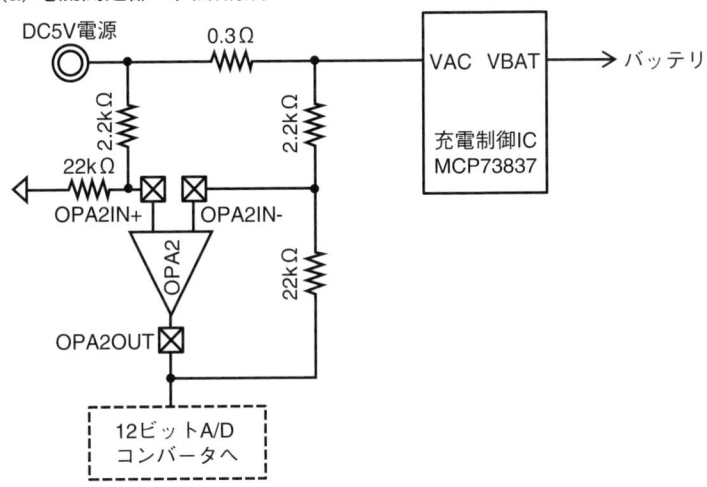

(b) 定電流放電部の回路構成

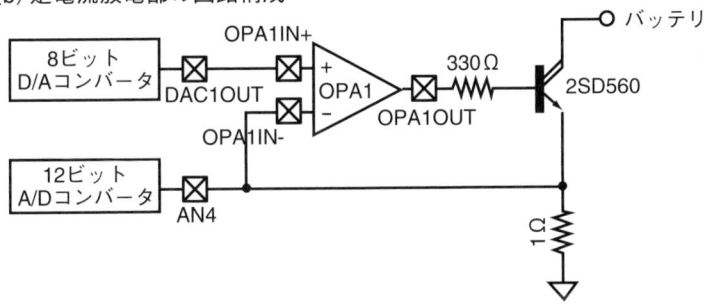

6-2 周辺モジュールの使い方

ANALOG

　充放電制御ボードで新たに使う内蔵アナログモジュールは12ビットの逐次変換A/Dコンバータだけなので、これの使い方を説明します。

　さらに、外付けで、バッテリ充電制御ICとBluetoothモジュールを使うので、これらの使い方も説明します。

6-2-1　12ビットA/Dコンバータの使い方

❶内部構成

　F1ファミリのPIC16F1783に実装されているA/Dコンバータは、多くのPICマイコンに内蔵されている10ビットA/Dコンバータと構成も使い方も良く似ていて、内部構成は図6-2-1となっています。これまでの10ビットA/Dコンバータと異なるのは、分解能が12ビットであること以外に、差動入力であるため、プラス側入力とマイナス側入力それぞれにチャネル選択のためのマルチプレクサがあることです。さらに、変換結果形式も異なり、符号付き整数形式か、2の補数形式かの選択になっています。

❷動作

　このA/Dコンバータの動作と動作時間は、図6-2-2で表されます。チャンネルが選択されると、そのアナログ信号で内部のサンプルホールド用キャパシタを充電します。この充電のための時間（**アクイジションタイム**）が必要となります。A/D変換を正確に行うには、アクイジションタイムとして標準で5μsec以上を待ち、それから変換スタート指示をする必要があります。この時間を待たずにA/D変換のスタート指示を出すと、充電の途中の電圧で変換してしまうため、実際の値より小さめの値となってしまいます。

　このあとの逐次変換に要する時間は、A/D変換用クロック（T_{AD}）の15倍となります。このT_{AD}は逐次変換用のクロックで、システムクロックを分周して生成します。F1ファミリではT_{AD}は1μsecから9μsecの間と決められています。結果的に、F1ファミリの場合のA/D変換速度は、最大速度で動作させても、

　　アクイジションタイム（標準5μsec）＋変換時間（1μsec×15＝15μsec）

となるので、最小繰り返し周期は、20μsecとなります。これ以上の高速でのA/D変換動作はできないということになります。つまり、1秒間に50ksps以上の速さでは繰り返し動作はできません。

6-2 周辺モジュールの使い方

●図6-2-1 12ビットA/Dコンバータの構成

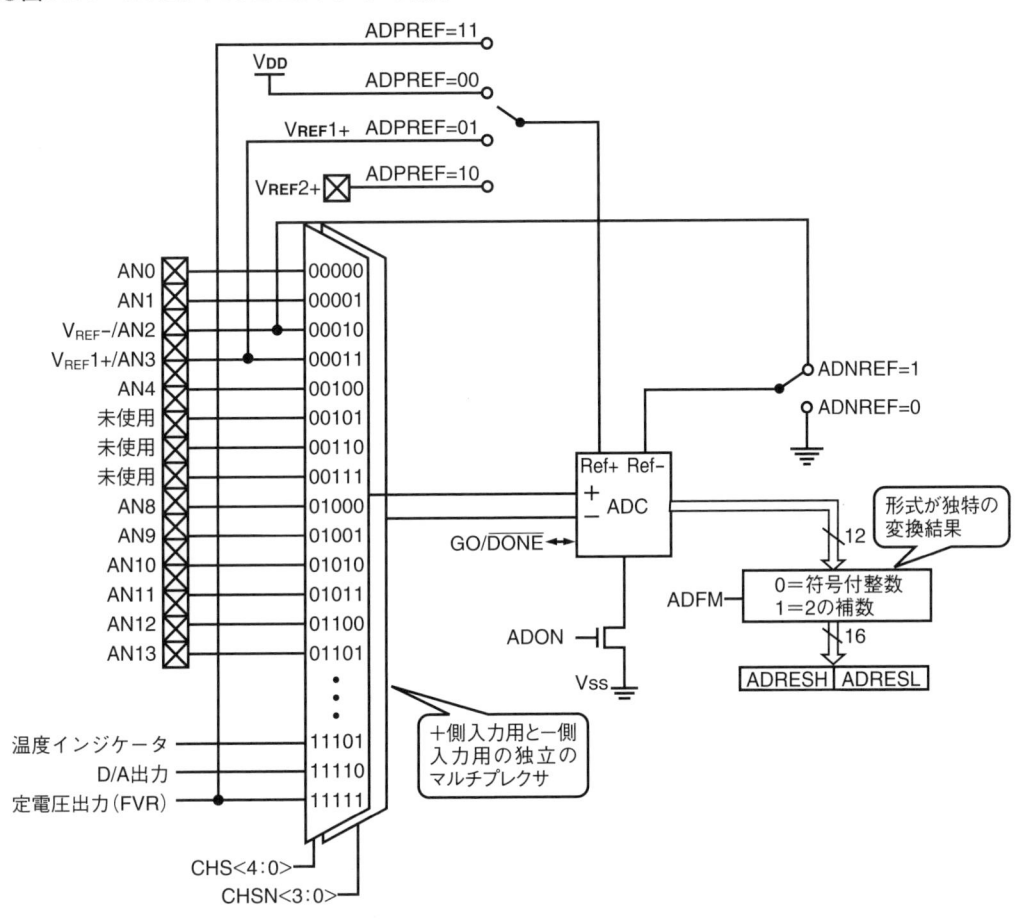

●図6-2-2 A/D変換に必要な時間

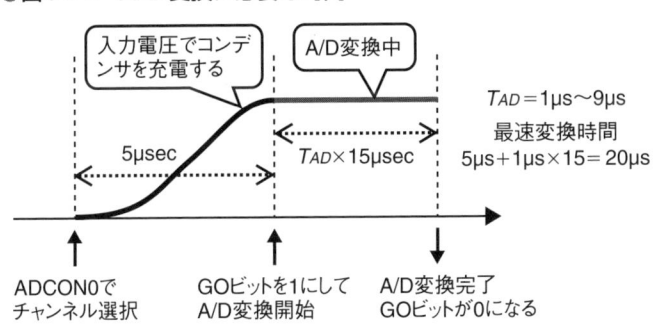

こうして変換された結果のデータはADRESHとADRESLの2つのレジスタに格納されますが、そのときのフォーマットはADFMビットにより2種類が選択でき、図6-2-3の形式となります。図のようにADFMが0の場合は整数形式ですが、符号付き12ビットなので、実質ビット数は13ビットということになります。符号が最下位ビットとなっているので注意が必要です。

ADFMが1の場合には、2の補数となるので、マイナスの場合には数値の変換に注意する必要があります。

● 図6-2-3　変換結果のフォーマット

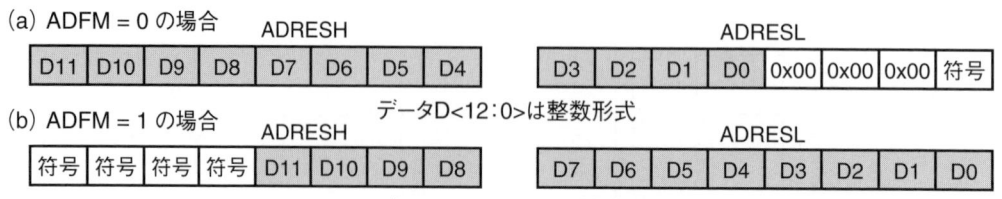

(a) ADFM = 0 の場合

ADRESH								ADRESL							
D11	D10	D9	D8	D7	D6	D5	D4	D3	D2	D1	D0	0x00	0x00	0x00	符号

データD<12:0>は整数形式

(b) ADFM = 1 の場合

ADRESH								ADRESL							
符号	符号	符号	符号	D11	D10	D9	D8	D7	D6	D5	D4	D3	D2	D1	D0

データD<12:0>は2の補数形式

(c) 変換結果の例

値の例	ADFM=0の場合		ADFM=1の場合（2の補数）	
	ADRESH	ADRESL	ADRESH	ADRESL
正の最大	1111 1111	1111 0000	0000 1111	1111 1111
正の値	1001 0011	0011 0000	0000 1001	0011 0011
0	0000 0000	0000 0000	0000 0000	0000 0000
負の値	0000 0000	0001 0001	1111 1111	1111 1111
負の最小	1111 1111	1111 0001	1111 0000	0000 0001

3 レジスタ

12ビットA/Dコンバータを制御するためのレジスタは図6-2-4のようになっています。

● 図6-2-4　12ビットA/Dコンバータ関連レジスタの詳細

ADCON0レジスタ

ADRMD	CHS<4:0>	GO/DONE	ADON

ADRMD
：変換モード
　0：12ビット
　1：10ビット

CHS<4:0>：プラス入力側チャネル選択
　00000：AN0
　00001：AN1
　————
　01101：AN13
　（以降未使用）
　11101：温度センサ
　11110：DAC出力
　11111：FVR Buffer1 Out

GO/DONE：変換開始
　1：変換開始/変換中
　0：変換終了
変換終了で自動的に0になる

ADON：A/Dコンバータ有効化
　1：有効　0：無効/停止

● 図6-2-4 （つづき）

ADCON1レジスタ

ADFM	ADCS<2:0>		---	ADNREF	ADPREF<1:0>

ADFM：変換結果形式　　ADCS<2:0>：変換用クロック選択　　　ADNREF：V_{REF}-選択
　0：符号付整数　　　000：$F_{OSC}/2$　　001：$F_{OSC}/8$　　　　1：V_{REF}-ピン
　1：2の補数　　　　010：$F_{OSC}/32$　011：F_{RC}　　　　　0：V_{SS}(0V)
　　　　　　　　　　100：$F_{OSC}/4$　　101：$F_{OSC}/16$
　　　　　　　　　　110：$F_{OSC}/64$　111：F_{RC}　　　　ADPREF<1:0>：V_{REF}+選択
　　　　　　　　　　（F_{RC}はAD用専用内蔵クロック）　　　　00：V_{DD}
　　　　　　　　　　　　　　　　　　　　　　　　　　　　01：V_{REF1}+ピン
　　　　　　　　　　　　　　　　　　　　　　　　　　　　10：V_{REF2}+ピン
　　　　　　　　　　　　　　　　　　　　　　　　　　　　11：FVR

ADCON2レジスタ

TRIGSEL<3:0>	CHSN<3:0>

TRIGSEL<3:0>：トリガ要因選択　　　　　CHSN<3:0>：マイナス入力側チャネル選択
　0000：無効　　0001：CCP1　　　　　0000：AN0　0001：AN1
　0010：CCP2　0011：無効　　　　　　0010：AN2　0011：AN3
　0100：PSMC1周期一致　　　　　　　　0100：AN4
　0101：PSMC1立ち上がり　　　　　　　（無効 AN5-AN7）
　0110：PSMC1立ち下がり　　　　　　　1000：AN8
　0111：PSMC2周期エッジ　　　　　　　――――
　1000：PSMC2立ち上がり　　　　　　　1101：AN13
　1001：PSMC2立ち下がり　　　　　　　1110：未使用
　（以降未使用）　　　　　　　　　　　　1111：ADC V_{REF}-(ADNREF)

これらのレジスタの使い方は次のようになります。

❶ADCON0レジスタ

A/Dコンバータの有効化とプラス入力側のチャネル選択、GOビットによる変換開始の制御を行います。ADONビットを1にするとA/Dコンバータにクロックが供給され動作状態となります。すべての設定をし、プラス、マイナス両側のチャネル選択後アクイジションタイムを待ってからGOビットを1にセットして変換を開始します。

❷ADCON1レジスタ

ADFMビットで変換結果の格納形式を指定します。ADCS<2:0>ビットでクロックの選択をしますが、基本はシステムクロックの分周になっているので、T_{AD}の規格範囲（1～9μsec）に入る値を選択します。これができない場合は、専用の内蔵クロックF_{RC}（標準1.0～6.0μsec）を使います。また、スリープ中にA/Dコンバータを動作させたい場合にも、このF_{RC}を選択します。

実際のシステムクロック周波数ごとに選択可能な値は表6-2-1の白地の範囲で、黒字の範囲は規格外となります。

▼表6-2-1　A/Dコンバータ用クロックの選択

ADCクロックの選択		システムクロックごとのT_{AD}の値					
選択クロック	ADCS<2:0>	32MHz	20MHz	16MHz	8MHz	4MHz	1MHz
$F_{OSC}/2$	000	62.5ns	100ns	125ns	250ns	500	2.0μs
$F_{OSC}/4$	100	125ns	200ns	250ns	500ns	1.0μs	4.0μs
$F_{OSC}/8$	001	0.5μs	400ns	0.5μs	1.0μs	2.0μs	8.0μs
$F_{OSC}/16$	101	800ns	800ns	1.0μs	2.0μs	4.0μs	16.0μs
$F_{OSC}/32$	010	1.0μs	1.6μs	2.0μs	4.0μs	8.0μs	32.0μs
$F_{OSC}/64$	110	2.0μs	3.2μs	4.0μs	8.0μs	16.0μs	64.0μs
F_{RC}	x11	1.0-6.0μs	1.0-6.0μs	1.0-6.0μs	1.0-6.0μs	1.0-6.0μs	1.0-6.0μs

4 使用手順

これらのレジスタを使ってプログラム起動で動かす手順は次のようにします。

❶アナログピン指定と入力モードの設定

ANSELxレジスタとTRISxレジスタで行います。

❷リファレンスの選択

ADNREFビットとADPREF<1:0>ビットでリファレンスのV_{REF-}とV_{REF+}を選択します。FVRを選択すると電源電圧が変動しても安定な定電圧にできるので、正確なA/D変換ができます。

❸クロックの選択

表6-2-1の中から適切な設定を選んでADCS<2:0>で指定します。

❹データの格納形式を指定

符号付整数か2の補数形式かを選択します。

❺ADONで有効化

A/Dコンバータを有効化します。

❻チャネルの選択

CHS<4:0>とCHSN<3:0>で入力するチャネルを指定し、トリガは無効とします。

❼アクイジションタイムの待ち

5μsecの待ち時間を挿入します。

❽GOビットをセットして変換開始

GOビットを1にすると変換動作を開始し、変換終了でGOビットが0になるのでそれを待ちます。

❾データの取り出し

ADRESHとADRESLに格納されているデータを取り出します。

以上の手順で1チャネルの変換が完了します。

6-2-2 バッテリ充電制御ICの使い方

リチウムイオンバッテリの充電制御には、マイクロチップ社のMCP73837という充電制御ICを使いました。このICの使い方を説明します。

このICの特徴は下記のようになっています。
- ACアダプタ入力とUSB入力が可能で自動切り替え
- 充電電圧が選択可能　4.2V、4.35V、4.4V、4.5V　（購入時指定）
- 電流制御トランジスタを内蔵
- 高精度な出力電圧　±0.5％
- 最大充電電流　1.2A
- 充電電流がプログラマブル
- 異常検出と強制充電終了による保護
- 温度による保護制御も可能

電気的な仕様は表6-2-2のようになっています。ここでは充電電圧を4.2Vのものを選択しています。

▼表6-2-2　MCP73837-FCの仕様（データシートより）

項目	Min	Typ	Max	単位	備考
供給電源電圧	4.5	—	6	V	
消費電流		1.9 0.1	3.0 0.3	mA	充電中 充電完了後
安定化出力電圧	4.179	4.2	4.221	V	I_{OUT}＝30mA
充電電流設定	95 900	105 1,000	115 1,100	mA mA	R_{PROG}＝10kΩ R_{PROG}＝1kΩ
事前処理判定電流比	7.5	10	12.5	％	対充電電流比
充電終了電流比 （対充電電流比）	5.6	7.5	9.4	％	購入時指定 5、7.5、20％より
出力FETオン時抵抗		350		mΩ	
STAT1、STAT2のLow電圧		0.3	1	V	最大Typ16mA
温度センサバイアス	47	50	53	μA	2kΩ～50kΩ用
温度スレッショルド	1.20 0.235	1.23 0.250	1.26 0.265	V	上限 下限
充電終了タイマ	5.4	6.0	6.6	時間	購入時選択 4、6、8時間より

パッケージはMSOPのものを使ったので、ピン配置とピン機能は図6-2-5（a）のようになっています。

標準的な使用回路は図6-2-5（b）のように単体で動作するようになっているので、そのまま使います。したがって、バッテリを接続した時点で充電が即開始されます。

● 図6-2-5　MCP73837のピン配置と基本接続構成（データシートより）

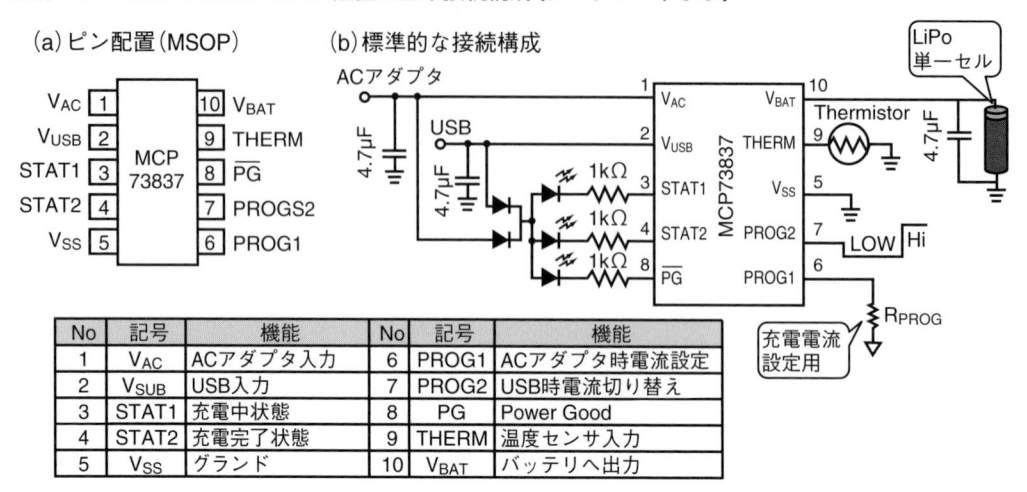

(a) ピン配置（MSOP）　(b) 標準的な接続構成

No	記号	機能	No	記号	機能
1	V_{AC}	ACアダプタ入力	6	PROG1	ACアダプタ時電流設定
2	V_{SUB}	USB入力	7	PROG2	USB時電流切り替え
3	STAT1	充電中状態	8	PG	Power Good
4	STAT2	充電完了状態	9	THERM	温度センサ入力
5	V_{SS}	グランド	10	V_{BAT}	バッテリへ出力

　このICでは、PROG1ピンに接続した抵抗R_{PROG}で充電電流を100mA（$R=10$kΩ）から1.0A（$R=1$kΩ）の範囲で可変できるようになっています。そこで、このR_{PROG}に2.2kΩの抵抗と10kΩの可変抵抗を直列接続して電流を半固定で設定できるようにしました。これで100mAから約450mAまでが制御できます。

　温度センサにより温度制御をすることができますが、今回は、温度制御は必要ないので固定抵抗で常に正常状態になるようにします。これには、THERMピンに温度スレッショルドの上下限の間の電圧を加えればよいので、10kΩの抵抗を接続しています。

　このICを使った場合の充電のシーケンスは図6-2-6のようになります。最初にプリチャージとして短時間だけ少電流で充電し、電圧が確かに上昇するかを確認します。これで上昇が確認できれば高速充電に移行しますが、一定時間内に一定電圧まで上昇しない場合はエラーとして充電動作を終了します。

　高速充電に移行後、電池電圧が4.2Vになるまで継続しますが、一定時間内に4.2Vにならない場合は強制終了します。4.2Vに達したら今度は電圧が一定になるように充電電流を制限します。これで充電電流が次第に減少し、一定電流以下になるか、一定時間が経過したら正常終了とします。

●図6-2-6　充電シーケンス

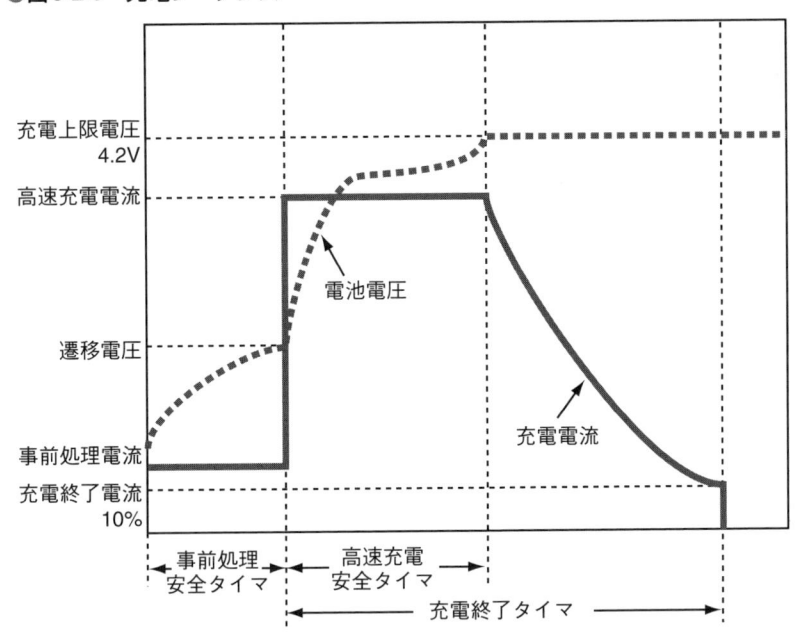

6-2-3　Bluetoothモジュールの使い方

　本章では、Bluetoothモジュールとしてマイクロチップ社のRN42XVPというモジュールを使っています。
　このモジュールはRN42モジュール本体が表面実装であるため実装しにくいという顧客のために用意されたモジュールです。
　外観とピン配置は図6-2-7のようになっています。基板上にはRN42モジュール本体と接続状態表示のLEDのみが実装されているだけとなっています。安価で実装しやすい形なので、使いやすいものとなっています。
　PICマイコンと接続する場合にはUARTインターフェースを使うので、2ピンだけでの接続となります。ハードウェアフロー制御用のCTSピンとRTSピンは自分自身で折り返しても、大量データを高速で送るようなことがなければ問題ありません。なお電源が3.3Vとなっているので注意が必要です。
　リセットピンはプルアップが必要ですが、PICマイコンのピンに接続すればプログラムでリセット制御をすることができます。

●図6-2-7　RN42XVPの外観とピン配置（データシートより）

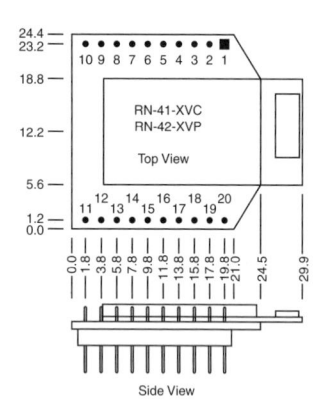

Pin No.	Signal Name	Description	Optional Function	Direction
1	VDD_3V3	3.3V regulated power input to the module.		Power
2	TXD	UART TX, 8mA drive, 3.3-V tolerant.		From module
3	RXD	UART RX, 3.3V tolerant.		To module
4	GPIO7	GPIO, 24mA drive, 3.3V tolerant/ ADC input.		I/O
5	RESET N	Optional module reset signal (active low), 100k pull up, apply pulse of at east 160μs, 3.3V tolerant.		Input
6	GPIO6	GPIO,24mA drive, 3.3-V tolerant/ ADC input.	Data TX/RX	From module
7	GPIO9	GPIO, 24mA drive, 3.3-V tolerant/ ADC input.		I/O
8	GPIO4	GPIO, 24mA drive, 3.3V tolerant/ ADC input.		I/O
9	GPIO11	GPIO, 8mA drive, 3.3Vtolerant.		I/O
10	GND	Ground.		Ground
11	GPIO8	GPIO, 8mA drive, 3.3-V tolerant. The RN41XV and RN42XV drive GPIO8 high on powerup, which overrides software coofigured powerup values, on GPIO8.		I/O
12	RTS	UART RTS flow control, 8mA drive, 3.3V tolerant.		From module
13	GPIO2	GPIO, 24mA drive, 3.3V tolerant/ ADC input.		I/O
14	Not Used	No conoect.		No Connect
15	GPIO5	GPIO, 24mA drive, 3.3V tolerant/ ADC input.		I/O
16	CTS	UART CTS flow coolrol, 3.3V tolerant.		To module
17	GPIO3	GPIO, 24mA drive, 3.3V tolerant/ ADC input.		I/O
18	GPIO7	GPIO, 24mA drive, 3.3V tolerant/ ADC input.		I/O
19	AIO0	未使用		
20	AIO1	未使用		

1 特徴と仕様

RN42XVPに実装されているRN42 Bluetoothモジュール本体は、Bluetooth クラス2対応のモジュールで、次のような特徴を持っています。

- Bluetooth V2.1＋EDR　準拠　　V2.0、V1.2、V1.1上位互換
- 小型　13.4mm×25.8mm×2mm

- 低消費電力
    スリープ時：26μA　接続時：3mA　送信時：30mA
- 高速通信　SPP時　240kbps（スレーブ）　300kbps（マスタ）
    　　　　　HCI時　1.5Mbps連続　　　　3.0Mbpsバースト
- サポートプロファイル
    SPP、DUN（GAP、SDP、RFCOMM、L2CAPスタック含む）
    HCIもサポート
- 汎用デジタルI/Oを内蔵　　単体で入出力が可能

❷ 内部構成

内部構成は図6-2-8に示すようになっています。心臓部はCSR社のBlueCoreチップとなっており、これに設定情報を保存するフラッシュメモリとRFスイッチ部を追加したものとなっています。

●図6-2-8　RN-42モジュールの内部構成

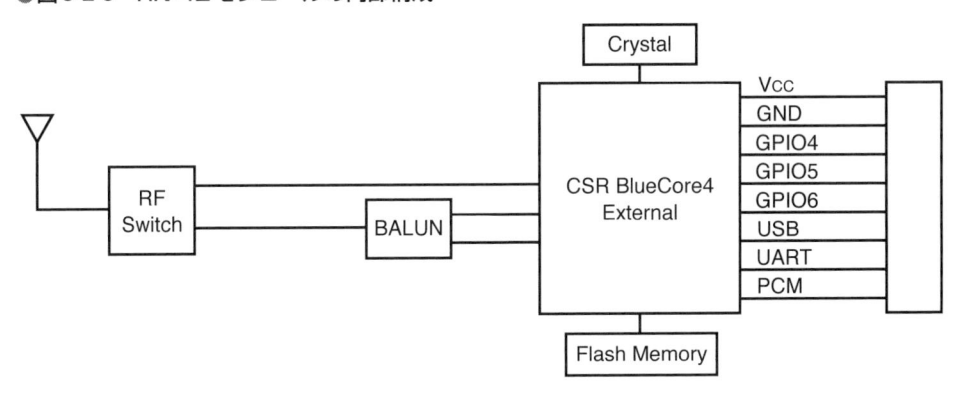

❸ データ転送モードとコマンドモード

RN42XVPモジュールのUARTシリアルインターフェースは、通常の無線で送受するデータ転送モードと、各種設定用のコマンドモードの2種類のモードを持っていて、コマンドモードに切り替えると多くの動作設定や、設定確認ができるようになっています。

その切り替えは図6-2-9のようにします。PICマイコンのUART側から「$$$」という文字コードを送るとモジュールがコマンドモードになります。

さらにコマンドモード中に「---¥r」を送るか、「R,1¥r」(¥rは復帰コード)を送るとデータ転送モードに戻ります。

ただし、デフォルトのままでは、「$$$」はモジュールの電源をオンまたはリセットしてから60秒以内だけ有効で、それを過ぎると無効となってコマンドモードには入れなくなり、通常の転送データとして扱われます。

この設定切り替えは、モジュールがスレーブの場合はBluetooth経由でHost側(タブレット側)から行うこともできます。この場合も、やはりモジュールの電源をオンとしてから60秒以内のみ可能で、以降は無視され通常の転送データとして扱われます。

●図6-2-9 データ転送モードとコマンドモードの切り替え

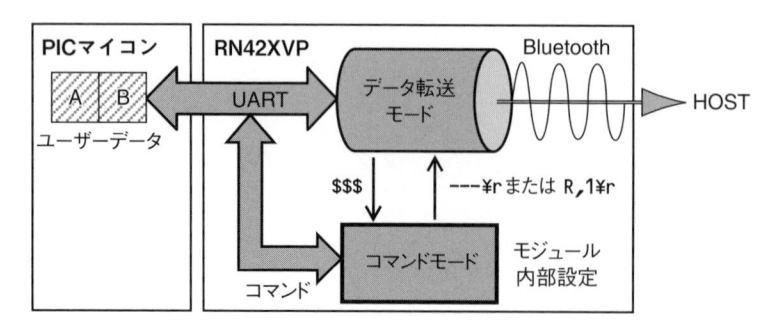

④ コマンド

RN42モジュールには、コマンドモードにより実行できる非常に多くのコマンドが用意されています。大別すると次の5種類となります。

❶ SETコマンド
ボーレート、名称、動作モードなど多くの設定をするためのコマンドで、この設定は内蔵のフラッシュメモリに保存され、電源オン時に毎回適用されます。

❷ GETコマンド
フラッシュメモリに保存されている設定内容を読みだすためのコマンドです。

❸ CHANGEコマンド
ボーレートやパリティ有無などの設定を一時的に変更するためのコマンドです。フラッシュメモリに設定内容は保存されず、ボーレート等がすぐ変更されデータ転送モードとなります。

❹ ACTIONコマンド
接続、切り離し、リブートなどモジュールの動作を指示するコマンドです。

❺ GPIOコマンド
汎用の入出力ピンを操作するコマンドです。

それぞれのコマンドにはたくさんの種類がありますが、本書で使用する代表的なコマンドは表6-2-3のようなわずかなものとなっています。

▼表6-2-3 RN42モジュールの制御コマンド一覧（¥rは復帰コード）

種別	コマンド	機能内容
SET	SF,1¥r	工場出荷状態に初期化する
	SN,<name>¥r	モジュールに名前を付ける（nameは20文字以下） ≪例≫ SN,Analyzer¥r
	SA,<n>¥r	認証の方法をnの値で指定する 0：オープンモード　1：SSP　6桁認証コード 2：iOS用　　　　　4：PINコード
ACTION	$$$	コマンドモードにする
	R,1¥r	リブートする（電源オン時と同じ動作）

6-3 バッテリ充放電制御ボードのハードウェアの製作

　充放電機能を実行する充放電制御ボードのハードウェアを製作します。完成後のバッテリ充放電制御ボードの完成後の外観は写真6-3-1となります。

　右上の放熱器は放電トランジスタ用です。2個のボリュームで充電と放電の電流を設定します。液晶表示器とBluetoothモジュールはソケット実装としています。

●写真6-3-1　バッテリ充放電制御ボードの完成外観

1 回路図

　図6-1-2の全体構成図に基づいて作成した回路図が図6-3-1となります。PICマイコンにはPIC16F1783の28ピンを使いました。液晶表示器にはI^2Cインターフェースのものを使ったので、接続は簡単でPICマイコンのI^2Cピンに接続するだけです。ただしI^2Cなのでプルアップ抵抗が必要で、この液晶表示器の駆動能力が小さいので10kΩとちょっと大きめの抵抗にしています。液晶表示器のリセットピンはプルアップだけとしています。

　電源はDCジャックからのDC5Vを使いますが、Bluetoothモジュールにだけ3.3Vが必要なので、レギュレータを使って生成します。

　タクトスイッチを2個接続しますが、プルアップ抵抗は内蔵のものを使います。充電ICとの接続は何もありません。

　内蔵A/Dコンバータのリファレンスに内蔵定電圧リファレンスの4.096Vを選択することにし

たため、電圧計測電圧が最大5Vとなるので4Vに降圧する必要があります。このため、抵抗分圧してからPICマイコンに接続しています。

　充電電流の計測は、充電ICへの供給電流を0.3Ωのシャント抵抗[†1]の電圧降下で測るので、シャント抵抗の両端の電圧を内蔵オペアンプで10倍に差動増幅して計測しています。

　放電にはオペアンプとカスケード接続のトランジスタと1Ωの抵抗で定電流回路を構成し、一定の電流で放電するようにしています。

　この電流をPICマイコンのコンパレータ用リファレンスの8ビットのDAコンバータの出力を利用して設定制御しています。このトランジスタは発熱するので放熱器をつけておきます。

　電池との接続はコネクタとしていますが、このコネクタは読者が使用している電池のものに合わせたほうがよいでしょう。

●図6-3-1　バッテリ充放電制御ボードの回路図

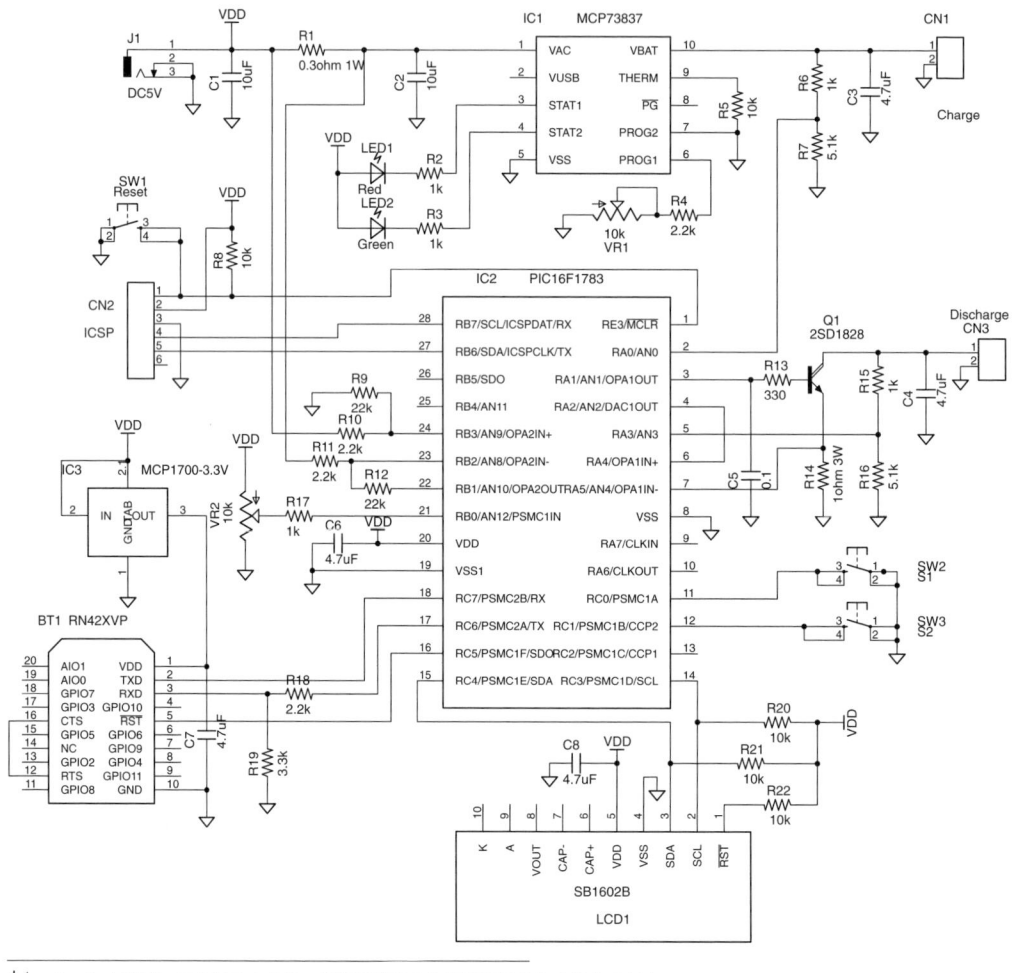

[†1] **シャント抵抗**　この例のように、電流計測のために回路に入れる抵抗のこと。

2 部品

この充放電器の組み立てに必要な部品は表6-3-1のようなものです。
マイクロチップ社の製品はマイクロチップ社のウェブサイトからオンラインで購入するのが便利です。

▼表6-3-1 充放電制御ボード用部品一覧

記　号	部品名	品　名	数量
IC1	充電IC	MCP73837-FCI/UN（マイクロチップ社）	1
IC2	PICマイコン	PIC16F1783-I/SP（マイクロチップ社）	1
IC3	250mAレギュレータ	MCP1700T-3302E/MB（マイクロチップ社）	1
Q1	トランジスタ	2SC560相当	1
BT1	Bluetoothモジュール	RN42XVP-I/RM（マイクロチップ社）	1
LED1、LED2	発光ダイオード	3φ　赤、緑	各1
LCD1	液晶表示器	SB1602B（ストロベリーリナックス社）	1
R1	抵抗	0.3Ω　1W　金属皮膜	1
R2、R3、R6、R15、R17	抵抗	1kΩ　1/6W	5
R4、R10、R11、R18	抵抗	2.2kΩ　1/6W	4
R5、R8、R20、R21、R22	抵抗	10kΩ　1/6W	5
R7、R16	抵抗	5.1kΩ　1/6W	2
R9、R12	抵抗	22kΩ　1/6W	2
R13	抵抗	330Ω　1/6W	1
R14	抵抗	1Ω　3W　金属皮膜	1
R19	抵抗	3.3kΩ　1/6W	1
VR1、VR2	可変抵抗	10kΩ　小型基板用	2
C1、C2	チップ型セラミック	10μF　16Vまたは25V	2
C3、C4、C6、C7、C8	チップ型セラミック	4.7μF　16Vまたは25V	5
C5	積層セラミックコン	0.1μF	1
J1	DCジャック	2.1φ	1
CN2	シリアルピンヘッダオス	6ピン（40ピンから切断）（角ピン）	1
CN1、CN3	コネクタ	モレックス2P　L型	2
SW1、SW2、SW3、	スイッチ	基板用小型タクトスイッチ	3
	ICソケット	28ピンスリム	1
	液晶表示器用ソケット	10ピンシリアルピンヘッダメス、オス（40ピンから切断）（丸ピン）	各1
	RN42XVP用ソケット	2mmピッチ10ピンシリアルピンヘッダ	2
	基板	サンハヤト感光基板　P10K	1
	放熱器	16×16×25H　mm	1
	ねじ、ナット、ゴム足		少々

3 実装

　回路図を元に作成したパターン図でプリント基板を作成しました。作成したプリント基板の実装は図6-3-2のようになります。

●**図6-3-2　充放電制御ボードの実装図**

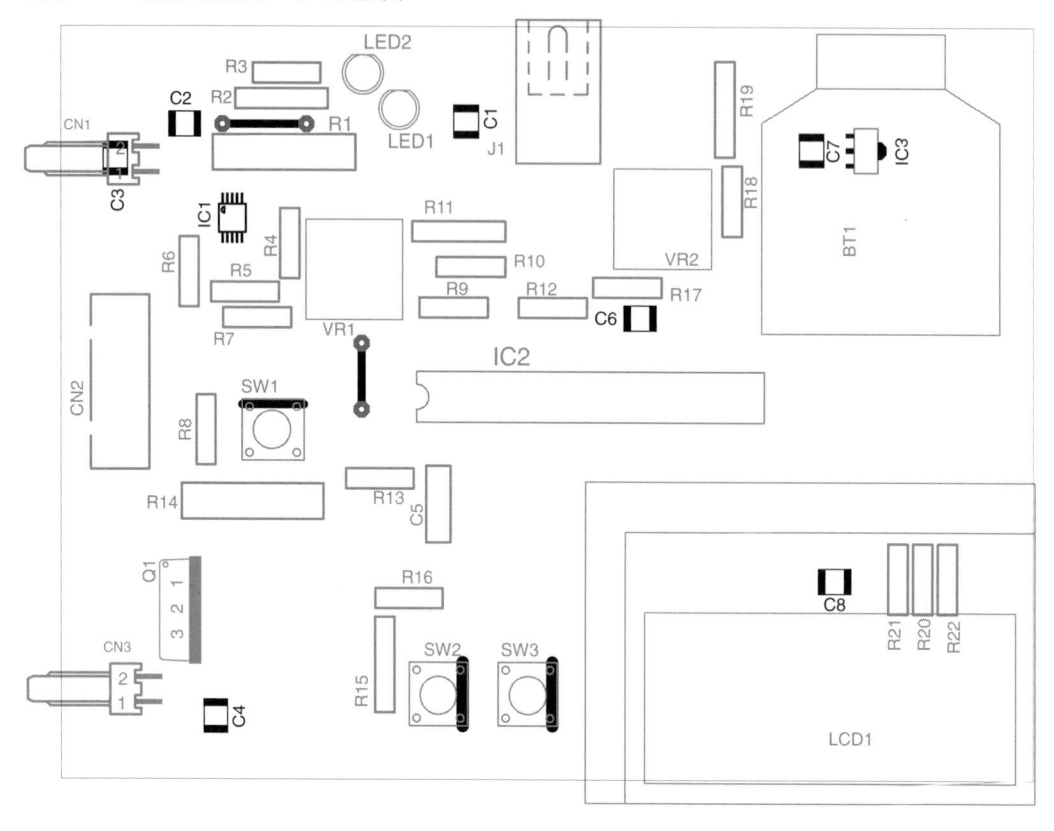

　片面基板で製作しますが、充電ICやチップコンデンサ、レギュレータは表面実装部品なので、はんだ面側に実装する必要があります。

　このあと、太い線で示したジャンパ線を実装しますが、スイッチのジャンパはスイッチ自身で接続するためジャンパ配線は不要です。

　次に抵抗を実装します。抵抗の根本付近からリード線を曲げるので、ペンチ等できれいに曲げます。抵抗は結構多いので位置を間違えないようにしてください。次にICソケットを実装し、残りは背の低いものから順に実装します。Bluetoothモジュールと液晶表示器は最後にソケットに実装するようにしています。

　Q1のトランジスタは放熱器にねじで固定してから最後に実装します。このとき、放熱器の底を両面接着テープで基板に固定すると安定します。

　こうして組み立てが完了した基板の部品面が写真6-3-2のようになります。

6-3 バッテリ充放電制御ボードのハードウェアの製作

●写真6-3-2 完成した基板の部品面

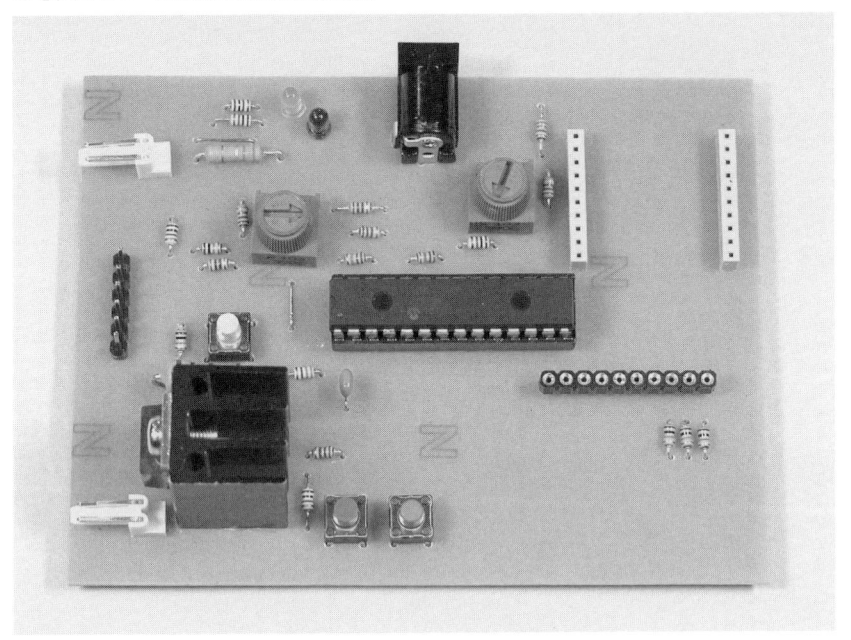

　次がはんだ面の完成写真で、写真6-3-3となります。ゴム足がちょっと大き目でしたので半分にカットして使いました。
　左下側にある充電制御ICがフラットパッケージで、ちょっとピン間が狭いのではんだ付けが難しいですが、フラックスを使うとはんだが水のように溶けるのでブリッジが少なくなります。またこのICは発熱するので、ピンに接続するパターンの面積をできるだけ広くして放熱を良くするようにしています。

●写真6-3-3　はんだ面

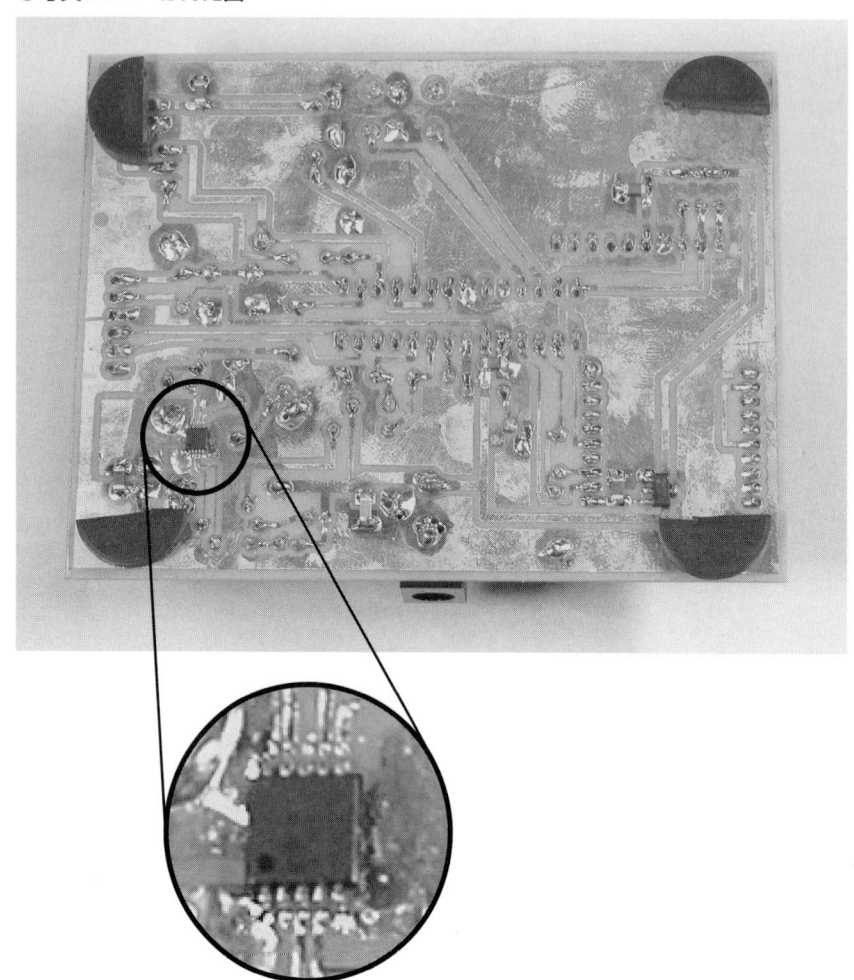

6-4 充電制御ボードのファームウェアの製作

ハードウェアができ上がったらPICマイコンのファームウェアを製作します。

6-4-1 ファームウェアの構成

充放電制御ボードのファームウェアはメインの流れと割り込み処理の2本の流れで構成しています。全体のファームウェアのフローは図6-4-1のようになっています。

●図6-4-1 充放電制御ボードのファームウェアフロー

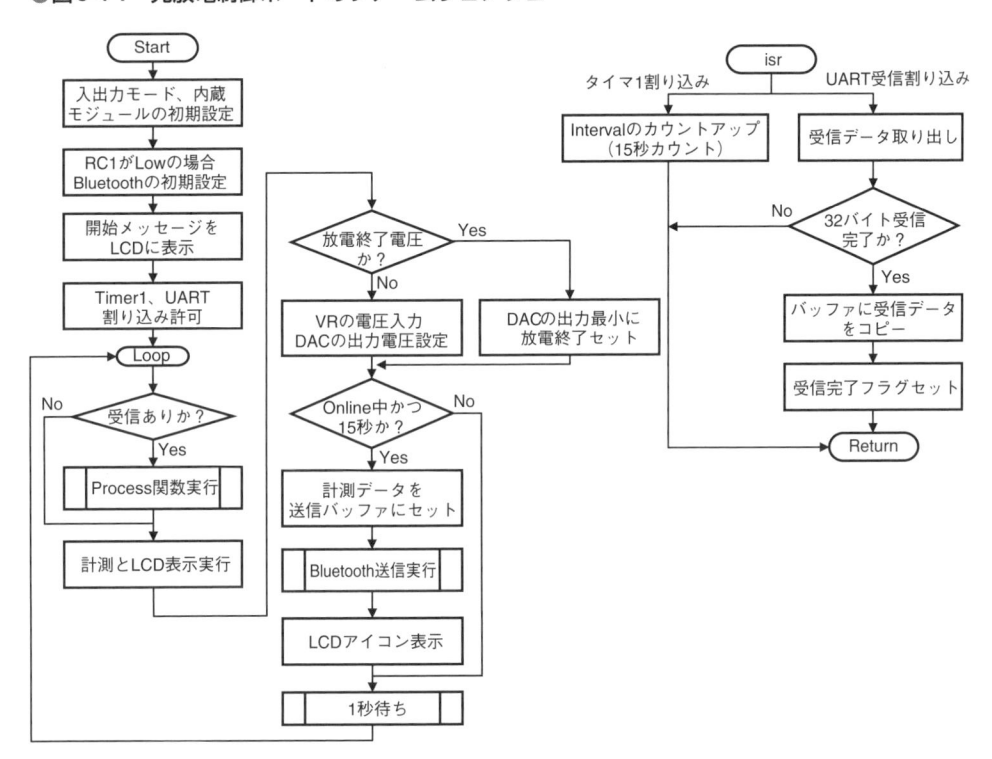

```
[Start]
  ↓
入出力モード、内蔵モジュールの初期設定
  ↓
RC1がLowの場合Bluetoothの初期設定
  ↓
開始メッセージをLCDに表示
  ↓
Timer1、UART割り込み許可
  ↓
(Loop)
  ↓
受信ありか? ─Yes→ Process関数実行
  │No                ↓
  ←─────────────────┘
  ↓
計測とLCD表示実行
  ↓
放電終了電圧か? ─Yes→ DACの出力最小に放電終了セット
  │No                      ↓
  ↓                        │
VRの電圧入力 DACの出力電圧設定
  ↓                        │
  ←───────────────────────┘
  ↓
Online中かつ15秒か? ─Yes→ 計測データを送信バッファにセット
  │No                          ↓
  │                      Bluetooth送信実行
  ↓                            │
  ←───────────────────────────┘
  ↓
LCDアイコン表示
  ↓
1秒待ち
  ↓
(Loopへ戻る)

[isr]
タイマ1割り込み:
  Intervalのカウントアップ(15秒カウント)
UART受信割り込み:
  受信データ取り出し
  ↓
  32バイト受信完了か? ─No→ Return
  │Yes
  ↓
  バッファに受信データをコピー
  ↓
  受信完了フラグセット
  ↓
  Return
```

最初に初期化部で、使用する内蔵モジュールの初期設定を行います。入出力ピンの設定と内蔵モジュールの設定をすべて実行します。

LCDを初期化して開始メッセージを表示したら、タイマ1とUARTの受信の割り込みを許可してからメインループに入ります。

メインループでは、UARTの受信が完了していれば受信コマンドの処理関数（Process( )）を実行します。続いて充電と放電の電圧電流の計測を実行し、それぞれ液晶表示器に表示します。
　次に放電中でかつ放電終了電圧になっていなければ、放電電流を設定するために可変抵抗の電圧を読み込んでD/Aコンバータに設定します。放電電圧が放電終了値以下になっていたらD/Aコンバータの出力を最小にして放電を終了します。
　次にBluetoothが接続中の場合には、15秒間隔ごとに計測データを送信出力し、液晶表示器のアイコンを点滅させます。最後に1秒間隔の待ちを挿入してループの最初に戻ります。

　割り込み処理では、タイマ1の割り込みの場合は単純にIntervalの変数をカウントアップさせて15秒の間隔を生成するのに使います。
　UARTの受信割り込みの場合には、32バイト全部受信完了するまで受信バッファにデータを格納し、32バイト完了したら受信完了フラグをオンにしてメインループに通知します。

6-4-2　ファームウェアの詳細

　実際のファームウェアの内容を説明します。

1 宣言部

　まずリスト6-4-1が宣言部で、ここでは、コンフィギュレーションとグローバル変数の宣言定義をしています。Bluetoothモジュールの設定コマンドも定数として定義しています。設定ではBluetoothの名称を「Charger Monitor」としているだけです。このコマンドは、S2が押されているときだけ送信されます。このコマンドには最後に¥r（復帰コード）が必要なので、忘れないようにしてください。¥n（改行コード）は不要です。
　液晶表示用のメッセージは、固定メッセージの場合は定数としてROM領域に、可変のメッセージはRAM領域に確保するようにしています。

リスト　6-4-1　宣言部

```
/***********************************************
 *   リチウムイオン充電池用充電器
 *   PIC16F1783 を使用
 *   充電電圧測定、充電電流測定（OPAMP使用）
 *   放電定電流（OPAMP使用）、放電電圧測定
 ***********************************************/
#include  <xc.h>
#include  "lcd_lib3.h"
#include  "i2c_lib3.h"

/***** コンフィギュレーション設定 *********/
（コンフィギュレーション部省略）

/**** 定数、変数の定義 *****/
float cVolt, dVolt, cCurrent, dCurrent;
int cVtemp, dVtemp, cCtemp, dCtemp, Temp, Interval;;
char Index, OnLine, Flag, EndFlag;
```

（グローバル変数の宣言定義）

6-4 充電制御ボードのファームウェアの製作

```c
#define Max_Size 32
unsigned char RcvFlag;
unsigned char RcvBuf[32], SndBuf[32], Buffer[32];
/* Bluetooth設定用コマンドデータ */
const unsigned char msg1[] = "$$$";              // コマンドモード指定
const unsigned char msg2[] = "SF,1\r";           // 工場出荷リセット
const unsigned char msg3[] = "SN,Cahrger Monitor\r"; // 名称設定
const unsigned char msg4[] = "SA,4\r";           // 認証モード
const unsigned char msg5[] = "R,1\r";            // 再起動
/*** 液晶表示メッセージ *****/
const char StMsg[] = "Start!";
char CrgMsg[] = "Chg x.xxV  xxxmA";
char DisMsg[] = "Dis x.xxV  xxxmA";
const char BlnkMsg[] = "                ";
const char OnMsg[]   = "On Line Data Send";
/** プロトタイピング **/
int ADConv(unsigned char ch);
void ftostring(int seisu, int shousu, float data, unsigned char *buffer);
void Init(void);
void SendCmd(const unsigned char *cmd);
void SendStr(unsigned char * str);
void Send(unsigned char txchar);
void Process(void);
```

- Bluetooth設定用コマンド
- 液晶表示器用メッセージ
- 関数プロトタイピング

2 初期設定部

リスト6-4-2がメイン関数の初期設定部で、使う内蔵モジュールの初期設定をすべて行っています。クロック周波数の設定後、入出力ピンの入出力モードを設定し、次にアナログモジュールの初期化をまとめた関数Init( )を呼びだしています。続いてタイマ1の初期化をし、UARTの初期化後Bluetoothモジュールのリセット制御を実行しています。

さらにRC1ピンがLowになっている場合、つまりS2が押されている場合のみBluetoothの初期設定コマンドを出力します。このコマンドを送信するとBluetoothモジュールが初期化されUART通信がいったん途切れるので、UARTの初期化を再度行う必要があります。

続いて液晶表示器に使うI²Cモジュールを初期化し、液晶表示器の初期化をしてから開始メッセージを表示しています。

最後にタイマ1とUART受信の割り込みを許可してからメインループに進みます。

リスト 6-4-2 初期設定部

```c
/*********** メイン関数 *************/
void main(void)
{
    /** Clock Setting **/
    OSCCONbits.IRCF = 14;           // 8MHz
    OSCCONbits.SCS = 0;             // Configuration
    /* I/O初期設定 */
    TRISA = 0xFF;                   // すべて入力
    TRISB = 0xCF;                   // RB4,5のみ出力
    TRISC = 0x9B;                   // RC2,5,6のみ出力
    ANSELA = 0x3F;                  // RA6,7のみデジタル
    ANSELB = 0x0F;                  // RB0-3アナログ
    /* スイッチ用プルアップ（デフォルトがありとなっている）*/
```

- クロック周波数設定
- 入出力ピンモード設定

入出力ピン
プルアップ制御
	`WPUA = 0;`
	`WPUB = 0;`
	`WPUC = 0x03;`
	`OPTION_REGbits.nWPUEN = 0;`
	`/* 内蔵モジュール初期化関数 */`
		`// プルアップなし`
		`// プルアップなし`
		`// RC0,1プルアップ`
		`// プルアップ有効化`

アナログモジュールの 初期化サブ関数	`Init();` `/** Timer1初期設定 8MHz/8=1MHz **/`	`// 初期化実行`

タイマ1の初期化	`T1CON = 0x30;`
	`TMR1H = 0x3C;`
	`TMR1L = 0xAF;`
	`T1CONbits.TMR1ON = 1;`
	`/* BTモジュール初期化 */`
		`// Fcy, 1/8`
		
		`// 50msec`
		`// Timer1 Start`

Bluetoothのリセット	`LATCbits.LATC5 = 0;`
	`Delayms(100);`
	`LATCbits.LATC5 = 1;`
	`Delayms(500);`
	`/* USARTの初期設定 */`
		`// BTモジュールリセット`
		`// リセット時間`
		`// リセット解除`
		`// 初期化完了待ち`

UARTの初期設定	`TXSTA = 0x20;`
	`RCSTA = 0x90;`
	`BAUDCON=0x08;`
	`SPBRG = 16;`
	`/*Bluetoothモジュールの設定 */`
		`// TXSTA,送信モード設定 BRGH=1`
		`// RCSTA,受信モード設定`
		`// BAUDCON 16bit`
		`// SPBRG,通信速度設定（115kbps）`

RC1がLowの場合	`if(PORTCbits.RC1 == 0){`	`// SWが押されている場合`

Bluetoothの初期設定	`    SendCmd(msg1);`
	`    SendCmd(msg2);`
	`    SendCmd(msg3);`
	`    SendCmd(msg4);`
	`    SendCmd(msg5);`
	`}`
	`/* USART 再設定*/`
		`// $$$ コマンドモードへ`
		`// 工場出荷時へリセット`
		`// 名称設定`
		`// 認証モード指定`
		`// リブート`

UARTの再初期設定	`TXSTA = 0x20;`
	`RCSTA = 0x90;`
	`/** 液晶表示器用 I2C初期化 **/`
		`// TXSTA,送信モード設定 BRGH=0`
		`// RCSTA,受信モード設定`

I²Cの初期化	`SSPADD = 0x4F;`
	`SSPCON1 = 0x38;`
	`SSPSTAT = 0;`
	`/* 開始メッセージ表示 */`
		`// 100kHz@8MHz`
		`// I2Cイネーブル`
		`// 状態クリア`

LCDの初期化と開始
メッセージ表示
	`lcd_init();`
	`lcd_clear();`
	`lcd_str(StMsg);`
	`lcd_icon(0, 0);`
	`lcd_icon(2, 0);`
	`Delayms(500);`
	`/* 変数初期化 */`
		`// 初期化`
		`// 全消去`
		`// 開始メッセージ`
		`// アイコン消去`
		
		`// 0.5秒間表示`

グローバル変数初期化	`Index = 0;`
	`RcvFlag = 0;`
	`OnLine = 0;`
	`Interval = 0;`
	`EndFlag = 0;`
	`/* UART受信割り込み許可 */`	

タイマ1とUART受信の
割り込み許可
	`PIR1bits.TMR1IF = 0;`
	`PIE1bits.TMR1IE = 1;`
	`PIR1bits.RCIF = 0;`
	`PIE1bits.RCIE = 1;`
	`INTCONbits.PEIE = 1;`
	`INTCONbits.GIE = 1;`
		`// タイマ1割り込みフラグクリア`
		`// タイマ1割り込み許可`
		`// 割り込みフラグクリア`
		`// USART受信割り込み許可`
		`// 周辺許可`
		`// グローバル許可`

6-4 充電制御ボードのファームウェアの製作

3 メインループ部

リスト6-4-3がメインループとなる計測実行ループです。まずUARTの受信があるかをチェックし、受信データがあれば、コマンド解析サブ関数 (Process()) を呼び出しています。

次に充電電圧と電流を計測し、文字列に変換してから液晶表示器の1行目に表示します。続いて放電電圧と電流を計測して液晶表示器の2行目に表示します。この計算の中で実機の計測値の誤差を補正しています。製作後、実機の値をテスタ等で計測し、その結果で計算式のパラメータを補正します。

次に放電終了電圧かをチェックし、まだの場合には可変抵抗の電圧を入力してそれをD/Aコンバータに設定出力します。これで放電電流を可変します。

放電終了電圧以下になっている場合には、D/Aコンバータの出力電圧を最小にして放電終了とします。

次にオンライン中で15秒間隔になっていたら、計測データを編集して送信バッファにセットしてからUARTで送信してBluetoothで無線送信します。

このとき、液晶表示器のアイコンを反転表示して無線送信中であることがわかるようにします。

次に電源オンとしたあとから放電電池を接続すると、すでに放電終了となってしまっているので放電が開始されません。これを手動で開始させるためS1を使います。ここがその処理です。最後に繰り返し周期を1秒として待ちます。

リスト 6-4-3 計測繰り返しループ

```
/********* メインループ *************/
while(1){
    if(RcvFlag){                              // 受信ありの場合
        RcvFlag = 0;                          // 受信フラグクリア
        /* 受信コマンド処理 */
        if((Buffer[0] == 'S')){               // ヘッダ確認
            Process();                        // コマンド処理実行
        }
    }
    /************* データ計測表示実行 ****************/
    /** 充電電圧入力 補正値  4.096V * 6.1/5.1=4.899 **/
    cVtemp = ADConv(0);                       // AN0計測
    cVolt = ((float)cVtemp * 4.899)/4096;     // 実機補正含む
    ftostring(1, 2, cVolt, CrgMsg+4);         // 表示バッファに格納
    /** 電流入力  補正値  4096mA/0.33/8.1=1532 **/
    cCtemp = ADConv(10);                      // AN10計測
    cCurrent = ((float)cCtemp * 1532.0) / 4096;
    ftostring(3, 0, cCurrent, CrgMsg+11);     // 表示バッファに格納
    /** 表示出力 ***/
    lcd_cmd(0x80);                            // 1行目指定
    lcd_str(CrgMsg);                          // 測定値表示
    /**** 放電電圧入力 ****/
    dVtemp = ADConv(3);                       // AN3
    dVolt = ((float)dVtemp * 4.899)/4096;     // 実機補正含む
    ftostring(1, 2, dVolt, DisMsg+4);         // 表示バッファに格納
    /**** 放電電流測定 ***/
    dCtemp = ADConv(4);                       // AN4
    dCurrent = ((float)dCtemp * 4096.0)/4096; // 実機補正含む
    ftostring(3, 0, dCurrent, DisMsg+11);     // 表示バッファに格納
    /** 表示出力 ***/
    lcd_cmd(0xC0);                            // 2行目指定
```

吹き出し注釈:
- 受信完了の場合
- 受信コマンド処理サブ関数を実行
- 充電側電圧測定
- 充電側電流測定
- 1行目に表示
- 放電側電圧測定
- 放電側電流測定
- 2行目に表示

```c
        lcd_str(DisMsg);                        // 測定値表示
        /****** 放電終了チェック **************/
        if((dVolt > 3.0) && (EndFlag == 0)){    // 電圧3.0V以上で放電未終了の場合
            /****** 可変抵抗による放電電流の設定 **/
            Temp = ADConv(12);                  // POTの電圧入力
            Temp /= 32;                         // 12ビット→7ビット
            if(Temp > 130)
                Temp = 130;                     // 最大500mAで制限
            DACCON1 = Temp;                     // D/A出力電圧設定
        }
        else{                                   // 3.0V以下の場合放電終了
            DACCON1 = 1;                        // 電流最低値放電終了
            EndFlag = 1;                        // 放電終了フラグセット
        }
        if((OnLine == 1) && (Interval >= 300)){ // 15秒周期
            Interval = 0;                       // 送信間隔リセット
            /***** オンラインの場合　データ送信 ************/
            SndBuf[0] = 'M';                    // ヘッダセット
            SndBuf[1] = 'A';                    // ヘッダセット
            SndBuf[2] = cVtemp / 128;           // 充電送信データセット
            SndBuf[3] = cVtemp % 128;
            SndBuf[4] = cCtemp / 128;
            SndBuf[5] = cCtemp % 128;
            SndBuf[6] = dVtemp / 128;           // 放電送信データセット
            SndBuf[7] = dVtemp % 128;
            SndBuf[8] = dCtemp / 128;
            SndBuf[9] = dCtemp % 128;
            SndBuf[10] = 'E';                   // 終了マークセット
            SendStr(SndBuf);                    // 32バイト固定長送信実行
            /** 目印LCDアイコン表示 ***/
            if(Flag){
                lcd_icon(2, 1);                 // アイコン反転
                Flag = 0;
            }
            else{
                lcd_icon(2, 0);                 // アイコン反転
                Flag = 1;
            }
        }
        /* 放電マニュアル開始 **/
        if(PORTCbits.RC0 == 0){                 // S2オンの場合
            EndFlag = 0;                        // 放電終了フラグクリア
        Delayms(1000);                          // 計測間隔遅延
    }
}
```

注記（左側吹き出し）：
- 放電終了していない場合
- VRの電圧入力
- DACに設定出力
- 放電終了している場合 DACを最小化
- オンライン中で15秒間隔の場合
- 計測データ編集し送信バッファに格納
- Bluetooth送信実行
- 送信中アイコン反転
- 送信中アイコン反転
- 手動で放電を開始する場合
- 1秒待ち

4 受信コマンド処理関数

　リスト6-4-4がBluetoothからの受信コマンド処理関数と計測実行サブ関数です。
　受信コマンド処理では、Oコマンドの場合が接続開始なので、OK応答を返送して接続中とします。接続中アイコンを表示し、オンライン中フラグをセットしています。
　Nコマンドの場合は切り離しコマンドなので、オフライン中としてアイコンを消去しています。
　計測実行サブ関数では、A/Dコンバータの入力を100回繰り返してその平均値を計測値としています。1秒間隔で表示すればよいわけで、十分に時間があるため、100回繰り返しても全く問題ありません。これで安定な計測値とすることができます。

リスト 6-4-4 受信コマンド処理関数部

```c
/******************************************************
* 受信コマンド処理実行関数    ヘッダの解析
******************************************************/
void Process(void){
    /****** コマンド解析と処理 **********/
    switch(Buffer[1]){                      // コマンド取得
        /* 接続確認要求の場合 */
        case 'O':
            SndBuf[0] = 'M';                // データ送信開始要求
            SndBuf[1] = 'O';                // OKメッセージ返送
            SndBuf[2] = 'K';
            SndBuf[3] = 'E';
            SendStr(SndBuf);                // 32バイト固定長送信
            lcd_icon(0, 1);                 // アンテナアイコン表示
            Flag = 1;
            OnLine = 1;
            EndFlag = 0;
            break;
        case 'N':                           // 送信終了
            OnLine = 0;                     // オフラインに
            lcd_icon(0, 0);                 // アイコン消去
            break;
        default :
            break;
    }
}
/*****************************************
* A/D変換入力関数  100回計測し平均をとる
*****************************************/
int ADConv(unsigned char ch){
    int i, j;
    long value;

    value = 0;                              // 積算クリア
    for(j=0; j<100; j++){                   // 100回繰り返し
        ADCON0bits.CHS = ch;                // チャネル選択
        for(i=0; i<100; i++);               // アクイジションタイム待ち
        ADCON0bits.GO = 1;                  // 変換開始
        while(ADCON0bits.GO);               // 変換終了待ち
        if(ADRESH > 0x80){                  // 負の値の場合
            ADRESH = 0;                     // 0に制限
            ADRESL = 0;
        }
        value += ((ADRESH & 0x0F)*256 + ADRESL);// 積算
    }
    value /= 100;                           // 平均を求める
    return((int)value);                     // 変換結果を返す
}
```

注釈:
- Oコマンドの場合
- OKを返送する
- 受信アイコンを表示
- オンライン中とする
- Nコマンドの場合
- オフライン中としてアイコンを消去する
- 100回計測を繰り返す
- 負の値は強制的に0とする
- 100回の積算
- 100回の平均値

5 モジュール初期化関数

　リスト6-4-5が初期化を行うサブ関数で、アナログ関連モジュールのすべての初期化を行っています。オペアンプ1と2、定電圧リファレンス、D/Aコンバータ、A/Dコンバータが対象となっています。定電圧リファレンスでは、D/Aコンバータ用は1.024Vに、A/Dコンバータ用は4.096Vに設定しています。

リスト 6-4-5　モジュール初期化サブ関数

```c
/******************************
 *   モジュール初期化関数
 *     オペアンプ、DAC、FVR、コンパレータ
 ******************************/
void Init(void){
    /** オペアンプの初期設定 **/
    OPA1CONbits.OPA1SP = 0;        // Low Speed
    OPA1CONbits.OPA1CH = 0;        // OPA1IN+ pin
    OPA1CONbits.OPA1EN = 1;        // Enable
    OPA2CONbits.OPA2SP = 0;        // Low Speed
    OPA2CONbits.OPA2CH = 0;        // OPA2IN+ pin
    OPA2CONbits.OPA2EN = 1;        // Enable
    /** FVR初期設定 **/
    FVRCONbits.CDAFVR = 1;         // 1.024V for DAC
    FVRCONbits.ADFVR = 3;          // 4.096V for ADC
    FVRCONbits.FVREN = 1;          // Enable
    /** DAC初期設定 **/
    DACCON0bits.DACOE1 = 1;        // Out Enable
    DACCON0bits.DACPSS = 2;        // FVR select
    DACCON0bits.DACNSS = 0;        // VSS select
    DACCON0bits.DACEN = 1;         // Enable
    DACCON1 = 20;                  // Initial set
    /** A/Dコンバータの初期設定 **/
    ADCON0 = 0x00;                 // Select AN0 OFF
    ADCON1bits.ADFM = 1;           // Sign int
    ADCON1bits.ADCS = 2;           // Tad=Fosc/32
    ADCON1bits.ADNREF = 0;         // Vss
    ADCON1bits.ADPREF = 3;         // FVR = 4.096
    ADCON2bits.TRIGSEL = 3;        // Trigger Disable
    ADCON2bits.CHSN = 15;          // by ADNREF
    ADCON0bits.ADON = 1;           // ADC Enbale
}
```

定電圧リファレンス
DAC用は1.024V
ADC用は4.096V

　この他に、浮動小数から文字列への変換サブ関数や、送信関数、遅延関数、液晶表示器用ライブラリなどがありますが、詳細説明は省略します。
　以上がファームウェアの全体になります。これをPICマイコンに書き込めば、すぐ動作を開始して液晶表示器に表示が出るはずです。
　実際に液晶表示器に表示された例が写真6-4-1となります。左上のアンテナのアイコンがBluetooth接続中のアイコンで、右側のアイコンが送信中のアイコンです。
　充電、放電とも電圧と電流が常に表示されるので、このボード単体でも十分使うことができます。

● 写真6-4-1　液晶表示器の表示例

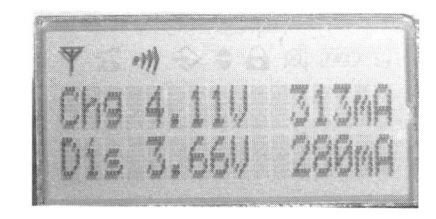

6-5 タブレットの
アプリケーションの製作

ANALOG

　PICマイコンのファームウェアの製作が完了したら、次はBluetoothの通信相手となるタブレット側のAndroidアプリケーションである「充放電モニタ」の製作です。

　Androidのアプリケーションプログラム開発は、「Eclipse」という統合開発環境の下で、Java言語を使って行います。この開発環境は下記の手順で構築します。詳しくはAndroidのプログラミング関連の書籍を参照ください。

①Java SEのJDK（Java Development Kit）をインストールする
②Eclipse＋Android SDKをダウンロードしフォルダに展開する
③SDK ManagerでSDKの最新パッケージを追加インストールする

　以降は、この開発環境は構築されているものとして説明します。

6-5-1 全体構成と機能

　製作する充放電モニタアプリの全体の構成は、図6-5-1のようにしています。

　全体を3つのJava実行ファイルで構成しています。アプリケーション本体（ChargerController.java）では、ボタンがタップされたときのイベントごとの処理、Bluetoothからの受信データの処理を実行します。

　Bluetoothの端末探索（DeviceListActivity.java）と、Bluetoothのデータ送受信を制御する部分（BluetoothClient.java）は、ライブラリとして独立ファイル構成としています。Androidタブレットには標準でBluetoothが実装されていて、それを駆動するためのクラスとメソッドも標準で用意されているので、これを使って制御します。この部分は、Googleの例題を基本にしているので、他のBluetoothを使うアプリにも受信処理部分を少し修正するだけで共通に使えます。

　この他にリソースがあり、画面を構成するレイアウトや表示する文字列などを設定しています。
　マニフェストには全体に関わる基本設定が記述されていて重要な働きをしています。タブレットの内蔵Bluetoothの使用許可も、このマニフェストで行います。

●図6-5-1　アプリケーションの全体構成

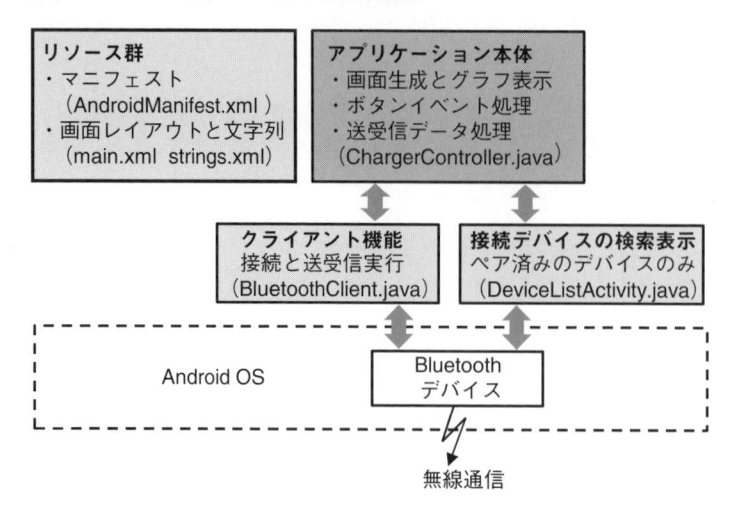

アプリケーションの機能はボタンに対応させているので、画面構成から説明します。画面は図6-5-2のようにしました。機能はすべてボタンタップから開始されます。

●図6-5-2　充放電モニタ用アプリの画面構成

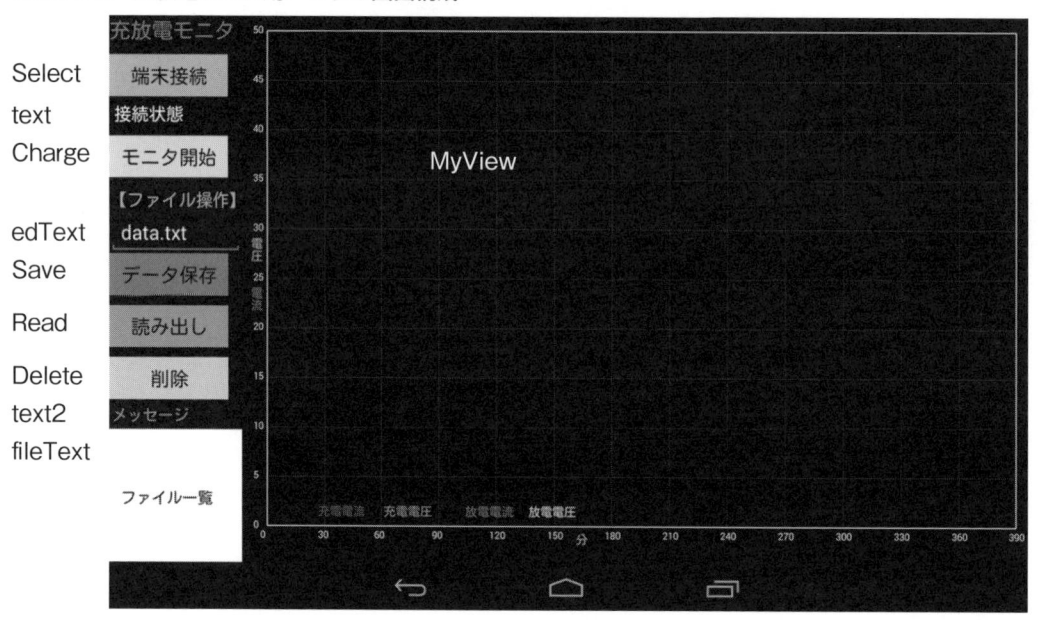

ボタンと画面に対応する機能は表6-5-1のようにしました。これらの機能は、Bluetoothの端末接続制御以外すべてアプリケーション本体で実行しています。

▼表6-5-1　充放電モニタの機能一覧

ボタン名称	機　能	備　考
端末接続 (Select)	最初にBluetoothで接続する端末を選択し接続する 選択できる端末はペアリング済みのものに限定 接続状態をボタン下のメッセージ領域に下記のように表示する 「接続中→接続完了」　または 「接続中→接続失敗」	選択可能端末は別ダイアログで表示する Bluetoothが無効になっている場合はダイアログで有効化を促す 失敗の場合は再接続する
モニタ開始 (Charge)	Bluetoothで接続されていれば、一定間隔で受信されるデータをグラフとして表示する。表示完了か接続が切断されるまで繰り返す	間隔は15秒
ファイル名 (edText)	保存または読み出すファイルの名称を入力する	
データ保存 (Save)	ファイル名で指定されたファイルを生成、または上書きでグラフデータを保存する	
読出し (Read)	ファイル名で指定されたファイルを読み出してグラフとして表示する	ファイル一覧にファイル名が5個まで表示される
削除 (Delete)	ファイル名で指定されたファイルを削除する	

6-5-2　Eclipseプロジェクトの作成

　充放電モニタ用アプリケーションのプロジェクトファイルを技術評論社のサイトからダウンロードして入手し、それから新たにプロジェクトを作成する方法を説明します。
　まず、本書巻末のURLからファイルをダウンロードし、解凍してください。

❶ファイルのコピー
　まず、プロジェクトファイルのコピーです。プロジェクトを一時的に格納するフォルダを本書では「D:¥Android¥projects」としています。
　Eclipseのデフォルトのプロジェクト用のフォルダは「workspace」なのですが、ここにソースをコピーしてプロジェクトを作ろうとすると、すでにプロジェクトが存在するというエラーで作成できません。したがって、workspaceとは異なるフォルダにコピーする必要があります。
　そこで、この新規に作成したD:¥Android¥projectsフォルダ下に、ダウンロードした「ChargerController」のフォルダをフォルダごとコピーします。そしてフォルダの読み込み専用のプロパティをはずします。

❷Eclipseにインポート
　ここでEclipseを起動します。起動するときプロジェクトフォルダを標準のworkspaceとしておきます。
　起動したら、メインメニューから[File]→[import]とします。最初に開く「Select」ダイアログで[Existing Android Code Into Workspace]を選択して[Next]とします。
　次に開く「Import Projects」のダイアログでは、[Browse]ボタンを押して、コピーしたディレク

トリを指定します（本書では、D:¥Android¥projects¥ChargerController）。これでProjectsの欄には自動的に「D:¥Android¥projects¥ChargerController」と表示されチェックが入っているはずです。ここでさらに［Copy projects into workspace］にチェックを入れてから［Finish］ボタンをクリックします。

これでWorkspace内にプロジェクトが自動作成され、Eclipseの「Package Explorer」欄に図6-5-3のようなファイル構成で「ChargerController」という新規プロジェクトが生成されます。

●図6-5-3　生成されたプロジェクトのファイル構成

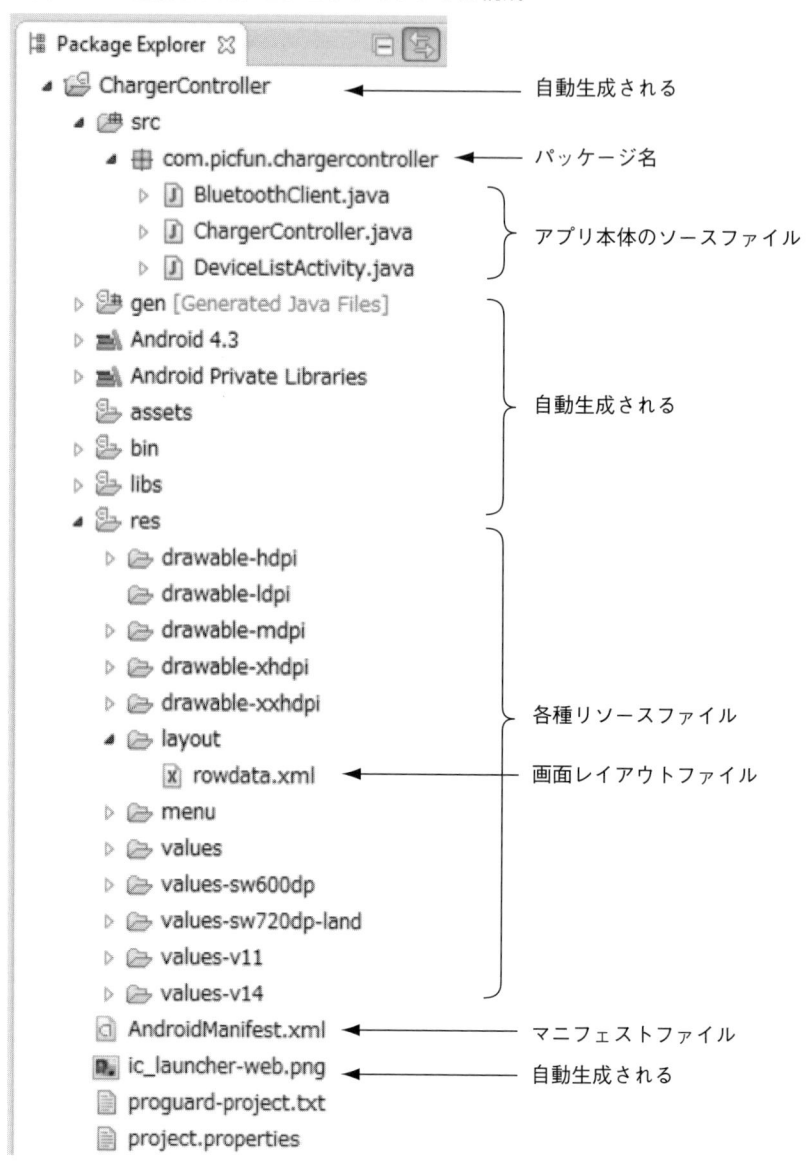

```
Package Explorer
▲ ChargerController              ← 自動生成される
  ▲ src
    ▲ com.picfun.chargercontroller  ← パッケージ名
      ▷ BluetoothClient.java    ┐
      ▷ ChargerController.java  ├ アプリ本体のソースファイル
      ▷ DeviceListActivity.java ┘
  ▷ gen [Generated Java Files]  ┐
  ▷ Android 4.3                 │
  ▷ Android Private Libraries   │
    assets                      ├ 自動生成される
  ▷ bin                         │
  ▷ libs                        ┘
  ▲ res                         ┐
    ▷ drawable-hdpi             │
      drawable-ldpi             │
    ▷ drawable-mdpi             │
    ▷ drawable-xhdpi            │
    ▷ drawable-xxhdpi           │
    ▲ layout                    ├ 各種リソースファイル
        rowdata.xml             │   ← 画面レイアウトファイル
    ▷ menu                      │
    ▷ values                    │
    ▷ values-sw600dp            │
    ▷ values-sw720dp-land       │
    ▷ values-v11                │
    ▷ values-v14                ┘
    AndroidManifest.xml         ← マニフェストファイル
    ic_launcher-web.png         ← 自動生成される
    proguard-project.txt
    project.properties
```

パッケージ名「com.picfun.chargercontroller」が本アプリケーションを区別する名前で、タブレットにダウンロードする際、このパッケージ名で認識区別されます。したがって、同じ名前のパッケージ名があるとダウンロードエラーとなるので、パッケージ名は唯一の名前にする必要があります。
　通常は図のようにURLを逆にする構成の名前を付けるようにしているようなので、本書でもそれに倣っています。
　srcフォルダがソースファイル格納フォルダで、ここにメインのソースとBluetooth用ライブラリのソースが2つあります。
　resフォルダにはいくつかのリソースファイルと呼ばれる主に画面構成用のファイルがあります。しかしこのプロジェクトでは、画面をソースプログラム中に記述したので、layoutフォルダ内にあるrowdata.xmlだけで構成しています。
　「AndroidManifest.xml」というマニフェストファイルが、作成するプロジェクトの特性を指定するファイルで、この中で画面の向きの指定や、Bluetoothを使う指定などをしています。
　その他のファイルは、プロジェクトを作成するとEclipseが自動生成するファイルです。

6-5-3　Bluetoothライブラリの使い方

　Bluetoothのクラスの扱い方はGoogleのAndroid Developpersに詳しく解説されているので、これに沿って作成しています。その他にネットで検索すればいくつか製作例が紹介されているので参考にできます。本書ではこれらの情報を元に、Bluetoothの接続処理部を独立のライブラリとして作成しています。大部分のBluetoothを扱うアプリケーションで使うことができます。

　BluetoothについてはAndroid OS内のandroid.bluetoothパッケージでサポートされており、多くのクラスが提供されています。本書のアプリケーションでは次のクラスを使っています。

　本書ではいずれもタブレット側が要求を出して機能を実現するので、タブレットをBluetoothクライアントとして構成します。

❶ BluetoothAdapter
　タブレット自身のBluetoothデバイスを表し、すべての機能をこのクラスとして実現します。

❷ BluetoothDevice
　相手となる充放電制御ボードのBluetoothデバイスを表し、MACアドレスを元にインスタンス化されます。これで相手デバイスの名前、アドレス、クラス、結合状態などの情報の問い合わせをします。

❸ BluetoothSocket
　BluetoothDeviceとして生成された相手リモートとのBluetooth通信用ソケット、つまりインターフェースとして生成され、このソケットを使って記述します。実際の通信はこのソケットのInputStreamクラスとOutputStreamクラスを使って行います。

このBluetooth用ライブラリを使う手順は、基本的に次の4つのステップで行います。
①Bluetooth機能の許可と有効化
②ペアデバイスの発見（スキャン）
③接続と受信実行
④送信の実行

6-5-4 マニフェストファイルとBluetoothの使用許可

マニフェストファイルは、Androidシステムで重要な働きをしていて、Android OSにアプリケーションに関する重要な情報を伝える役割を担っています。この情報には次のような内容が含まれています。
- アプリケーションのパッケージ名の指定
- アプリケーションが必要とするAndroid APIの最低限のバージョン指定とターゲットとするバージョンの指定
- アプリケーションの名称指定、画面向きの指定
- BluetoothなどのAPI部品へのアクセス許可の宣言
- リンクするライブラリの指定

実際の充放電マネージャのマニフェストファイルは、リスト6-5-1のようにしました。自動生成されたリストをベースにしていくつかの項目を追加して作成しています。

内容は、まずパッケージ名を指定し、最低のAndroidバージョンとターゲットのバージョンを指定しています。

次に、Bluetoothのpermissionを記述しています。これでBluetoothが使えるようになります。

続いてアプリケーションの名称などの基本の設定をし、アプリ起動時の処理を指定しています。また画面の配置は横向きに限定しています。

最後にBluetoothのデバイスリストを表示するクラスをリンクしています。

リスト 6-5-1 マニフェストファイル

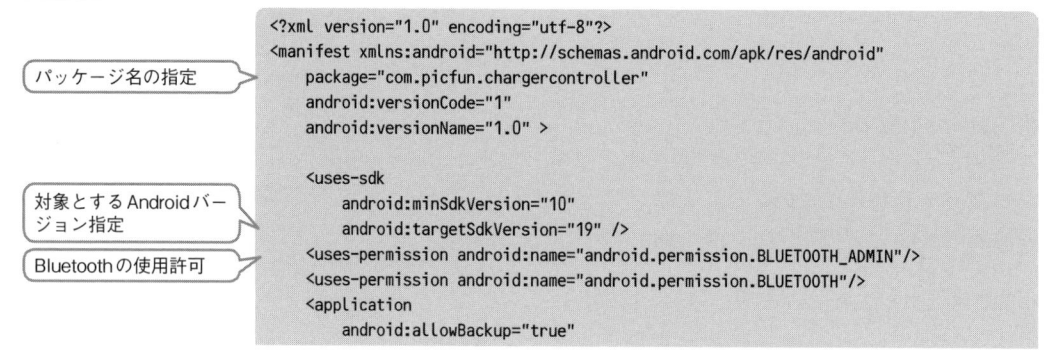

```xml
<?xml version="1.0" encoding="utf-8"?>
<manifest xmlns:android="http://schemas.android.com/apk/res/android"
    package="com.picfun.chargercontroller"
    android:versionCode="1"
    android:versionName="1.0" >

    <uses-sdk
        android:minSdkVersion="10"
        android:targetSdkVersion="19" />
    <uses-permission android:name="android.permission.BLUETOOTH_ADMIN"/>
    <uses-permission android:name="android.permission.BLUETOOTH"/>
    <application
        android:allowBackup="true"
```

- パッケージ名の指定
- 対象とするAndroidバージョン指定
- Bluetoothの使用許可

```xml
            android:icon="@drawable/ic_launcher"
            android:label="@string/app_name"
            android:theme="@style/AppTheme" >
        <activity
            android:name="com.picfun.chargercontroller.ChargerController"
            android:label="@string/app_name"
            android:screenOrientation="landscape" >
            <intent-filter>
                <action android:name="android.intent.action.MAIN" />

                <category android:name="android.intent.category.LAUNCHER" />
            </intent-filter>
        </activity>
        <activity
            android:name="DeviceListActivity"
            android:theme="@android:style/Theme.Dialog"
            android:label="@string/app_name"
            android:configChanges="keyboardHidden|orientation">
        </activity>
    </application>
</manifest>
```

- アプリ名称表示指定
- アプリ名称指定
- 画面横向き限定
- アプリ起動時の処理指定
- Bluetoothのデバイスリスト作成クラスの指定
- キーボードは表示しない指定

6-5-5 アプリ本体部の構成とアプリの状態遷移

　実際の充放電マネージャのアプリケーション本体部の詳細を説明します。アプリケーションは、ChargerController.javaファイルだけで構成しています。

　このアプリケーション部のファイルの全体構成は、図6-5-4のようになっています。アプリの本体はアクティビティクラスとして記述していて、最初にフィールドの定数と変数を宣言しています。そのあとにメソッドが続きますが、次のイベントごとの処理メソッドで構成しています。

　①アプリ起動、終了の状態遷移イベントへの対応処理
　②Bluetoothの送受信ハンドラからの戻り値の処理
　③ボタンのタップイベントの処理
　④受信データごとの処理
　⑤グラフ描画処理

　アプリケーションの状態遷移イベントとは、アプリケーションの起動から終了までの間にアクティビティに対して発生するイベントのことです。
　アクティビティは操作により状態遷移をしますが、その都度イベントを生成し、それぞれがonCreateやonResumeなどの処理メソッドを呼び出します。
　Android OSには、これらの遷移イベントに対してあらかじめデフォルトのイベント処理が用意されていますが、異なる処理をする場合は処理メソッドを上書き追加する必要があります。

●図6-5-4　アプリケーションの全体構成

```
package com.picfun.chargercontroller;

import android.os.Bundle; …

/*************** アクティビティの宣言 ********************/
public class ChargerController extends Activity {
    /**** クラス定数宣言定義 ****/
    public static final int CONNECTDEVICE = 1;
    public static final int ENABLEBLUETOOTH = 2;
    /** Bluetoothインスタンス定数 **/
    private static BluetoothAdapter BTadapter;
    private static BluetoothClient BTclient;
    /** バッファ、一般変数定義 **/
    private static byte[] RcvPacket = new byte[32];      // 受信バッファ
    private static byte[] SndPacket = new byte[32];      // 送信バッファ
    private static int[] ChargeVolt = new int[1560];
    private static int[] ChargeCurrent = new int[1560];
    private static int[] DischargeVolt = new int[1560];
    private static int[] DischargeCurrent = new int[1560];
    private static byte[] FileData = new byte[12482];
    private static int i, j, Index, temp;
    private static float fTemp;
    /** クラス変数、定数の宣言 **/
    private final static int WC = LinearLayout.LayoutParams.WRAP_CONTENT;
    private static Button Select, Charge, Save, Read, Delete;
    private static TextView text, text1, text2, text3;
    private static EditText edText, fileText;
    private static MyView graph;

    /*********** 最初に実行する関数 *******************************/
    public void onCreate(Bundle savedInstanceState) { …

    /******* アクティビティ開始時（ストップからの復帰時）**********/
    public void onStart() { …

    /********** アクティビティ再開時（ポーズからの復帰時）**********/
    public synchronized void onResume() { …

    /****** アクティビティ破棄時 **********/
    public void onDestroy() { …

    /************ 遷移ダイアログからの戻り処理 ********************/
    public void onActivityResult(int requestCode, int resultCode, Intent data) { …

    /********* 接続ボタンイベントクラス ****************/
    class SelectExe implements OnClickListener{ …

    /********** BT端末接続処理のハンドラ、戻り値ごとの処理 **********/
    private static final Handler handler = new Handler() { …

    /**** 開始ボタンイベントクラス *********************************/
    class ChargeCont implements OnClickListener{ …

    /***** データ保存イベントクラス ********************************/
    class SaveFile implements OnClickListener{ …
```

- 定数、変数の定義
- 状態遷移に伴うイベント処理
- 戻り値の処理
- ボタンタップのイベント処理

```
/***** データ読み出し表示イベントクラス **************************/
class ReadFile implements OnClickListener{ …

/********** ファイル削除ボタンイベントクラス ********************/
class DeleteFile implements OnClickListener{ …

/****************** データ受信処理メソッド *********************/
public static void Process(){ …

/********** グラフを描画するクラス　　**********************/
Paint set_paint = new Paint();
class MyView extends View{
```

- ボタンタップのイベント処理
- 受信データ処理
- グラフ描画処理

6-5-6 アプリケーション本体部の詳細

アプリケーションの詳細を説明していきます。

1 onCreateメソッド

最初は真っ先に実行されるonCreateメソッドで、リスト6-5-2となります。

ここでは画面の生成にはリソースのレイアウトファイルを使わず、すべてプログラム上で記述しています。最後のファイルリスト部を生成したら、続いてグラフ表示部MyViewも生成しています。

次に、ボタンのイベント処理メソッドとなるリスナを定義しています。

最後にBluetoothが使えるかどうかをチェックし、使えない場合にはメッセージを表示するだけにしています。

リスト　6-5-2　onCreateメソッドの詳細

```
/*********** 最初に実行する関数 *****************************/
@Override
public void onCreate(Bundle savedInstanceState) {
    super.onCreate(savedInstanceState);
    requestWindowFeature(Window.FEATURE_NO_TITLE);
    /** フルスクリーンの指定 **/
    getWindow().clearFlags(WindowManager.LayoutParams.FLAG_FORCE_NOT_FULLSCREEN);
    getWindow().addFlags(WindowManager.LayoutParams.FLAG_FULLSCREEN);
    getWindow().setSoftInputMode(WindowManager.LayoutParams.SOFT_INPUT_STATE_
        ALWAYS_HIDDEN);
    /*** レイアウト定義　*******/
    LinearLayout layout = new LinearLayout(this);
    layout.setOrientation(LinearLayout.HORIZONTAL);
    setContentView(layout);
        /** サブレイアウト **/
        LinearLayout layout2 = new LinearLayout(this);
        layout2.setOrientation(LinearLayout.VERTICAL);
        layout.setBackgroundColor(Color.BLACK);
        layout2.setGravity(Gravity.LEFT);
            /** 見出しテキスト表示 **/
            text = new TextView(this);
            text.setLayoutParams(new LinearLayout.LayoutParams(290,WC));
```

- タイトル表示なし
- ソフトキーボードなし
- 横向き指定

```
                    text.setTextSize(22f);
                    text.setTextColor(Color.MAGENTA);
                    text.setText("充放電モニタ");
                    layout2.addView(text);
                    /** 接続ボタン作成 **/
                    LinearLayout.LayoutParams params = new LinearLayout.LayoutParams(250, 85);
                    params.setMargins(0, 20, 0, 0);
                    Select = new Button(this);
                    Select.setBackgroundColor(Color.CYAN);
                    Select.setTextColor(Color.BLACK);
                    Select.setTextSize(20f);
                    Select.setText("端末接続");
                    Select.setLayoutParams(params);
                    layout2.addView(Select);

                (ボタン、メッセージレイアウト表示部省略)

                    /*** ファイル一覧表示 *****/
                    LinearLayout.LayoutParams params7 = new LinearLayout.LayoutParams(280, 280);
                    params7.setMargins(0,0, 0,0);
                    fileText = new EditText(this);
                    fileText.setTextColor(Color.BLACK);
                    fileText.setBackgroundColor(Color.WHITE);
                    fileText.setTextSize(16f);
                    fileText.setText("ファイル一覧");
                    fileText.setLayoutParams(params7);
                    layout2.addView(fileText);

                layout.addView(Layout2);
                /** グラフ描画 **/
                graph = new MyView(this);
                layout.addView(graph);
                /** ボタンイベントリスナ生成 **/
                Select.setOnClickListener((OnClickListener) new SelectExe());
                Charge.setOnClickListener((OnClickListener) new ChargeCont());
                Save.setOnClickListener((OnClickListener) new SaveFile());
                Read.setOnClickListener((OnClickListener) new ReadFile());
                Delete.setOnClickListener((OnClickListener) new DeleteFile());
                /** Bluetoothが有効な端末か確認 **/
                BTadapter = BluetoothAdapter.getDefaultAdapter();
                if (BTadapter == null) {
                    text1.setTextColor(Color.YELLOW);
                    text1.setText("Bluetooth未サポート");
                }
            }
```

- 表題表示
- 接続ボタン生成
- その他ボタンやメッセージ枠の生成部は省略
- ファイル一覧表示部の生成
- グラフ描画部の生成
- ボタンのイベント処理部の対応宣言
- Bluetoothの搭載確認

2 状態遷移イベント処理

　次が状態遷移イベントの処理でリスト6-5-3となります。処理があるのは開始時のonStartと、終了時のonDestroyで、onResumeはデフォルトのままとしています。
　onStartではBluetoothが有効かをチェックし、無効の場合は、有効化ダイアログを呼び出して表示し、「はい」のタップがあればイベントを生成し、ENABLEBLUETOOTHを渡します。すでに有効になっている場合には接続処理のメソッドを呼び出し、接続処理へ移行します。
　有効化ダイアログからの戻り値の処理部がonActivityResultメソッド部になります。

「ENABLEBLUETOOTH」イベントに対応する処理は、すでに有効であった場合と同じようにしてBluetoothClientクラスを新たにハンドラとして生成し起動しています。それ以外の要求の場合はBluetoothサポートなしとしてメッセージだけ出力しています。

有効化されて端末のリストが表示され、選択された場合には、「CONNECTDEVICE」イベントが生成されるので、このイベント処理ではBluetoothClientクラス内の端末への接続処理connectメソッドを呼び出し実行します。

リスト 6-5-3 状態遷移イベントの処理

```
/****** アクティビティ開始時（ストップからの復帰時） **********/
@Override
public void onStart() {
    super.onStart();
    if (BTadapter.isEnabled() == false) {        // Bluetoorhが有効でない場合
        /** Bluetoothを有効にするダイアログ画面に遷移し有効化要求 **/
        Intent BTenable = new Intent(BluetoothAdapter.ACTION_REQUEST_ENABLE);
        /** 有効化されて戻ったらENABLEパラメータ発行 **/
        startActivityForResult(BTenable, ENABLEBLUETOOTH);
    }
    else {
        if (BTclient == null) {
            /** 有効化ならクライアントクラスを生成しハンドラを生成する **/
            BTclient = new BluetoothClient(this, handler);
        }
    }
}
/********* アクティビティ再開時（ポーズからの復帰時） **********/
@Override
public synchronized void onResume() {
    super.onResume();
    /** 特に処理なし **/
}
/****** アクティビティ破棄時 **********/
@Override
public void onDestroy() {
    super.onDestroy();
    if (BTclient != null) {
        BTclient.stop();
    }
}
/*********** 遷移ダイアログからの戻り処理 ********************/
public void onActivityResult(int requestCode, int resultCode, Intent data) {
    switch (requestCode) {
        /** 端末選択ダイアログからの戻り処理 **/
        case CONNECTDEVICE:          // 端末が選択された場合
            if (resultCode == Activity.RESULT_OK) {
                String address = data.getExtras().getString(DeviceListActivity.DEVICEADDRESS);
                /** 生成した端末に接続要求 **/
                BluetoothDevice device = BTadapter.getRemoteDevice(address);
                BTclient.connect(device);// 端末へ接続
            }
            break;
        /** 有効化ダイアログからの戻り処理 **/
        case ENABLEBLUETOOTH:                // Bluetooth有効化の場合
```

注釈：
- Bluetooth有効化済の確認
- Bluetooth有効化ダイアログへ移る
- Bluetooth有効化ダイアログからの戻り処理
- BTClientをハンドラとして呼び出す
- デフォルトのまま
- Bluetoothを終了させる
- 端末選択ダイアログからの戻り値の処理
- 接続開始
- Bluetooth有効化ダイアログからの戻り値の処理

```
                if (resultCode == Activity.RESULT_OK) {
                    /** 正常に有効化できたらクライアントクラスを生成しハンドラを生成する **/
                    BTclient = new BluetoothClient(this, handler);
                }
                else {
                    Toast.makeText(this, "Bluetoothのサポートなし", Toast.LENGTH_SHORT).show();
                    finish();
                }
            }
        }
```

BTclientの生成

❸ 端末接続ボタンイベント処理

　次が端末接続ボタンクリック時のイベント処理部と、これに伴うハンドラメッセージの処理部でリスト6-5-4となります。

　端末接続ボタンイベント処理では、Bluetooth用ライブラリとして用意されている、デバイスリストを表示して選択し通信する機能を持った独立のアクティビティDeviceListActivityを呼び出しています。ここでは端末接続だけでなくデータの受信処理も含めて実行します。

　このアクティビティからの戻りイベントの処理をハンドラで実行します。この処理では、接続実行中イベントの場合は、渡された戻り値で接続完了、接続中、接続失敗のメッセージを、色を変えて表示します。

　データ受信完了イベントの場合は、戻り値の受信データをバッファにコピーしてから受信処理メソッドProcessを呼び出します。

リスト 6-5-4　端末接続ボタンクリックイベント処理

```
/********* 接続ボタンイベントクラス ***************/
class SelectExe implements OnClickListener{
    public void onClick(View v){
        /** デバイス検索と選択ダイアログへ移行 **/
        Intent Intent = new Intent(ChargerController.this, DeviceListActivity.class);
        /** 端末が選択されて戻ったら接続要求するようにする **/
        startActivityForResult(Intent, CONNECTDEVICE);
    }
}
/********** BT端末接続処理のハンドラ、戻り値ごとの処理 **********/
private static final Handler handler = new Handler() {
    /** ハンドルメッセージごとの処理 **/
    @Override
    public void handleMessage(Message msg) {
        switch (msg.what) {
            case BluetoothClient.MESSAGE_STATECHANGE:
                switch (msg.arg1) {
                    case BluetoothClient.STATE_CONNECTED:
                        text1.setTextColor(Color.GREEN);
                        text1.setText("接続完了");
                        text2.setText("    ");
                        break;
                    case BluetoothClient.STATE_CONNECTING:
                        text1.setTextColor(Color.WHITE);
                        text1.setText("接続中");
```

接続の別アクティビティの呼び出し

メッセージを取得

メッセージ種別により分岐

接続完了の場合

状態の表示

接続中の場合

状態の表示

6-5 タブレットのアプリケーションの製作

```
                            break;
                    case BluetoothClient.STATE_NONE:
                        text1.setTextColor(Color.RED);
                        text1.setText("接続失敗");
                        break;
                }
                break;
            /** BT受信処理 **/
            case BluetoothClient.MESSAGE_READ:
                RcvPacket = (byte[])msg.obj;
                Process();
                break;
        }
    }
};
```

- 接続失敗の場合
- 状態の表示
- 受信完了メッセージの場合
- 受信データ取得
- 受信データ処理

4 モニタ開始ボタンイベント処理と受信データ処理

次がモニタ開始ボタンのイベント処理メソッドと受信データ処理メソッドの部分で、リスト6-5-5となります。

モニタ開始ボタンイベントでは「SOE」コマンドを送信しているだけです。これで端末側からOK応答が返ってくるはずです。

受信処理メソッドでは最初に受信データのヘッダを確認して正しい場合のみ処理を継続し、メッセージ内容で2つに分岐しています。

OK応答の処理の場合は、メッセージを表示しているだけです。これに続いて端末側からデータが送信されてくるのを待ちます。

15秒ごとに送られてくるデータを受信した場合は、表示が右端まで進んでいなければ受信したバイナリデータを実際の電圧と電流に変換し、さらにそれの整数部だけを1,560個の表示バッファに格納しています。電圧の場合は100倍して整数部だけを取り出しています。これで3ケタの整数になります。すべて変換終了したらそれまでの格納データでグラフを表示します。

もし表示が右端まで進んだら、「SNE」の終了コマンドを送信して端末側に終了を通知します。これで計測処理が完了します。

リスト 6-5-5 受信データ処理

```
/**** 開始ボタンイベントクラス ******************************/
class ChargeCont implements OnClickListener{
    public void onClick(View v){
        SndPacket[0] = 0x53;// S
        SndPacket[1] = 0x4F;// O
        SndPacket[2] = 0x45;// E
        BTclient.write(SndPacket);           // 送信実行
        Index = 0;
        text1.setText(" ");
        text2.setText(" ");
    }
}
/****************** データ受信処理メソッド ********************/
public static void Process(){
```

- SOEコマンド送信
- メッセージクリア

```
                    /*** 受信チェック ***/
                    if(RcvPacket[0] == 0x4D){                    // M
                        switch(RcvPacket[1]) {
                            case 0x4F:                           // O
                                if(RcvPacket[2] == 0x4B){        // K
                                    text1.setTextColor(Color.GREEN);
                                    text1.setText("モニタ開始");
                                }
                                break;
                            case 0x41:// A 計測データ受信
                                if(Index < 1560){
                                    /**** 受信データ格納 ******/
                                    temp = RcvPacket[2]*128 + RcvPacket[3];  // A/D変換値取得
                                    fTemp = (float)((temp * 489.9) / 4096);  // 電圧値に変換100倍
                                    ChargeVolt[Index] = (int)fTemp;          // 整数に変換
                                    temp = RcvPacket[4]*128 + RcvPacket[5];  // A/D変換値取得
                                    fTemp = (float)((temp * 1532.0) / 4096);// 電流値に変換
                                    ChargeCurrent[Index] = (int)fTemp;       // 整数に変換
                                    temp = RcvPacket[6]*128 + RcvPacket[7];
                                    fTemp = (float)((temp * 489.9) / 4096);
                                    DischargeVolt[Index] = (int)fTemp;
                                    temp = RcvPacket[8]*128 + RcvPacket[9];
                                    fTemp = (float)((temp * 4096.0) / 4096);
                                    DischargeCurrent[Index] = (int)fTemp;
                                    Index++;
                                    /** グラフ表示実行 ***/
                                    handler.post(new Runnable(){
                                        public void run(){
                                            graph.invalidate();   // データグラフの再表示
                                        }
                                    });
                                }
                                /** 終了判定 ***/
                                else{// 表示終了チェック
                                    /* 終了コマンド送信 */
                                    SndPacket[0] = 0x53;         // S
                                    SndPacket[1] = 0x4E;         // N
                                    SndPacket[2] = 0x45;         // E
                                    BTclient.write(SndPacket);   // 送信実行
                                    text1.setTextColor(Color.MAGENTA);
                                    text1.setText("モニタ終了");
                                }
                                break;
                            default:                             // エラー
                                break;
                        }
                    }
                }
```

注釈（左側）:
- OK応答の場合
- メッセージ表示
- データ受信の場合
- 表示右端でない場合
- 2バイトバイナリから実数に変換後整数部を保存
- 2バイトバイナリから実数に変換後整数部を保存
- グラフ描画クラスを呼び出して実行
- 表示右端まで進んだ場合
- 終了コマンド送信
- メッセージ表示

5 データ保存ボタンイベント処理

次がデータ保存のメソッドでリスト6-5-6となります。

現在表示されているグラフのデータをバイナリファイルとして保存します。データ保存ボタンのタップイベントで起動され、最初にデータ数が0かどうかを判定し、0の場合はエラーメッセージを表示して終了します。データが存在する場合は、全データをいったんバイト配列に変換し

6-5 タブレットのアプリケーションの製作

てから、指定されたファイル名で保存します。
　ファイルアクセスで何らかのエラーがあった場合には、メッセージを表示して終了としています。

リスト　6-5-6　データ保存ボタンイベント処理メソッドの詳細

```
/***** データ保存イベントクラス *********************************/
Context context = this;
class SaveFile implements OnClickListener{
    public void onClick(View v){
        if(Index == 0){                                         ← データ数が0の場合
            text2.setTextColor(Color.YELLOW);
            text2.setText("データなし");                        ← エラーメッセージ表示
        }
        else{                                                   ← データがある場合
            /** ファイル名取得 */
            String fileName = edText.getText().toString();      ← ファイル名取得
            OutputStream out = null;                            ← インスタンス生成
            /** ファイル保存実行 **/
            try{
                out = context.openFileOutput(fileName, MODE_PRIVATE); ← ファイルオープン
                /** データ数を保存 **/
                FileData[0] = (byte)(Index / 128);              ← データ数保存
                FileData[1] = (byte)(Index % 128);
                /** 全データをいったん変換 **/
                for(i=0; i<Index; i++){
                    FileData[8*i+2] = (byte)(ChargeVolt[i] / 128);
                    FileData[8*i+3] = (byte)(ChargeVolt[i] % 128);
                    FileData[8*i+4] = (byte)(ChargeCurrent[i] / 128);   ← 全データをバイト列に変換
                    FileData[8*i+5] = (byte)(ChargeCurrent[i] % 128);
                    FileData[8*i+6] = (byte)(DischargeVolt[i] / 128);
                    FileData[8*i+7] = (byte)(DischargeVolt[i] % 128);
                    FileData[8*i+8] = (byte)(DischargeCurrent[i] / 128);
                    FileData[8*i+9] = (byte)(DischargeCurrent[i] % 128);
                }
                /** 全データ一括保存 ***/
                out.write(FileData, 0, FileData.length);        ← 全データを書き込んでからクローズ
                out.close();// ファイルクローズ
                text2.setTextColor(Color.GREEN);// メッセージ表示  ← 完了メッセージ表示
                text2.setText("保存完了");
                /*** ファイルリスト表示 ***/
                String[] fileList = context.fileList();
                String editBody = "";
                for(String file: fileList){                     ← ファイルリストに追加表示
                    editBody = editBody + file+"\r\n";
                }
                fileText.setText(editBody);
            }catch(Exception e){
                text2.setTextColor(Color.RED);                  ← エラーの場合はメッセージ表示
                text2.setText("保存失敗");
            }
        }
    }
}
```

6　ファイル読出しボタンと削除ボタンのイベント処理

　次がファイル読出しボタンと削除ボタンのイベント処理メソッドでリスト6-5-7となります。

読出しボタンの場合は、最初にファイルのインスタンスを生成したら、ファイル名を取得してオープンします。オープンできたらファイルを一括読み出します。読み出したら即クローズして完了メッセージを表示しています。この間でエラーがあればエラーメッセージを表示して終了です。
　このあと念のためファイルリストを表示しています。
　次に読み出したバイトデータを表示用のデータに変換します。変換が完了したらグラフを表示して終了です。
　削除ボタンの場合は、ファイル名を取得してその名前で削除を実行します。成功したらそのメッセージを表示し、そのときのファイルリストを表示します。何らかのエラーがあった場合はエラーメッセージを表示します。

リスト 6-5-7　データ読み出しボタンイベント処理メソッド

```java
/***** データ読み出し表示イベントクラス ************************/
class ReadFile implements OnClickListener{
    public void onClick(View v){
        int size = 0;
        InputStream in = null;                          // インスタンス生成
        /** ファイル名取得 ***/
        String fileName = edText.getText().toString();  // ファイル名取得
        /** ファイル読み出し **/
        try{
            in= context.openFileInput(fileName);        // ファイルオープンし
            size = in.read(FileData);    // 配列数だけ読み出し  データ読み出し
            in.close();// ファイルクローズ                 読み出し後即クローズ
            text2.setTextColor(Color.GREEN);     // メッセージ表示
            text2.setText("読出し完了 "+Integer.toString(size));  // 完了メッセージ
        }catch(Exception e){// エラーの場合
            text2.setTextColor(Color.RED);       // メッセージ表示  エラーメッセージ
            text2.setText("読出し失敗");
        }
        /*** ファイルリスト表示 ***/
        String[] fileList = context.fileList();         // 現状のファイルリスト
        String editBody = "";                           // 表示
        for(String file: fileList){
            editBody = editBody + file+"\r\n";
        }
        fileText.setText(editBody);
        /**** データに変換し格納 *******/
        Index = FileData[0] * 128 + FileData[1];// データ数取り出し  読み出したデータ数を取得
        /*** 全データ変換 ***/
        for(i=0; i<Index; i++){
            ChargeVolt[i]     = (int)(FileData[8*i+2]*128+FileData[8*i+3]);
            ChargeCurrent[i]  = (int)(FileData[8*i+4]*128+FileData[8*i+5]);   // 読み出したデータを表
            DischargeVolt[i]  = (int)(FileData[8*i+6]*128+FileData[8*i+7]);   // 示用データに変換
            DischargeCurrent[i] = (int)(FileData[8*i+8]*128+FileData[8*i+9]);
        }
        /** グラフ表示実行 ***/
        handler.post(new Runnable(){
            public void run(){
                graph.invalidate();              // データグラフの再表示  グラフ表示実行
            }
        });
    }
}
```

```
}
/********* ファイル削除ボタンイベントクラス ********************/
class DeleteFile implements OnClickListener{
    public void onClick(View v){
        /** ファイル名取得 ***/
        String fileName = edText.getText().toString();
        /** ファイル削除 ***/
        try{
            deleteFile(fileName);
            text2.setTextColor(Color.GREEN);
            text2.setText("ファイル削除完了");
            /*** ファイルリスト表示 ***/
            String[] fileList = context.fileList();
            String editBody = "";
            for(String file: fileList){
                editBody = editBody + file+"\r\n";
            }
            fileText.setText(editBody);
        }catch(Exception e){
            text2.setTextColor(Color.RED);
            text2.setText("ファイル削除失敗");
        }
    }
}
```

- ファイル名取得
- ファイル削除実行メッセージ表示
- 現状のファイルリスト表示
- エラーメッセージ表示

7 グラフ表示処理部

最後はグラフを表示するメソッド部でリスト6-5-8となります。

最初はコンストラクタで初期化を実行しています。

グラフ描画のキャンバスのインスタンスを生成してから描画を実行します。

全体の背景色は黒とし、最初に座標を青色で描画します。X軸とY軸の線を描画したら、周囲を白の線で囲います。そのあとそれぞれの目盛を文字で描画し、タイトルも描画します。

次に4本のグラフの説明をグラフ色と同じ色の文字で最下部に表示します。最後にグラフを2点間の直線で結びながらデータ数だけ繰り返してグラフとして表示します。

以上でアプリケーションがすべて完成となります。完成したら早速これをタブレットにダウンロードして動作確認をします。ダウンロードの仕方は章末のコラムAを参照してください。

リスト 6-5-8　グラフ表示メソッド詳細

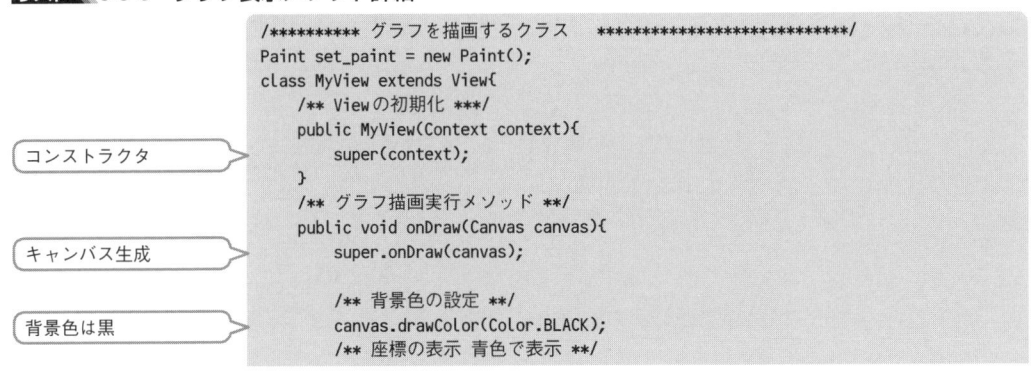

```
/********* グラフを描画するクラス    **************************/
Paint set_paint = new Paint();
class MyView extends View{
    /** Viewの初期化 ***/
    public MyView(Context context){
        super(context);
    }
    /** グラフ描画実行メソッド **/
    public void onDraw(Canvas canvas){
        super.onDraw(canvas);

        /** 背景色の設定 **/
        canvas.drawColor(Color.BLACK);
        /** 座標の表示 青色で表示 **/
```

- コンストラクタ
- キャンバス生成
- 背景色は黒

```java
        set_paint.setColor(Color.BLUE);
        set_paint.setStrokeWidth(1);
        for(i=0; i<14; i++)            // 縦軸の表示  15本
            canvas.drawLine(35+i*120, 30, 35+i*120, 1030, set_paint);
        for(i=0; i<10; i++)            // 横軸の表示  10本
            canvas.drawLine(35, i*100+30, 1595, i*100+30, set_paint);
        /** 外枠ライン白色で描画 **/
        set_paint.setColor(Color.WHITE);
        set_paint.setStrokeWidth(2);
        canvas.drawLine(35, 30, 35, 1030, set_paint);
        canvas.drawLine(1595, 30, 1595, 1030, set_paint);
        canvas.drawLine(35, 30, 1595, 30 ,set_paint);
        canvas.drawLine(35, 1030, 1595, 1030, set_paint);
        /** 軸目盛の表示 **/
        set_paint.setAntiAlias(true);
        set_paint.setTextSize(20f);
        set_paint.setColor(Color.WHITE);
        for(i=0; i<=13; i++)           // X座標目盛
            canvas.drawText(Integer.toString(i*30), 20+i*120, 1055, set_paint);
        for(i=0; i<=10; i++)           // Y座標目盛
            canvas.drawText(Integer.toString(i*5), 5, 1035-i*100, set_paint);
        /** 軸表題表示 **/
        set_paint.setTextSize(25f);
        set_paint.setColor(Color.CYAN);
        canvas.drawText("分", 680, 1065, set_paint);
        canvas.drawText("電", 0, 470, set_paint);
        canvas.drawText("圧", 0, 495, set_paint);
        set_paint.setColor(Color.MAGENTA);
        canvas.drawText("電", 0, 570, set_paint);
        canvas.drawText("流", 0, 595, set_paint);
        /** グラフ説明表示 **/
        set_paint.setColor(Color.RED);
        canvas.drawText("充電電流", 140, 1010, set_paint);
        set_paint.setColor(Color.GREEN);
        canvas.drawText("充電電圧", 280, 1010, set_paint);
        set_paint.setColor(Color.MAGENTA);
        canvas.drawText("放電電流", 450, 1010, set_paint);
        set_paint.setColor(Color.YELLOW);
        canvas.drawText("放電電圧", 580, 1010, set_paint);
        /** 実際のグラフの表示 **/
        set_paint.setStrokeWidth(2);
        for(j=1; j<Index; j++){
            set_paint.setColor(Color.GREEN);
            canvas.drawLine(j+35, 1030-ChargeVolt[j-1]*2, j+36,
                            1030-ChargeVolt[j]*2, set_paint);
            set_paint.setColor(Color.RED);
            canvas.drawLine(j+35, 1030-ChargeCurrent[j-1]*2, j+36,
                            1030-ChargeCurrent[j]*2, set_paint);
            set_paint.setColor(Color.YELLOW);
            canvas.drawLine(j+35, 1030-DischargeVolt[j-1]*2, j+36,
                            1030-DischargeVolt[j]*2, set_paint);
            set_paint.setColor(Color.MAGENTA);
            canvas.drawLine(j+35, 1030-DischargeCurrent[j-1]*2, j+36,
                            1030-DischargeCurrent[j]*2, set_paint);
        }
    }
}}
```

6-6 充放電マネージャの使い方

充放電マネージャの使い方は次のようにします。単体でも動作するので、単体での使い方から説明します。

6-6-1 単体動作の手順

1 充電の場合
充放電制御ボードのDCジャックに5VのACアダプタを接続します。これで赤と緑のLEDが両方とも点灯し、液晶表示器にメッセージが表示されます。

次に充電するリチウムイオン電池か、リチウムポリマ電池を充電側のコネクタに接続します。これで赤色のLEDのみ点灯した状態となれば充電が開始されています。

液晶表示器の1行目の充電電圧と充電電流を確認し、VR1を回して充電電流を調整します。バッテリの容量に対して0.2倍から0.5倍の範囲で充電します。300mA以上にすると充電制御ICがかなり発熱するので注意してください。あとは充電制御ICが自動的に充電をコントロールしてくれます。

2 放電の場合
充電と同時に放電もできます。充放電制御ボードの電源を接続したあとで、放電用バッテリを放電用コネクタに接続すると、すでに無接続状態で放電完了状態となっているので、S1スイッチを1秒以上押して放電完了をリセットします。これで放電が開始されます。

液晶表示器に放電電圧と放電電流が表示されるので、VR2を回して放電電流が適当な値になるようにします。400mA以上とすると放熱器がかなり熱くなるので注意してください。

あとはバッテリ電圧が3.0Vになるまで一定の電流が流れ続きます。3.0V以下になると自動的に放電が終了し放電電流が0になります。

3 調整
電圧、電流値に大きな誤差は出ないと思いますが、電流検出抵抗や分圧抵抗の誤差により多少の誤差がでます。これの補正は単純にテスタやデジタルマルチメータ等で実機の値を計測し、PICマイコン側の計算式で補正して同じ値になるようにします。

6-6-2 タブレットとの接続

❶ タブレットとの接続準備
　タブレットとの接続は任意の時点でできます。充放電制御ボードの電源が接続されていれば、Bluetoothモジュールの緑のLEDが点滅しているはずです。これで接続待ちの状態です。
　初めて電源を接続した場合は、S2スイッチを押しながら、リセットスイッチをOn しOffするとBluetoothモジュールのLEDが高速点滅し初期設定動作を開始します。これでBluetoothモジュールに「Charger Monitor」という名前が付与されます。点滅が遅くなったら通常動作状態になっています。

❷ タブレットとの接続
　タブレット側で充放電モニタのアプリ「ChargerController」を起動します。
　そして端末接続ボタンをタップすれば接続可能なBluetooth端末の一覧表が表示されるので、その中から「Charger Monitor」をタップして選択します。
　これで「接続完了」と表示されたら、次に「モニタ開始」ボタンをタップします。「モニタ開始」と表示されれば正常にモニタ動作が開始され、15秒ごとにグラフが更新されていきます。このとき充放電制御ボードのBluetoothモジュールの緑LEDは連続点灯になっているはずです。
　「接続失敗」となった場合は再度端末接続ボタンをタップして繰り返します。電波状況により何度か繰り返す必要がある場合があります。
　これで完全に充電放電が終了するまで待ちます。タブレットがスリープ状態になってもBluetooth通信は継続されるのでそのままでも大丈夫ですが、タブレットのバッテリが切れるとアプリケーションは強制終了となり、そこで終わりとなってしまいます。

❸ データの保存と読出し
　データ保存は何時でも可能ですが、同じ名前で保存すると上書きされてしまうので注意してください。
　また、描画途中で別のファイルの読出しをすると、それまでの描画データは上書きされて書き変わってしまうので注意してください。
　ファイルリストには最大6個までしか表示されないので、それ以上になった場合はファイルを削除してください。

6-6-3 実際のグラフ表示例

　実際に記録した例が図6-6-1のようになります。
　使用したバッテリは1,400mAHのリチウムイオンポリマ電池です。
　充電のほうは、当初のバッテリ電圧が3.5Vで、300mAで定電流充電し、充電電圧が4.2Vになった時点で定電圧充電に切り替わって充電電流が徐々に少なくなり4時間半後に充電終了となっていることがわかります。間違いなく完全充電したことがわかります。

放電のほうは約330mAで連続放電していて、バッテリ電圧が徐々に降下しています。4時間手前で3Vになって放電終了となっています。これでバッテリとしては330mA×3.9Hなので、ほぼ1,400mAHの定格通りの放電ができていることがわかります。

● 図6-6-1　充放電モニタ結果例

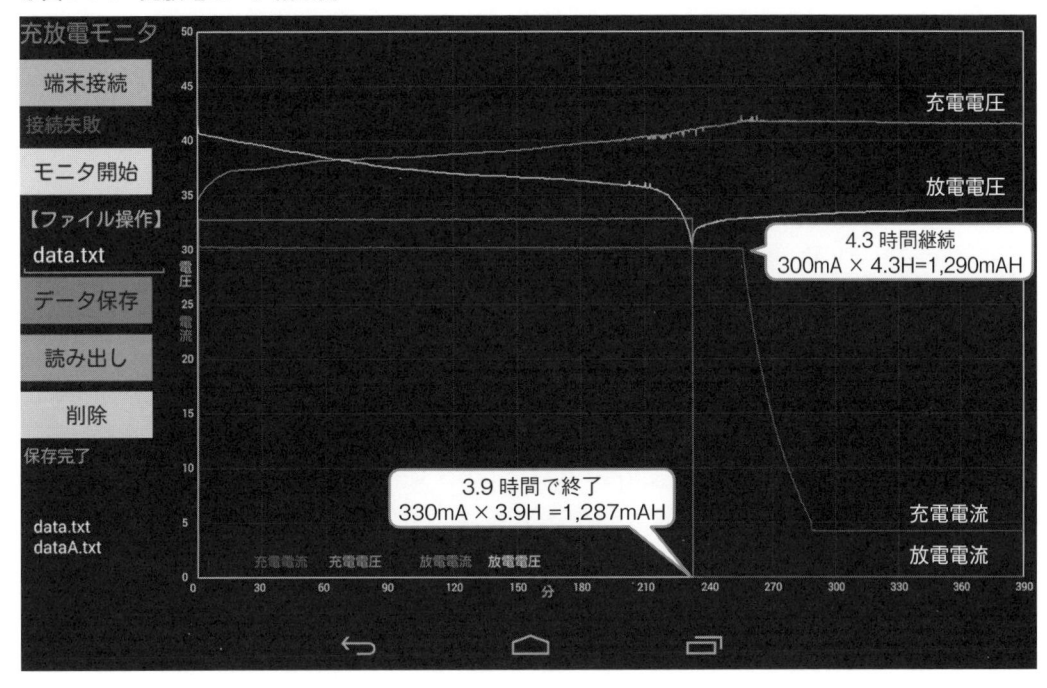

コラムA　タブレットにアプリをダウンロードする方法

　本書で使っているタブレット「Nexus 7　2013」に、Eclipseからアプリケーションをダウンロードする手順を説明します。

1 Nexus 7側の準備

　Nexus 7をUSBケーブルでパソコンに接続します。このとき外部メモリとしては無条件で認識されますが、このままではプログラムのダウンロードはできません。Nexus 7の「USBデバッグ」を可能にする必要があります。

　しかし、購入したままの状態では、この作業をするために必要な[開発者向けオプション]という項目が[設定]アプリケーションの中にありません。

　これを表示させるには次の手順が必要です。

　[設定]アプリを起動 → [タブレット情報]をタップ → [ビルド番号]を7回タップ繰り返し

　これで、設定のメニューの一番下側のほうに[開発者向けオプション]という項目表示が追加されます。

　今度はこの[開発者向けオプション]をタップし右上にあるボタンで[ON]とします。これで表示されるメニューの中に[USBデバッグ]があるので、この項目にチェックを入れて有効にします。さらに[スリープモードにしない]にもチェックを入れておきます。

　これで、パソコン側で新たにUSBドライバが要求されます。ここでUSBドライバの所在として下記を指定します。Android SDKをインストールしたディレクトリの中です。

　　C:¥Android¥extras¥google¥usb_driver

　これで正常にドライバがインストールされれば、デバイスマネージャで確認すると、図A-1のように[ポータブルデバイス]としてNexus 7が追加されています。

●図A-1　Nexus 7の追加

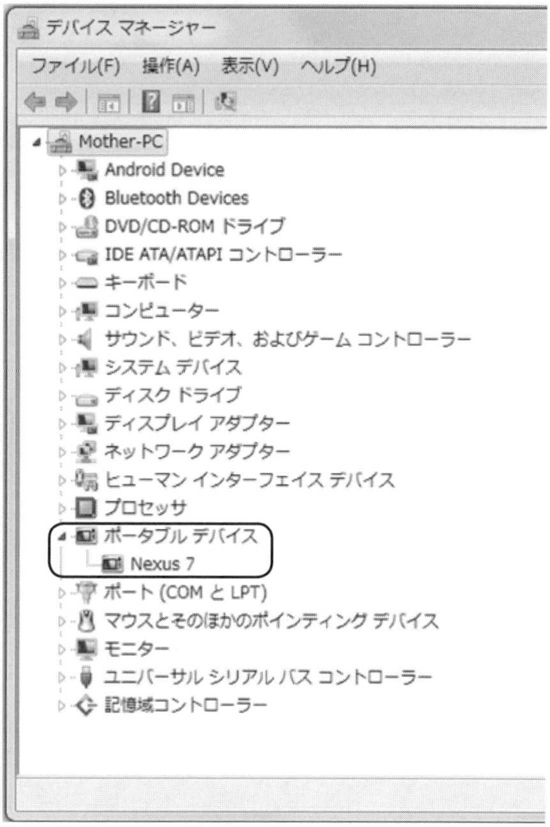

190

2 セキュリティの変更

(1)と同じタブレットの[設定]アプリで[セキュリティ]のメニューをタップします。これで開くメニューの中で、[提供元不明のアプリ]の項目にチェックを入れてインストールを可能にします。

3 ストレージの変更

[設定]アプリでストレージをタップして開く図A-2のダイアログで、右上のメニューボタンをタップします。これで[USBでパソコンに接続]をタップします。

これで表示されるダイアログで[カメラ(PTP)]にチェックを入れるとパソコン側に認識されてダウンロード可能となります。これでタブレット側に[USBデバッグを許可しますか？]というダイアログが表示されるので、ここで[OK]ボタンをタップします。

●図A-2 ストレージのダイアログ

これでNexus 7側の準備ができました。

4 ダウンロード実行

次はEclipseで［Run］→［Run Configurations］を選択すると開く図A-3のダイアログで、［Android］タブでは、図A-3のように［Browse］ボタンでダウンロードするアプリを選択し、次に［Target］タブでは、［Always prompt to pick device］を指定します。

●図A-3　ダウンロードアプリの指定

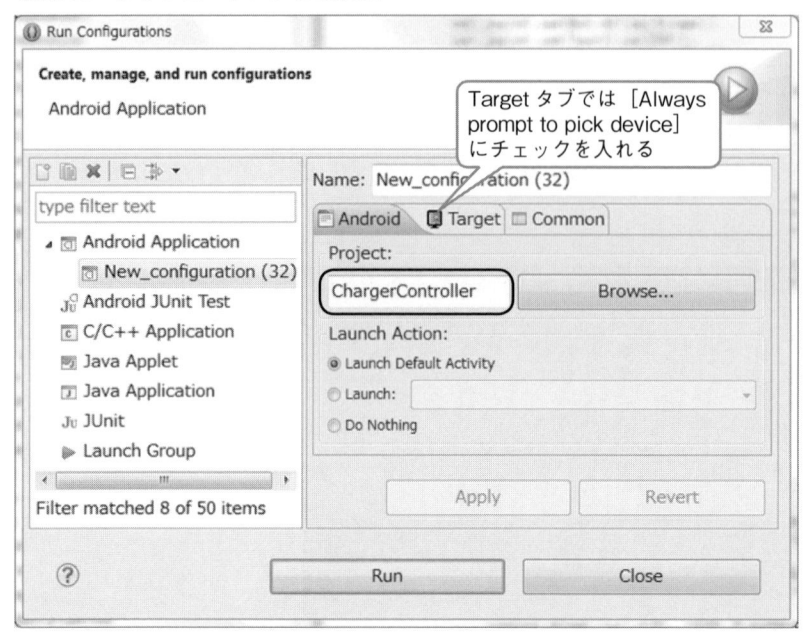

こうして［Run］ボタンをクリックすると、図A-4のようにNexus 7がダウンロード対象として選択できるようになるので、これを選択して［OK］とすればダウンロードを実行します。

● 図A-4　ダウンロード対象の指定

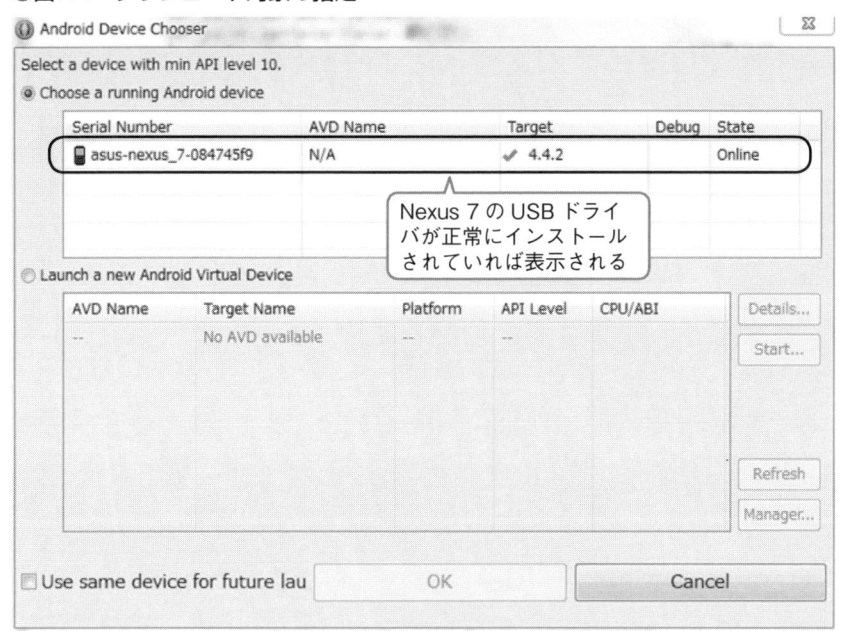

Nexus 7のUSBドライバが正常にインストールされていれば表示される

　ただし、すでに同じアプリがタブレット側に存在する場合はエラーとなってしまうので、タブレットの［設定］アプリで、［アプリ］メニューを選択してインストール済みの対象アプリをアンインストールしてから、再度ダウンロードを実行する必要があります。

Peripheral Interface Controller

第7章
ワイアレスオシロスコープの製作

タブレットを表示器としてBluetoothの無線通信でデータを送って表示するオシロスコープを製作します。4Mspsの速度でサンプリングするので、100kHz程度までの信号をきれいに表示できます。

7-1 ワイアレスオシロスコープの概要

　PICマイコンの高速A/Dコンバータを使ってデータを収集し、それをBluetoothの無線でタブレットに送信し、タブレットでグラフとして表示するワイアレスのオシロスコープを製作します。全体構成は写真7-1-1のようになります。

　タブレットと実際に信号を入力するオシロスコープボードとで構成し、オシロスコープボードを新たに製作します。タブレットには「Nexus 7 2013」を使いました。表示領域が、7インチで1,900×1,200ピクセルとなっています。ピクセル数が同じタブレットであれば問題なく動作すると思います。

●写真7-1-1　ワイアレスオシロスコープの完成後の外観

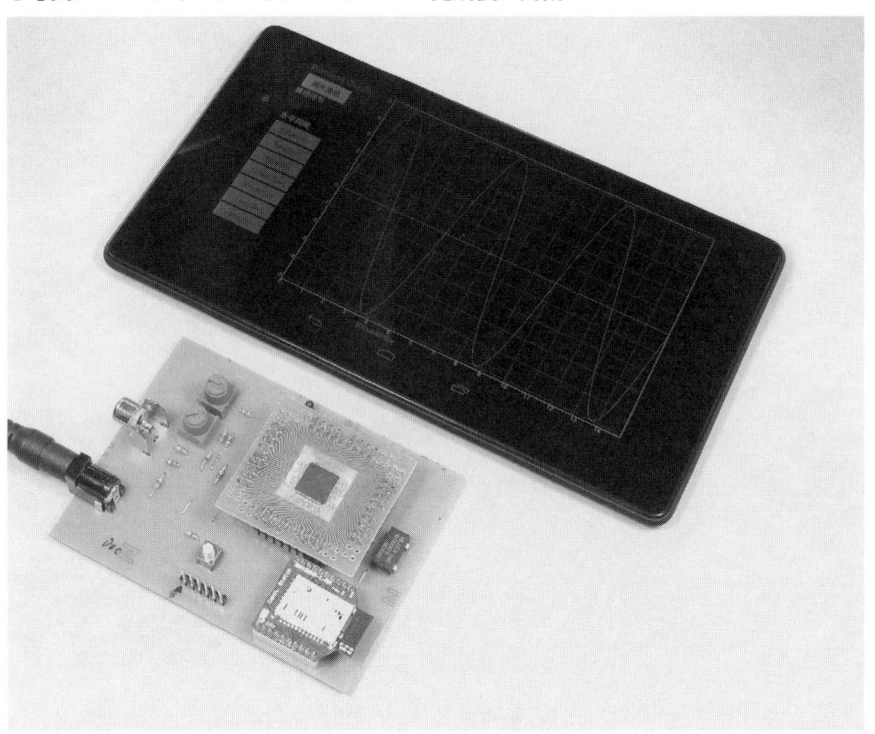

7-1-1　ワイアレスオシロスコープの全体構成

　ワイアレスオシロスコープの全体構成は図7-1-1のようになります。
　オシロスコープボードを測定する装置の近くに置いて測定データを取り込みます。ここでは

最高10Mspsの高速A/Dコンバータを4Mspsで使ってアナログ信号を入力し、PICマイコンのメモリに保存します。

大部分を内蔵モジュールだけで構成してしまうので外部にはBluetoothモジュール程度しかありません。

保存したデータは一括でBluetoothによりタブレットに送信し、タブレット側でグラフとして表示してオシロスコープとします。これで、少し離れたところからでも信号の状況をリアルタイムで観測することができます。

オシロスコープボードの電源をバッテリとすれば、どこにでも持ち運びできるので結構便利に使えます。

●図7-1-1　ワイアレスオシロスコープの全体構成

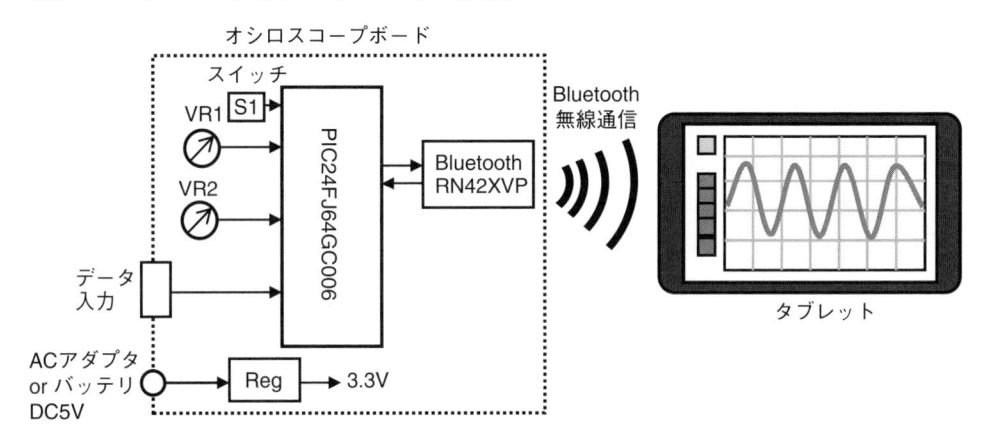

7-1-2　ワイアレスオシロスコープの機能仕様

ワイアレスオシロスコープを構成するオシロスコープボード側の機能仕様を、表7-1-1のようにするものとします。

電源はACアダプタでもよいですが、移動が自由にできるようにするため、スマホ充電用のバッテリも使えるようにします。

PICマイコンには、最新のアナログモジュールを搭載した16ビットファミリのPIC24FJ64GC006という64ピンのものを選択しました。この中の特別に高速なA/Dコンバータを使います。

内蔵オペアンプで構成する入力アンプはDCから入力可能な差動入力アンプ構成とし、オフセットとゲインが調整可能なように、手で回せるつまみつきの可変抵抗を使っています。BluetoothモジュールにはRN42XVPを使います。

▼表7-1-1　オシロスコープボードの機能仕様

項　目	機能・仕様内容	備　考
電源	DC5VをACアダプタまたはバッテリから供給する。 内部はレギュレータで3.3Vとして供給	バッテリはスマホ充電用を流用
マイコン	PIC24FJ64GC006　64ピン クロック：外部水晶発振器　8MHz	マイクロチップ社
入力	1チャネル　RCAジャックで接続 周波数範囲　：DC～約200kHz 入力電圧　　：±0.3V～約±1.5V オフセット　：±1.5V 使用オペアンプ：内蔵オペアンプ 電源：単一3.3Vで駆動	可変抵抗で可変 可変抵抗で可変
A/D変換	PIC内蔵のA/Dコンバータを使用 サンプリング周波数：最高10Msps 分解能：12ビット	実際には4Mspsで使用
無線部	RN42XVP　Bluetoothモジュール UART通信速度：115.2kbps	

タブレット側の機能は表7-1-2のようにするものとします。

グラフ表示はタブレットの表示領域（1,900×1,200ピクセル）から、1,500×1,000ピクセルで表示するものとしました。したがって1,500サンプルの波形を表示します。

水平同期だけタブレットアプリのボタンで選択できるようにしますが、垂直ゲインと垂直位置はオシロスコープボード側の可変抵抗で行うこととします。

▼表7-1-2　タブレット側の機能仕様

項　目	機能・仕様内容	備　考
端末選択	ペアリング済みの端末リストを表示し、そこから選択する	
グラフ表示	7インチ　タブレット 波形のグラフ表示　1,500×1,000ピクセル 表示は1チャネル 垂直方向の位置とゲインはオシロスコープボード側の可変抵抗で行う	トリガ0Vレベルとする
水平同期切替	アプリケーションのボタンによる選択で水平同期時間を切り替える。ひと目盛の単位時間を下記から選択 水平同期選択　6種類 　単位時間　　サンプリング周期 　2.5μs　　　0.25μs（4Msps） 　5μs　　　　0.25μs 　25μs　　　 0.25μs 　100μs　　　1μs 　500μs　　　2μs 　1ms　　　　10μs 　10ms　　　 50μs トリガ機能あり 　トリガレベル　0V立ち上がり固定	最高サンプリング周期　4Msps 2,000サンプルを格納し表示はトリガ成立位置から1,500サンプル分とする

7-1-3 無線通信フォーマット

　ワイアレスオシロスコープの機能を実現するための、タブレットとオシロスコープボードとの間のBluetoothによる無線通信データのフォーマットを、表7-1-3のようにしました。

　水平同期指定、チャネル指定などの必要な情報をすべて測定開始コマンドに含めたので、1種類のコマンドだけとなっています。

　また、折り返しのデータも測定データだけなので、1種類だけです。測定データは12ビットの2,000サンプル分なので、4kバイトのデータとなりますが、これにヘッダを加えて全体で4,100バイトとして一括で送信しています。

▼表7-1-3　無線通信データフォーマット

機能	タブレット→オシロスコープボード	オシロスコープボード→タブレット
測定開始コマンド	「S」「T」, h, 「E」パディング 　h：水平同期種別（0〜6） 　パディングは64バイト固定長にするため0を挿入	「M」「N」,data0,data1,‥‥‥, 　　data3999,「E」パディング 　datax：12ビットのサンプリングデータで上位バイト、下位バイトの順 　パディングして合計4,100バイトの固定長で送信

7-2 周辺モジュールの使い方

オシロスコープボードで新たに使う内蔵アナログモジュールは12ビットの高速パイプライン型逐次変換A/Dコンバータだけなので、これの使い方を説明します。その前に、PIC24F GCファミリの概要から説明します。

7-2-1 PIC24F GCファミリの特徴

この通称「GCファミリ」は16ビットのPIC24Fファミリに属し、CPU、メモリ周りは標準のPIC24Fファミリと同じなのですが、内蔵周辺モジュールに大きな特徴があり、新しいアナログ関連モジュールが多種類内蔵されています。その概要は次のようになります。

❶12ビット、10Mspsパイプライン型逐次変換方式の高速A/Dコンバータ
　－自動積算機能、スレッショルド比較機能つき
　－サンプルリストによる最大50チャネルまでの自動スキャン機能
❷16ビット　デルタシグマ方式A/Dコンバータ
　－オーバーサンプリング比選択可能
　－プログラマブルゲインアンプ内蔵の2チャネルの差動入力
❸10ビット　1MspsのD/Aコンバータ
　－2モジュール内蔵
❹レールツーレールのオペアンプ
　－2モジュール内蔵でコンパレータとしても使用可能
　－GB積 2.5MHz
❺高速アナログコンパレータ
　－3モジュール内蔵で可変リファレンスつき
　－レールツーレール入出力
❻定電圧リファレンス
　－3モジュール内蔵
❼100psec分解能の充電時間測定モジュール（CTMU）
　－タッチボタン用

このファミリで現在リリースされているデバイスは表7-2-1となっていて、多ピンのものだけとなっています。
本稿ではこの中の64ピンの「PIC24FJ64GC006」を使っています。アナログモジュールだけでなく、

デジタルモジュールとしてUSBモジュールとかLCDモジュールなども内蔵しています。またこの表には記述されていませんが、4チャネルのDMA機能も内蔵されています。

▼表7-2-1 GCファミリのデバイス一覧

Device	Memory			Analog Peripherals						Digital Peripherals									
	Program Flash(bytes)	Data RAM(bytes)	Pins	12-Bit HS A/D (ch)	16-Bit ΣΔ A/D (diff ch)	10-Bit DAC	Op Amps	Comparators	CTMU (ch)	Input Capture	Output Compare/PWM	I²C	SPI	UART w/IrDA	EPMP/PSP	16-Bit Timers	LCD Controller (pixel)	USB OTG	Deep Sleep w/V_BAT
PIC24FJ128GC010	128K	8K	100	50	2	2	2	3	50	9	9	2	2	4	Y	5	472	Y	Y
PIC24FJ128GC006	128K	8K	64	30	2	2	2	3	30	9	9	2	2	4	Y	5	248	Y	Y
PIC24FJ64GC010	64K	8K	100	50	2	2	2	3	50	9	9	2	2	4	Y	5	472	Y	Y
PIC24FJ64GC006	64K	8K	64	30	2	2	2	3	30	9	9	2	2	4	Y	5	248	Y	Y

　GCファミリの最大の特徴は、多種類のアナログモジュールが実装されていることです。これらのアナログモジュール全体のブロック構成は図7-2-1のようになっています。
　一番左上がCTMUモジュール（4-2-11項参照）です。本来はタッチパネル用のモジュールで、定電流でコンデンサに充電する時間を高精度で計測することができるモジュールとなっています。これでコンデンサ容量を計測することができます。
　その下が16ビットのデルタシグマA/Dコンバータで、高精度で電圧を測定できます。差動2チャネルの入力を持っています。
　その下側がアナログコンパレータで、その下にある定電圧リファレンスとの電圧値の比較を高速で行います。
　左下には3組の電圧リファレンスが内蔵されていて、各アナログモジュールの電圧リファレンスとして使えるようになっています。外部ピンにも出力できるようになっています。
　右上が12ビットの高速A/Dコンバータで、多くのチャネルを自動スキャンする機能を持っています。また入力には外部ピンだけでなく、内蔵の電圧リファレンスやオペアンプの出力も選択できるようになっています。
　右側中央にあるのが10ビット分解能の高速D/Aコンバータで、2チャネルが内蔵されています。1Mspsでの出力が可能です。
　右下は、オペアンプで2組実装されています。オペアンプの入出力は独立のピンに接続できるようになっているので、CPUやプログラムに関係なく独立に動作します。

●図7-2-1 アナログモジュール全体のブロック構成

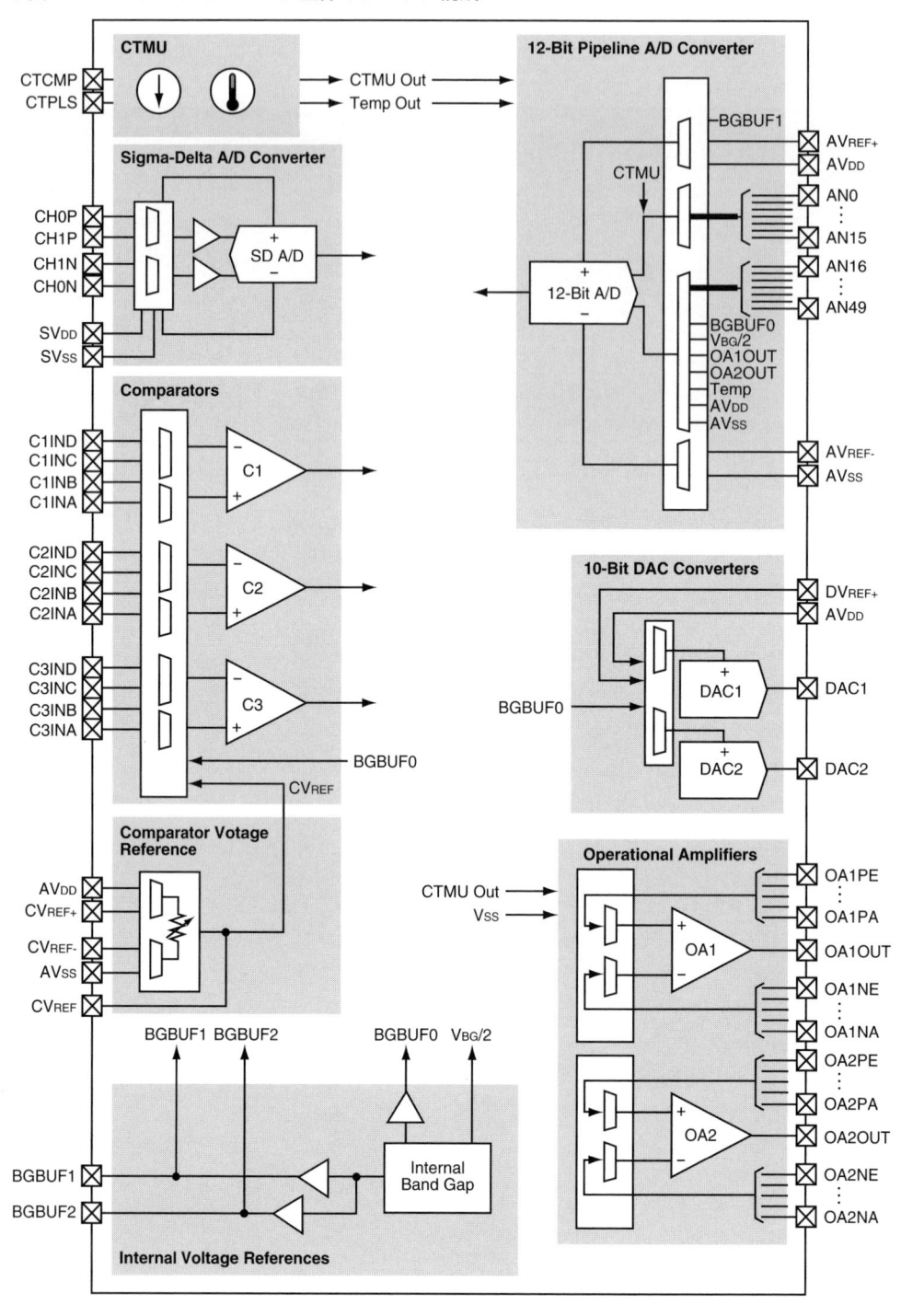

7-2-2 10Mspsの高速A/Dコンバータの使い方

高速A/Dコンバータの概要と使い方を説明します。

■1 特徴と仕様
このA/Dコンバータの方式は、通常の逐次変換方式のコンパレータ部をパイプライン構成にするという方式となっています。このため1クロックごとにA/D変換結果を出力することができるので、最高10Mspsという高速A/D変換が可能となっています。しかも12ビットという高分解能となっています。

さらに、このA/Dコンバータは高速であるだけでなく次のような新たな機能が内蔵されています。

❶サンプルリストでチャネル選択
チャネルの選択順序などの変換シーケンスを、「サンプルリスト」というテーブルで設定するようになっていて、差動入力かシングルエンド入力かの選択とチャネル順序を任意に指定できるようになっています。テーブルは最大4つまで設定できます。

❷トリガによる動作指定
変換開始を多種類のトリガから選択でき、1回のトリガでサンプルリスト内の1チャネルを順に実行するか、一度にサンプルリストの全部を実行するかを選択できます。

❸自動積算機能
指定された回数の変換結果をアキュミュレータに自動的に積算し、回数終了で変換終了とすることができます。これで複数回の変換の平均をとるような場合に便利に使えます。

❹スレッショルド比較機能
上下のスレッショルドをあらかじめ指定することで、指定された値より大きい、小さい、間にあるという条件に合致したときだけ変換し結果を格納します。

❺DMAを使える
新たに内蔵されたDMAで、変換結果のバッファ内容をメモリに自動転送できます。

■2 内部構成
このA/Dコンバータの内部ブロックを簡単に示すと図7-2-2のようになっています。入力は最高50チャネルを切り替えて入力し、これをA/D変換部で変換して、16ビット幅で32ワードの内蔵バッファに格納します。このチャネル切り替えシーケンスはサンプルリストで決定されます。変換終了は通常はA/Dコンバータの割り込みで通知されますが、DMAを使うとメモリに結果が自動転送され、DMAで設定されたタイミングのDMA割り込みで変換終了が通知されます。

PIC24Fの16MIPSの命令実行速度では、10Mspsという変換速度には割り込み処理では追従できないので、高速で使う場合にはDMAを組み合わせて使うことになります。

●図7-2-2　高速A/Dコンバータの内部構成

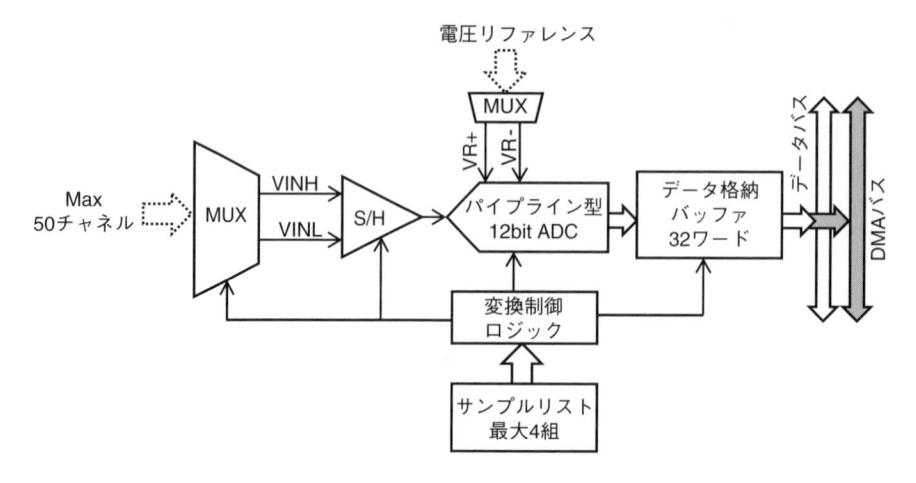

3 オシロスコープの構成

高速A/Dコンバータを使ったオシロスコープは、図7-2-3のような構成とすることで実現しました。

●図7-2-3　オシロスコープの実現構成

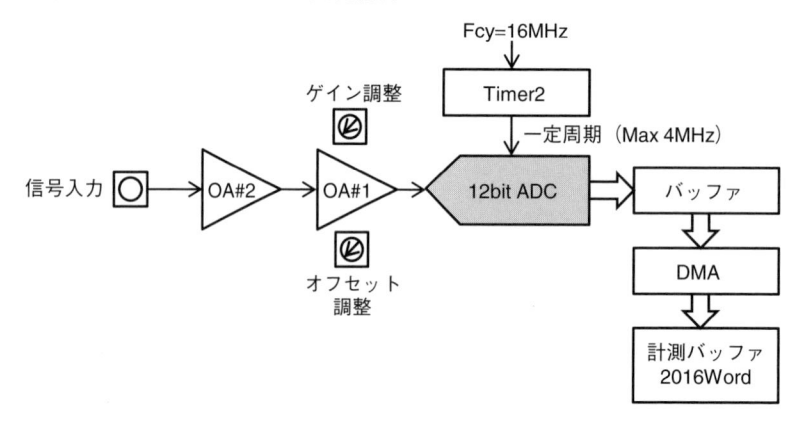

入力信号は、オペアンプ#2で差動入力として増幅し、次のオペアンプ#1にシングルエンドとして渡します。このオペアンプ#2でゲインとオフセットを可変抵抗で調整してからA/Dコンバータに入力します。

A/Dコンバータは、最高4MHzのタイマ2の一定周期のトリガで変換し入力波形を取り込みます。これで4Mspsのサンプリング周期となります。100kHzの場合で40回のサンプリングができるので、正弦波もきれいに表示できます。変換結果はA/D用バッファを経由してDMAによりメモリに自動保存します。これを2,016回繰り返して1回分の計測としています。実際に必要なのは2,000回分なのですが、2,016回としたのはA/D変換を開始してからパイプラインが詰まるま

では4Mspsの性能は出ないので、最初の16回を捨てているためです。

このA/Dコンバータの性能は10Mspsとなっています。自動スキャン方式であればこの性能が出せますが、トリガごとに1チャネルごとの計測とすると毎回1サイクル分のアクイジションタイムを挿入するため、半分の5Mspsという性能になってしまいます。さらに、PIC24Fの場合は最高サイクルタイムが16MHzなので、A/Dコンバータ用のクロックとしては8MHzが最高となるので、サンプリング周期としてはこの半分の4Mspsが最高となります。

毎回2,000回の変換を行うのは、表示の横軸が1,500回分あり、トリガを検出するのを前半の500回のサンプル内で行うようにしたためです。つまり、最初の500回までの間にトリガ条件を検出し、検出できたらそこから1,500回のサンプルデータを表示するようにしています。トリガが検出できなかった場合は最初から1,500回のデータを表示するようにしました。

4 レジスタ

高速A/Dコンバータの制御用レジスタは非常にたくさんあります。しかし今回使うのはそれほど多くないので、これに限定して説明します。

今回設定が必要なレジスタは次のようになります。
- ADCON1 ：ADC有効化、データ形式、パワーモード、校正モード指定
- ADCON2 ：リファレンス、バッファ格納方法の指定
- ADCON3 ：クロック選択
- ADLnCONH ：自動スキャン、割り込み、バッファ書き込み方法、アクイジションタイム指定など
- ADLnCONL ：トリガ選択、サンプルテーブル指定など
- ADTBL0 ：サンプルテーブルのエントリ
- ADRES0 ～ ADRES31：A/D変換結果の格納バッファ

それぞれのレジスタの詳細内容は図7-2-4となっています。

●図7-2-4　高速A/Dコンバータ制御レジスタ

ADCON1レジスタ

上位

| ADON | ---- | ADSIDL | ADSLP | FORM3 | FORM2 | FORM1 | FORM0 |

ADON：ADC有効化
　1：有効　0：無効・停止

ADSIDL：アイドル中動作
　1：停止　0：継続

ADSLP：スリープ中動作
　1：継続　0：停止

FORM<3:0>：データ形式
　1xxx：未使用　　　　　　0111：符号付固定小数（左詰）
　0110：固定小数（左詰）　0101：符号付整数（右詰）
　0100：整数（右詰）　　　0011：符号付固定小数（右詰）
　0010：固定小数（左詰）　0001：符号付整数（右詰）
　0000：整数（生データ 右詰）

下位

| PUMPEN | ADCAL | ---- | ---- | ---- | ---- | ---- | PWRLVL |

PUMPEN：チャネルスイッチ用
　　　　チャージポンプ有効化
　1：有効　0：無効・停止

ADCAL：キャリブレーション有効化
　1：校正開始　0：停止

PWRLVL：電力レベル
　1：フルパワー（1～10MHz）
　0：ローパワー（1～2.5MHz）

● 図7-2-4 （つづき）

ADCON2レジスタ

上位	PVCFG1	PVCFG0	----	NVCFG0	----	BUFORG	----	----

PVCFG<1:0>：＋リファレンス
　10：BGBUF1
　01：V_{REF}＋ピン
　00：A_{VDD}

NVCFG0：－リファレンス
　1：V_{REF}－ピン
　0：A_{VSS}

BUFORG：バッファ構成
　1：インデックス式
　0：FIFO式

下位	----	----	----	----	----	----	REFPUMP	----

REFPUMP：リファレンス用チャージポンプ
　1：有効（0.65*AV_{DD}以下の場合）　0：無効

ADCON3レジスタ

上位	ADRC	----	----	----	----	----	----	----

ADRC：クロック源
　1：FRC
　0：システムクロック（T_{SYS}）

下位	ADCS7	ADCS6	ADCS5	ADCS4	ADCS3	ADCS2	ADCS1	ADCS0

ADCS<7:0>：ADC用クロック選択
　00100000：32×T_{SYS}　　00011111：31×T_{SYS}
　――――――――
　00000010：4×T_{SYS}　　00000000：2×T_{SYS}

ADLnCONHレジスタ（nは0から3）

上位	ASEN	SLINT1	SLINT0	WM1	WM0	CM2	CM1	CM0

ASEN：自動スキャン
　1：全入力自動スキャン
　0：1チャネルごと

WM<1:0>：バッファ書き込み
　11：未使用　10：無変換
　01：一致時　00：変換ごと

SLINT<1:0>：割り込み制御
　ASEN=1の場合
　　11：一致時でスキャン完了時
　　10：一致時毎回
　　01：スキャン完了時
　　00：割り込みなし

　ASEN=0の場合
　　未使用
　　全エントリ完了後
　　変換ごと毎回
　　割り込みなし

CM<2:0>：一致ビット
　100：窓の外　011：窓の内側
　010：大きい　001：小さい
　000：一致検出しない

下位	CTMEN	----	MULCHEN	SAMC4	SAMC3	SAMC2	SAMC1	SAMC0

CTMEN：CTMU有効化
　1：電流源有効
　0：無効

MULCHEN：マルチチャネル
　1：チャネル15からnを並列動作
　0：リスト内チャネルごと

SAMC<4:0>：アクイジションタイム
　11111：31×T_{AD}　　11110：30×T_{AD}
　――――――――
　00001：1×T_{AD}　　00000：0.5×T_{AD}

●図7-2-4 （つづき）

ADLnCONLレジスタ（nは0から3）

上位

SLEN	SAMP	SLENCLR	SLTSRC4	SLTSRC3	SLTSRC2	SLTSRC1	SLTSRC0

SLEN：トリガ制御
　1：あり　0：なし
SAMP：手動トリガ
　1：トリガなし
　0：SLTSRCで生成
SLENCLR：トリガクリア
　1：ハードでADTENをクリア
　0：ソフトでADTENをクリア

SLTSRC<4:0>：トリガ要因選択
　10000：タイマ1　　　　01111：コンパレータ3
　01110：コンパレータ2　01101：コンパレータ1
　01100：キャプチャ4　　01011：キャプチャ1
　01010：コンペア3　　　01001：コンペア2
　01000：コンペア1　　　00111：周期イベント
　00110：CTMU　　　　　00101：タイマ2
　00011：INT0
　00010：SAMP＝0で変換ごと
　00001：SAMP＝0 かつ ACCCONH<7>＝1で変換ごと
　00000：SAMP＝0にしたとき

下位

THSRC	----	----	SLSIZE4	SLSIZE3	SLSIZE2	SLSIZE1	SLSIZE0

THSRC：スレッショルドリスト選択
　1：サンプルリスト
　0：バッファレジスタ

SLSIZE<4:0>：サンプルリストのサイズ
　11111：32個のADTBLn
　――――――
　00001：2個のADTBLn
　00000：1個のADTBLn

ADTBLxレジスタ（xは0から31）

上位

UCTMU	DIFF	----	----	----	----	----	----

UCTMU：CTMU有効化　　DIFF：差動入力有効化
　1：有効　0：無効　　　1：差動　0：シングルエンド

下位

----	ADCH6	ADCH5	ADCH4	ADCH3	ADCH2	ADCH1	ADCH0

ADCH<6:0>：チャネルエントリ
詳細は表7-2-2を参照

5 使用手順

　これらの制御レジスタを使って実際に動作させる場合には次の手順で行います。この手順は本章での使い方の場合です。

❶ADCON1でデータ形式を正整数にし、フルパワー動作を指定
❷ADCON2でリファレンスとバッファへの格納方法を指定

　リファレンスを電源とし、バッファへの格納方法を「インデックスで指定場所に可能、バッファ割り込みは使わない」と指定します。
　これでV_{DD}からGNDの範囲で電圧を測定し、変換ごとにサンプルリストの順番にADRES0からADRES31に結果が格納されます。本章では1チャネルのみしか使わないので、常にADRES0に変換結果が格納されます。

❸ADCON3でクロックを指定

クロックをシステムクロックとし、T_{AD}を2Tsys（8MHz）に設定します。

ここで使ったPICのクロックは32MHzで、サイクルタイムは16MHzになります。A/Dコンバータの最高クロックが10MHzなので、16MHzの1/2が使える最高周波数になります。

❹ADL0CONHで割り込みとアクイジションタイムなどを指定

自動スキャンなし、変換ごと毎回割り込み指定、アクイジションタイムを$0.5T_{AD}$に設定し、変換結果は毎回バッファに書き込む指定とします。

1チャネルの変換ごとにDMAでメモリに転送して格納する必要があるので、DMAのトリガとするため毎回割り込み生成が必要となります。

アクイジションタイムを0にすることができないので、1チャネルだけのA/D変換をすると、毎回の変換ごとにこのアクイジションタイムが追加されることになってしまいます。このため最高変換速度が$2T_{AD}$になり4Mspsが最高サンプリング速度となります。

❺ADL0CONLでトリガを指定

リストは#0で1エントリだけ、タイマ2をトリガとし有効化しています。

これで、タイマ2の周期で1チャネルのみのA/D変換を繰り返し行うことになります。

❻ADTBL0でエントリコードを指定

AN4とREF間のシングルエンドの1個のエントリだけ設定します。

この設定方法の詳細は、表7-2-2から必要なチャネル接続のエントリコードを選択し指定します。本章ではAN4とV_{REF}間のシングルエンドなので「00000100」となります。

▼表7-2-2　サンプルリストのエントリコード一覧

ADCH<6:0>	Single-Ended(DIFF = 0)		Differential(DIFF = 1)		ADCH<6:0>	Single-Ended(DIFF = 0)		Differential(DIFF = 1)	
	$A_{IN}+$	$A_{IN}-$	$A_{IN}+$	$A_{IN}-$		$A_{IN}+$	$A_{IN}-$	$A_{IN}+$	$A_{IN}-$
1111111	$V_{REF}-$	$V_{REF}-$	$V_{REF}-$	$V_{REF}-$	0110011	Unimplemented			
1111110	$V_{REF}-$	$V_{REF}+$	$V_{REF}-$	$V_{REF}+$	0110010	CTMU (Temp)		CTMU (Temp)	
1111101	$V_{REF}+$	$V_{REF}-$	$V_{REF}+$	$V_{REF}-$	0110001	AN49	$V_{REF}-$	AN49	AN14
1111100	$V_{REF}+$	$V_{REF}+$	$V_{REF}+$	$V_{REF}+$	0110000	AN48	$V_{REF}-$	AN48	AN14
1110111	CTMU (Time)		CTMU (Time)		0101111	AN47	$V_{REF}-$	AN47	AN14
1110110	Unimplemented				0101110	AN46	$V_{REF}-$	AN46	AN14
⋮					0101101	AN45	$V_{REF}-$	AN45	AN14
0111101					0101100	AN44	$V_{REF}-$	AN44	AN14
0111100	Reserved				0101011	AN43	$V_{REF}-$	AN43	AN14
0111011	OPA2	$V_{REF}-$	OPA2	$V_{REF}-$	0101010	AN42	$V_{REF}-$	AN42	AN14
0111010	OPA1	$V_{REF}-$	OPA1	$V_{REF}-$	0101001	AN41	$V_{REF}-$	AN41	AN14
0111001	Reserved				0101000	AN40	$V_{REF}-$	AN40	AN14
0111000	$V_{BG}/2$	$V_{REF}-$	$V_{BG}/2$	$V_{REF}-$	0100111	AN39	$V_{REF}-$	AN39	AN14
0110111	$V_{BAT}/2$	$V_{REF}-$	$V_{BAT}/2$	$V_{REF}-$	0100110	AN38	$V_{REF}-$	AN38	AN14
0110110	AV_{DD}	$V_{REF}-$	AV_{DD}	$V_{REF}-$	0100101	AN37	$V_{REF}-$	AN37	AN14
0110101	AV_{SS}	$V_{REF}-$	AV_{SS}	$V_{REF}-$	0100100	AN36	$V_{REF}-$	AN36	AN14
0110100	BGBUF0	$V_{REF}-$	BGBUF0	$V_{REF}-$	0100011	AN35	$V_{REF}-$	AN35	AN14

ADCH<6:0>	Single-Ended(DIFF = 0)		Differential(DIFF = 1)		ADCH<6:0>	Single-Ended(DIFF = 0)		Differential(DIFF = 1)	
	$A_{IN}+$	$A_{IN}-$	$A_{IN}+$	$A_{IN}-$		$A_{IN}+$	$A_{IN}-$	$A_{IN}+$	$A_{IN}-$
0100010	AN34	$V_{REF}-$	AN34	AN14	0010000	AN16	$V_{REF}-$	AN16	AN14
0100001	AN33	$V_{REF}-$	AN33	AN14	0001111	AN15	$V_{REF}-$	AN15	AN14
0100000	AN32	$V_{REF}-$	AN32	AN14	0001110	AN14	$V_{REF}-$	AN15	AN14
0011111	AN31	$V_{REF}-$	AN31	AN14	0001101	AN13	$V_{REF}-$	AN13	AN12
0011110	AN30	$V_{REF}-$	AN30	AN14	0001100	AN12	$V_{REF}-$	AN13	AN12
0011101	AN29	$V_{REF}-$	AN29	AN14	0001011	AN11	$V_{REF}-$	AN11	AN10
0011100	AN28	$V_{REF}-$	AN28	AN14	0001010	AN10	$V_{REF}-$	AN11	AN10
0011011	AN27	$V_{REF}-$	AN27	AN14	0001001	AN9	$V_{REF}-$	AN9	AN8
0011010	AN26	$V_{REF}-$	AN26	AN14	0001000	AN8	$V_{REF}-$	AN9	AN8
0011001	AN25	$V_{REF}-$	AN25	AN14	0000111	AN7	$V_{REF}-$	AN7	AN6
0011000	AN24	$V_{REF}-$	AN24	AN14	0000110	AN6	$V_{REF}-$	AN7	AN6
0010111	AN23	$V_{REF}-$	AN23	AN14	0000101	AN5	$V_{REF}-$	AN5	AN4
0010110	AN22	$V_{REF}-$	AN22	AN14	0000100	AN4	$V_{REF}-$	AN5	AN4
0010101	AN21	$V_{REF}-$	AN21	AN14	0000011	AN3	$V_{REF}-$	AN3	AN2
0010100	AN20	$V_{REF}-$	AN20	AN14	0000010	AN2	$V_{REF}-$	AN3	AN2
0010011	AN19	$V_{REF}-$	AN19	AN14	0000001	AN1	$V_{REF}-$	AN1	AN0
0010010	AN18	$V_{REF}-$	AN18	AN14	0000000	AN0	$V_{REF}-$	AN1	AN0
0010001	AN17	$V_{REF}-$	AN17	AN14					

(注) 64ピンデバイスには一部存在しないANチャネルがある。

7-2-3 DMAモジュールの使い方

　DMAモジュールはアナログモジュールではないのですが、今回の高速A/Dコンバータでは必須のモジュールなので、このモジュールの概要と使い方を説明します。

1 動作

　DMAの動作は図7-2-5のようになります。DMAが実装されているPICマイコンには、通常のCPUと周辺デバイスとの間でデータをやり取りする周辺バスの他に、DMAバスが追加されていて、周辺デバイスとRAMメモリとの間が直接接続されています。したがってDMA対応の周辺デバイスにはCPU用とDMA用の2つのデータバスが接続されています。

　DMAの設定で、特定のDMAチャネルと周辺デバイスが関連付けされると、周辺デバイスの割り込み信号のトリガでDMAが起動され、周辺デバイスとRAMメモリとの間で直接データが転送されます。RAMメモリは、デュアルポート構成となっていて、CPUからのRAMアクセスとDMAからのRAMアクセスが同時に動作可能となっています。

　このため、DMAでデータ転送中もCPU側は何ら影響を受けることなく動作を継続できます。DMA動作はすべてハードウェアで実行されるので、最速での周辺デバイスとRAMメモリ間の転送が可能となります。

したがって、例えば周辺デバイスがUARTの場合、1Mbpsのような高速転送でもフルスピードでのデータ通信をDMAで行うことが可能となります。

本章のように4MspsのA/D変換とすると、250nsecごとに1個のデータが変換され生成します。これを連続的にプログラムの割り込みなどで取り込むのは困難です。これにDMAを使えば、サイクルタイムが16MHzとすれば8MHzの速度まで追従してデータ転送を実行することができます。

さらにDMAの転送回数をあらかじめ設定しておけば、指定転送回数完了でDMAの割り込みを生成するので、この割り込みでプログラム処理すればよくなります。

このような周辺デバイスとメモリ間だけでなく、メモリとメモリ間の転送にもDMAを使うことができるので、大容量のメモリ移動やコピーをプログラムに負荷をかけることなく実行できます。このような転送の接続を最大4組から8組まで同時に扱うことができます。何組がサポートされているかはデバイスごとに異なります。

●図7-2-5　DMAの動作

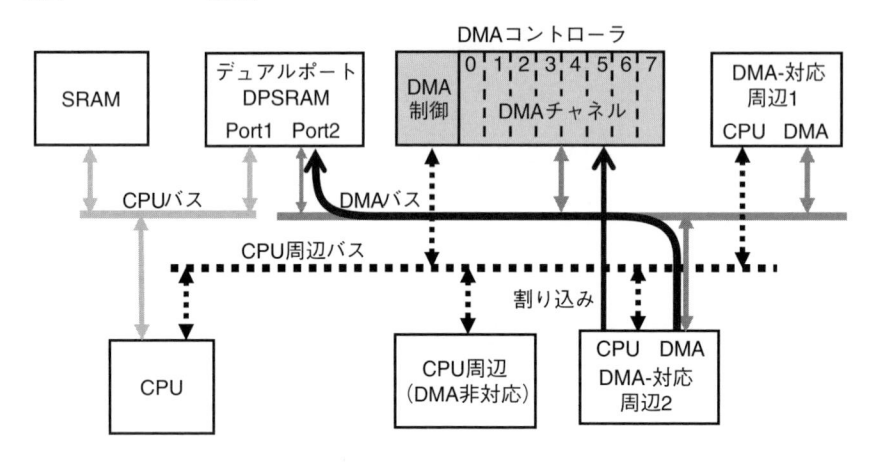

2 レジスタ

DMA制御用のレジスタには次のようにたくさんありますが、全体制御用とチャネル制御用とがあります。

- DMACON　　　　：基本の制御レジスタ
- DMAH、DMAL：High、Lowのアドレス制限レジスタ
- DMABUF　　　　：DMA用バッファレジスタ
- DMACHn　　　　：チャネルn用制御レジスタ
- DMAINTn　　　 ：チャネルn用割り込み制御レジスタ
- DMASRCn　　　：チャネルn用データ送り元のポインタ
- DMADSTn　　　：チャネルn用データ送り先のポインタ
- DMACNTn　　　：チャネルn用DMA転送回数レジスタ

それぞれの制御レジスタの詳細は図7-2-6で、DMAのチャネルトリガ要因の一覧が表7-2-3となっています。バッファやポインタのレジスタは値を書き込むだけなので、詳細は省略しています。

●図7-2-6　DMAモジュール制御レジスタ

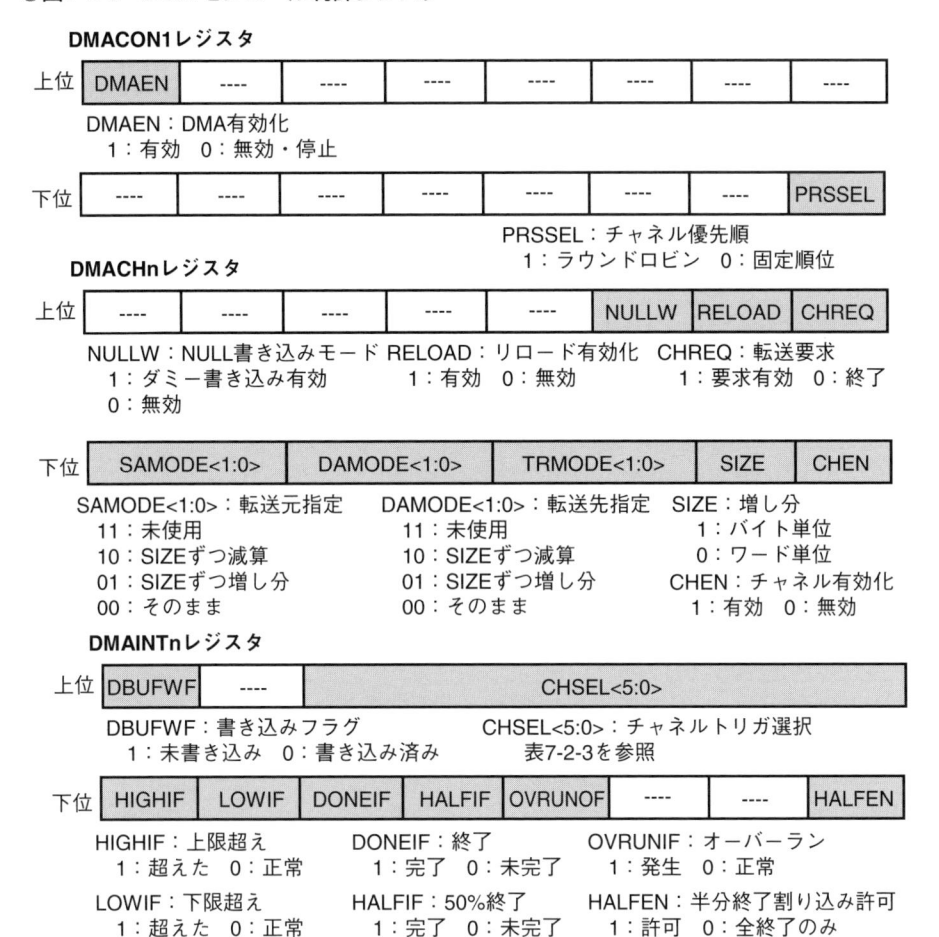

DMACON1レジスタ

上位	DMAEN	----	----	----	----	----	----	----

DMAEN：DMA有効化
　1：有効　0：無効・停止

下位	----	----	----	----	----	----	----	PRSSEL

PRSSEL：チャネル優先順
　1：ラウンドロビン　0：固定順位

DMACHnレジスタ

上位	----	----	----	----	----	NULLW	RELOAD	CHREQ

NULLW：NULL書き込みモード　　RELOAD：リロード有効化　　CHREQ：転送要求
　1：ダミー書き込み有効　　　　　1：有効　0：無効　　　　　　1：要求有効　0：終了
　0：無効

下位	SAMODE<1:0>		DAMODE<1:0>		TRMODE<1:0>		SIZE	CHEN

SAMODE<1:0>：転送元指定　　DAMODE<1:0>：転送先指定　　SIZE：増し分
　11：未使用　　　　　　　　　　11：未使用　　　　　　　　　　1：バイト単位
　10：SIZEずつ減算　　　　　　　10：SIZEずつ減算　　　　　　　0：ワード単位
　01：SIZEずつ増し分　　　　　　01：SIZEずつ増し分　　　　　　CHEN：チャネル有効化
　00：そのまま　　　　　　　　　00：そのまま　　　　　　　　　1：有効　0：無効

DMAINTnレジスタ

上位	DBUFWF	----	CHSEL<5:0>					

DBUFWF：書き込みフラグ　　　　CHSEL<5:0>：チャネルトリガ選択
　1：未書き込み　0：書き込み済み　　表7-2-3を参照

下位	HIGHIF	LOWIF	DONEIF	HALFIF	OVRUNOF	----	----	HALFEN

HIGHIF：上限超え　　　　DONEIF：終了　　　　　　OVRUNIF：オーバーラン
　1：超えた　0：正常　　　1：完了　0：未完了　　　1：発生　0：正常

LOWIF：下限超え　　　　　HALFIF：50%終了　　　　HALFEN：半分終了割り込み許可
　1：超えた　0：正常　　　1：完了　0：未完了　　　1：許可　0：全終了のみ

▼表7-2-3 チャネルトリガ要因一覧

CHSEL<5:0>	Trigger(Interrupt)	CHSEL<5:0>	Trigger(Interrupt)
000000	(Unimplemented)	100000	UART2 Transmit
000001	DAC2	100001	UART2 Receive
000010	LCD	100010	External Interrupt 2
000011	UART4 Transmit	100011	Timer5
000100	UART4 Receive	100100	Timer4
000101	UART4 Error	100101	Output Compare 4
000110	UART3 Transmit	100110	Output Compare 3
000111	UART3 Receive	100111	DMA Channel 2
001000	UART3 Error	101000	DAC1
001001	CTMU Event	101001	External Interrupt 1
001010	HLVD	101010	Interrupt-on-Change
001011	CRC Done	101011	Comparators Event
001100	UART2 Error	101100	I^2C1 Master Event
001101	UART1 Error	101101	I^2C1 Slave Event
001110	RTCC	101110	DMA Channel 1
001111	DMA Channel 5	101111	Pipeline A/D Converter
010000	External Interrupt 4	110000	UART1 Transmit
010001	External Interrupt 3	110001	UART1 Receive
010010	I^2C2 Master Event	110010	SPI1 Event
010011	I^2C2 Slave Event	110011	SPI1 Error
010100	DMA Channel 4	110100	Timer3
010101	EPMP	110101	Timer2
010110	Output Compare 7	110110	Output Compare 2
010111	Output Compare 6	110111	Input Capture 2
011000	Output Compare 5	111000	DMA Channel 0
011001	Input Capture 6	111001	Timer1
011010	Input Capture 5	111010	Output Compare 1
011011	Input Capture 4	111011	Input Capture 1
011100	Input Capture 3	111100	External Interrupt 0
011101	DMA Channel 3	111101	Op Amp 2
011110	SPI2 Event	111110	Op Amp 1
011111	SPI2 Error	111111	Sigma-Delta A/D Converter

これらのレジスタを使ってDMAを使う手順は次のようにします。本章で使う構成とするための手順で説明します。

❶DMACONレジスタでDMAを有効化し優先順位を固定とする
❷DMAHとDMALでメモリの上下限アドレスを設定
　超えてはならないアドレスを設定します。本章では下限を0x800、上限を0x2000としました。
❸チャネル0の設定のためDMACH0の初期値を0にする
❹DMACH0でリロードや転送先を設定
　リロードを可能とし、増し分を可能として、転送元は増し分なし、転送先は増し分あり、サイズはバイトと指定します。
　これで、A/D変換結果のほうは常に同じレジスタを指定し、転送先のメモリは順次アドレスをカウントアップする動作で転送が行われます。
❺DMASRC0にA/DコンバータのADRES0レジスタを指定
　転送元がA/D変換結果のバッファ0で、常に同じとなります。
❻DMADST0にBufferのアドレスをセット
　転送先の最初をBufferとし、転送ごとに＋1しながら書き込んでいきます。
❼DMACON0に転送回数をセット
　ここにA/D変換回数のMxz_Sizeをセットします。つまり2,016回の変換を繰り返すことになります。
❽DMAINT0でチャネルトリガと割り込み生成を指定
　トリガ要因を0x2FつまりPipeline A/D Convertorを指定し、転送完了で割り込み生成とします。
　これで高速A/Dコンバータの変換終了ごとにDMAが起動されて転送が行われ、完了で割り込みを生成します。
❾チャネル0を有効化
　チャネル0を有効化して動作を開始します。

　以上の設定で、高速A/Dコンバータの変換ごとにメモリに結果が書き込まれ、2,016回の変換が完了するとDMAの割り込みが発生します。

7-3 オシロスコープボードの ハードウェアの製作

ANALOG

　オシロスコープとしてデータ入力を実行するオシロスコープボードのハードウェアを製作します。写真7-3-1が完成したオシロスコープボードの全体外観となります。BluetoothとPICマイコンがあるだけです。

●写真7-3-1　オシロスコープボードの全体外観

7-3-1　オシロスコープボードの構成

　製作するオシロスコープボードの全体構成を、図7-3-1のようにすることにしました。
　全体の制御は16ビットPICマイコンのPIC24FJ64GC006を使います。
　クロックには時間精度をよくする目的で、8MHzのクリスタル発振器を使いました。これから内蔵PLLで32MHzを生成し、フルスピードの16MIPS動作とします。ここは通常のクリスタル発振子を使った構成でも問題ありません。
　オペアンプには内蔵オペアンプを使い、ゲインとオフセットをできるだけ独立に調整できるように2段構成の増幅器としています。内蔵なので単電源の動作となります。
　BluetoothモジュールにはRN42XVPを使い、UARTモジュールで制御します。電源は5V入力とし、レギュレータで3.3Vを生成して全体に供給しています。

7-3 オシロスコープボードのハードウェアの製作

●図7-3-1　オシロスコープボードの全体構成

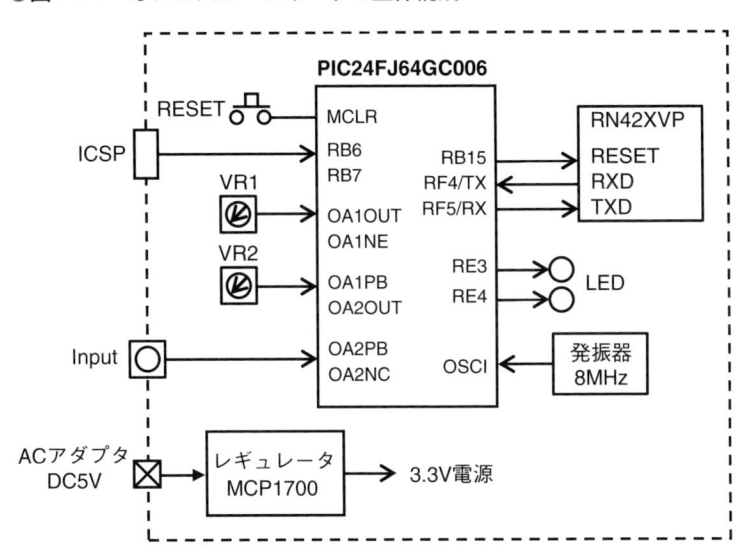

　計測はPICマイコン内蔵のオペアンプで信号を増幅したあと、高速12ビットA/Dコンバータで行います。
　この増幅部は図7-3-2のように、1段目を10倍の差動増幅回路として構成して直流も扱えるようにします。そして2段目でも増幅しますが、ここでゲインとオフセットの両方を調整できるようにしています。1倍から10倍の間でゲインを可変できる増幅器となります。
　1段目のオフセットは内蔵D/Aコンバータを使って一定の電圧を加えています。

●図7-3-2　増幅回路の構成

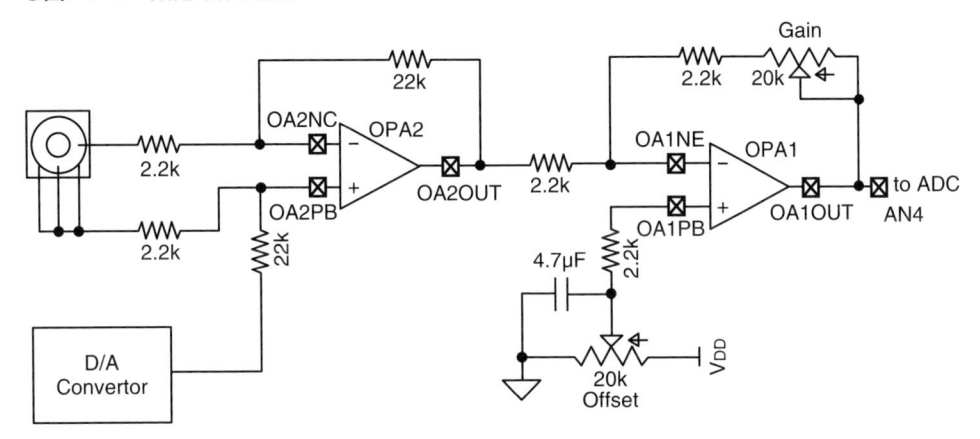

7-3-2 回路図と製作

1 回路図

図7-3-1、図7-3-2の構成図に基づいて作成した回路図が図7-3-3となります。

●図7-3-3 オシロスコープボードの回路図

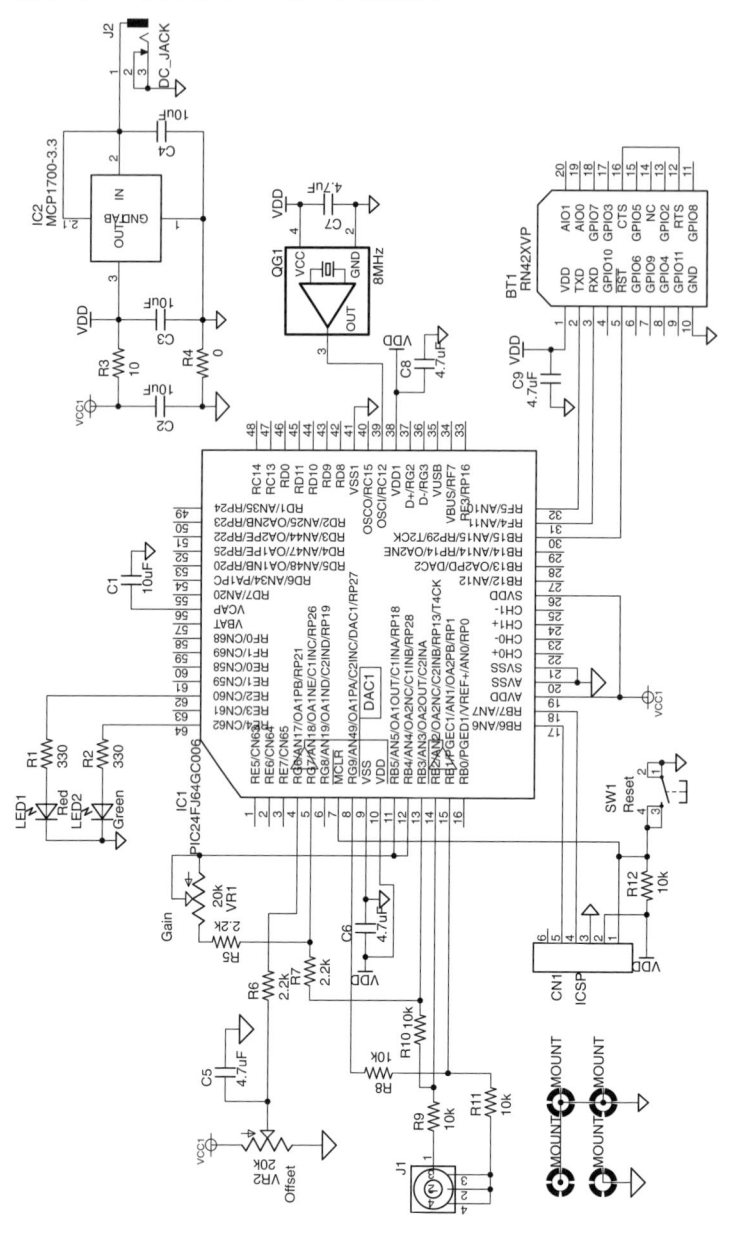

7-3 オシロスコープボードのハードウェアの製作

　電源はDC5V入力とし、レギュレータで3.3Vを生成し全体に供給します。50mA程度の消費電流なので、小さなレギュレータで十分です。

　クロックは内蔵クロックもありますが、少し精度が欲しかったのでクリスタル発振とすることにしました。通常のクリスタル振動子による構成でも構いませんが、ここでは手持ちの8MHzの発振器を使いました。アナログ回路部は全部内蔵モジュールを使ったので、PICの周囲は抵抗とコンデンサのみとなります。

　BluetoothモジュールとマイコンとのインターフェースはUARTなので、簡単に接続できます。特にこのモジュールにはBluetoothのプロトコルスタックがすべて内蔵されているので、マイコン側は純粋に送受信するデータを扱うだけで済み、プログラムは簡単にできます。

　このようにPICマイコン以外はクロック用の発振器とLED、Bluetoothモジュール、ICSP、オペアンプ関連だけとなっているので、64ピンのかなりが余った状態です。LEDはプログラムデバッグの際の目印用として使いますが、完成後は特に使っていません。

　入力ジャックのマイナス側は、差動で浮いている必要がない場合にはグランドに接続します。こうするとノイズが少なくなります。

2 部品

　このボードの組み立てに必要な部品が表7-3-1となります。

▼表7-3-1　オシロスコープボード用部品一覧

記号	部品名	品名	数量
IC1	PICマイコン	PIC24FJ64GC006-I/PT（マイクロチップ社）	1
IC2	250mAレギュレータ	MCP1700T-3302E/MB（マイクロチップ社）	1
OG1	発振器	SG8002DC　8MHz　3.3V（EPSON）	1
BT1	Bluetoothモジュール	RN42XVP－I/RM（マイクロチップ社）	1
LED1、LED2	発光ダイオード	3φ　赤、緑	各1
R1、R2	抵抗	330Ω　1/6W	2
R3	抵抗	10Ω　1/6W	1
R4	抵抗	ジャンパ	1
R5、R6、R7	抵抗	2.2kΩ　1/6W	3
R8、R9、R10、R11、R12	抵抗	10kΩ　1/6W	5
VR1、VR2	可変抵抗	20kΩ　小型基板用ツマミ付き	2
C1、C2、C3、C4	チップ型セラミック	10μF　16Vまたは25V	4
C5、C6、C7、C8、C9	チップ型セラミック	4.7μF　16Vまたは25V	5
J1	RCAジャック	基板用横	1
J2	DCジャック	2.1φ	1
CN1	シリアルピンヘッダオス	6ピン（40ピンから切断）（角ピン）	1
SW1	スイッチ	基板用小型タクトスイッチ	1
	ICソケット	28ピンスリム	1

記号	部品名	品名	数量
	RN42XVP用ソケット	2mmピッチ10ピンシリアルピンヘッダ	2
	変換基板	ICB020	1
	IC用ピンヘッダ	18ピン2列（80ピンから切断） オス、メス両方（丸ピン）	4
	基板	サンハヤト感光基板　P10K	1
	ねじ、ナット、ゴム足		少々

3 実装

回路図を元に作成したパターン図でプリント基板を作成しました。作成したプリント基板の実装は図7-3-4のようになります。

● 図7-3-4　ワイアレスオシロスコープの実装図

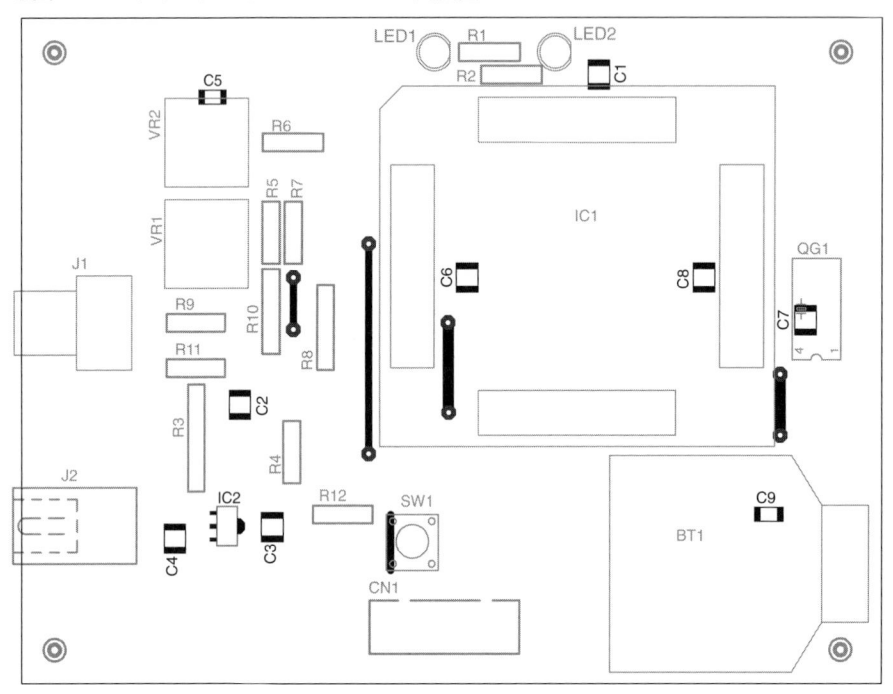

プリント基板が完成し、部品が集まったら組み立てます。基板への実装順序は、最初にはんだ面側の表面実装部品をはんだ付けします。レギュレータとチップコンデンサです。次にジャンパ線と抵抗を実装します。スイッチSW1のジャンパは本体でできるので不要です。

あとはソケット類など背の低いものから順に実装します。PICマイコンはTQFPパッケージなので、直接基板実装は難しいため、変換基板に実装してからソケット実装としました。このソケットは2列のヘッダピンを使いますが、中央の1ピンを抜く必要があります。ペンチなどで押し込めば簡単に抜けます。

7-3 オシロスコープボードのハードウェアの製作

　Bluetoothモジュールも2mmピッチのピンヘッダでソケット実装します。雄側は本体に実装済みとなっているので必要ありません。

　こうして組み立てが完了した基板の部品面が写真7-3-2のようになります。

●写真7-3-2　完成した基板の部品面

　次がはんだ面の完成写真で、写真7-3-3となります。

●写真7-3-3　はんだ面

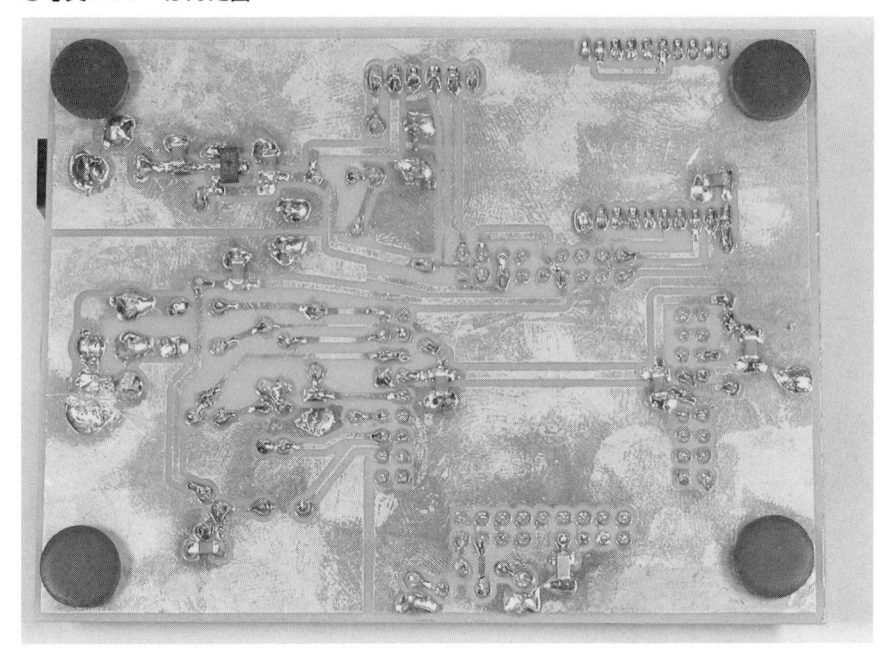

4 変換基板

　さらに次は64ピンのPICマイコンの変換基板への組み立てです。変換基板にはサンハヤトのICB-020を使います。

　このPICマイコンのはんだ付けは、フラックスを使うときれいにできます。最初に端の1ピンだけを仮はんだ付けし、全体の位置合わせをします。細かな位置修正を、1ピンのはんだ付けをやり直しながら行います。

　位置合わせは写真7-3-4のようにICの1ピンの位置を合わせます。このとき余るパターンの本数に注意してください。変換基板の方向によって余るピン数が異なるので向きが重要です。

●写真7-3-4　ピンの配置

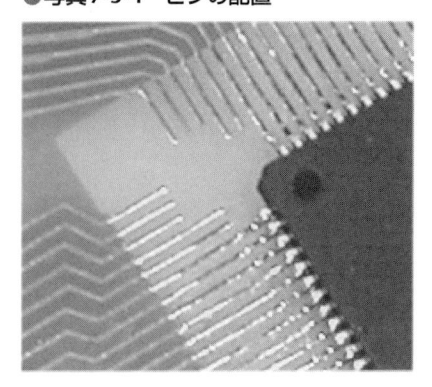

7-3 オシロスコープボードのハードウェアの製作

　位置合わせができたら対角にある1ピンをはんだ付けして固定し、はんだ付けしていない面をすべてはんだ付けします。フラックスを塗布して行うとブリッジも少なくきれいにできます。隣のピンとブリッジした場合には、フラックスを再塗布してはんだを溶かしながらパターンのほうにはんだが流れるようにすると、ブリッジが取れます。ブリッジしたはんだが多い場合には、一度はんだ吸い取りで吸い取ったあと、同じようにフラックスを塗布してきれいにします。

　案外、たっぷりのはんだでブリッジを気にせずはんだ付けし、あとからはんだ吸い取りで余分なはんだを除去したほうが、やりやすいかも知れません。

　PICマイコンのはんだ付けが完了し、ブリッジのないことが確認できたら、足のピンヘッダを取り付けます。このピンヘッダには2列の丸ピンのものを使いますが、80のピンヘッダを18ピンごとに切断し、さらに中央の1ピンを抜き取って使います。

　こうして完成した変換基板が写真7-3-5となります。

●写真7-3-5　変換基板の完成後の外観

7-4 オシロスコープボードの ファームウェアの製作

ANALOG

オシロスコープボードのハードウェアが完成したら、次はPICマイコンのファームウェアの製作です。

7-4-1 ファームウェアの構成

このファームウェアは簡単な構成となっていて、メインの1つのファイルだけで構成しています。ファームウェアの流れをフロー図で示すと図7-4-1のようになります。

メインの流れでは、初期化したあとBluetoothモジュールの名称などの設定を行うコマンドを送信するようにしていますが、これは一度だけ行えばよいので、PICのRB0ピンがLowにされたときだけ実行するようにしています。

このRB0には何も接続していないので、Bluetoothの初期設定をする際にはワニ口クリップ線などでRB0ピンとGNDとを仮接続して行います。

続くメインループで常時UARTからのコマンド受信があるかどうかをチェックしています。受信は割り込みで実行されていて64バイト受信完了でフラグをセットしています。タブレット側からは常に64バイト固定長で送信するようにしています。

受信があればメインループで受信データ処理を実行し、計測開始コマンドであれば、水平同期時間となるサンプリング周期に基づいてタイマ2の周期を設定してスタートさせてサンプリングを開始します。この間A/D変換完了ごとにDMAで結果がメモリに保存されます。そして2,016回のサンプリングが終了するまでそのまま待ちます。

DMAの割り込みフラグオンで終了と判定し、収集したデータを一括で送信します。送信が完了したら再度コマンド受信待ち状態となります。

A/D変換とメモリへの保存はすべてDMAを使って内蔵モジュールだけで実行するようにしたので、プログラムは待つだけの簡単な構成になっています。

●図7-4-1　オシロスコープボードのファームウェアフロー

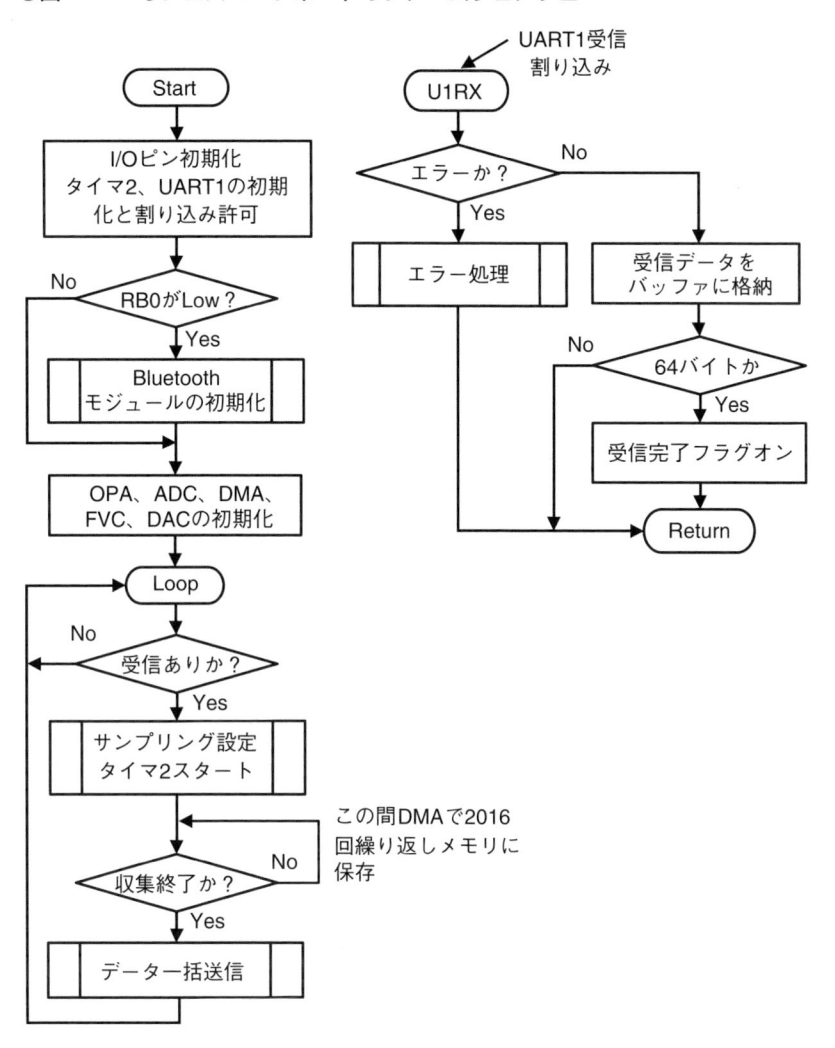

7-4-2　ファームウェアの詳細

ファームウェアの詳細を説明します。

1 宣言部

最初は宣言部でリスト7-4-1となります。最初のコンフィギュレーション部は省略しますが、ここでは外部発振器でPLLあり、WDTなしとしています。

次がグローバル変数宣言ですが、4kバイトという大きなバッファが必要なので、attribute修

飾でfar領域を指定して確保する必要があります。

次がBluetoothモジュール用コマンドの定数定義です。最後に¥rが必要なので、忘れないように注意が必要です。あとは関数のプロトタイピングです。

リスト 7-4-1　宣言部の詳細

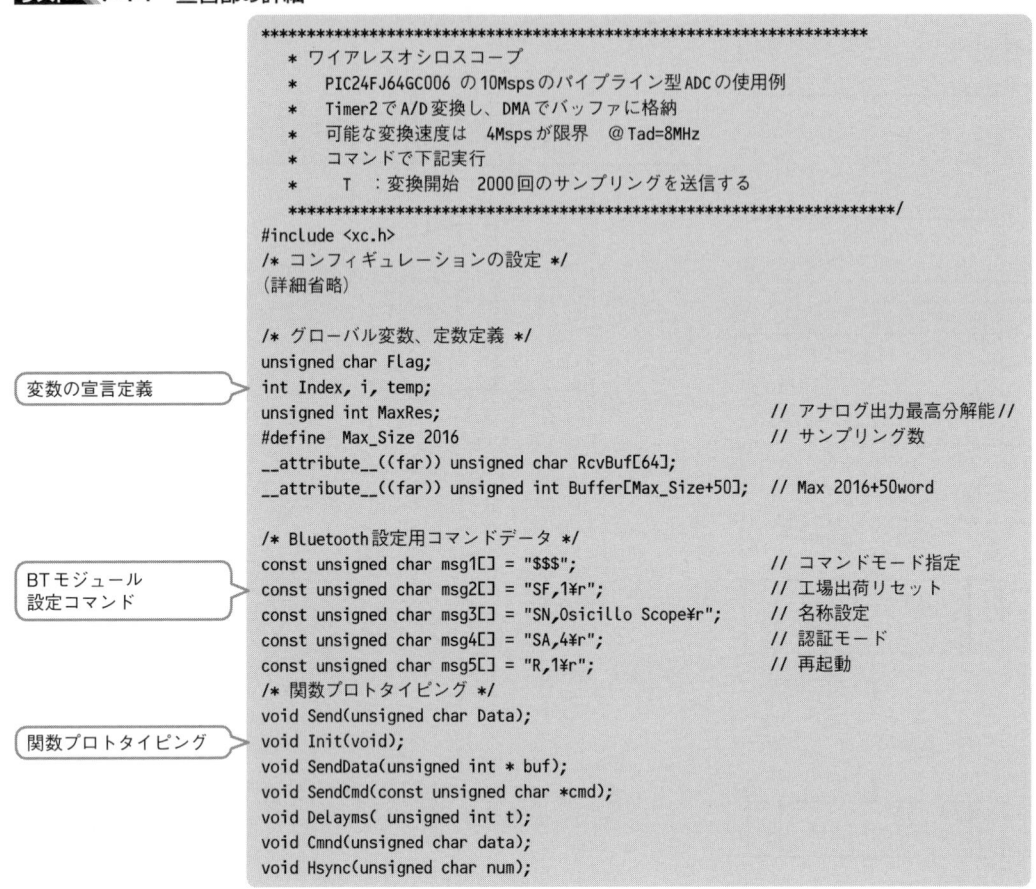

```
/****************************************************************
 *   ワイヤレスオシロスコープ
 *   PIC24FJ64GC006 の10Mspsのパイプライン型ADCの使用例
 *   Timer2でA/D変換し、DMAでバッファに格納
 *   可能な変換速度は　4Mspsが限界　@Tad=8MHz
 *   コマンドで下記実行
 *      T  : 変換開始　2000回のサンプリングを送信する
 ****************************************************************/
#include <xc.h>
/* コンフィギュレーションの設定 */
 (詳細省略)

/* グローバル変数、定数定義 */
unsigned char Flag;                          ← 変数の宣言定義
int Index, i, temp;
unsigned int MaxRes;                                    // アナログ出力最高分解能//
#define  Max_Size 2016                                  // サンプリング数
__attribute__((far)) unsigned char RcvBuf[64];
__attribute__((far)) unsigned int Buffer[Max_Size+50];  // Max 2016+50word

/* Bluetooth設定用コマンドデータ */
const unsigned char msg1[] = "$$$";                     // コマンドモード指定
const unsigned char msg2[] = "SF,1¥r";                  // 工場出荷リセット   ← BTモジュール
const unsigned char msg3[] = "SN,Osicillo Scope¥r";     // 名称設定            設定コマンド
const unsigned char msg4[] = "SA,4¥r";                  // 認証モード
const unsigned char msg5[] = "R,1¥r";                   // 再起動
/* 関数プロトタイピング */
void Send(unsigned char Data);               ← 関数プロトタイピング
void Init(void);
void SendData(unsigned int * buf);
void SendCmd(const unsigned char *cmd);
void Delayms( unsigned int t);
void Cmnd(unsigned char data);
void Hsync(unsigned char num);
```

2 初期設定部

次がメイン関数の初期化部でリスト7-4-2となります。

最初にクロック設定で8MHzからPLL設定で32MHzを生成してフルスピードとしています。

次がI/Oピンの初期化で、アナログピンの指定をオペアンプ、DAC用に設定しています。

次にI/O制御でBluetoothモジュールのハードウェアリセットを100msecだけ出力し、そのあと1秒間モジュールの初期化完了を待っています。この辺りの時間は余裕を見て十分長くしています。

続いてA/D変換トリガ用に使うタイマ2の初期化を実行していますが、この時間設定はタブレットからのコマンドで変更されます。

次にUARTの初期化で115.2kbpsの速度にしています。このあとRB0ピンがLowの場合だけ

7-4 オシロスコープボードのファームウェアの製作

Bluetoothの設定コマンドを実行しています。この中でBluetoothモジュールに名称を付与してわかりやすくなるようにしています。

最後にリブートしていますが、これでUARTとの通信もリセットされてしまうので、UARTの再初期化を実行しています。

最後にアナログモジュールの一括初期化の関数(Init())を呼んで初期化を行ったあと、DMAをスタートさせ、UARTの受信割り込みを許可して準備完了となります。

リスト 7-4-2 メイン関数の初期化部の詳細

```
/*********** メイン関数 ************************/
int main(void){
    /* クロックの設定  8MHz→96MHz÷3=32MHz */
    CLKDIVbits.RCDIV = 0;              // 1/1 8MHz
    CLKDIVbits.CPDIV = 0;              // 32/1= 32MHz
    /* I/Oの初期設定 */
    TRISB = 0x4F3F;                    // RB1-5,RB14 Input
    TRISE = 0;                         // すべてOutput
    TRISF = 0x0020;                    // RF5 input
    TRISG = 0x02C0;                    // RG6,7,9 Input
    CNPU1bits.CN2PUE = 1;              // RB0 Pullup
    /* アナログピン指定 */
    ANSF = 0;                          // すべてデジタル
    ANSB = 0;                          // いったんデジタルにセット
    ANSBbits.ANSB1 = 1;                // OA2NB
    ANSBbits.ANSB2 = 1;                // OA2NC
    ANSBbits.ANSB3 = 1;                // OA2OUT
    ANSBbits.ANSB4 = 1;                // AN4 ADC Input
    ANSBbits.ANSB5 = 1;                // OA1OUT
    ANSG = 0;                          // いったんデジタルにセット
    ANSGbits.ANSG6 = 1;                // OA1PB
    ANSGbits.ANSG7 = 1;                // OA1NE
    ANSGbits.ANSG9 = 1;                // DAC1OUT
    /** Bluetoothモジュールリセット */
    LATBbits.LATB15 = 0;               // モジュールリセット
    Delayms(100);                      // パルス幅確保
    LATBbits.LATB15 = 1;               // リセット解除
    Delayms(1000);                     // 実行待ち
    /* タイマ2設定(A/D変換トリガ用) */
    T2CON = 0;                         // Prescaler 1/1
    TMR2 = 0;                          // カウンタクリア
    PR2 = 3;                           // 250nsec period (4MHz)
    /* UART1ピン割付 */
    RPINR18bits.U1RXR = 17;            // UART1 RX to RP10(RF4)
    RPOR5bits.RP10R = 3;               // UART1 TX to RP17(RF5)
    /* UART1初期設定  115kbps */
    U1MODE = 0x8808;                   // UART1初期設定 BRGH=1
    U1STA  = 0x0400;                   // UART1初期設定
    U1BRG  = 34;                       // 115kbps@16MHz
    IPC2bits.U1RXIP = 4;               // UART1割り込みレベル
    IFS0bits.U1RXIF = 0;               // 割り込みフラグクリア
    /** Bluetoothモジュール初期化 */
    if(PORTBbits.RB0 == 0){            // RB0がLowの場合
        SendCmd(msg1);                 // $$$
        SendCmd(msg2);                 // 工場リセット
```

注釈:
- クロック設定
- I/O初期化
- RB0用プルアップ有効化
- アナログピン指定
- BTモジュールハードウェアリセット
- タイマ2初期設定
- UART1初期設定
- UART1受信割り込み許可
- BTモジュールの初期設定

```
                SendCmd(msg3);                  //  名称設定
                SendCmd(msg4);                  //  認証方式
                SendCmd(msg5);                  //  リブート
                /** USART 再設定 */
                U1MODE = 0x8808;                // UART1初期設定 BRGH=1
                U1STA  = 0x0400;                // UART1初期設定
                U1BRG  = 34;                    // 115kbps@60MHz
            }
            /** DMA、ADC初期設定 **/
            Init();
            /** ADC Start & Ready DMA **/
            ADSTATLbits.SLOIF = 0;              // ADC Flag Clear
            DMACH0bits.CHEN = 1;                // DMA Channel Enable & Start
            IFS0bits.DMA0IF = 0;                // DMA Interrupt Flag Reset
            /* 変数初期化 */
            Index = 0;                          // 初期状態にセット
            Flag = 0;
            MaxRes = 1000;
            /* UART1 割り込み許可 */
            IEC0bits.U1RXIE = 1;                // UART1受信割り込み許可
```

- UART1再初期化
- アナログモジュールの初期化
- DMA開始
- UART1受信割り込み許可

3 メインループ部

続いてメインループ部の詳細で、リスト7-4-3となります。

常時コマンド受信完了を待っていて、受信完了したらヘッダ部を確認して正常ならデータ処理を実行します。コマンドが「T」の場合は、計測開始コマンドなので、計測処理を開始します。

最初に水平同期種別のデータで周期設定関数（Hsync()）を実行し、タイマ2の周期とA/Dコンバータのアクイジションタイムの設定をします。続いてDMAとタイマ2をスタートしてサンプリングを開始します。

このあとは2,016回のサンプリングが終了してDMA0の割り込みフラグがセットされるまでwhileで待ちます。

2,016回のサンプリングが終了したら、バッファにヘッダを追加して一括で送信します。このあと最初のUART受信待ちに戻り、次のコマンド受信を待ちます。

コマンドはタブレット側から1秒間隔で送られてくるので、1秒間隔での計測を繰り返すことになります。

リスト 7-4-3　メインループ部の詳細

```
/************** メインループ ******************/
while(1){
    /* 受信コマンド処理 */
    if((Flag == 1) && (RcvBuf[0] == 'S')) {
        LATEbits.LATE4 ^= 1;                  // 目印LED
        Flag = 0;                             // 受信完了フラグクリア
        /* データ処理 */
        switch(RcvBuf[1]){                    // 受信データで分岐
            /** データ計測開始トリガ ***/
            case 'T':
                /* サンプリング周期設定とデータ送信 */
                T2CONbits.TON = 0;            // タイマ2停止
```

- コマンド受信完了の確認
- コマンドで分岐
- 計測開始コマンドの場合

7-4 オシロスコープボードのファームウェアの製作

```
                        TMR2 = 0;                        // タイマ2リセット
                        Hsync(RcvBuf[2]);                // サンプル周期設定
                        Index = 0;                       // バッファインデックス初期化
                        /*** Max_Size回サンプリング終了待ち ***/
                        T2CONbits.TON = 1;               // タイマ2開始、サンプリング開始
                        while(IFS0bits.DMA0IF == 0);     // Wait Max_Size sampling
                        T2CONbits.TON = 0;               // Stop Timer2 & ADC
                        IFS0bits.DMA0IF = 0;             // Clear DMA Interrupt Flag
                        /* 収集完了、データ送信実行 */
                        Buffer[Max_Size+1] = 0x4545;     // 終了マーク EE
                        SendData(Buffer+16);             // 先頭16個スキップ
                        break;
                    default:                             // どれでもない場合
                        break;
                }
            }
        }
    }
}
```

- サンプリング周期の設定
- サンプリングトリガ開始
- 収集完了待ち
- サンプリング停止
- 終了マーク追加
- 一括送信実行

4 モジュール初期化関数

次がアナログモジュールの初期化の関数でリスト7-4-4となります。

この関数で、必要なアナログモジュールとDMAの初期化をすべてまとめて実行しています。

最初は2組のオペアンプの初期設定で、いずれも入出力すべて外部ピンに接続としてから有効化しています。これで独立に動作します。

次がDMAの初期設定で、チャネル0だけ使っています。まず設定を自動的に再ロードすることで、1回ごとに再設定するようにしています。そして送信元をA/Dコンバータのバッファ(ADRES0)にしてインクリメントはなしとし、送信先はメモリ内のバッファ(Buffer)として自動インクリメントありとしています。転送回数をMax_Sizeつまり2,016回とし、トリガをA/Dコンバータとしてから有効化しています。

次が定電圧リファレンスの設定で、1.2Vの出力として設定しています。

続いてD/Aコンバータの初期設定で、即出力更新モードでトリガなしでリファレンスを1.2Vの2倍としています。このDACはオペアンプのバイアス電圧用として使っています。

最後が高速A/Dコンバータの設定です。変換形式を正整数としリファレンスを電源電圧としています。格納先は内蔵バッファとしクロックを8MHzとしています。続いてサンプルリストの作成ですが、ここでは1チャネルだけの繰り返しとして設定しています。アクイジションタイムを$0.5T_{AD}$としタイマ2のトリガで動作させ、AN4だけを繰り返し変換します。

続いてA/Dコンバータの較正を実行してから変換準備を完了して動作開始しています。

リスト 7-4-4 初期化関数の詳細

```
/****************************************************
 *  ハードウェア初期化
 *   OPAMP、DMA、ADC、DAC
 ****************************************************/
void Init(void){
    /*** OP AMP#1 Setting ****/
    AMP1CONbits.AMPOE = 1;               // Output Enable
```

- OPA#1の初期設定

すべて外部ピン接続	`AMP1CONbits.NINSEL = 5;` // OA1NE select(RG7) `AMP1CONbits.PINSEL = 2;` // OA1PB select(RG6) `AMP1CONbits.SPDSEL = 1;` // High Power `AMP1CONbits.CMPSEL = 0;` // AMP select `AMP1CONbits.AMPEN = 1;` // AMP Enable

```
                                            /*** OP AMP#2 Setting ****/
```

OPA#2の初期設定	`AMP2CONbits.AMPOE = 1;` // Output Enable(RB3)
すべて外部ピン接続	`AMP2CONbits.NINSEL = 3;` // OA2NC select(RB2) `AMP2CONbits.PINSEL = 2;` // OA2PB select(RB1) `AMP2CONbits.SPDSEL = 1;` // High Power `AMP2CONbits.CMPSEL = 0;` // AMP select `AMP2CONbits.AMPEN = 1;` // AMP Enable

```
                                            /*** DMA CH0 Setting **/
```

DMAのCH0設定	`DMACONbits.DMAEN = 1;` // DMA Enable `DMACONbits.PRSSEL = 0;` // Fixed Priority `DMAH = 0x2000;` // Upper Limit `DMAL = 0x800;` // Lower Limit `DMACH0 = 0;` // Stop Channel
自動再設定	`DMACH0bits.RELOAD = 1;` // Reload DMASRC, DMADST, DMACNT
1回ごと動作 Dirアドレス+1	`DMACH0bits.TRMODE = 1;` // Repeat Oneshot `DMACH0bits.SAMODE = 0;` // Source Addrs No Increment `DMACH0bits.DAMODE = 1;` // Dist Addrs Increment `DMACH0bits.SIZE = 0;` // Word Mode(16bit)
SourceをA/Dのバッファ指定	`DMASRC0 = (unsigned int)&ADRES0;` // From ADC Buf0 select `DMADST0 = (unsigned int)&Buffer;` // To Buffer select
2,016回指定	`DMACNT0 = Max_Size;` // DMA Counter `DMAINT0 = 0;` // All Clear
トリガにADC指定	`DMAINT0bits.CHSEL = 0x2F;` // Select Pipeline ADC
CH0を有効化	`DMACH0bits.CHEN = 1;` // Channel Enable `IFS0bits.DMA0IF = 0;` // Flag Reset

```
                                            /* BandGap BUF0 Setting */
```

定電圧リファレンス 有効化	`BUFCON0 = 0;` `BUFCON0bits.BUFSTBY = 0;` // normal mode
1.2V指定	`BUFCON0bits.BUFREF = 0;` // 1.2V `BUFCON0bits.BUFEN = 1;` // BG0 Enable

DAC初期化	`/**** DAC Setting ****/`
	`DAC1DAT = 0;`
	`DAC1CONbits.DACFM = 0;` // Right Justfied
	`DAC1CONbits.DACTRIG = 0;` // Immediate Update
	`DAC1CONbits.DACTSEL = 7;` // None Trigger

リファレンス1.2Vの 2倍に設定	`DAC1CONbits.DACREF = 3;` // Ref = BGBUF0 1.2V×2=2.4V `DAC1DAT = 0x02C0;` // 出力をVDD/2=1.65Vにセット `DAC1CONbits.DACEN = 1;` // Enable

ADCの設定	`/*** ADC Setting ***/`
	`ADCON1 = 0;` // All Clear
	`ADCON2 = 0;`
	`ADCON3 = 0;`

正整数指定	`ADCON1bits.FORM = 0;` // unsigned Integer `ADCON1bits.PWRLVL = 1;` // Full Power `ADCON2bits.ADPWR = 3;` // Always powered
リファレンス電源範囲	`ADCON2bits.PVCFG = 0;` // VREF+=AVDD `ADCON2bits.NVCFG = 0;` // VREF-=VSS
バッファの使い方	`ADCON2bits.BUFORG = 1;` // Use Indexed Buffer `ADCON2bits.BUFINT = 0;` // No buffer Interrupt
クロックはシステム クロックの1/2	`ADCON3bits.ADRC = 0;` // Select Fsys = 16MHz `ADCON3bits.ADCS = 1;` // Tad = 2Tsys = 125nsec(8MHz)

7-4 オシロスコープボードのファームウェアの製作

```
/** Sample List #0 setting **/
ADLOCONH = 0;
ADLOCONHbits.ASEN = 0;            // disable auto-scan
ADLOCONHbits.SLINT = 1;           // Interrupt after every convert
ADLOCONHbits.SAMC = 0;            // aquisition time = 0.5Tad
ADLOCONHbits.WM = 0;              // all write
ADLOCONL = 0;
ADLOCONLbits.SLSIZE = 0;          // 1 channel in the List
ADLOCONLbits.SLTSRC = 5;          // Timer2 Trigger
ADLOCONLbits.SLEN = 1;            // Enable Trigger
ADLOPTR = 0;                      // Start from first
/** Select Channel **/
ADTBL0bits.ADCH = 4;              // AN4-REF-
/** Execute Calibration ADC **/
ADCON1bits.ADON = 1;              // ADC Enable
while(ADSTATHbits.ADREADY == 0);
ADCON1bits.ADCAL = 1;             // Calibration Start
while(ADSTATHbits.ADREADY == 0);
ADLOCONLbits.SAMP = 1;            // Start Sample
ADLOCONLbits.SAMP = 0;            // Start Conversion
}
```

- チャネル指定用のサンプルリスト作成
- 自動スキャンなしで毎回割り込み
- 1チャネルのみのリストでタイマ2のトリガで開始
- チャネル指定
- ADC有効化
- ADCの校正
- 通常モードで開始

5 水平同期切り替え関数

　次がオシロスコープとしての水平同期を切り替えるため、タイマの周期を設定する関数です。タブレット側で水平同期のボタンをタップすることで、新たな計測開始コマンドが送信されます。このコマンドに含まれている水平同期の指定に基づいて切り替えを実行します。

　切り替えはタイマ2の周期だけでなく、A/Dコンバータの変換用クロック(T_{AD})とアクイジションタイムも変更しています。

リスト 7-4-5　水平同期の設定関数の詳細

```
/****************************************************
* 水平同期切り替え  タイマ2の周期変更
* PR2 62.5nsec単位で設定 Min 250nsec(4MHz)
****************************************************/
void Hsync(unsigned char num){
    switch(num){
        case 0:                         // 0.025usec → 2.5usec/div
        case 1:                         // 0.05usec → 5usec/div
        case 2:                         // 0.25usec → 25us/div
            ADCON3bits.ADCS = 1;        // Tad = 2Tsys = 125nsec(8MHz)
            ADLOCONHbits.SAMC = 0;      // aquisition time = 0.5Tad
            PR2 = 3;                    // 16MHz/4=0.25usec → 25usec
            break;
        case 3:
            ADCON3bits.ADCS = 2;        // Tad = 4Tsys = 250nsec(4MHz)
            ADLOCONHbits.SAMC = 1;      // aquisition time = Tad
            PR2 = 15;                   // 1usec → 100us/div
            break;
        case 4:
            ADCON3bits.ADCS = 4;//      // Tad = 8Tsys = 500nsec(2MHz)
            ADLOCONHbits.SAMC = 2;      // aquisition time = 2Tad
            PR2 = 79;                   // 5usec → 500usec/div
```

- 指定周期で分岐
- 0,1,2は同じ周期で設定
- 4Mspsの最高周期の設定
- 1Mspsの周期設定
- 200kspsの周期設定

```
                break;
            case 5:
                ADCON3bits.ADCS = 4;      // Tad = 8Tsys = 500nsec(2MHz)
                ADL0CONHbits.SAMC = 4;    // aquisition time = 5Tad
                PR2 = 159;                // 10usec → 1msec/div
                break;
            case 6:
                ADCON3bits.ADCS = 4;      // Tad = 8Tsys = 500nsec(2MHz)
                ADL0CONHbits.SAMC = 7;    // aquisition time = 8Tad
                PR2 = 1599;               // 100usec 10msec/div
                break;
            default:                      // どれでもない場合変更なし
                break;
        }
    }
```

- 100kspsの周期設定
- 10kspsの周期設定

6 UART送受信関数部

残りはUARTの送受信関連の関数でリスト7-4-6となります。

最初はUART受信の割り込み処理関数で、最初に受信エラーの有無をチェックし、エラーがあった場合にはUARTを再初期化して次の受信に備えます。

正常な場合には64バイトまではバッファに格納するだけとしています。64バイト受信したら、完了フラグをセットしてメインループに通知します。

UART送信関数は単純に1バイトを送信出力しています。

Bluetoothへのデータ送信関数では、送信バッファにヘッダを追加したあと、2,000個のデータを上位バイトと下位バイトに分離して送信バッファに保存してから一括で送信しています。

Bluetoothへのコマンド送信関数では、文字列としてコマンドを送信したあと、Bluetoothモジュールからの応答を無視するため1秒間の遅延を挿入しています。

リスト 7-4-6　UART送受信関数部の詳細

```
/*******************************
 *  UART受信割り込み処理関数
 *******************************/
void __attribute__((interrupt, no_auto_psv)) _U1RXInterrupt(void){
    char  data;

    /* 受信エラーチェック */
    IFS0bits.U1RXIF = 0;                         // 割り込みフラグクリア
    if(U1STAbits.OERR || U1STAbits.FERR) {
        data = U1RXREG;;
        U1STA &= 0xFFF0;                         // エラーフラグクリア
        U1MODE = 0;                              // UART1停止
        U1MODE = 0x8808;                         // UART1有効化
        Index = 0;
    }
    else {                                       // 正常受信の場合
        if(Index < 64){                          // 8バイト以下の場合
            RcvBuf[Index++] = U1RXREG;           // データ取り出し
            if(Index >= 64){                     // 8バイト終了か
                Flag = 1;                        // 受信完了フラグオン
```

- 受信割り込み処理関数
- エラーチェック
- エラーの場合はUARTを再初期化
- 正常受信の場合
- 64バイト受信までバッファに保存する
- 64バイト受信完了でフラグをセット

7-4 オシロスコープボードのファームウェアの製作

```
                    Index = 0;                      // ポインタリセット
            }
        }
        else                                        // バッファオーバーの場合
            data = U1RXREG;                         // 読み飛ばして無視
    }
}
/********************************
 * UART 送信実行サブ関数
 ********************************/
void Send(unsigned char Data){
    while(!U1STAbits.TRMT);                         // 送信レディー待ち
    U1TXREG = Data;                                 // 送信実行
}
/********************************
 * Bluetooth 文字列送信関数
 ********************************/
void SendData(unsigned int * buf)
{
    int i;
    Send(0x4D);                                     // ヘッダ送信
    Send(0x4E);
    for(i= 1; i<2050; i++){                         // 4100バイト一括送信
        Send((unsigned char)((*buf/4) % 128));      // 上位バイト送信
        Send((unsigned char)((*buf/4) / 128));      // 下位バイト送信
        buf++;
    }
}
/********************************
 * Bluetoothコマンド送信関数
 * 遅延挿入後戻る
 ********************************/
void SendCmd(const unsigned char *cmd)
{
    while(*cmd != 0)                                // 終端まで繰り返し送信
        Send(*cmd++);                               // 送信実行
    Delayms(1000);                                  // 返信スキップ用遅延
}
```

（注釈）2,000回分を上位バイトと下位バイトに分けて送信する

（注釈）応答を無視するための遅延

　この他に遅延関数がありますが詳細は省略します。以上でファームウェアの全体となります。これをPICマイコンに書き込めば動作を開始し、タブレットからのコマンド待ちとなります。
　A/D変換によるデータ収集はコマンドを受信したとき1回だけ実行します。常時は何もしていません。

7-5 タブレットのアプリケーションの製作 [ANALOG]

オシロスコープの表示部としてタブレットを使います。この表示をするためのアプリケーションプログラムを製作します。

ボタンなどのウィジットと同じ画面にグラフを表示させるため、Eclipseのグラフィックレイアウトツールを使わず、プログラムに直接記述してGUI画面を生成しています。また通信にはBluetoothを使います。

7-5-1 アプリケーションの構成と画面構成

アプリケーションの全体構成は図7-5-1のようになっています。まずアプリケーションのソースファイルは、本体であるWirelessOscillo.javaというJavaファイルと、Bluetooth用のライブラリであるBluetoothClientC.javaとDeviceListActivity.javaという3つのJavaファイルで全体を構成しています。

このライブラリ部は、受信処理部分以外は6章とほぼ同じとなっています。

したがって、アプリケーションとして新規に作成する必要があるものはWirelessOscillo.javaだけとなります。

これ以外に、マニフェストファイルというアプリケーションの基本条件を設定するファイルと、Bluetoothのペアリング済みデバイスリストを表示するためのrowdata.xmlという表示用リソースファイルがあります。

●図7-5-1 アプリケーションの全体構成

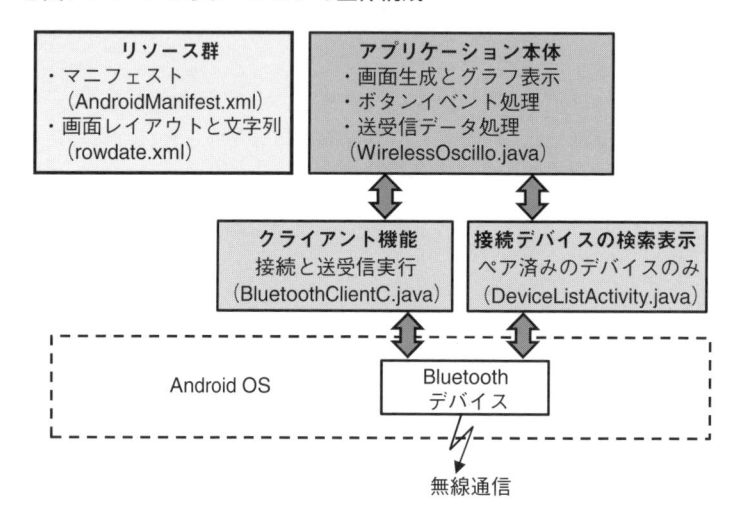

WirelessOscillo.javaの中で実現するアプリケーションの機能は表7-1-2となりますが、これらの機能はボタンに対応させているので、画面の構成を説明します。

オシロスコープのアプリケーションの画面構成は、図7-5-2のようにしました。この画面はEclipseのグラフィックレイアウトツールは使わず、プログラムの中に記述して作成しています。

左側が操作表示部で、右側がグラフ表示部になります。操作表示部では、上からBluetooth端末つまりオシロスコープボードとの接続用ボタンと接続状態表示メッセージ領域を、その下にはサンプリング周期の切り替えボタンを7個用意しています。接続ボタンでオシロスコープボードを選択して接続したあと、サンプリング周期ボタンをタップすると、計測開始コマンドをその都度送信します。そのあと1秒ごとに繰り返し同じコマンドを送信します。

グラフ表示部は、計測開始コマンドの応答として送られてくるデータを、1,500×1,000ピクセルの範囲にグラフとして表示するようにしています。横線の中央が0Vのレベルになります。

●図7-5-2　オシロスコープの画面構成

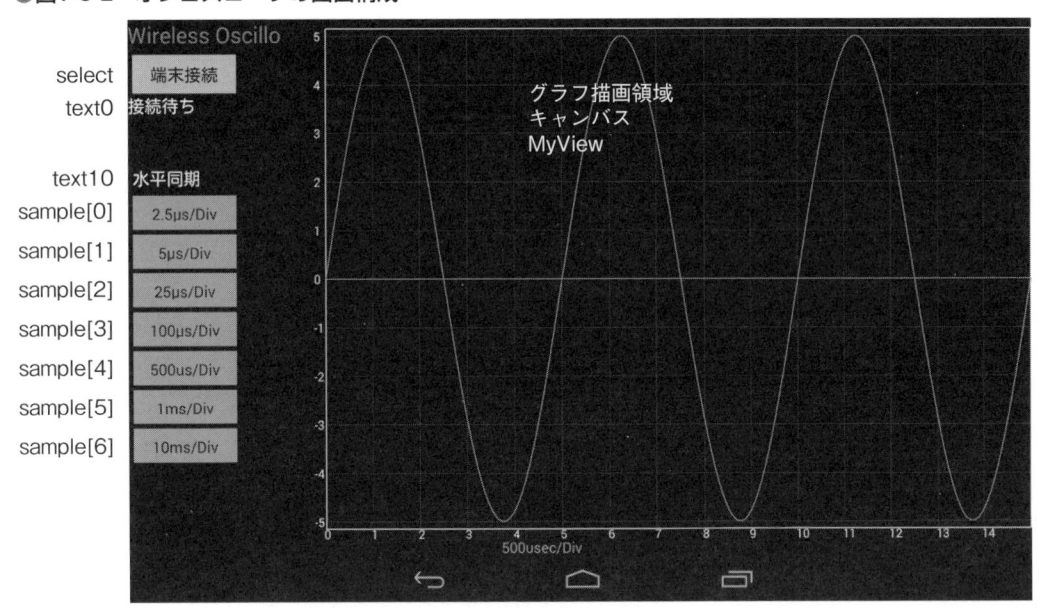

7-5-2　マニフェストファイル

全体の基本設定を行うマニフェストファイルの詳細は、リスト7-5-1となっています。

このマニフェストファイルは、Eclipseでプロジェクトを作成すると自動的にひな形が生成されます。この自動生成されたものにいくつか追加して完成させます。

まず、対象とするAndroidのバージョンを指定し、Bluetoothの使用許可を記述しています。次にアプリケーションの名称を決め、表示を横向きに限定するためscreenOrientationでlandscapeを指定しています。さらに起動時の動作を指定したあと、Bluetooth用ライブラリの起動時の名称とキーボードの表示禁止を設定しています。

リスト 7-5-1　マニフェストファイルファイルの詳細

```xml
<?xml version="1.0" encoding="utf-8"?>
<manifest xmlns:android="http://schemas.android.com/apk/res/android"
    package="com.picfun.bt_wirelessoscillo"
    android:versionCode="1"
    android:versionName="1.0" >
    <uses-sdk
        android:minSdkVersion="17"
        android:targetSdkVersion="18" />
    <uses-permission android:name="android.permission.BLUETOOTH_ADMIN"/>
    <uses-permission android:name="android.permission.BLUETOOTH"/>
    <application
        android:allowBackup="true"
        android:icon="@drawable/ic_launcher"
        android:label="@string/app_name"
        android:theme="@style/AppTheme" >
        <activity
            android:name="com.picfun.bt_wirelessoscillo.WirelessOscillo"
            android:label="@string/app_name"
            android:screenOrientation="landscape"  >
            <intent-filter>
                <action android:name="android.intent.action.MAIN" />
                <category android:name="android.intent.category.LAUNCHER" />
            </intent-filter>
        </activity>
        <activity
            android:name="DeviceListActivity"
            android:theme="@android:style/Theme.Dialog"
            android:label="@string/app_name"
            android:configChanges="keyboardHidden|orientation">
        </activity>
    </application>
</manifest>
```

- パッケージ名の指定
- 対象バージョンの指定
- Bluetoothの使用許可
- アプリ名称設定
- 画面向きの指定
- 起動時の処理指定
- Bluetoothのライブラリ起動時指定

7-5-3 アプリケーション本体プログラムの詳細

　オシロスコープとしてのアプリケーション本体のプログラムである「WirelessOscillo.java」ファイルの詳細を説明します。

　まず、アプリケーション本体のメソッドやクラスの構成は図7-5-3のようになっています。

　アクティビティ本体の最初でフィールドの変数や定数を宣言定義しています。

　次にアプリケーションの状態遷移に伴うイベントごとの処理メソッドがあります。最初に実行されるonCreateメソッドで、GUIを表示してからボタンのイベントリスナの生成をし、さらにBluetoothのオブジェクトを生成しています。

　その次は、接続、サンプリング周期のボタンのイベント処理があります。

　次がBluetooth受信のハンドラで、この中は永久ループとなっていて、1秒間隔でデータ計測要求をしては、4,100バイトのデータを受信しバッファに保存します。全部のデータの受信が完

了したら、受信データ処理メソッド（Process()）を実行して、グラフ描画クラス（MyView）を呼び出して波形グラフを表示しています。グラフ描画クラスでは、座標とデータ表示を実行します。

● 図7-5-3 アプリケーション本体の全体構成

```java
package com.picfun.bt_wirelessoscillo;

import android.os.Bundle; …

@SuppressLint({ "DrawAllocation", "HandlerLeak" })

public class WirelessOscillo extends Activity {
    /**** クラス定数宣言定義 ****/
    public static final int CONNECTDEVICE = 1;
    public static final int ENABLEBLUETOOTH = 2;
    // BTインスタンス定数
    private BluetoothAdapter BTadapter;
    private BluetoothClientC BTclient;
    // バッファ、一般変数定義
    private byte[] RcvPacket = new byte[4100];      // 受信バッファ
    private byte[] SndPacket = new byte[64];        // 送信バッファ
    private int[] DataBuffer = new int[2000];       // データバッファ
    private static int TrigLevel, Index, temp;
    private static byte Hsync, FirstFlag;
    private int i, j;
    // クラス変数、定数の宣言
    private final static int WC = LinearLayout.LayoutParams.WRAP_CONTENT;
    private static Button[] sample = new Button[7];
    private static Button select;
    private static TextView text, text0, text10;
    private static MyView graph;

    /*************** 最初に実行されるメソッド *************/
    public void onCreate(Bundle savedInstanceState) { …
    /******* アクティビティ開始時（ストップからの復帰時）****/
    public void onStart() { …
    /***** アクティビティ再開時（ポーズからの復帰時）********/
    public synchronized void onResume() { …
    /********* アクティビティ破棄時 *******************/
    public void onDestroy() { …
    /********** 接続ボタンイベントクラス ****************/
    class SelectExe implements OnClickListener{ …
    /********** 遷移ダイアログからの戻り処理 *************/
    public void onActivityResult(int requestCode, int resultCode, Intent data) { …
    /********** 周期設定ボタンイベントクラス ************/
    class syncScope implements OnClickListener{ …
    /******** BT端末接続処理の戻り値ごとの処理実行 **********/
    private final Handler handler = new Handler() { …
    /********* 受信データ処理メソッド *****************/
    public void Process(){ …
    /********* グラフを描画するクラス     ****************/
    class MyView extends View{ …
```

- フィールド変数、グローバル変数の定義
- アプリ状態遷移のイベント処理
- ボタンのイベント処理
- 受信データ処理とグラフ描画

1 onCreateメソッド

それぞれのメソッドの詳細を説明します。最初はonCreateメソッドです。

起動時に実行されるonCreateメソッドの内容はリスト7-5-2のようになっています。

最初にGUI画面表示設定を行っています。この製作ではEclipseのグラフィックレイアウトツールを使わず、直接ソースファイルに記述しています。

全体をフルスクリーン表示とし、配置は横配置画面としてから、操作表示部のlayout2とグラフ表示のMyViewを横に並べています。

layout2の操作表示部は縦構成として、表題、端末接続ボタン、接続状態表示テキストボックス、サンプリング周期設定ボタンを7個縦配置で並べています。次にグラフ表示領域部を定義しています。

次には、各ボタンのイベントリスナの宣言定義をしています。このあと、Bluetoothが有効な端末かどうかをチェックしてから、最後に初期表示用の正弦波のデータを生成しています。

リスト 7-5-2　onCreateメソッドの詳細

```
/*************** 最初に実行されるメソッド *************/
@Override
public void onCreate(Bundle savedInstanceState) {
    super.onCreate(savedInstanceState);
    /* フルスクリーンの指定 */
    getWindow().clearFlags(WindowManager.LayoutParams.FLAG_FORCE_NOT_FULLSCREEN);
    getWindow().addFlags(WindowManager.LayoutParams.FLAG_FULLSCREEN);
    requestWindowFeature(Window.FEATURE_NO_TITLE);
    /*** レイアウト定義 *******/
    LinearLayout layout = new LinearLayout(this);
    layout.setOrientation(LinearLayout.HORIZONTAL);
    setContentView(layout);
        // サブレイアウト
        LinearLayout layout2 = new LinearLayout(this);
        layout2.setOrientation(LinearLayout.VERTICAL);
        layout.setBackgroundColor(Color.BLACK);
        layout2.setGravity(Gravity.LEFT);
            // 見出しテキスト表示
            text = new TextView(this);
            text.setLayoutParams(new LinearLayout.LayoutParams(389,WC));
            text.setTextSize(23f);
            text.setTextColor(Color.MAGENTA);
            text.setText("Wireless Oscillo");
            layout2.addView(text);
            // 接続ボタン作成
            select = new Button(this);
            select.setBackgroundColor(Color.CYAN);
            select.setTextColor(Color.BLACK);
            select.setTextSize(18f);
            select.setText("端末接続");
            LinearLayout.LayoutParams params = new LinearLayout.LayoutParams(220, 80);
            params.setMargins(10,10, 0,0);
            select.setLayoutParams(params);
            layout2.addView(select);
            // 接続結果表示テキスト
            LinearLayout.LayoutParams params3 = new LinearLayout.LayoutParams(300, 50);
```

- 基礎画面の設定
- 最初の全体レイアウトを横に指定
- 操作表示部は縦レイアウトで指定
- 最上部の見出し表示
- 接続ボタンの生成

7-5 タブレットのアプリケーションの製作

```java
            text0 = new TextView(this);
            text0.setTextColor(Color.WHITE);
            text0.setTextSize(18f);
            text0.setLayoutParams(params3);
            text0.setText("接続待ち");
            layout2.addView(text0);
            // サンプリング周期設定タイトル
            LinearLayout.LayoutParams params4 = new LinearLayout.LayoutParams(300, 50);
            params4.setMargins(10, 100, 0, 0);
            text10 = new TextView(this);
            text10.setTextColor(Color.WHITE);
            text10.setTextSize(18f);
            text10.setLayoutParams(params4);
            text10.setText("水平同期");
            layout2.addView(text10);
            // サンプリング周期設定ボタン生成
            LinearLayout.LayoutParams params2 = new LinearLayout.LayoutParams(220, 70);
            params2.setMargins(10,10, 0,0);
            for(i=0; i<7; i++){
                sample[i] = new Button(this);
                sample[i].setBackgroundColor(Color.GREEN);
                sample[i].setTextColor(Color.BLACK);
                sample[i].setTextSize(16f);
                sample[i].setLayoutParams(params2);
                layout2.addView(sample[i]);
            }
            sample[0].setText("2.5μs/Div");
            sample[1].setText("5μs/Div");
            sample[2].setText("25μs/Div");
            sample[3].setText("100μs/Div");
            sample[4].setText("500μs/Div");
            sample[5].setText("1ms/Div");
            sample[6].setText("10ms/Div");
        layout.addView(layout2);
        // グラフ描画
        graph = new MyView(this);
        layout.addView(graph);
        // ボタンイベントリスナ生成
        select.setOnClickListener((OnClickListener) new SelectExe());
        for(i=0; i<7; i++)
            sample[i].setOnClickListener((OnClickListener) new syncScope());
        // Bluetoothが有効な端末か確認
        BTadapter = BluetoothAdapter.getDefaultAdapter();
        if (BTadapter == null) {
            text0.setTextColor(Color.YELLOW);
            text0.setText("Bluetooth未サポート");
        }
        // 初期表示用正弦波データ格納
        for(i=0; i<2000; i++)
            DataBuffer[i] = (int)(500*(Math.sin(Math.toRadians((double)i*0.72))));
        Hsync = 4;
        FirstFlag = 1;
    }
```

注釈：
- 接続状態表示部の生成
- 周期設定タイトルの表示
- 周期設定ボタンを7個生成
- 各周期設定ボタンの表示文字指定
- 操作表示部の終了
- グラフの描画
- 各ボタンのリスナを設定
- Bluetoothの実装確認
- 未実装のときは表示して終了
- 初期画面用の正弦波生成
- 起動時の初期化

2 状態遷移イベント処理

次にアプリケーションが遷移する際のイベント処理メソッドがリスト7-5-3となります。ここではonStart、onResume、onDestroyの3つのイベント処理を作成していますが、onResumeメソッドは特に処理すべき内容はありません。

onStartメソッドでは、Bluetoothが有効化されているかどうかを判定し、されていなければダイアログを表示して有効化を促します。これで有効化されて戻ってきたら、ENABLEBLUETOOTHという値のイベントを生成しています。このイベントをリスト7-5-4のonActivityResultメソッドで処理してBluetoothの接続処理から受信待ちに進むようにしています。この辺りは6章と同じです。

onDestroyメソッドでは、Bluetoothが使用中であればそれを停止させて終了させています。

リスト 7-5-3　アプリケーション遷移イベント処理メソッドの詳細

```
/****** アクティビティ開始時（ストップからの復帰時）****/
@Override
public void onStart() {
    super.onStart();
    if (BTadapter.isEnabled() == false) {    // Bluetoothが有効でない場合
        // Bluetoothを有効にするダイアログ画面に遷移し有効化要求
        Intent BTenable = new Intent(BluetoothAdapter.ACTION_REQUEST_ENABLE);
        // 有効化されて戻ったらENABLEパラメータ発行
        startActivityForResult(BTenable, ENABLEBLUETOOTH);
    }
    else {
        if (BTclient == null) {
            // BluetoothClientをハンドラで生成
            BTclient = new BluetoothClientC(this, handler);
        }
    }
}
/***** アクティビティ再開時（ポーズからの復帰時）********/
@Override
public synchronized void onResume() {
    super.onResume();
    // 特に処理なし
}
/********* アクティビティ破棄時 ************************/
@Override
public void onDestroy() {
    super.onDestroy();
    if (BTclient != null) {
        BTclient.stop();
    }
}
```

- Bluetoothの有効化チェック
- 無効ならダイアログで有効化する
- ダイアログから戻ったらイベント生成
- 有効だったらイベントハンドラを起動する
- Bluetoothを終了する

7-5 タブレットのアプリケーションの製作

3 端末接続ボタンイベント処理

次は、Bluetoothの端末選択と接続の処理部で、リスト7-5-4となります。ここではBluetoothのライブラリと連携して動作します。この部分は6章と全く同じとなっています。

接続起動は端末接続ボタンのタップで行われ、DeviceListActivityライブラリに移行し、ライブラリ側でペアリング済み端末のリストを表示して選択を促します。

選択されて戻って来たらイベントを生成して、CONNECTDEVICEの値をstartActivityForResultメソッドに渡します。このイベントを処理するonActivityResultメソッドでは、端末の選択が正常にできたら、アドレスを取得してそのアドレスでデバイスのインスタンスを生成し、BluetoothClientCライブラリのconnectメソッドを呼び出して接続を開始します。

Bluetoothの有効化ダイアログの戻りイベントの場合は、有効化できたときはハンドラを起動し、有効化できなかったときは、メッセージを表示して終了させます。

リスト 7-5-4 端末接続ボタンイベント処理メソッドの詳細

```java
/********** 接続ボタンイベントクラス *******************/
class SelectExe implements OnClickListener{
    public void onClick(View v){
        // デバイス検索と選択ダイアログへ移行
        Intent Intent = new Intent(WirelessOscillo.this, DeviceListActivity.class);
        // 端末が選択されて戻ったら接続要求するようにする
        startActivityForResult(Intent, CONNECTDEVICE);
    }
}
/********** 遷移ダイアログからの戻り処理 ***************/
public void onActivityResult(int requestCode, int resultCode, Intent data) {
    switch (requestCode) {
        // 端末選択ダイアログからの戻り処理
        case CONNECTDEVICE: // 端末が選択された場合
            if (resultCode == Activity.RESULT_OK) {
                String address = data.getExtras().getString(DeviceListActivity.
                    DEVICEADDRESS);
                // 生成した端末に接続要求
                BluetoothDevice device = BTadapter.getRemoteDevice(address);
                BTclient.connect(device);// 端末へ接続
            }
            break;
        // 有効化ダイアログからの戻り処理
        case ENABLEBLUETOOTH: // Bluetooth有効化
            if (resultCode == Activity.RESULT_OK) {
                // 正常に有効化できたらクライアントをハンドラで生成
                BTclient = new BluetoothClientC(this, handler);
            }
            else {
                Toast.makeText(this, "Bluetoothのサポートなし", Toast.LENGTH_
                    SHORT).show();
                finish();
            }
            break;
    }
}
```

注釈:
- 端末検索処理に移行
- 選択されて戻ったら接続処理に移行
- 移行先からのメッセージで分岐
- 端末が選択されたとき
- 選択OKの場合は相手アドレスの取得
- 端末のインスタンスを生成し接続開始
- Bluetooth有効化OKならハンドラを生成
- Bluetooth有効化NGならメッセージ表示して終了

4 周期設定ボタンイベント処理

次がサンプリング周期選択のボタンのイベント処理でリスト7-5-5となります。

サンプリング周期選択は7個のボタンのイベントを共通で処理するリスナとなっていて、ボタンの種類に応じた番号に変換してHsyncという変数に代入しています。

続けて選択された周期で計測開始コマンドを送信バッファにセットし、以降の計測開始コマンドを変更します。まだ計測が開始されていない状態であれば、計測開始コマンドとしてここで送信します。

リスト 7-5-5 ボタンイベント処理メソッドの詳細

```
/********** 周期設定ボタンイベントクラス **********************/
class syncScope implements OnClickListener{
    public void onClick(View v){
        for(i=0; i<7; i++){                 // スイッチ種別判定
            if(v == sample[i]){             // タップされたボタンの場合
                Hsync = (byte)i;            // ボタン番号をHsyncに記憶
            }
        }
        // バッファに周期値設定
        SndPacket[0] = 0x53;                // S
        SndPacket[1] = 0x54;                // T
        SndPacket[2] = Hsync;               // サンプリング周期
        SndPacket[3] = 0x45;                // E
        for(i=4; i<64; i++){                // パディング
            SndPacket[i] = 0;
        }
        if(FirstFlag == 1){                 // 計測未開始の場合
            BTclient.write(SndPacket);      // 送信実行
            FirstFlag = 0;
        }
    }
}
```

- スイッチ種別判定
- 種別番号を送信データとして保存
- 種別を送信バッファにセット
- 64バイトまでパディング
- 計測未開始の場合、計測開始コマンド送信をライブラリのwriteメソッドで実行

5 接続中のイベント処理

次がBluetoothClientCライブラリでBluetoothの接続処理を実行し、そのあとの受信処理をしている間に生成される接続進捗ごとのイベントの処理をするハンドラ部で、リスト7-5-6となります。

ここでは、接続の進捗状況に応じてメッセージを表示していて、接続完了、接続中、接続失敗のメッセージを、色を変えて表示します。

さらに、データ受信完了イベントの場合は、受信データをバッファにコピーしてから受信処理メソッドのProcess()を呼び出しています。

受信処理メソッドでは、最初にヘッダ部を確認し正しい場合だけ先に進みコマンドの種類で分岐しますが、ここではNコマンドしかありません。

Nコマンドの場合は、4,000バイトのデータを2バイトずつINT型の整数に変換して配列に格納します。変換の際に上下を逆にしてオペアンプで反転された波形を補正しています。

変換結果でグラフ描画メソッドを呼び出してグラフを描画しています。

このあと0.5秒間の待ちを挿入してから、次の計測要求コマンドを送信して計測を繰り返します。特に停止はなく永久に繰り返します。

リスト 7-5-6 Bluetooth接続処理中のイベント処理

```java
/******** BT端末接続処理の戻り値ごとの処理実行 **********/
private final Handler handler = new Handler() {
    // ハンドルメッセージごとの処理
    @Override
    public void handleMessage(Message msg) {
        switch (msg.what) {
            case BluetoothClientC.MESSAGE_STATECHANGE:
                switch (msg.arg1) {
                    case BluetoothClientC.STATE_CONNECTED:
                        text0.setTextColor(Color.GREEN);
                        text0.setText("接続完了");
                        FirstFlag = 1;
                        break;
                    case BluetoothClientC.STATE_CONNECTING:
                        text0.setTextColor(Color.WHITE);
                        text0.setText("接続中");
                        break;
                    case BluetoothClientC.STATE_NONE:
                        text0.setTextColor(Color.RED);
                        text0.setText("接続失敗");
                        break;
                }
                break;
            // BT受信処理
            case BluetoothClientC.MESSAGE_READ:
                RcvPacket = (byte[])msg.obj;
                Index = 0;
                Process();
                break;
        }
    }
};
/********** 受信データ処理メソッド **********************/
public void Process(){
    if(RcvPacket[0] == 0x4D){              // M
        switch(RcvPacket[1]) {
            case 0x4E:                     // N
                Index = 0;
                for(j=2; j<4002; j+=2){
                    temp = RcvPacket[j+1]*128+RcvPacket[j];
                    DataBuffer[Index++] = (512-temp);// 正負反転
                }
                handler.post(new Runnable(){
                    public void run(){
                        graph.invalidate(); // データグラフの再表示
                }});
                // データ計測時間確保待ち
                try{
                    Thread.sleep(500);     // 0.5秒お休み
                }catch(InterruptedException e){ }
                // 次のデータ送信要求
                SndPacket[0] = 0x53;       // S
                SndPacket[1] = 0x54;       // T
                SndPacket[2] = Hsync;      // サンプリング周期
                SndPacket[3] = 0x45;       // E
```

注釈（左側の吹き出し）：
- ライブラリからのメッセージを取得
- メッセージ種別で分岐
- 状態遷移の場合
- 接続完了の場合 最初フラグセット
- 接続中の場合 メッセージ表示
- 接続不可の場合 メッセージ表示
- データ受信の場合
- データ取得して受信 データ処理メソッドへ
- コマンド種別で分岐
- データ受信の場合
- バイトからINTへ変換し上下反転
- グラフ表示実行
- 0.5秒待ち
- 次の計測開始コマンド送信

```
                        BTclient.write(SndPacket);   // 送信実行
                        break;
                    default:
                        break;
                }
            }
        }
```

❻ グラフ描画処理部

グラフを表示する描画クラスの詳細がリスト7-5-7となります。

グラフ描画の最初は座標の描画です。背景色を黒とし、座標の線を青色にセットしてから、縦軸15本と横軸10本を描画しています。縦軸は等間隔ですが、横軸は中央がグラフ領域の上下中央になるようにしています。これが0Vのラインになります。この0Vのラインと周囲の枠を白色線で描画して明確にします。

これで座標の線は描画完了なので、次は目盛を文字で描画します。小さな文字でX軸、Y軸とも数字で描画しますが、数字は単純に増し分させて表示しています。

次がサンプリング時間の表示です。指定されたサンプリング時間をX軸の1目盛分（100サンプル）に換算して1目盛分のサンプリング時間として表示しています。

次でバッファに格納されたデータからトリガ条件が最初に成立する位置を求めます。トリガ条件は、0Vを起点とした立ち上がりエッジという条件で求め、この位置を表示の最初の位置として描画します。

データは全部で2,000個あるので、前半の500個の中でトリガ位置が発見できなければ最初から表示するという規則としています。

最後に実際のグラフの表示です。ここではサンプリング周期の指定で、25μsec/Divより短い周期はハードウェア的にできないので、X座標を拡大して表示するようにしています。つまり2.5μsec/Divの指定の場合は10倍の座標とし、150サンプル分のデータを10ピクセル間隔のX軸で表示しています。同じように、5μsec/Divの場合は5倍の300サンプルのデータを5ピクセル間隔のX軸で拡大表示しています。これ以上のサンプリング周期の場合は、ハードウェアのサンプリング周期を伸ばすことで対応できるので、1,500サンプルのデータを1ピクセル間隔で表示しています。

リスト 7-5-7　グラフ描画クラスの詳細

```
/********** グラフを描画するクラス   *******************/
class MyView extends View{
    // Viewの初期化
    public MyView(Context context){         ← コンストラクタ初期化
        super(context);
    }
    // グラフ描画実行メソッド
    public void onDraw(Canvas canvas){
        super.onDraw(canvas);
        Paint set_paint = new Paint();    //背景色の設定    ← 背景色、座標色、線幅
        canvas.drawColor(Color.BLACK);                        のセット
        set_paint.setColor(Color.BLUE); // 座標の表示 青色で表示
```

7-5 タブレットのアプリケーションの製作

- 縦軸15本描画
- 横軸10本描画
- 0Vラインを白色
- 全体周囲を白線で囲む 文字のサイズと色の指定
- X軸目盛文字表示
- Y軸目盛文字表示
- 文字のサイズと色の指定
- サンプリング周期の 文字表示
- トリガ位置の検出
- 表示開始位置のセット
- グラフ色設定
- サンプリング周期により 表示処理分岐
- 横軸10倍に拡大して表示

```
set_paint.setStrokeWidth(1);
for(i=0; i<=15; i++)                    // 縦軸の表示  15本
    canvas.drawLine(30+i*100, 20, 30+i*100, 1050, set_paint);
for(i=0; i<=10; i++)                    // 横軸の表示10本中央を0とする
    canvas.drawLine(30, 35+i*100, 1530, 35+i*100, set_paint);
// X軸とY軸の0ライン白色で描画
set_paint.setColor(Color.WHITE);
canvas.drawLine(30, 535, 1530, 535, set_paint);
set_paint.setStrokeWidth(2);
canvas.drawLine(30, 20, 1530, 20, set_paint);
canvas.drawLine(30, 20, 30, 1050, set_paint);
canvas.drawLine(30, 1050, 1530, 1050 ,set_paint);
canvas.drawLine(1530, 20, 1530, 1050, set_paint);
// 軸目盛の表示
set_paint.setAntiAlias(true);
set_paint.setTextSize(25f);
set_paint.setColor(Color.WHITE);
for(i=0; i<15; i++)                     // X座標目盛
    canvas.drawText(Integer.toString(i), 25+i*100, 1070, set_paint);
for(i=-5; i<=5; i++)                    // Y座標目盛
    canvas.drawText(Integer.toString(i), 5, 545-i*100, set_paint);
// 水平軸時間表示
set_paint.setTextSize(30f);
set_paint.setColor(Color.GREEN);
switch(Hsync){
    case 0:
        canvas.drawText("2.5usec/Div", 400, 1100, set_paint);
        break;
    case 1:
        canvas.drawText("5usec/Div", 400, 1100, set_paint);
        break;
(一部省略)
    case 6:
        canvas.drawText("10msec/Div", 400, 1100, set_paint);
        break;
    default:break;
}
// トリガポイント検出  0クロス
Index = 0;
TrigLevel = 3;
for(i=2; i<490; i++){
    if((DataBuffer[i-1] < TrigLevel) && (DataBuffer[i] > TrigLevel)
                    && (DataBuffer[i+1]> DataBuffer[i])){
        Index = i-1;
        break;
    }
}
if(Index >= 490)
    Index = 0;
// 実際のグラフの表示
set_paint.setColor(Color.GREEN);
switch(Hsync){
    case 0:
        for(i=0; i<150; i++)
            canvas.drawLine(10*i+30, 535-DataBuffer[Index+i],
                    10*(i+1)+30, 535-DataBuffer[Index+i+1], set_paint);
```

```
                    break;
                case 1:
                    for(i=0; i<300; i++)
                        canvas.drawLine(5*i+30, 535-DataBuffer[Index+i],
                            5*(i+1)+30, 535-DataBuffer[Index+i+1], set_paint);
                    break;
                case 2:
                case 3:
                case 4:
                case 5:
                case 6:
                    for(i=0; i<1500; i++)
                        canvas.drawLine(i+30, 535-DataBuffer[Index+i],
                            (i+1)+30, 535-DataBuffer[Index+i+1], set_paint);
                    break;
                default:
                    break;
        }
}}}
```

横軸5倍に拡大して表示

等倍表示

　以上でタブレット側のアプリケーション製作は完了です。これをタブレットにダウンロードすれば画面が表示されます。次は、実際のテスト方法です。

7-6 ワイアレスオシロスコープの使い方

すべての製作が完了したところで、実際の動作テストの手順を説明します。
動作テストは、オシロスコープボード単体で行い、そのあとでタブレットとの接続テストを行います

7-6-1 単体テスト

まずオシロスコープボードに電源を接続します。これで、Bluetoothモジュールの緑LEDが点滅すれば、電源関係は正常に動作しています。
次に、Bluetoothモジュールの名称設定をします。RB0ピン(16ピン)を仮接続でグランドと接続してから、RESETスイッチをオンオフします。これでBluetoothモジュールの緑LEDが高速点滅を開始すれば、PICマイコンのプログラムも正常に動作していて、Bluetoothモジュールの設定も正常に開始されています。この時点で、RB0とグランドの仮接続は離しても大丈夫です。
次に、入力アンプ系のテストはオシロスコープがないと難しいので、実際の動作で確認することにします。

7-6-2 タブレットとの接続

1 ペアリング

タブレットの電源をオンとし、最初にBluetoothモジュールとのペアリングを行います。
タブレットの[設定]アプリを起動し[Bluetooth]をOn状態としてからBluetoothをタップします。これで「Oscillo Scope」が新たに追加されるはずです。追加されない場合は、画面上側にある[デバイスの検索]をタップしてください。
次にこの[Oscillo Scope]をタップしてペアリングします。しばらくすると図7-6-1のような[Bluetoothのペア設定リクエスト]のダイアログが表示されるので、パスキーを入力して[ペア設定する]をタップしてペアリングを実行します。
パスキーのデフォルト値は「1234」となっています。
これでOscillo Scopeは[ペアリングされたデバイス]のリストに移動してペアリングが完了します。

●図7-6-1　Bluetoothペアリング設定

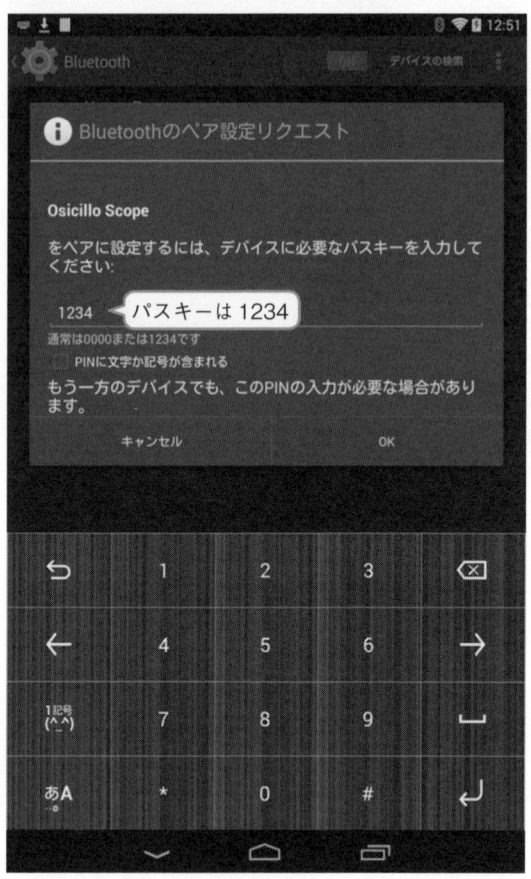

2 アプリケーションで接続

　ペアリングが完了したら,「オシロスコープ」のアプリケーションをタブレットにダウンロードして起動します。ダウンロードの方法は6章末のコラムAを参照してください。

　起動したら画面左側の一番上にある[端末接続]のボタンをタップします。これで図7-6-2のように「Oscillo Scope」を含むペアリング済みのリストダイアログが表示されるので、ここでOscillo Scopeを選択します。

　これでボタン下側にあるメッセージで「接続完了」と緑色で表示されれば、接続動作が完了し波形表示できる状態となっています。

　ここに赤字で「接続失敗」と表示された場合は、再度[端末接続]をタップして同じ動作を繰り返します。電波状況により何度か繰り返す必要がある場合があります。

7-6 ワイヤレスオシロスコープの使い方

● 図 7-6-2　端末の選択と接続

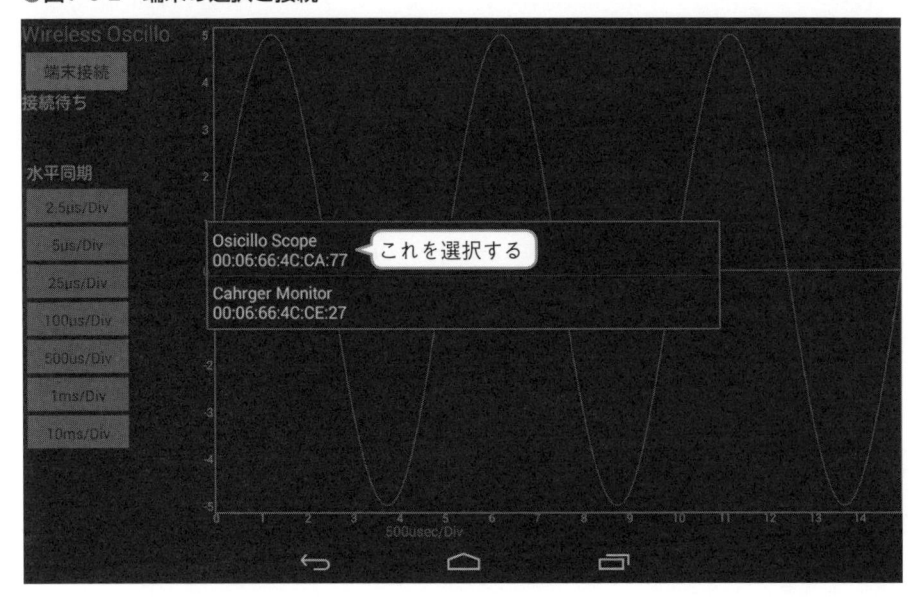

接続完了したら、次にサンプリング周期の中のどれかのボタンをタップしてください。RCA入力ジャックに何も接続しないままであれば、図7-6-3のように直線のグラフが表示されます。表示される位置はオフセット調整により異なるので、オフセットの可変抵抗を調整してちょうど0レベルのところに波形が重なるようにします。

● 図 7-6-3　波形表示確認とオフセットの調整

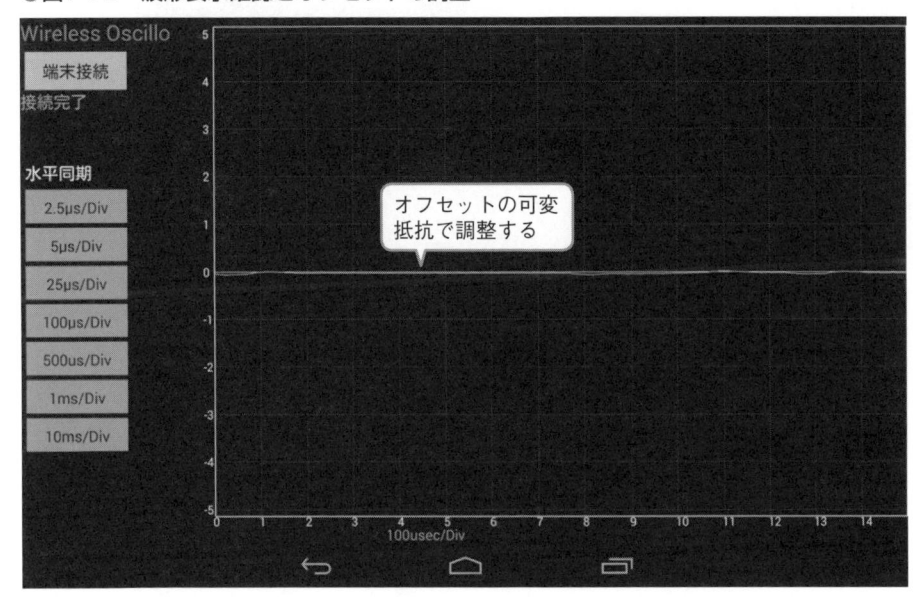

3 調整方法と表示例

次は波形の表示確認です。ここからは何らかの信号発生器が必要です。本書では、自作の正弦波発振器を使ってテストしています。

まず1kHzで、振幅が$2.0V_{P-P}$程度の正弦波を入力して、波形が表示されることを確認します。

次に、入力アンプのゲインを調整してちょうど画面の±4の目盛り線にぴったりの振幅で表示されるようにします。これで、縦軸のひと目盛が0.5Vになることになります。

これで調整も完了です。いくつかの周波数で表示した例が図7-6-4から図7-6-6となります。

低い周波数は10Hz程度まで全く問題なく表示できます。また直流も±2.0Vの範囲で計測できます。高い周波数は数100kHzまでは実用になります。

無線で表示部が持ち運び自由になるオシロスコープは意外と便利に使えます。タブレットで表示も大画面でできるので、見やすいものとなります。機能をいろいろ追加するのも面白いと思います。

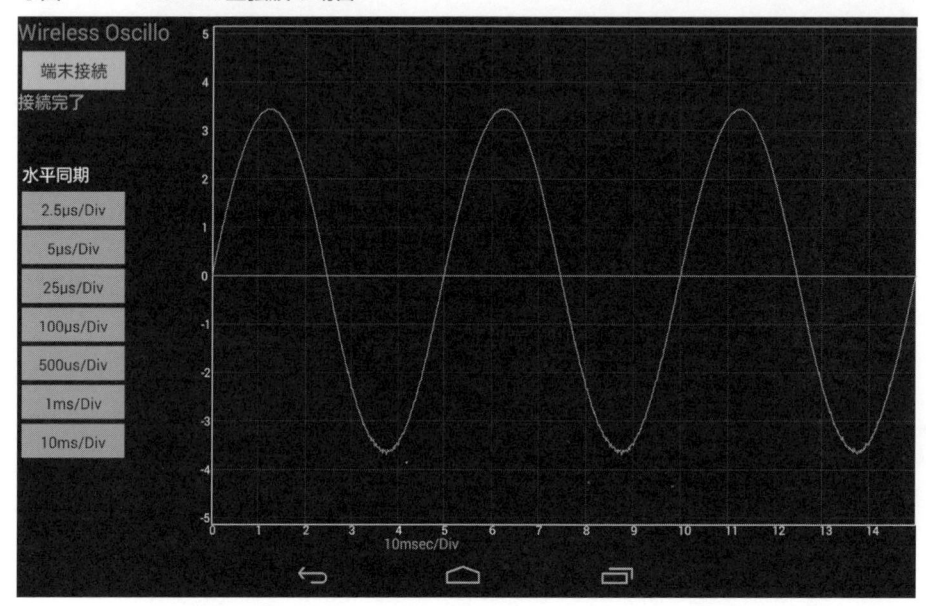

●図7-6-4　20Hzの正弦波の場合

●図7-6-5　2kHzの正弦波の場合

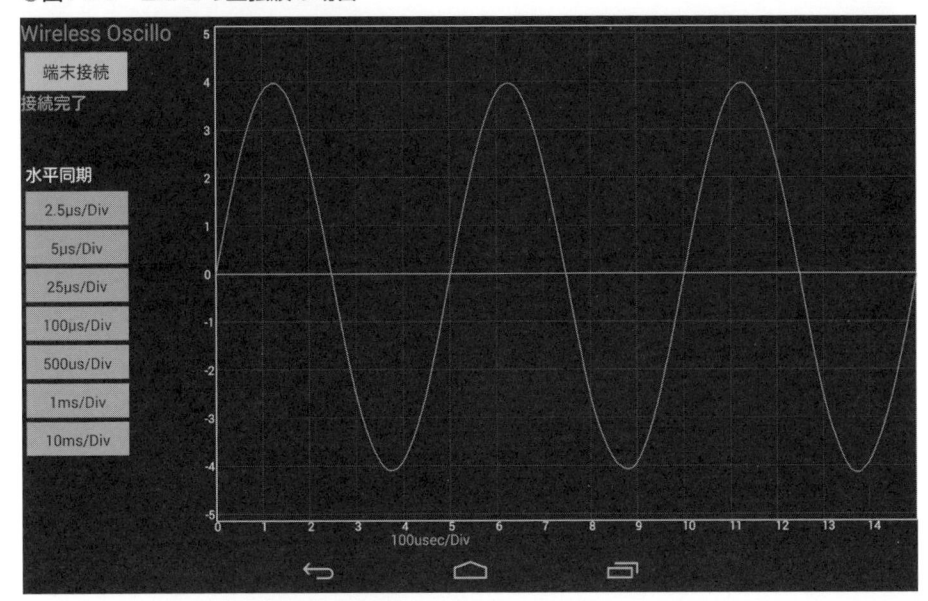

●図7-6-6　100kHzの正弦波の場合

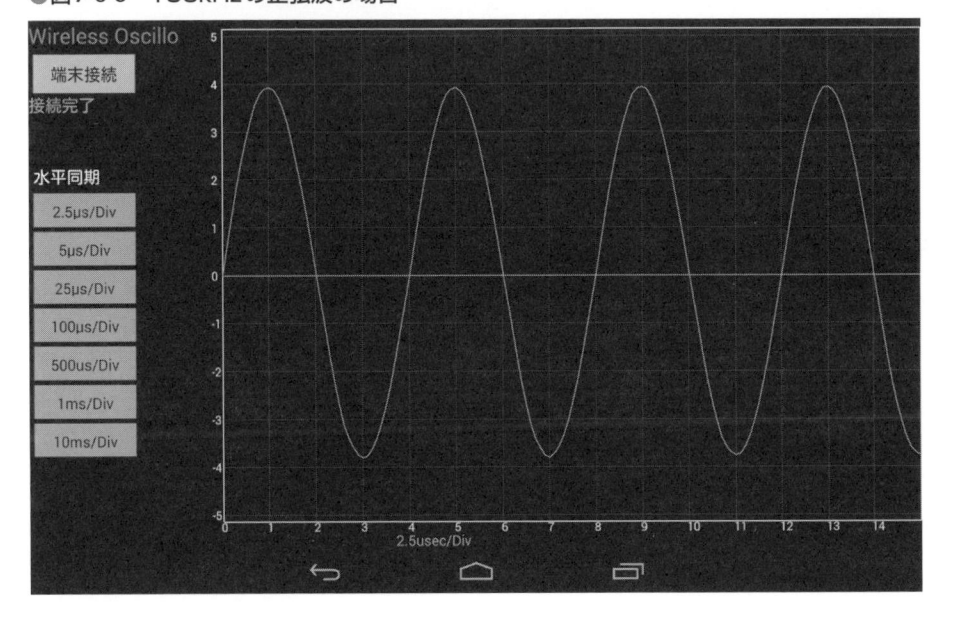

Peripheral Interface Controller

第8章
デジタルマルチメータの製作

PIC24 GCファミリに内蔵されているデルタシグマA/DコンバータとCTMUモジュールを使って、電圧、電流、抵抗、コンデンサ容量を測定できるマルチメータを製作します。
　表示にはセグメント液晶表示器を使って電池で長時間動作するマルチメータを目指します。

8-1 デジタルマルチメータの概要

ANALOG

　PIC24 GCファミリに内蔵されている16ビット分解能のデルタシグマA/Dコンバータを使って電圧と電流を計測し、CTMUモジュールを使って抵抗値とコンデンサ容量を測定できるデジタルマルチメータ(DMM)を製作します。
　完成したデジタルマルチメータの外観は写真8-1-1のようになります。動作確認用として製作したので単体のボード状態となっています

●写真8-1-1　デジタルマルチメータの外観

8-1-1　デジタルマルチメータの機能仕様

　製作するデジタルマルチメータの機能仕様は表8-1-1のようにすることにしました。
　電圧と電流測定には内蔵デルタシグマA/Dコンバータを使っています。したがって分解能は16ビットということになります。このA/Dコンバータには最大32倍の可変ゲインアンプが前段に付属しているので、もっと小さな電圧や電流も計測可能ですが、ゼロ調整やフルスケール調整が必要になってしまうので、今回はこのアンプは使わずゲイン1倍で構成しています。ゲイン1倍の場合には、オフセットとフルスケールの調整をA/Dコンバータの基本機能を使ってプログラムで実行することができるので、常に高精度の計測ができます。

8-1 デジタルマルチメータの概要

　コンデンサ容量の測定にはCTMUモジュールと12ビットのA/Dコンバータを使っているので、分解能は12ビットということになります。抵抗の測定にも12ビットのA/Dコンバータを使っています。

▼表8-1-1　デジタルマルチメータの機能仕様

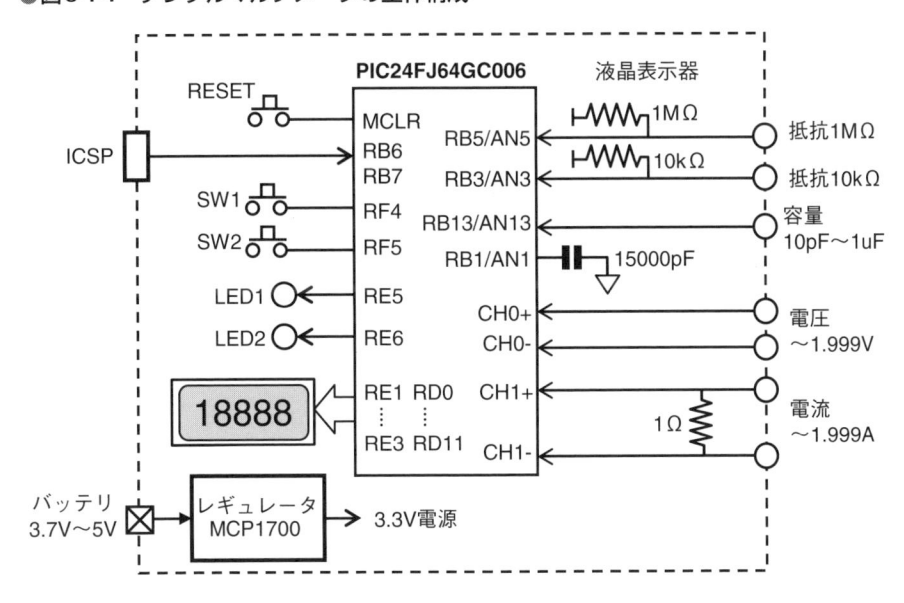

機能項目	機能・仕様の内容	備　考
電源	電池（単3×3本）かリチウム電池 消費電流：約11mA	3.7V以上であれば使用可能
液晶表示	4 1/2桁　セグメント数字表示	1.9999　表示
電圧電流測定	電圧　最大1.9999V 　　　分解能　50μV 電流　最大1.9999A 　　　分解能　50μA	分解能16ビット 負荷抵抗　1Ω
抵抗測定	抵抗　レンジ1　10Ω～10kΩ 　　　レンジ2　10kΩ～1MΩ	分解能12ビット レンジ切り替えは手動
容量測定	容量　レンジ1　10pF～1,000pF 　　　レンジ2　0.001μF～0.01μF 　　　レンジ3　0.01μF～0.1μF 　　　レンジ4　0.1μF～1μF	分解能12ビット レンジ切り替えは自動 オフセット補正あり
容量オフセット調整	調整範囲：1pF～100pF	容量測定時の補正に使用する

8-1-2　デジタルマルチメータの構成

　製作するデジタルマルチメータの構成は図8-1-1のようにしました。

●図8-1-1　デジタルマルチメータの全体構成

電源は電池とし、3.7V以上あればよいので、リチウムイオン電池か、単3の電池3本で供給します。消費電流は11mA以下とわずかなので、長時間の動作が可能です。この電源からレギュレータで3.3Vを生成して全体に供給します。

表示器にはセグメント液晶表示パネルを使いました。表示機能としては数字しかないので、ちょっとデジタルマルチメータとしては使いにくくなってしまいますが、消費電力を優先しました。2行のキャラクタ表示の液晶表示器を使えば、もう少し使いやすくなります。

各項目の測定方法ですが、まず、電圧と電流の計測には内蔵のデルタシグマ方式の高分解能A/Dコンバータを使います。このA/Dコンバータには本来リファレンス電圧が必要となりますが、入力を2チャネルとも使うとこのリファレンスがSV_{DD}しか選択できなくなってしまうので、やむを得ずSV_{DD}つまり電源をリファレンスとしています。A/Dコンバータの入力端子は差動入力でグランドから浮いているので、直接外部信号をピンに接続できます。

電流の計測には外部回路に1Ωの抵抗を直列に挿入してその抵抗に発生する電圧降下分を同じ高分解能A/Dコンバータで測定して計測します。

抵抗値の測定は、12ビット高速A/Dコンバータを使って図8-1-2に示すような方法で測定しています。このA/Dコンバータのリファレンス電圧には、内蔵の定電圧リファレンスを使って精度を確保しています。

まず、2個の10kΩの抵抗で電源電圧V_{DD}を1/2にした電圧を計測し、この2倍を基準電源電圧値$2 \times V_R$として使います。

次に電源から1MΩか、10kΩの基準抵抗を経由して被測定抵抗R_Xと接続してその分圧された電圧V_XをA/Dコンバータで測定します。

こうすると、図中の式のように、V_R、V_X、1MΩの3つの値から求める抵抗値R_Xを計算することができます。

今回は1Ω程度まで計測したかったので、基準抵抗に1MΩと10kΩの2つを用意して10kΩ以下と1MΩ以下の2レンジで測定するようにしました。

●図8-1-2　抵抗値の測定方法

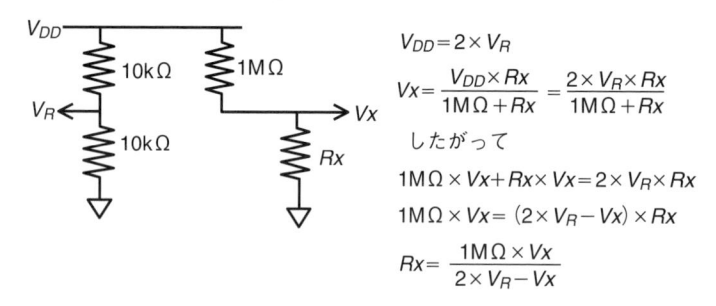

$V_{DD} = 2 \times V_R$

$$V_x = \frac{V_{DD} \times Rx}{1M\Omega + Rx} = \frac{2 \times V_R \times Rx}{1M\Omega + Rx}$$

したがって

$1M\Omega \times Vx + Rx \times Vx = 2 \times V_R \times Rx$

$1M\Omega \times Vx = (2 \times V_R - Vx) \times Rx$

$$Rx = \frac{1M\Omega \times Vx}{2 \times V_R - Vx}$$

容量測定はCTMUモジュールと12ビットA/Dコンバータを使います。CTMUモジュールから4段階の定電流が供給できるので、これで一定時間コンデンサを充電したあとの電圧を測定することで容量を求めます。無調整とするため、基準コンデンサを用意し、これとの比較で被測定コンデンサの容量を求めます。この測定方法の詳細は次の節で説明します。

8-2 周辺モジュールの使い方

　デジタルマルチメータで使うアナログモジュールは、16ビットデルタシグマA/Dコンバータと、CTMUモジュールと高速12ビットA/Dコンバータとなります。本章では新たなモジュールであるデルタシグマA/DコンバータとCTMUモジュールの使い方を説明します。さらに、アナログモジュールではありませんが、セグメント液晶表示パネルを使ったので、LCDモジュールの使い方も説明します。

8-2-1 高分解能A/Dコンバータの使い方

❶ 特徴
　16ビット分解能のデルタシグマA/Dコンバータの特徴は次のようになっています。
❶高分解能
　最大16ビットの分解能で変換結果を得られます。
❷変換速度と分解能を選択可能
　最も高精度な約1kspsから速度優先の62.5kspsの範囲で変換速度を選択できます。
❸2チャネルの差動入力
　2チャネルから選択して変換できます。
❹プログラマブルゲインアンプを内蔵
　1倍から最大32倍までのゲインを選択可能なアンプが内蔵されています。
❺オフセット誤差とゲイン誤差を補正できる
　いずれの誤差も自身で計測できるので、補正値を取得することができます。
❻オーバーサンプリング、ディザリング、データ形式が選択可能

❷ 内部構成
　このA/Dコンバータの詳細な内部構成は図8-2-1のようになっています。左端が入力とリファレンスの切り替え用マルチプレクサで、中央の点線内が変換器本体です。
　入力はディファレンシャルまたはシングルエンドで入力マルチプレクサにより選択され、それを、1、2、4、8、16、32倍に設定可能なゲイン可変アンプ（PGA）を通してから、デルタシグマ方式でA/D変換を実行します。
　結果は8、16、24、32ビット幅のいずれか指定されたフォーマットで、SDxRESHとSDxRESLの2組のレジスタに図で示したように符号付の左詰めで格納されます。8、16ビット幅の場合には、SDxRESHレジスタだけが使われます。変換はリファレンス電圧として指定するV_{REF+}とV_{REF-}の範囲で行われます。

●図8-2-1　デルタシグマA/Dコンバータの内部構成

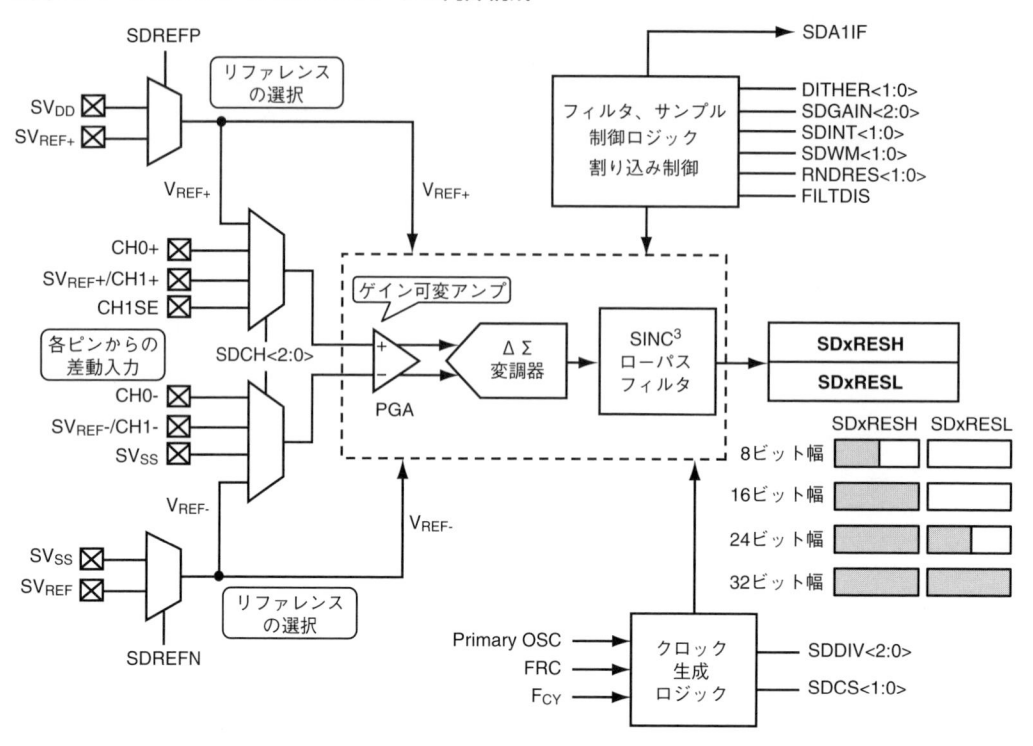

3 オーバーサンプリングと誤差

　デルタシグマ方式のA/D変換の特徴であるオーバーサンプリングの倍数は、変換分解能と変換速度のトレードオフの関係にあり、倍数を大きくするほど変換精度が高くなり変換ビット数もS/N比も良くなりますが、その分だけ変換速度が遅くなります。このため、このA/Dコンバータでは、オーバーサンプリング比（OSR）を16から1,024の間で選択することができるようになっています。これで用途に応じて最適な組み合わせを選ぶことができます。
　A/Dコンバータ本体で発生するオフセットとゲインの誤差については、較正モードが用意されているので、変換を始める前にこの誤差補正値を取得し、変換結果に補正をかけることで誤差をなくすことができます。

4 レジスタ

　高分解能A/Dコンバータを使うために必要な制御レジスタは次のようになります。
- SD1CON1：ゲイン、リファレンス選択などの基本設定用
- SD1CON2：割り込み、データ形式などの設定
- SD1CON3：クロック、OSR比の設定
- SD1RESH：8、16ビットの結果データ、24、32ビットの上位結果
- SD1RESL：24、32ビットの結果データ下位

8-2 周辺モジュールの使い方

それぞれのレジスタの詳細は図8-2-2のようになっています。

●図8-2-2　高分解能A/Dコンバータ制御レジスタ詳細

SD1CON1レジスタ

| 上位 | SDON | ---- | SDSIDL | SDRST | ---- | SDGAIN2 | SDGAIN1 | SDGAIN0 |

SDON：ADC有効化　　　SDRST：リセット動作　　SDGAIN<2:0>：ゲイン倍率
　1：有効　0：無効・停止　　1：リセット継続　　　11x：未使用　　101：32
SDSIDL：アイドル中動作　　　0：解除　　　　　　100：16　　　011：8
　1：停止　0：継続　　　　　　　　　　　　　　　010：4　　　　001：2
　　　　　　　　　　　　　　　　　　　　　　　　000：1

| 下位 | DITHER1 | DITHER0 | ---- | VOSCAL | ---- | SDREFN | SDREFP | PWRLVL |

DITHER<1:0>：ディザモード　　SDREFN：V$_{REF}$-選択　　SDREFP：V$_{REF}$+選択
　11：高OSR用　10：中OSR用　　1：SV$_{REF}$-ピン　　　1：SV$_{REF}$+ピン
　01：低OSR用　00：なし　　　　0：SV$_{SS}$ピン　　　　0：SV$_{DD}$ピン
VOSCAL：オフセット校正　　　　　　　　　　　　　　PWRLVL：アンプ帯域
　1：校正モード　0：通常モード　　　　　　　　　　　1：帯域2倍　0：通常帯域

SD1CON2レジスタ

| 上位 | CHOP1 | CHOP0 | SDINT1 | SDINT0 | ---- | ---- | SDWM1 | SDWM0 |

CHOP<1:0>：チョップ　　SDINT<1:0>：割り込み　　SDWM<1:0>：結果書き込み
　11：有効　　　　　　　11：毎回生成　　　　　　11：未使用
　10：未使用　　　　　　10：5回ごと　　　　　　10：なし
　01：未使用　　　　　　01：小さいとき　　　　　01：割り込みごと
　00：禁止　　　　　　　00：大きいとき　　　　　00：SDRDY＝0のとき

| 下位 | ---- | ---- | ---- | RNDRES1 | RNDRES0 | ---- | ---- | SDRDY |

RNDRES<1:0>：まるめデータ長　　SDRDY：レディー
　11：8ビット　　10：16ビット　　1：動作完了
　01：24ビット　 00：なし　　　　0：動作中

SD1CON3レジスタ

| 上位 | SDDIV2 | SDDIV1 | SDDIV0 | SDOSR2 | SDOSR1 | SDOSR0 | SDCS1 | SDCS0 |

SDDIV<2:0>：クロック分周　　SDOSR<2:0>：OSR比　　SDCS<1:0>：クロック選択
　111：未使用　110：64　　　111：未使用　110：16　　11：未使用
　101：32　　　100：16　　　101：32　　　100：64　　10：CLKI/OSCI
　011：8　　　 010：4　　　 011：128　　 010：256　 01：FRC（8MHz）
　001：2　　　 000：1　　　 001：512　　 000：1024　00：Fosc/2

| 下位 | ---- | ---- | ---- | ---- | ---- | SDCH2 | SDCH1 | SDCH0 |

SDCH<2:0>：チャネル選択
　1xx：未使用
　011：REF（ゲインエラー校正用）
　010：CH1SE/SV$_{SS}$
　001：CH1+/CH1-
　000：CH0+/CH0-

5 使用手順

これらを使って実際に動作させるときには次の手順で行います。

❶ クロックを設定

大元のクロックをSDCS<1:0>で設定します。通常はシステムクロックの$F_{OSC}/2$を選択します。次にそのクロックを分周して実際のA/Dコンバータ用のクロックを決めます。このA/Dコンバータ用のクロックは1MHzから4MHzの範囲となっているので、この範囲となるように設定します。

システムクロックが最速の32MHzの場合、4MHz動作とするには分周比は4という設定となります。

❷ オーバークロック倍率設定

製作するものに必要な分解能か、変換速度に応じてオーバーサンプリング倍率を設定します。設定には、SDOSR<2:0>のビットを使いますが、クロック周波数が関連します。この設定は表8-2-1のようになります。

表から、例えば最高精度で最大変換速度とするためには、クロックは4MHzで、SDOSR<2:0>＝000に設定します。このときのオーバーサンプリング倍率は1,024、変換速度は約1kspsとなります。

▼表8-2-1　クロック周波数とオーバーサンプリング倍率

変換速度	クロック	SDOSR	変換速度	クロック	SDOSR
62.5ksps	4MHz	110		4MHz	001
31.25ksps	4MHz	101	1.9ksps	2MHz	010
	2MHz	110		1MHz	011
15.6ksps	4MHz	100	0.98ksps	4MHz	000
	2MHz	101		2MHz	001
	1MHz	110		1MHz	010
7.8ksps	4MHz	011	0.49ksps	2MHz	010
	2MHz	100		1MHz	000
	1MHz	101	0.24ksps	1MHz	000
3.9ksps	4MHz	010			
	2MHz	011			
	1MHz	100			

❸ ゲイン倍率とディザモードの設定

ゲインはSDGAIN<2:0>のビットで行いますが、倍率を2倍以上にするとゲイン誤差補正が内蔵の較正機能ではできなくなってしまうので注意が必要です。この場合の較正は、外部信号を入力して行う必要があります。

また、入力電圧範囲も、「リファレンス÷倍率」と狭くなるので、こちらも注意が必要です。

ディザモードは、デルタシグマ変換部が、データに変化がない場合動作しないため、疑似的に信号を入力する機能で、どの程度のレベルにするかを設定します。このレベルはオーバーサンプリング倍率ごとに推奨の設定が用意されています。

チョッピング機能は、デルタシグマ変換の1/fノイズを減らすために信号をチョッピングする機能で、16ビット精度を得るためには通常はチョップを有効とします。

❹ 丸めビット数とデータ書き込みモードを指定

データを何ビットで丸めるかを指定します。16ビット精度の場合は16ビットで使います。24ビットとすると結果は2ワードとなります。

書き込みモードは、SDWM<1:0>ビットで設定しますが、通常は割り込みごとに書き込む設定とします。

❺ チャネルの設定と割り込み設定

チャネル切り替えは、SDCH<2:0>ビットで行いますが、設定値とチャネル選択は表8-2-2のようになります。

▼表8-2-2　チャネル切り替え

SDCH<2:0>	＋側入力	－側入力	備　考
011	$V_{REF}+$	$V_{REF}-$	ゲインエラー計測用
010	CH1SE	SV_{SS}	シングルエンド用
001	CH1+	CH1-	差動チャネル1
000	CH0+	CH0-	差動チャネル0

チャネル切り替えには5クロック必要とします。したがって、チャネル切り替えを頻繁に行う場合には、割り込みを5回ごとという設定にします。これで、切り替え中の不定のデータではなく、正常に変換された結果が得られます。

チャネル切り替え後、時間を空ければ、毎回割り込みという設定でも問題ありません。単一チャネルしか使わない場合には、空いたチャネルはSV_{SS}に接続し、割り込みは変換ごととしても問題ありません。

❻ リファレンスを設定

プラス側とマイナス側のリファレンスを設定します。このA/Dコンバータのリファレンスは電源か外部ピンしかないので、正確な絶対値の測定の場合には、外部リファレンスピンに正確な定電圧を入力して使う必要があります。

❼ A/Dコンバータを有効化

SDONビットを1にして有効化すれば動作を開始します。

❽オフセット誤差の較正

オフセット補正値を取得する場合には、VOSCALビットを1にして変換を実行します。このVOSCALをセットすると、入力が内蔵チャネルに接続されるのでオフセットを入力することになります。この変換結果をオフセット誤差として保存しておき、通常データの変換後にこの誤差を引き算して補正します。

❾ゲイン誤差の較正

デルタシグマ変換部のゲイン誤差も計測できるようになっています。チャネル選択でSDCH<2:0>＝011とすると、入力が内部リファレンスに接続されます。つまりフルスケール値を変換することになります。この変換結果は32,767より小さくなるようになっているので、この値をフルスケール値として通常の変換データ結果を補正します。

8-2-2　CTMUモジュールの使い方

CTMUは「Charge Time Measurement Unit」という名前のとおり、コンデンサへの充電時間を測定するモジュールです。CTMUモジュールの本来の用途はタッチボタンの制御用で、タッチボタンのパッドの容量が、指のタッチで変化することを検出する目的で用意されたものです。

本章では、これを実際のコンデンサの容量の測定用に使います。容量の測定なので、A/Dコンバータと組み合わせて使います。

◧ 特徴

CTMUモジュールの特徴は次のようになっています。

❶定電流値を4段階で設定可能

$0.55\mu A$、$5.5\mu A$、$55\mu A$、$550\mu A$と4段階で切り替えられます。また、電流値を微調整することもできるようになっています。この電流値が可変できることで、広範囲の容量測定が可能となります。

❷13個のトリガ要因

充放電開始をトリガする要因を多くの選択肢から選ぶことができます。さらにエッジの向きも指定できます。

◨ 内部構成

容量測定の場合のCTMUモジュールの構成は図8-2-3のようになります。

測定動作は、最初に測定するコンデンサが接続されたチャネルをA/Dコンバータで選択します。次に放電トランジスタを一定時間以上オンとすると、接続されたコンデンサの電荷を完全放電します。次に放電トランジスタをオフとしてから充電トランジスタを一定時間だけオンとします。これで接続コンデンサが充電されるので、充電後の電圧をA/Dコンバータで計測します。

● 図8-2-3　容量測定の場合のCTMUの構成

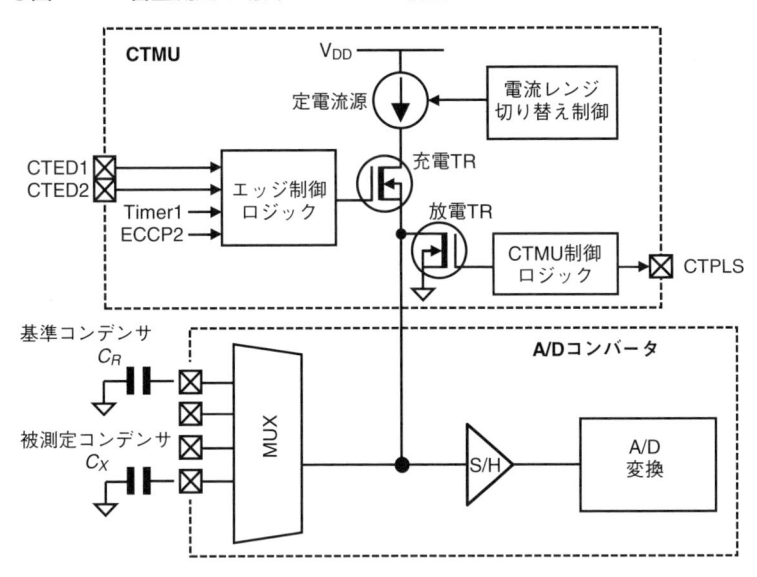

3 容量計測

本章での実際のコンデンサの容量計測の仕方は次のようにしました。

コンデンサを定電流で充電すると図8-2-4のように直線的に充電電圧が上昇します。そしてコンデンサの容量により電圧上昇の傾きが異なるため、同じ充電時間後の電圧が異なることになります。充電時間をコンデンサが飽和しないように短くしておけば、充電後の電圧は図中の式のように表され、充電電流Iと充電時間T_Cが一定であれば、充電後の電圧Vはコンデンサ容量Cに反比例することになります。

● 図8-2-4　容量測定の原理

$$V = \frac{I \times T_C}{C}$$

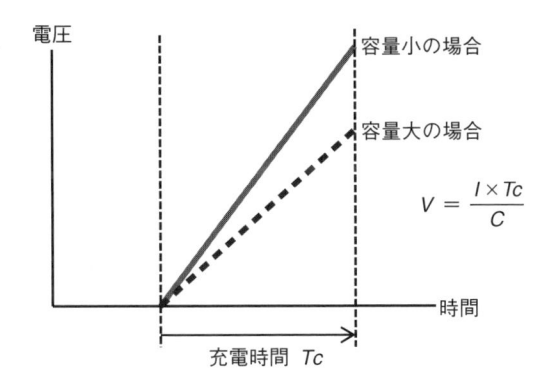

図の式から電流と時間が正確に求められればコンデンサの容量が計算できます。しかし、この電流値を正確に求めるのが困難なため、本章では、容量の絶対値を求める方法として、基準

コンデンサとの相対値で求めることにしました。つまり、いったんチャネルを基準コンデンサC_Rに接続して充電後の電圧V_Rを求めます。次に被測定コンデンサC_Xに接続して、同じ充電電流Iと同じ充電時間T_Cで充電後の電圧V_Xを求めます。こうすれば被測定コンデンサの容量C_Xは次の式で求めることができます。

$$C_X \times V_X = C_R \times V_R = I \times T_C \quad \text{つまり} \quad C_X = C_R \times V_R / V_X$$

　これで、電流と時間が正確にわからなくても、被測定コンデンサの容量を基準コンデンサの容量から正確に求めることができます。
　さらに電流は4段階で設定できるので、被測定コンデンサの容量に合わせて飽和しない電流の多いほうの電流値を求めてから測定すれば、自動でレンジ切り替えをすることができます。飽和はA/D変換結果がフルスケール値近くになったことで判定ができます。

❹ レジスタ

CTMUモジュールの制御レジスタは図8-2-5のようになっています。

●図8-2-5　CTMUモジュールの制御レジスタの詳細

CTMUCON1レジスタ

上位	CTMUEN	----	CTMUSIDL	TGEN	EDGEN	EDGSEQEN	IDISSEN	CTTRIG

- CTMUEN：CTMU有効化　　1：有効　0：無効・停止
- CTMUSIDL：アイドル中　　1：停止　0：継続
- TGEN：エッジ遅延有効化　1：有効　0：停止
- EDGEN：エッジ有効化　　　1：有効　0：無効
- EDSEQGEN：エッジシーケンス有効化　1：有効　0：無効
- IDISSEN：放電有効化　　　1：有効　0：無効
- CTTRIG：トリガ出力有効化　1：有効　0：無効

下位	----	----	----	----	----	----	----	----

CTMUCON2レジスタ

上位	EDG1MOD	EDG1POL	EDG1SEL3	EDG1SEL2	EDG1SEL1	EDG1SEL0	EDG2STAT	EDG1STAT

- EDG1MOD：エッジ1有効化　1：有効　0：無効
- EDG1POL：エッジ1極性　　1：立ち上がり　0：立ち下がり
- EDG1SEL<3:0>：エッジ1要因選択
  - 1111：コンパレータ3
  - 1110：コンパレータ2
  - （省略）
  - 0000：タイマ1
- EDGxSTAT：エッジx状態　1：エッジ発生　0：なし　または、マニュアル制御
  - 1：充電オン
  - 0：充電オフ

下位	EDG2MOD	EDG2POL	EDG2SEL3	EDG2SEL2	EDG2SEL1	EDG2SEL0	----	----

- EDG2MOD：エッジ2有効化　1：有効　0：無効
- EDG2POL：エッジ2極性　　1：立ち上がり　0：立ち下がり
- EDG2SEL<3:0>：エッジ2要因選択
  - 1111：コンパレータ3
  - 1110：コンパレータ2
  - （省略）
  - 0000：タイマ1

●図8-2-5 （つづき）

CTMUICONレジスタ

上位	ITRIM5	ITRIM4	ITRIM3	ITRIM2	ITRIM1	ITRIM0	IRNG1	IRNG0

ITRIM<5:0>：電流微調整
 01111：最大
 00001：1ステップアップ
 00000：通常
 11111：1ステップダウン
 10001：最小

IRNG<1:0>：電流レンジ
 11：100倍　　10：10倍
 01：1倍　　　00：1000倍

下位	----	----	----	----	----	----	----	----

　本章では、外部エッジ機能は使っていないので、エッジ要因の項目については詳細を省略しています。この詳細はPIC24FJ64GCファミリのデータシートを参照してください。
　IDISSENビットで放電トランジスタのオンオフを制御し、EDGxSTATビットは状態表示ビットですが、このビットに書き込むことによりプログラムで充電トランジスタをオンオフすることができます。xは1でも2でも同じように動作します。

5 計測手順

　これらの制御レジスタを使ってCTMUモジュールをコンデンサ容量計測に使う手順は次のようにします。

❶電流レンジの設定
　コンデンサが飽和しないできるだけ電流の大きなほうの電流レンジにIRNG<1:0>ビットを設定します。必要な場合には微調整でITRIM<5:0>ビットを設定します。

❷CTMUモジュールを有効化
　エッジ機能は使わないので無効のままとして、CTMUENビットを1にしてモジュールの動作を開始します。

❸放電を制御
　IDISSENビットを一定時間だけ1として放電をします。コンデンサの容量により完全放電に時間がかかる場合があるので、十分な時間放電する必要があります。一定時間後IDISSENビットを0に戻します。

❹充電の制御
　プログラムで短時間だけEDGxSTATビットを1にセットしてコンデンサを充電します。

❺A/Dコンバータで電圧測定
　同じチャネルの電圧を測定すれば、充電後の電圧を測定したことになります。

❻容量計算
　この測定を基準コンデンサと被測定コンデンサで行って、両者の電圧と基準コンデンサ容量から被測定コンデンサの容量を計算します。

8-2-3 LCDモジュールの使い方

❶ 内部構成

PIC24 GCファミリに内蔵されているLCDドライバモジュールの内部構成は、図8-2-6のようになっています。

コモンピンが8ピンまで増やせるので、最大8マルチプレクス方式まで対応できます。またセグメントピンが64ピンデバイスでは29ピンなので、最大29×8＝232セグメントまで駆動することができます。バイアス電圧は3種類まで使うことができます。

LCDSEnレジスタでどのピンをセグメント制御用として使うかを設定します。続いてバイアス電圧やマルチプレクスの選択、周期時間などの基本的な動作をLCDCONレジスタとLCDPSレジスタで設定します。

これでスキャン制御が開始され、タイミング制御部でセグメント駆動ピンを順次駆動し、LCDDATAxレジスタの設定内容にしたがって、バイアス制御部で生成された電圧をセグメントピンに出力します。

マルチプレクス方式を使う場合には、コモン出力ピン側も順次駆動され、コモンごとにセグメント出力ピンにバイアス電圧が出力されます。このスキャンをプログラム実行中も一定周期で繰り返します。さらに、このスキャンはスリープ中も実行するようにできるため、スリープ中でも液晶表示器の表示が消えることはありません。

●図8-2-6　LCDドライバモジュールの構成

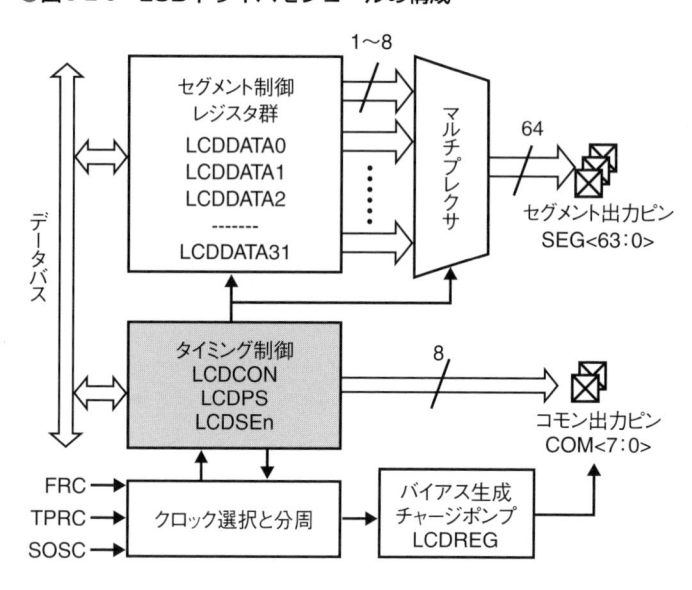

❷ レジスタ

LCDモジュールに関連するレジスタには次のようなものがあります。以降で各々の詳細を説

明していきます。
- LCDCON ：制御レジスタ
- LCDREG ：チャージポンプ制御
- LCDPS ：位相レジスタ
- LCDSE0〜3 ：セグメント有効化レジスタ
- LCDDATA0〜31：セグメントデータレジスタ
- LCDREF ：リファレンス電圧制御レジスタ

各レジスタの詳細は図8-2-7のようになっています。

● 図8-2-7 LCDモジュールの制御レジスタ詳細

LCDCONレジスタ

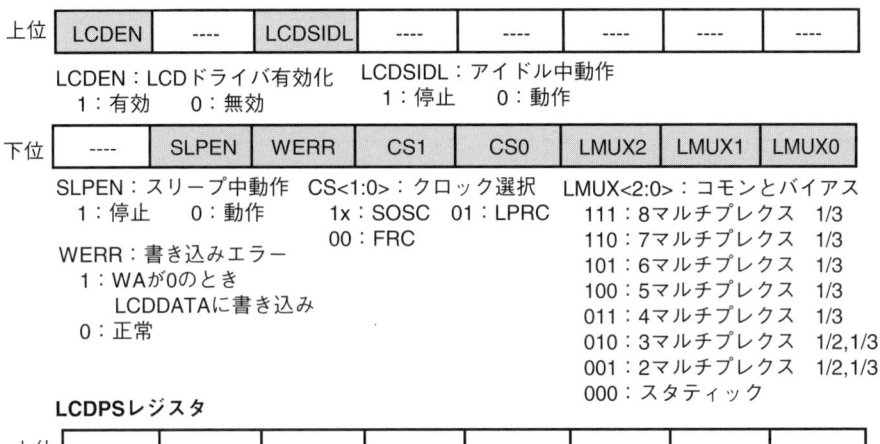

上位: | LCDEN | ---- | LCDSIDL | ---- | ---- | ---- | ---- | ---- |

LCDEN：LCDドライバ有効化
　1：有効　0：無効
LCDSIDL：アイドル中動作
　1：停止　0：動作

下位: | ---- | SLPEN | WERR | CS1 | CS0 | LMUX2 | LMUX1 | LMUX0 |

SLPEN：スリープ中動作
　1：停止　0：動作
WERR：書き込みエラー
　1：WAが0のとき
　　LCDDATAに書き込み
　0：正常

CS<1:0>：クロック選択
　1x：SOSC　01：LPRC
　00：FRC

LMUX<2:0>：コモンとバイアス
　111：8マルチプレクス　1/3
　110：7マルチプレクス　1/3
　101：6マルチプレクス　1/3
　100：5マルチプレクス　1/3
　011：4マルチプレクス　1/3
　010：3マルチプレクス　1/2,1/3
　001：2マルチプレクス　1/2,1/3
　000：スタティック

LCDPSレジスタ

上位: | ---- | ---- | ---- | ---- | ---- | ---- | ---- | ---- |

下位: | WFT | BIASMD | LCDA | WA | LP3 | LP2 | LP1 | LP0 |

WFT：波形タイプ選択
　1：タイプB　0：タイプA
BIASMD：バイアスモードの選択
　1：2バイアス
　0：スタティックか3バイアス
LCDA：LCD状態
　1：動作中
　0：停止中
WA：書き込み許可
　1：書き込み可
　0：書き込み禁止中

LP<3:0>：プリスケーラ選択
1111：1/16　1110：1/15
1101：1/14　1100：1/13
1011：1/12　1010：1/11
1001：1/10　1000：1/9
0111：1/8　 0110：1/7
0101：1/6　 0100：1/5
0011：1/4　 0010：1/3
0001：1/2　 0000：1/1

●図8-2-7 (つづき)

LCDREGレジスタ

上位

CPEN	----	----	----	----	----	----	----

CPEN：3.6Vチャージポンプ有効化
　　1：有効　0：無効

下位

----	----	BIAS2	BIAS1	BIAS0	MODE13	CKSEL1	CKSEL0

BIAS<2:0>：電圧出力設定　　MODE13：1/3バイアス　　CKSEL<1:0>：クロック選択
　111：3.60V　110：3.47V　　1：1/3バイアスモード　　11：SOSC　10：FRC（8MHz）
　101：3.34V　100：3.21V　　0：スタティック　　　　01：LPRC　00：電圧オフ
　011：3.08V　010：2.95V
　001：2.82V　000：2.69V

LCDREFレジスタ

上位

LCDIRE	----	LCDCST2	LCDCST1	LCDCST0	VLCD3PE	VLCD2PE	VLCD1PE

LCDIRE：コントラスト用　　　LCDCST<2:0>：コントラスト　　VLCDxPE：
　内蔵リファレンス有効化　　　111：最小コントラスト　　　　　BIASxピン有効化
　1：有効　0：無効　　　　　　　（1/7ステップで制御）　　　　　1：有効
　　　　　　　　　　　　　　　000：最大コントラスト　　　　　0：無効

下位

LRLAP1	LRLAP0	LRLBP1	LRLBP0	----	LRLAT2	LRLAT1	LRLAT0

LRLAP<1:0>：モードA電源制御　　　　LRLAT<2:0>：モードA期間の設定
　00：電源オフ　01：低電力　　　　　《WFT＝0の場合のA期間》
　10：中電力　　11：高電力　　　　　　000：0/16　　001：1/16
　　　　　　　　　　　　　　　　　　　010：2/16　　011：3/16
LRLBP<1:0>：モードB電源制御　　　　　100：4/16　　101：5/16
　00：電源オフ　01：低電力　　　　　　110：6/16　　111：7/16
　10：中電力　　11：高電力
　　　　　　　　　　　　　　　　　　《WFT＝1の場合のA期間》
　　　　　　　　　　　　　　　　　　　000：0/32　　001：1/32
　　　　　　　　　　　　　　　　　　　010：2/32　　011：3/32
　　　　　　　　　　　　　　　　　　　100：4/32　　101：5/32
　　　　　　　　　　　　　　　　　　　110：6/32　　111：7/32

　LCDCONレジスタとLCDPSレジスタは、LCDドライバモジュールの有効化やコモンの指定、クロック指定などの基本設定を行うレジスタです。

　マルチプレクスとバイアスモードを決め、クロック速度を設定します。LCDへの供給クロックが1kHz程度になるようにします。

　動作中でのレジスタ設定は失敗することがあるので、LCDENビットによるモジュールの有効化は、すべての設定が完了してから行います。

　LCDDATAnレジスタへの書き込みは、WAビットをチェックして、書き込み許可中に行う必要があります。そうしないとレジスタへの書き込みが正常に行われません。WAビットはLCDドライバモジュールが次のフレーム制御のためLCDDATAnレジスタをアクセスしている間だけビジーとなります。

　波形タイプはタイプAとBがあり、Aの場合は、コモンごとに位相が反転し平均電圧が1フレーム内で0Vになります。タイプBの場合は、フレーム境界で位相が反転するため、2フレームで平均電圧が0Vになります。

LCDREGレジスタとLCDREFレジスタの2つのレジスタは、バイアス電圧とコントラストの制御を行うレジスタです。

LCDREGレジスタでバイアス電圧用のチャージポンプを有効にするかしないかと、その出力電圧を選択します。

外部バイアスピンを有効にして外部電圧を選択した場合には、3種のバイアス電圧をVLCDxピン経由で外部から供給するようにします。

さらにパワーモードをA、Bで切り替えてきめ細かく制御する場合には、LCDIREビットをセットすることでパワーモードBの間はFVRをオフとして消費電力を減らすことができるようになっています。

LCDREFレジスタは、電力モードのAとBの電力と期間割合の設定をするレジスタで、このモードをきめ細かく制御することで省電力化をします。LCDREFレジスタではコントラストの調整もできるようになっています。

LCDSEnレジスタはどのセグメントを使うかを設定するレジスタで、使用する液晶パネルに合わせて指定します。

このレジスタで「1」と設定したセグメントがLCDドライバモジュールの制御下になり、TRISxレジスタやANSxレジスタに影響されません。

・LCDSE0レジスタ：SEG0 〜 SEG15　の指定
・LCDSE1レジスタ：SEG16 〜 SEG31　の指定
・LCDSE2レジスタ：SEG32 〜 SEG47　の指定（100ピンの場合）
・LCDSE3レジスタ：SEG48 〜 SEG63　の指定（100ピンの場合）

LCDDATAnレジスタでセグメントのオンオフを制御します。「1」と設定したセグメントが暗く表示されて見えるようになり、「0」と設定したセグメントが明るく表示され消えた状態になります。

LCDDATAnレジスタとマルチプレクスした場合のセグメントとの対応は表8-2-3のようになります。

▼表8-2-3　LCDATAnレジスタとセグメント対応一覧

コモン COM	セグメント			
	0 〜 15	16 〜 31	32 〜 47	48 〜 63
0	LCDDATA0	LCDDATA1	LCDDATA2	LCDDATA3
1	LCDDATA4	LCDDATA5	LCDDATA6	LCDDATA7
2	LCDDATA8	LCDDATA9	LCDDATA10	LCDDATA11
3	LCDDATA12	LCDDATA13	LCDDATA14	LCDDATA15
4	LCDDATA16	LCDDATA17	LCDDATA18	LCDDATA19
5	LCDDATA20	LCDDATA21	LCDDATA22	LCDDATA23
6	LCDDATA24	LCDDATA25	LCDDATA26	LCDDATA27
7	LCDDATA28	LCDDATA29	LCDDATA30	LCDDATA31

■マルチメータ例での使用法

本章で使った液晶表示パネルでどのようにLCDモジュールを使うかを説明します。

まず、使用した液晶表示パネルのデータシートから、セグメントとピンの対応は図8-2-8のようになっています。これから3コモンで12セグメントを駆動すればよいことがわかります。

● 図8-2-8　液晶表示パネルのデータシート

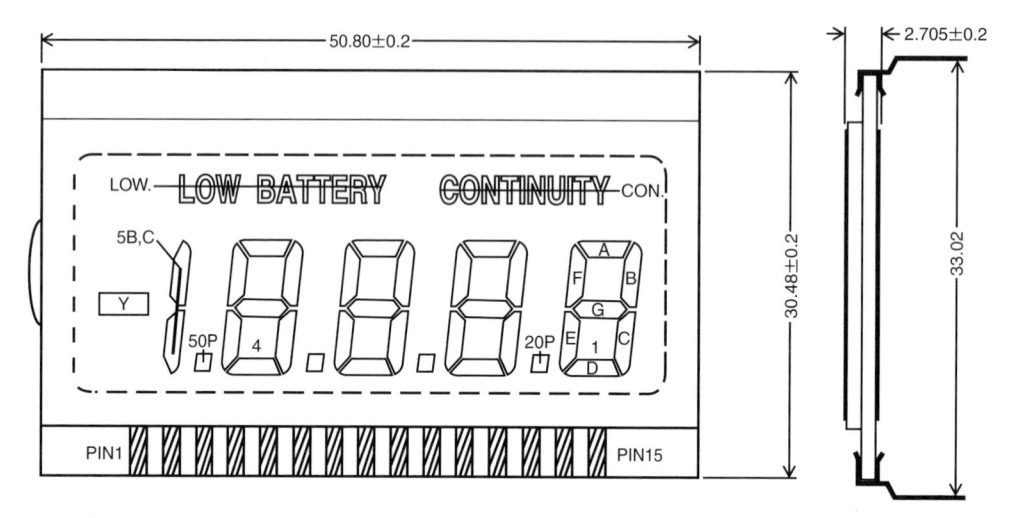

PIN	1	2	3	4	5	6	7	8	9	10	11	12	13	14	15
COM1	4F	4A	4B	3F	3A	3B	2F	2A	2B	1F	1A	1B	COM1	---	---
COM2	4E	4G	4C	3E	3G	3C	2E	2G	2C	1E	1G	1C	---	COM2	---
COM3	5DP	4D	5B、C	4DP	3D	Y	3DP	2D	LOW.	2DP	1D	CON.	---	---	COM3

さらに実際のPICと液晶表示パネルとの接続を、パターンの通しやすさを考慮して図8-2-9のようにしました。

● 図8-2-9　PICマイコンと液晶表示パネルの接続

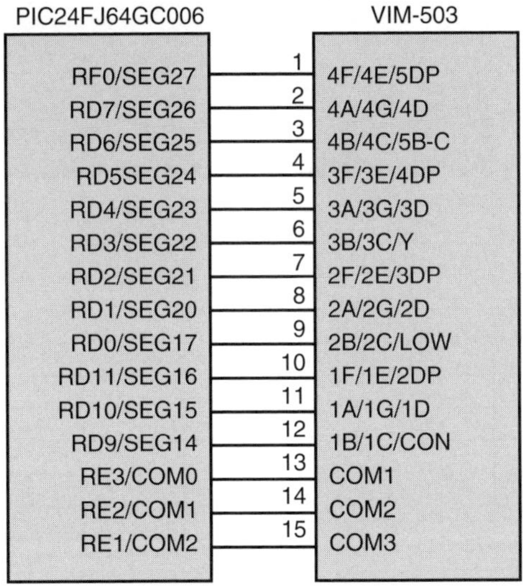

```
PIC24FJ64GC006              VIM-503
    RF0/SEG27  ──1── 4F/4E/5DP
    RD7/SEG26  ──2── 4A/4G/4D
    RD6/SEG25  ──3── 4B/4C/5B-C
    RD5SEG24   ──4── 3F/3E/4DP
    RD4/SEG23  ──5── 3A/3G/3D
    RD3/SEG22  ──6── 3B/3C/Y
    RD2/SEG21  ──7── 2F/2E/3DP
    RD1/SEG20  ──8── 2A/2G/2D
    RD0/SEG17  ──9── 2B/2C/LOW
    RD11/SEG16 ──10─ 1F/1E/2DP
    RD10/SEG15 ──11─ 1A/1G/1D
    RD9/SEG14  ──12─ 1B/1C/CON
    RE3/COM0   ──13─ COM1
    RE2/COM1   ──14─ COM2
    RE1/COM2   ──15─ COM3
```

　この両者の接続関係から、表示する数字と、セグメントの制御をするためのLCDDATAnレジスタの関係を表にしてまとめると、表8-2-4のようになります。
　表は、桁ごとに、さらに0から9までの数字ごとに、表示するために必要なセグメントを1にセットし、消すセグメントを0にしています。これで各桁の数字を表示するために必要なLCDDATAnの各ビットの設定方法が決まります。この桁ごとにLCDDATAnを配列データの定数として用意します。
　実際に5桁の数字を表示する場合には、この桁ごとのLCDATAnごとの配列のORを取ってLCDDATAnの全体の制御データを求め、出力します。

▼表8-2-4 液晶表示パネル駆動設定一覧

		配列データ	COM0											
			LCDDATA0		LCDDATA1									
		LCD Pin No	11	12	1	2	3	4	5	6	7	8	9	10
		LCDDATAn bit No	15	14	11	10	9	8	7	6	5	4	1	0
		segment No	15	14	27	26	25	24	23	22	21	20	17	16
		LCD segment	1A	1B	4F	4A	4B	3F	3A	3B	2F	2A	2B	1F
最上位	0	0000,0000,0000,0000,0000,0000												
	1	0000,0000,0000,0000,0000,0200												
4桁目	0	0000,0E00,0000,0A00,0000,0400			1	1	1							
	1	0000,0200,0000,0200,0000,0000			0	0	1							
	2	0000,0600,0000,0C00,0000,0400			0	1	1							
	3	0000,0600,0000,0600,0000,0400			0	1	1							
	4	0000,0A00,0000,0600,0000,0000			1	0	1							
	5	0000,0C00,0000,0600,0000,0400			1	1	0							
	6	0000,0C00,0000,0E00,0000,0400			1	1	0							
	7	0000,0600,0000,0200,0000,0000			0	1	1							
	8	0000,0E00,0000,0E00,0000,0400			1	1	1							
	9	0000,0E00,0000,0600,0000,0000			1	1	1							
3桁目	0	0000,01C0,0000,0140,0000,0080						1	1	1				
	1	0000,0040,0000,0040,0000,0000						0	0	1				
	2	0000,00C0,0000,0180,0000,0080						0	1	1				
	3	0000,00C0,0000,00C0,0000,0080						0	1	1				
	4	0000,0140,0000,00C0,0000,0000						1	0	1				
	5	0000,0180,0000,00C0,0000,0080						1	1	0				
	6	0000,0180,0000,01C0,0000,0080						1	1	0				
	7	0000,00C0,0000,0040,0000,0000						0	1	1				
	8	0000,01C0,0000,01C0,0000,0080						1	1	1				
	9	0000,01C0,0000,00C0,0000,0000						1	1	1				
2桁目	0	0000,0032,0000,0022,0000,0010									1	1	1	
	1	0000,0002,0000,0002,0000,0000									0	0	1	
	2	0000,0012,0000,0030,0000,0010									0	1	1	
	3	0000,0012,0000,0012,0000,0010									0	1	1	
	4	0000,0022,0000,0012,0000,0000									1	0	1	
	5	0000,0030,0000,0012,0000,0010									1	1	0	
	6	0000,0030,0000,0032,0000,0010									1	1	0	
	7	0000,0012,0000,0002,0000,0000									0	1	1	
	8	0000,0032,0000,0032,0000,0010									1	1	1	
	9	0000,0032,0000,0012,0000,0000									1	1	1	
1桁目	0	C000,0001,4000,0001,8000,0000	1	1										1
	1	4000,0000,4000,0000,0000,0000	0	1										0
	2	C000,0000,8000,0001,8000,0000	1	1										0
	3	C000,0000,C000,0000,8000,0000	1	1										0
	4	4000,0001,C000,0000,0000,0000	0	1										1
	5	8000,0001,C000,0000,8000,0000	1	0										1
	6	8000,0001,C000,0001,8000,0000	1	0										1
	7	C000,0000,4000,0000,0000,0000	1	1										0
	8	C000,0001,C000,0001,8000,0000	1	1										1
	9	C000,0001,C000,0000,0000,0000	1	1										1

8-2 周辺モジュールの使い方

LCDDATA4		COM1 LCDDATA5										LCDDATA8		COM2 LCDDATA9									
11	12	1	2	3	4	5	6	7	8	9	10	11	12	1	2	3	4	5	6	7	8	9	10
15	14	11	10	9	8	7	6	5	4	1	0	15	14	11	10	9	8	7	6	5	4	1	0
15	14	27	26	25	24	23	22	21	20	17	16	15	14	27	26	25	24	23	22	21	20	17	16
1G	1C	4E	4G	4C	3E	3G	3C	2E	2G	2C	1E	1D	CON	DP5	4D	5BC	DP4	3D	Y	DP3	2D	BAT	DP2
																0							
																1							
		1	0	1										1									
		0	0	1										0									
		1	1	0										1									
		0	1	1										1									
		0	1	1										0									
		0	1	1										1									
		1	1	1										1									
		0	0	1										0									
		1	1	1										1									
		0	1	1										0									
					1	0	1									1							
					0	0	1									0							
					1	1	0									1							
					0	1	1									1							
					0	1	1									0							
					0	1	1									1							
					1	1	1									1							
					0	0	1									0							
					1	1	1									1							
					0	1	1									0							
								1	0	1								1					
								0	0	1								0					
								1	1	0								1					
								0	1	1								1					
								0	1	1								0					
								0	1	1								1					
								1	1	1								1					
								0	0	1								0					
								1	1	1								1					
								0	1	1								0					
0	1											1	1										
0	1											0	0										
1	0											1	1										
1	1											0	1										
1	1											0	0										
1	1											0	1										
1	1											1	1										
0	1											0	0										
1	1											1	1										
1	1											0	0										

この表から実際に作成した配列データがリスト8-2-1となります。

桁ごとに0から9までの数字を表示するために必要なLCDDAT0からLCDDAT9までの値を、2次元配列として記述しています。

数字以外の単独のセグメントは、LCDDATAnの特定のビットのオンオフだけでよいので、セグメント名称指定で定義しています。このセグメント名称で定義すれば、あとはコンパイラがLCDDATAnのビットデータに変換してくれます。

リスト 8-2-1 液晶パネルのヘッダファイル

```
/*** セグメントデータの定義 ****/
const unsigned int Digit5[10][6] = {           // 5ケタ目
{0x0000,0x0000,0x0000,0x0000,0x0000,0x0000},
{0x0000,0x0000,0x0000,0x0000,0x0000,0x0200},
{0x0000,0x0000,0x0000,0x0000,0x0000,0x0000},
{0x0000,0x0000,0x0000,0x0000,0x0000,0x0000},
{0x0000,0x0000,0x0000,0x0000,0x0000,0x0000},
{0x0000,0x0000,0x0000,0x0000,0x0000,0x0000},
{0x0000,0x0000,0x0000,0x0000,0x0000,0x0000},
{0x0000,0x0000,0x0000,0x0000,0x0000,0x0000},
{0x0000,0x0000,0x0000,0x0000,0x0000,0x0000},
{0x0000,0x0000,0x0000,0x0000,0x0000,0x0000}};
const unsigned int Digit4[10][6] = {           // 4ケタ目
{0x0000,0x0E00,0x0000,0x0A00,0x0000,0x0400},
{0x0000,0x0200,0x0000,0x0200,0x0000,0x0000},
{0x0000,0x0600,0x0000,0x0C00,0x0000,0x0400},
{0x0000,0x0600,0x0000,0x0600,0x0000,0x0400},
{0x0000,0x0A00,0x0000,0x0600,0x0000,0x0000},
{0x0000,0x0C00,0x0000,0x0600,0x0000,0x0400},
{0x0000,0x0C00,0x0000,0x0E00,0x0000,0x0400},
{0x0000,0x0600,0x0000,0x0200,0x0000,0x0000},
{0x0000,0x0E00,0x0000,0x0E00,0x0000,0x0400},
{0x0000,0x0E00,0x0000,0x0600,0x0000,0x0000}};
const unsigned int Digit3[10][6] = {           // 3ケタ目
{0x0000,0x01C0,0x0000,0x0140,0x0000,0x0080},
{0x0000,0x0040,0x0000,0x0040,0x0000,0x0000},
{0x0000,0x00C0,0x0000,0x0180,0x0000,0x0080},
{0x0000,0x00C0,0x0000,0x00C0,0x0000,0x0080},
{0x0000,0x0140,0x0000,0x00C0,0x0000,0x0000},
{0x0000,0x0180,0x0000,0x00C0,0x0000,0x0080},
{0x0000,0x0180,0x0000,0x01C0,0x0000,0x0080},
{0x0000,0x00C0,0x0000,0x0040,0x0000,0x0000},
{0x0000,0x01C0,0x0000,0x01C0,0x0000,0x0080},
{0x0000,0x01C0,0x0000,0x00C0,0x0000,0x0000}};
const unsigned int Digit2[10][6] = {           // 2ケタ目
{0x0000,0x0032,0x0000,0x0022,0x0000,0x0010},
{0x0000,0x0002,0x0000,0x0002,0x0000,0x0000},
{0x0000,0x0012,0x0000,0x0030,0x0000,0x0010},
{0x0000,0x0012,0x0000,0x0012,0x0000,0x0010},
{0x0000,0x0022,0x0000,0x0012,0x0000,0x0000},
{0x0000,0x0030,0x0000,0x0012,0x0000,0x0010},
{0x0000,0x0030,0x0000,0x0032,0x0000,0x0010},
{0x0000,0x0012,0x0000,0x0002,0x0000,0x0000},
{0x0000,0x0032,0x0000,0x0032,0x0000,0x0010},
{0x0000,0x0032,0x0000,0x0012,0x0000,0x0000}};
```

- 0か1のみの表示用のセグメントデータ
- 0から9の表示用のセグメントデータ
- 0から9の表示用のセグメントデータ
- 0から9の表示用のセグメントデータ

並びのデータ順は
LCDDATA0, LCDDATA1,
LCDDATA4, LCDDATA5,
LCDDATA8, LCDDATA9

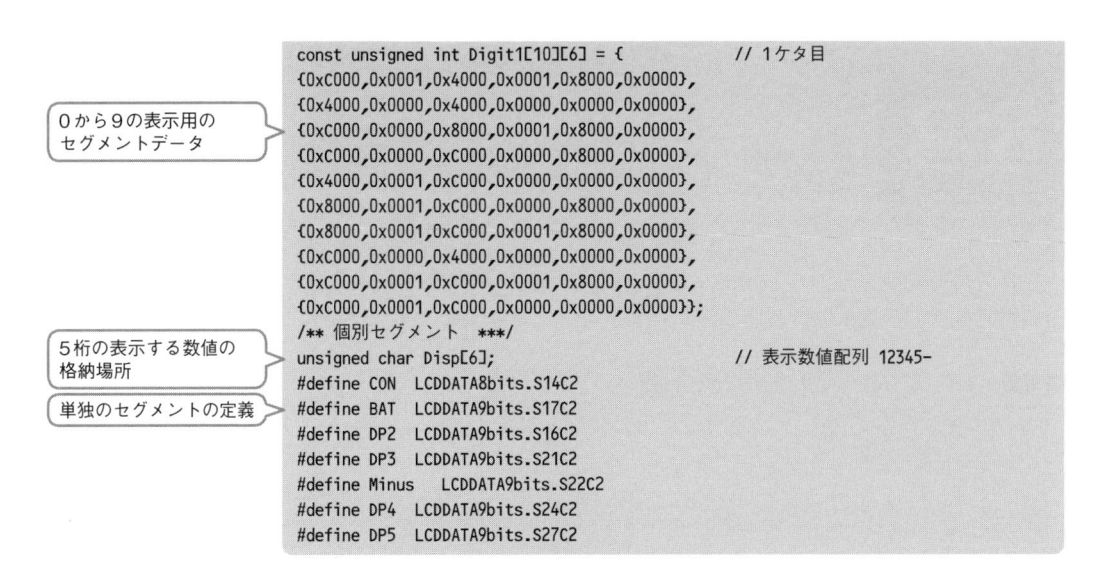

```
const unsigned int Digit1[10][6] = {               // 1ケタ目
{0xC000,0x0001,0x4000,0x0001,0x8000,0x0000},
{0x4000,0x0000,0x4000,0x0000,0x0000,0x0000},
{0xC000,0x0000,0x8000,0x0001,0x8000,0x0000},
{0xC000,0x0000,0xC000,0x0000,0x8000,0x0000},
{0x4000,0x0001,0xC000,0x0000,0x0000,0x0000},
{0x8000,0x0001,0xC000,0x0000,0x8000,0x0000},
{0x8000,0x0001,0xC000,0x0001,0x8000,0x0000},
{0xC000,0x0000,0x4000,0x0000,0x0000,0x0000},
{0xC000,0x0001,0xC000,0x0001,0x8000,0x0000},
{0xC000,0x0001,0xC000,0x0000,0x0000,0x0000}};
/** 個別セグメント  ***/
unsigned char Disp[6];                             // 表示数値配列 12345-
#define CON      LCDDATA8bits.S14C2
#define BAT      LCDDATA9bits.S17C2
#define DP2      LCDDATA9bits.S16C2
#define DP3      LCDDATA9bits.S21C2
#define Minus    LCDDATA9bits.S22C2
#define DP4      LCDDATA9bits.S24C2
#define DP5      LCDDATA9bits.S27C2
```

- 0から9の表示用のセグメントデータ
- 5桁の表示する数値の格納場所
- 単独のセグメントの定義

このヘッダファイルを使って数字を表示する方法は、LCDDATAnごとに全桁の表示数値の値のORをとってLCDDATAnに出力します。

さらにそのあとで、単独セグメントの出力をします。先に単独セグメントの出力をすると数値表示で上書きされてしまうので、注意が必要です。

リスト8-2-2が実際に数字を表示させるサブ関数例です。

ここではDisp[0]、Disp[1]、Disp[2]、Disp[4]、Disp[5]に5桁の表示すべき数値が格納されているものとしています。

それらの数値表示に必要な6個のLCDDATAnの値を、5桁のDigit配列のORで求めています。

またLCDDATAnに書き込むためには、最初にWAビットで書き込み許可状態になるのを待ってから実行する必要があります。

リスト 8-2-2　数字表示サブ関数

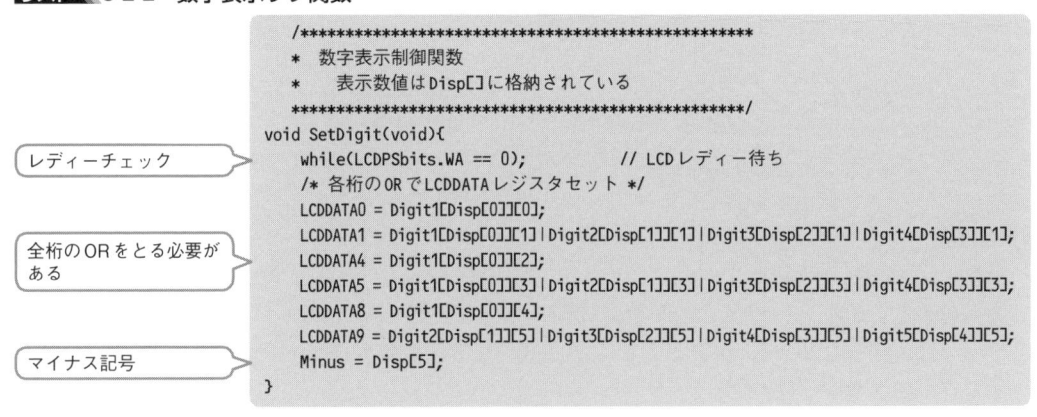

```
/*****************************************
 *   数字表示制御関数
 *     表示数値はDisp[]に格納されている
 *****************************************/
void SetDigit(void){
    while(LCDPSbits.WA == 0);          // LCD レディー待ち
    /* 各桁のORでLCDDATAレジスタセット */
    LCDDATA0 = Digit1[Disp[0]][0];
    LCDDATA1 = Digit1[Disp[0]][1]|Digit2[Disp[1]][1]|Digit3[Disp[2]][1]|Digit4[Disp[3]][1];
    LCDDATA4 = Digit1[Disp[0]][2];
    LCDDATA5 = Digit1[Disp[0]][3]|Digit2[Disp[1]][3]|Digit3[Disp[2]][3]|Digit4[Disp[3]][3];
    LCDDATA8 = Digit1[Disp[0]][4];
    LCDDATA9 = Digit2[Disp[1]][5]|Digit3[Disp[2]][5]|Digit4[Disp[3]][5]|Digit5[Disp[4]][5];
    Minus = Disp[5];
}
```

- レディーチェック
- 全桁のORをとる必要がある
- マイナス記号

本章ではこの関数を使って数値を表示させています。

8-3 ハードウェアの製作 ANALOG

製作完成したデジタルマルチメータボードの外観が写真8-3-1となります。
こちらも、PICマイコンと液晶表示パネルだけで構成されています。

●写真8-3-1 デジタルマルチメータの外観

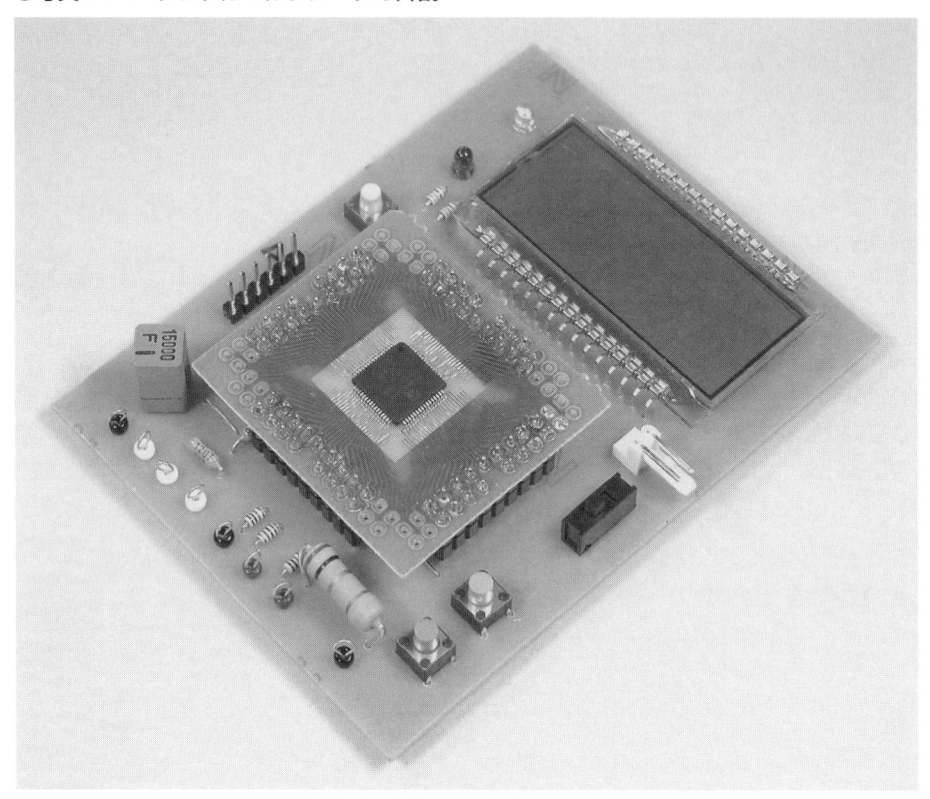

1 回路図

図8-1-1の構成図を元にして作成したデジタルマルチメータの回路図が図8-3-1となります。
電源は3端子レギュレータで3.3Vを生成して全体に供給しますが、アナログ用の電源(AV_{DD}とSV_{DD})は、簡単なRCフィルタを通してから供給しています。そしてデジタル系のグランドとアナログ系のグランドは区別しています。
高分解能A/Dコンバータの入力は、直接外部に接続するので、すべて1kΩの抵抗を挿入して保護しています。電流測定には1Ω 3Wの抵抗を接続しています。

抵抗測定のための抵抗R5からR8は、高精度のものを使う必要があります。0.1％精度のものが入手できたので、これを使いましたが、1％精度のものでも大丈夫です。さらに基準コンデンサとなるC7も1％精度のものを使いましたが、これは入手困難なので、2％精度のフィルム系コンデンサでも大丈夫です。

液晶表示器には、Varitronix社の4 1/2桁の3コモンのセグメント表示のものを使いました。これはオンライン販売で入手できると思います。

スイッチのプルアップ抵抗は内蔵プルアップを使ったので省略しています。

●図8-3-1　デジタルマルチメータの回路図

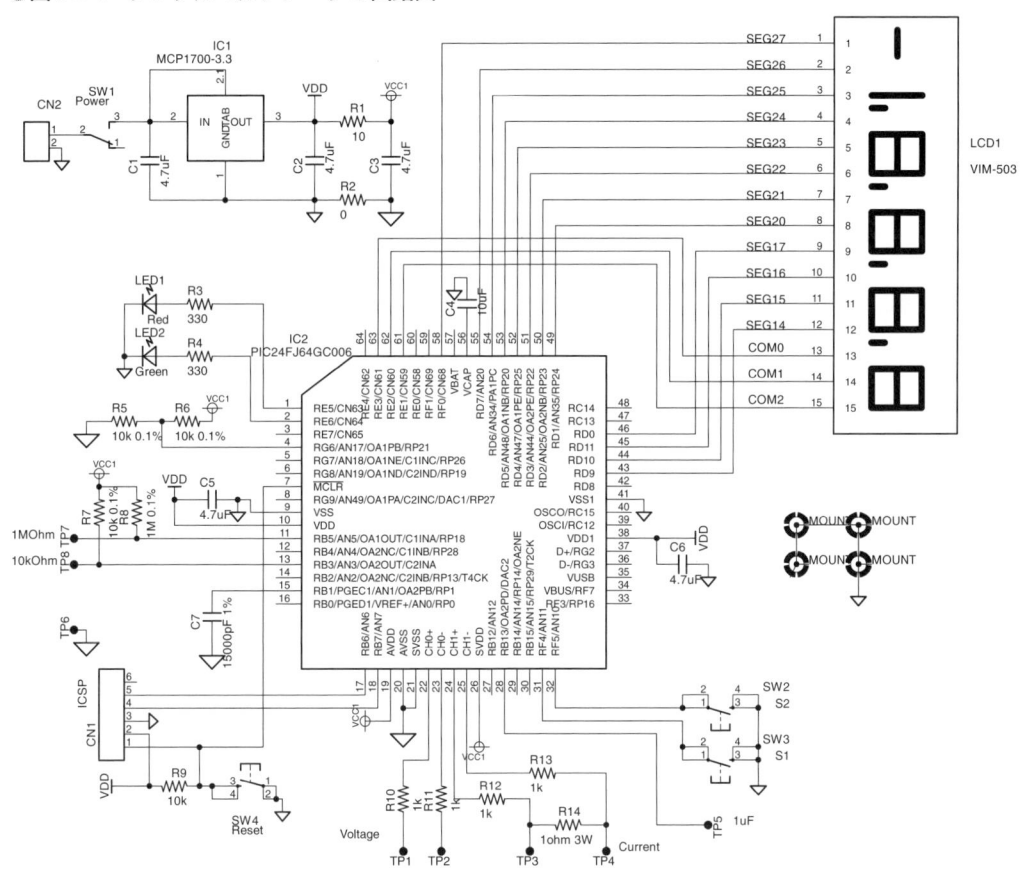

2 部品

デジタルマルチメータの組み立てに必要な部品は表8-3-1のようになります。

▼表8-3-1　デジタルマルチメータの部品表

記号	部品名	品名	数量
IC1	250mAレギュレータ	MCP1700T-3302E/MB（マイクロチップ社）	1
IC2	PICマイコン	PIC24F64GC006-I/PT（マイクロチップ社）変換基板に実装	1
LCD1	液晶表示器	VIM-503（RSコンポーネンツ）	1
LED1、LED2	発光ダイオード	3φ　赤、緑	各1
R1	抵抗	10Ω　1/6W	1
R2	抵抗	ジャンパ	1
R3、R4	抵抗	330Ω　1/6W	2
R5、R6、R7	抵抗	10kΩ　0.1%または1%　1/4W	3
R8	抵抗	1MΩ　0.1%または1%　1/4W	1
R9	抵抗	10kΩ　1/6W	1
R10、R11、R12、R13	抵抗	1kΩ　1/6W	4
R14	抵抗	1Ω　3W	1
C1、C2、C3、C5、C6	チップ型セラミック	4.7μF　16Vまたは25V	5
C4	チップ型セラミック	10μF　16Vまたは25V	1
C7	フィルムコン	15,000pF　1%または2%	1
CN1	シリアルピンヘッダオス	6ピン（40ピンから切断）（角ピン）	1
CN2	2ピンコネクタ	モレックス2P横型	1
SW1	スライドスイッチ	基板用小型	1
SW2、SW3、SW4	スイッチ	基板用小型タクトスイッチ	3
	変換基板	ICB020	1
	IC用ピンヘッダ	18ピン2列（80ピンから切断）オス、メス両方（丸ピン）	4
TP1～TP8	テストピン	ビーズ付き	8
	基板	サンハヤト感光基板　P10K	1
	ねじ、ナット、ゴム足		少々

この回路図を元にCADのEagleでパターン図を作成してプリント基板を製作しました。

3 実装

基板と部品表の部品がそろったら組み立てを始めます。この基板への実装は、図8-3-2の実装図を元に行います。最初ははんだ面側の表面実装部品を取り付け、次にジャンパ線と抵抗を実装します。スイッチのジャンパ線はスイッチ本体で接続されるので不要です。

8-3 ハードウェアの製作

　このあとはICソケットから背の低い順に実装していきます。液晶表示器はガラスが傷つきやすいので最後に実装します。
　こちらもPICマイコンは64ピンのTQFPパッケージなので、変換基板に実装してコネクタ接続としました。この基板の組み立て方は第7-3-2項を参照してください。

●図8-3-2　デジタルマルチメータの実装図

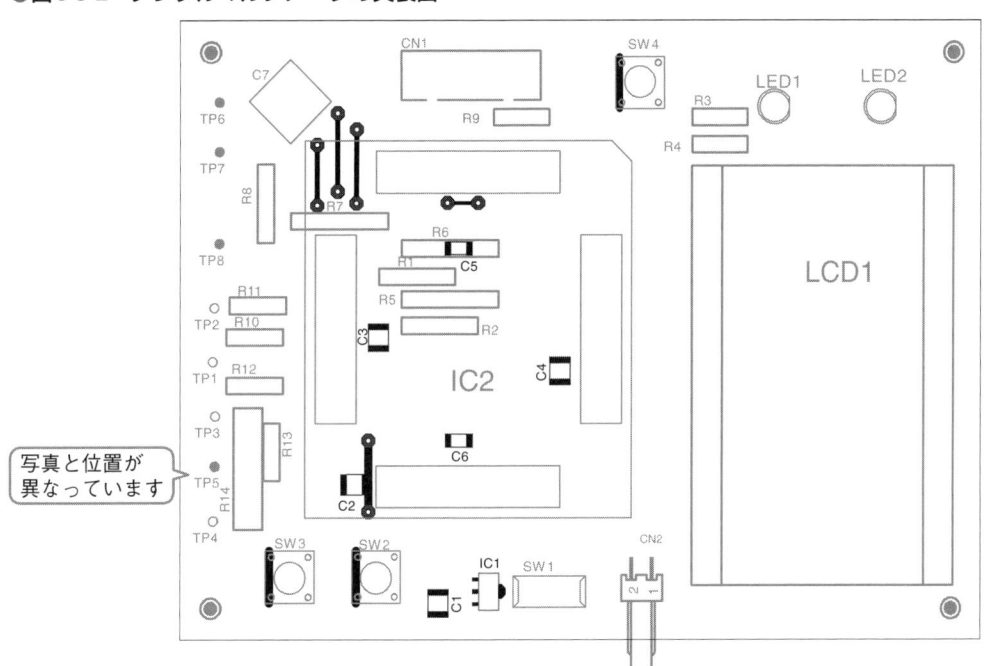

（写真と位置が異なっています）

　こうして組み立て完了した基板の部品面が写真8-3-2、はんだ面が写真8-3-3となります。
　左上にあるちょっと背の高い部品が基準用コンデンサです。これは同じものはちょっと入手困難だと思いますので、誤差2%程度のフィルム系コンデンサであれば問題ありません。
　PICマイコンは変換基板に実装してコネクタ接続としています。2列の丸ピンヘッダをソケットとして使い、中央の1ピンを抜いています。
　はんだ面にジャンパ線が1本ありますが、コンデンサ測定用の入力ピンを途中で変更したので、ピンの位置が図8-3-2と異なっているためです。
　本書巻末掲載のURLからダウンロードできるパターン図は更新されているのでジャンパ線は不要ですが、テストピンTP5の実装位置が異なっています。
　組み立てが完了したらとりあえず電源を接続し、正常に電圧が出ているかを確認しておきます。

●写真8-3-2　組み立て完了した部品面

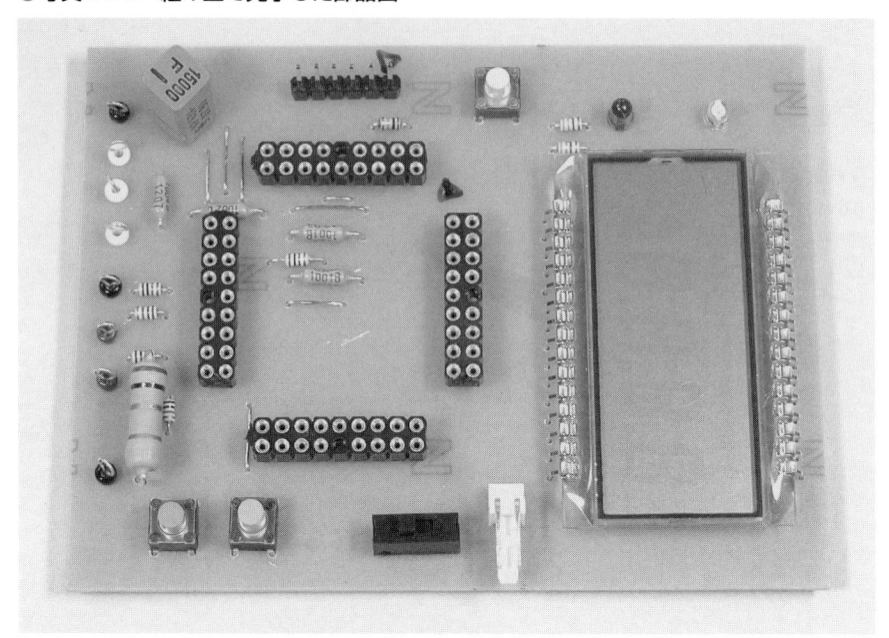

●写真8-3-3　組み立て完了したはんだ面

8-4 デジタルマルチメータのファームウェアの製作

ハードウェアの製作が完了したら次はPICマイコンのファームウェアの製作です。

8-4-1 ファームウェアの構成とフロー

デジタルマルチメータのファームウェアは1つのプログラムだけで構成しています。その全体フローは図8-4-1のような構成としました。図のように測定項目ごとに切り替わるようになっていて、スイッチにより順次切り替えることで測定項目を変更します。

メインルーチンの最初で初期化を行います。初期化のサブ関数でまとめて初期化を実行しています。ここでは、LCDモジュール、高分解能A/Dコンバータ、CTMUモジュール、定電圧リファレンスモジュール、12ビット高速A/Dコンバータの初期化を実行しています。

続いてメインループに入ります。メインループではModeという変数の値で分岐し、それぞれの測定を実行し、液晶表示パネルに表示しています。スイッチが押されなければ同じ項目の測定を繰り返します。

●図8-4-1　デジタルマルチメータのメインプログラムフロー

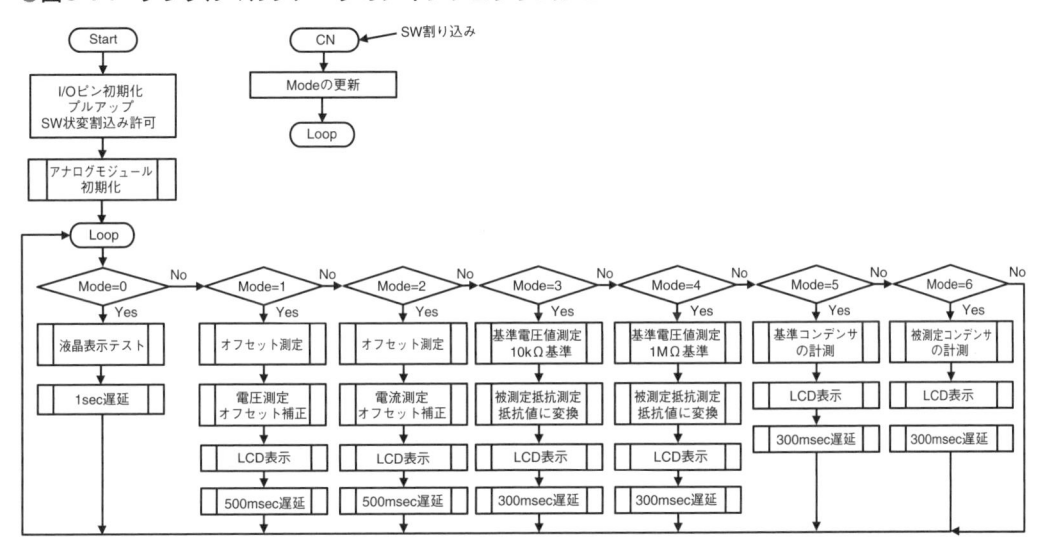

8-4-2 ファームウェアの詳細

作成したファームウェアの内容を詳しく見ていきます。

1 宣言部

まず、宣言部でリスト8-4-1となります。

最初のコンフィギュレーション部は省略していますが、クロック発振を内蔵発振器でPLLはなしとしています。このコンフィギュレーションは、MPLAB X IDEで自動生成したものをそのままコピーして貼り付けたものです。MPLAB X上でコンフィギュレーションの設定ができるので間違いも少なくなり、便利になりました。

グローバル変数定義のあと、液晶表示パネル用の配列を定義していますが、ここはリスト8-2-1と同じ内容なので省略しています。

リスト 8-4-1 宣言部の詳細

```
/****************************************************
 *     ディジタルマルチメータ
 *     PIC24FJ64GC006 のΔΣ型ADCの使用例
 *     LCDモジュールでセグメントLCDを駆動
 *     消費電流：約11mA
 ****************************************************/
#include <xc.h>
/* コンフィギュレーションの設定 */

（コンフィギュレーション部省略）

/* グローバル変数、定数定義 */
int i, j, Mode, Range;
signed long Vlaue, Reference, Mesure, Temp, Resister, COffset;
float Value, Offset, Gain, Volt, Current;
/*** セグメントデータの定義 ****/
const unsigned int Digit5[10][6] = {      // 5ケタ目

（セグメント配列部省略） ← リスト8-2-1参照

}
/* 関数プロトタイピング */
void Init(void);
void Delayms( unsigned int t);
void Delayus( unsigned int t);
void SetDigit(void);
void Display(signed long data);
signed long GetADC(unsigned char chan);
int CTMUCap(int current, int chan);
int Resist(int chan);
```

2 初期設定部

次がメイン関数の初期化部でリスト8-4-2となります。最初はクロックの初期設定で、コンフィギュレーションの設定で内蔵クロックを指定しているので、マルチプレクサで2MHzを選択し

ています。消費電流を抑制するためクロック周波数を低めに設定しました。

次がI/Oピンの初期設定で、アナログピンの設定を忘れないようにしておきます。

次にアナログモジュールの初期設定で、Init()関数を呼び出し一括で初期設定を実行しています。

最後に、スイッチのプルアップを設定して状態変化割り込みを許可しておきます。

リスト 8-4-2 初期化部の詳細

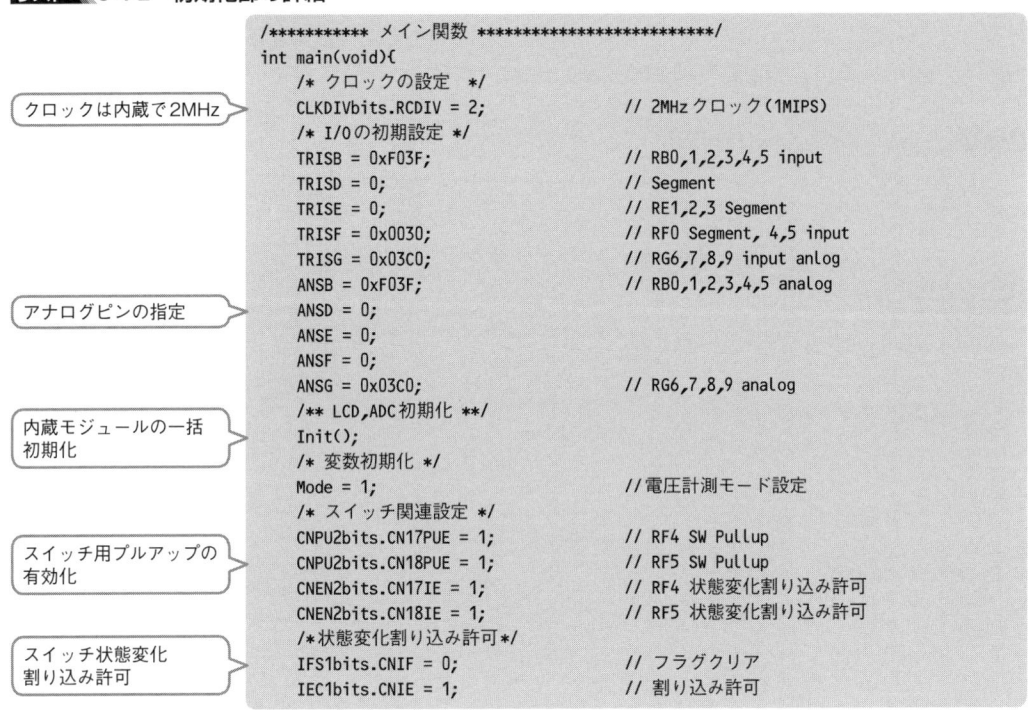

```
/*********** メイン関数 ***********************/
int main(void){
    /* クロックの設定 */
    CLKDIVbits.RCDIV = 2;           // 2MHzクロック(1MIPS)
    /* I/Oの初期設定 */
    TRISB = 0xF03F;                 // RB0,1,2,3,4,5 input
    TRISD = 0;                      // Segment
    TRISE = 0;                      // RE1,2,3 Segment
    TRISF = 0x0030;                 // RF0 Segment, 4,5 input
    TRISG = 0x03C0;                 // RG6,7,8,9 input anlog
    ANSB = 0xF03F;                  // RB0,1,2,3,4,5 analog
    ANSD = 0;
    ANSE = 0;
    ANSF = 0;
    ANSG = 0x03C0;                  // RG6,7,8,9 analog
    /** LCD,ADC初期化 **/
    Init();
    /* 変数初期化 */
    Mode = 1;                       //電圧計測モード設定
    /* スイッチ関連設定 */
    CNPU2bits.CN17PUE = 1;          // RF4 SW Pullup
    CNPU2bits.CN18PUE = 1;          // RF5 SW Pullup
    CNEN2bits.CN17IE = 1;           // RF4 状態変化割り込み許可
    CNEN2bits.CN18IE = 1;           // RF5 状態変化割り込み許可
    /*状態変化割り込み許可*/
    IFS1bits.CNIF = 0;              // フラグクリア
    IEC1bits.CNIE = 1;              // 割り込み許可
```

- クロックは内蔵で2MHz
- アナログピンの指定
- 内蔵モジュールの一括初期化
- スイッチ用プルアップの有効化
- スイッチ状態変化割り込み許可

❸ メインループ前半部

次がメインループです。この中はスイッチ文で6部分に分かれています。前半部分がリスト8-4-3となります。

最初はランプテストで、液晶表示パネルに0から9までの数字を順番に表示します。個別表示の部分は点灯と消灯を交互にします。一巡するか、途中でスイッチが押されたら次のステートに進みます。

次が電圧測定の場合です。高分解能A/Dコンバータを使います。まず先にA/Dコンバータのオフセットとゲインの誤差補正値を取得します。次に被測定電圧を測定し、誤差補正をしてから電圧値に変換し液晶表示パネルに値を表示します。測定範囲は1.9999Vまでです。

次が電流測定の場合で、電圧と同じように誤差を測定してから、被測定電流を測定して電流値に変換してから液晶表示パネルに表示しています。測定範囲は1.9999Aまでです。

この電圧と電流の計測の場合、基準が電源電圧となっています。ここは本来定電圧リファレ

ンスの高精度の電圧にすべきなのですが、2チャネル入力とすると電源しか選択肢が残らなかったので、やむを得ず電源電圧としています。また電流は1Ω±5％の抵抗での電圧降下を測定しているので、この1Ωの実際の抵抗値により補正する必要があります。

次は、10kΩまでの抵抗の測定です。まず、基準となる電源電圧を測定します。次に被測定抵抗と基準抵抗との分圧電圧を測定し、抵抗値を計算で求め、液晶表示パネルに表示します。測定範囲は10.000kΩまでです。

次が1MΩまでの抵抗の測定です。10kΩの場合と同じ手順で測定し1MΩを基準として抵抗値を計算し表示します。測定範囲は1,000.0kΩまでです。

リスト 8-4-3 メインループ前半部

```
/************ メインループ ******************/
    while(1){
        /*** モードにより分岐 ***/
        switch(Mode){
            case 0:                                      // ランプテストモードの場合
                LATEbits.LATE5 ^= 1;
                LATEbits.LATE6 ^= 1;                     // LEDテスト
                /* LCDテスト */
                for(i=0; i<10; i++){                     // 0から9まで順次繰り返し
                    if(Mode != 0)                        // モード変更で強制終了
                        break;
                    for(j=0; j<5; j++)                   // 0から9まで繰り返し
                        Disp[j] = i;
                    SetDigit();                          // 数字表示
                    Minus = i % 2;                       // マイナス記号
                    BAT = i % 2;                         // Battery記号
                    CON = i % 2;                         // CONTI記号
                    DP5 = i%2;                           // 小数点表示
                    DP4 = i % 2;
                    DP3 = i % 2;
                    DP2 = i % 2;
                    Delayms(1000);                       // 1秒間隔
                }
                Mode = 1;                                // テスト終了で電圧測定へ
                break;
            case 1:                                      // 電圧測定の場合
                LATEbits.LATE5 = 0;
                LATEbits.LATE6 = 1;                      // Green
                /*** Calibration ***/
                SD1CON1bits.SDGAIN = 0;                  // GAIN 1
                Offset = (float)GetADC(7);               // オフセット値取得
                Gain = (float)GetADC(3) - Offset;        // ゲイン補正値取得
                /** CH0電圧測定 **/
                Value = (float)GetADC(0) - Offset;       // CH0計測,オフセット補正
                /** 電源電圧＝3.306V ***/
                Volt = (3.306 * Value) / Gain;           // 電圧に変換
                Temp = (Long)(Volt * 10000);
                Display(Temp);                           // LCDに値表示
                DP5 = 1;                                 // 小数点表示
                Delayms(100);                            // 繰り返し間隔待ち
                break;
            case 2:                                      // 電流測定の場合
```

注釈:
- 液晶表示のテスト
- 0から9を表示したらテスト終了
- Modeが変更されたら強制終了
- 全桁同じ0から9までを表示
- 個別表示部はオンとオフを繰り返す
- 次のステートへ
- 電圧測定の場合
- ΔΣADCの較正
- オフセットとゲイン補正値の取得
- 電圧入力
- 桁合わせしてLCDに表示
- 電流測定の場合

```
                LATEbits.LATE5 = 1;                    // Red
                LATEbits.LATE6 = 0;
                /*** CH1電流測定 ***/
                SD1CON1bits.SDGAIN = 0;                // GAIN 1
                Offset = (float)GetADC(7);             // オフセット値取得
                Gain = (float)GetADC(3) - Offset;      // フルスケール値取得
                Value = (float)GetADC(1) - Offset;     // CH1計測 オフセット補正
                /** 1Ω抵抗値 = 1.02Ω **/
                Current = (3.306 * Value * 1.02) / Gain;   // 電流に変換
                Temp = (long)(Current * 10000);
                Display(Temp);                         // 電流値表示  mA単位
                DP2 = 1;                               // 小数点表示
                Delayms(500);                          // 繰り返し間隔
                break;
            case 3:                                    // 抵抗測定の場合10kΩ
                LATEbits.LATE6 = 1;                    // Green
                /** 基準抵抗(10kΩ)の計測 **/
                LATEbits.LATE5 = 1;
                LATEbits.LATE6 = 0;
                Reference = 2 * (long)Resist(17);      // 基準電圧測定
                /** 被測定抵抗の計測 ****/
                Mesure = (long)Resist(3);              // 被測定電圧計測
                Resister = (10000 * Mesure) / (Reference - Mesure);
                Display(Resister);
                Delayms(500);
                break;
            case 4:                                    // 抵抗測定の場合1MΩ
                LATEbits.LATE6 = 1;                    // Green
                /** 基準抵抗(1MΩ)の計測 **/
                LATEbits.LATE5 = 1;
                LATEbits.LATE6 = 0;
                Reference = 2 * (long)Resist(17);      // 基準電圧測定
                /** 被測定抵抗の計測 ****/
                Mesure = (long)Resist(5);              // 被測定電圧計測
                Resister = (10000 * Mesure) / (Reference - Mesure);
                Display(Resister);
                DP2 = 1;
                Delayms(500);
                break;
```

ΔΣADCの較正
オフセットとゲイン補正値の取得
電流入力
桁合わせしてLCDに表示
10kΩ以下の抵抗測定の場合
基準電圧を計測
抵抗を計測
抵抗値に変換して表示
1MΩ以下の抵抗測定の場合
基準電圧を計測
抵抗を計測
抵抗値に変換して表示

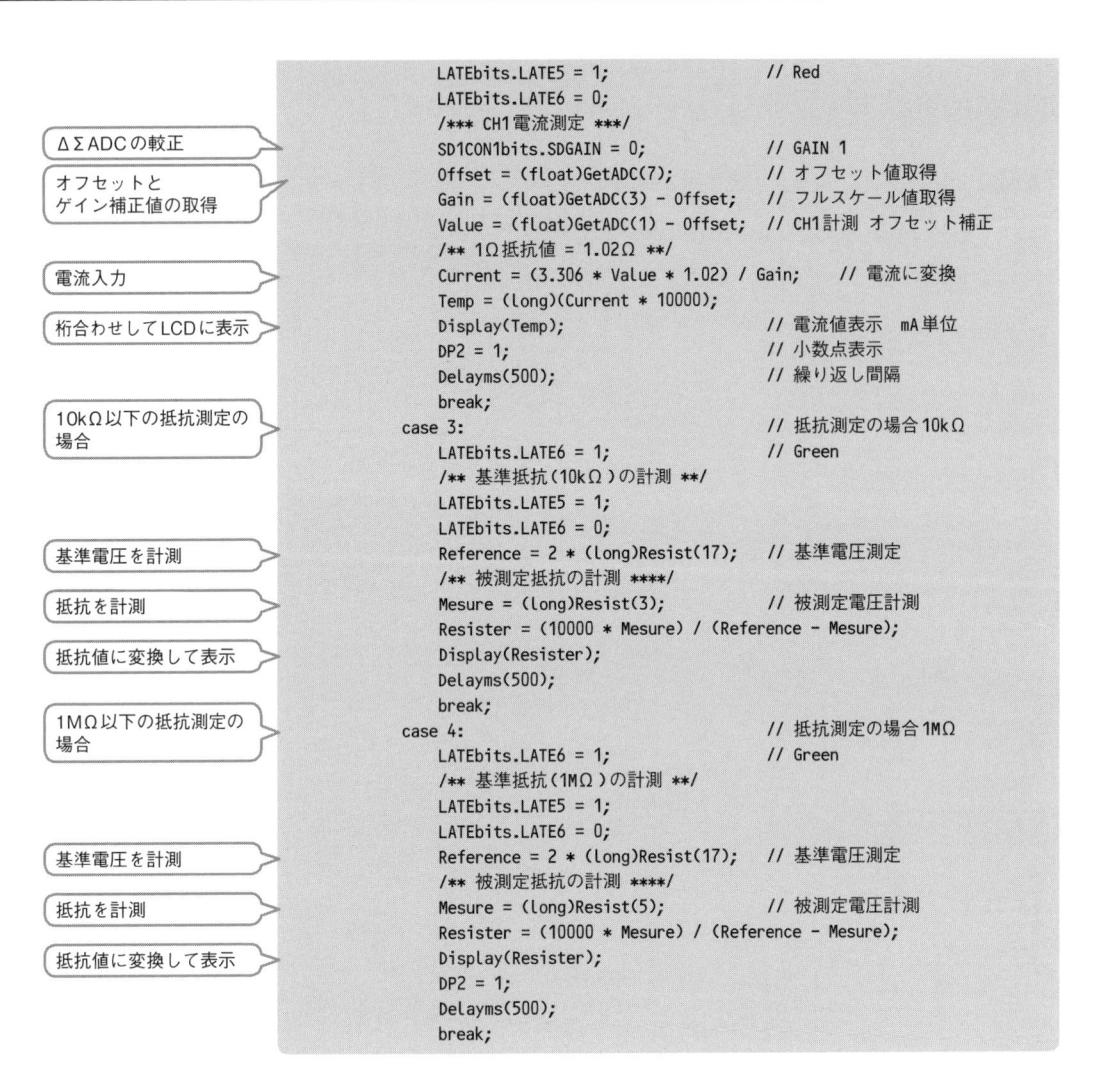

❹ メインループ後半部

次がメインループの後半部で、リスト8-4-4となります。

Modeが5の場合がコンデンサのオフセットの計測です。計測端子に何も接続していないときの容量、つまりオフセット容量を計測し、次の実際のコンデンサ容量測定時にこのオフセット容量を引き算して、実際の容量を求めるようにします。

オフセット容量は基本的に数10pF以下なので、電流レンジは最小のレンジ1で計測します。計測した結果をCOffsetとして保存しておきます。

次が実際の容量測定の場合で、最初に被測定コンデンサに最適な電流レンジを求めます。レンジの多いほうから実際に充電してみて、飽和しないレンジを求めます。次に、このレンジで基準コンデンサを計測し、続いて被測定コンデンサの値を測定して、両者の値から容量値を計算して求めます。レンジ4の場合は基準コンデンサが飽和してしまうのでレンジ3の値を使い、

容量値を10倍して求めています。それぞれの計測は10回行って平均を求めるようにしています。
液晶表示パネルへの表示のため、桁数を調整して表示します。

リスト 8-4-4　メインループの後半部の詳細

```c
        case 5:                                     // オフセット補正
            Range = 1;                              // レンジ初期値セット
            /*** 基準コンデンサ（15000pF）の計測 ***/
            Reference = 0;                          // 平均和クリア
            for(i=0; i<10; i++){                    // 10回平均
                Reference += (Long)CTMUCap(Range, 1);
                                                    // 自動レンジで基準コンデンサ計測
            }
            Mesure = 0;                             // 平均和クリア
            for(i=0; i<10; i++){                    // 10回平均
                Mesure += (Long)CTMUCap(Range, 13); // 被測定コンデンサ計測
            COffset = (Reference * 15000) / Mesure; // 容量値に換算
            Display(COffset);                       // xxxxx形式で表示
            Delayms(300);
            break;
        case 6:                                     // 容量測定の場合
            LATEbits.LATE5 = 1;                     // 目印
            LATEbits.LATE6 = 1;                     // 目印
            Range = 5;                              // レンジ初期値セット
            /*** レンジの確認 ****/
            do {
                Range--;                            // 次のレンジへ
                Mesure = (Long)CTMUCap(Range, 13);  // 被測定コンデンサ測定
            }while(Mesure > 3800);                  // オーバーフローの場合繰り返し
            /*** 基準コンデンサ（15000pF）の計測 ***/
            Reference = 0;                          // 平均和クリア
            for(i=0; i<10; i++){                    // 10回平均
                if(Range == 4)                      // レンジ4の場合
                    Reference += (Long)CTMUCap(3, 1);
                                                    // レンジ3で基準コンデンサ計測
                else
                    Reference += (Long)CTMUCap(Range, 1);
                                                    // 自動レンジで基準コンデンサ計測
            }
            Mesure = 0;                             // 平均和クリア
            for(i=0; i<10; i++){                    // 10回平均
                Mesure += (Long)CTMUCap(Range, 13); // 被測定コンデンサ計測
            if(Range > 3){                          // レンジ最大の場合
                Mesure = (Reference * 1500) / Mesure;   // 乗率要調整
                Display(Mesure);                    // 計測値表示  x.xxxx
                DP5 = 1;
            }
            else{                                   // 自動レンジの場合
                Mesure = (Reference * 15000) / Mesure;  // 容量値に換算
                Mesure -= COffset;
                if(Mesure < 0)
                    Mesure = 0;
                if(Mesure <= 15000){                // 15000pF以下の場合
                    Display(Mesure);                // xxxxx形式で表示
                }
                else{                               // 15000以上の場合
```

注釈:
- 容量オフセットの計測の場合
- 基準コンデンサ計測
- 被測定コンデンサ測定
- オフセット値として表示
- コンデンサ容量の計測の場合
- 被測定コンデンサの充電電流のレンジを求める
- 被測定コンデンサ測定
- 基準コンデンサの値を求める。レンジが4の場合は3で求める
- 被測定コンデンサ測定
- レンジ4の場合の容量の計算と表示
- レンジ4以外の場合の容量の計算と表示
- 15,000pF以下のときの表示

8-4 デジタルマルチメータのファームウェアの製作

```
                            Mesure /= 100;              // 表示位置調整
                            Display(Mesure);            // x.xxxx形式表示
                            DP5 = 1;
                        }
                    }
                    Delayms(300);
                    break;
                default: break;
            }
        }
    }
}
```

(15,000pF以上のときの表示)

5 A/Dコンバータの計測サブ関数

次は高分解能A/Dコンバータの計測サブ関数で、リスト8-4-5となります。

チャネル指定で7の場合は、オフセット誤差計測の場合としてVOSCALビットを1にしてオフセットを計測します。

チャネルが0か1の場合は、通常の計測でVOSCALビットをクリアしSDCHビットにチャネル番号をセットして計測します。

実際の計測は、100回実行して後半90回分の平均値を計測結果として返してします。チャネル切り替え直後は正確な値ではないので、最初の10回分は捨てています。

リスト 8-4-5 デルタシグマA/Dコンバータ計測サブ関数部

```
/*************************************************
 *  ADCデータ変換サブ関数
 *    100回計測し 後半90回の平均値を返す
 *************************************************/
signed long GetADC(unsigned char chan){
    signed long result;
    signed int temp;
    
    if(chan == 7)                              // オフセット計測の場合
        SD1CON1bits.VOSCAL = 1;                // Calibrationセット
    else{
        SD1CON1bits.VOSCAL = 0;                // 通常モード
        SD1CON3bits.SDCH = chan;               // チャネル指定
    }
    /** 変換開始 ***/
    SD1CON1bits.SDON = 1;                      // Start
    result = 0;                                // 初期値クリア
    for(i=0; i<100; i++){                      // 100回繰り返し
        while(IFS6bits.SDA1IF == 0);           // 変換終了待ち
        IFS6bits.SDA1IF = 0;                   // フラグクリア
        if(i >= 10){                           // 10回目以降積算
            temp = (signed int)SD1RESH;        // 型変換
            result += (signed long)temp;       // 積算
        }
    }
    result /= 90;                              // 90回の平均
    SD1CON1bits.SDON = 0;                      // Stop
    return(result);                            // 結果を返す
}
```

- 較正の場合の計測
- 通常の計測の場合
- 計測値の最初の10回は捨てそのあとの90回分を積算する
- 90回の平均値を返す

6 容量計測サブ関数

次がCTMUモジュールによる容量計測サブ関数部でリスト8-4-6となります。最後に抵抗値の測定サブ関数も含んでいます。

最初に電流レンジ指定に応じて、電流レンジ設定と充電時間を設定します。レンジ1以外は充電時間を1msecとしていますが、レンジ1は特に小容量の測定ができるよう充電時間を$100\mu\sec$としています。

次に充電電流の微調整をしていますが、これは基準コンデンサをできるだけ高精度で計測できるように、レンジ3で飽和しないぎりぎりの値になるようにするために調整しています。

次に被測定チャネルを設定してから、10msecだけ放電します。これが短いと大容量コンデンサの計測時に完全放電しないまま計測してしまうので、値が正確ではなくなります。

続いて指定された時間だけ充電し、すぐ充電後のコンデンサ電圧を計測しこれを戻り値として返しています。

抵抗値の測定サブ関数部では、指定されたチャネルの電圧を12ビットの高速A/Dコンバータで計測して返しています。

リスト 8-4-6　CTMUによる容量計測サブ関数部

```
/*******************************************
 *  CTMU制御サブ関数
 *  放電→充電→1msec→充電停止→電圧測定
 *  current 00:550uA 01:0.55uA 10:5.5uA 11:55uA
 *******************************************/
int CTMUCap(int current, int chan){
    int time;
    switch(Range){
        case 4:
            CTMUICONbits.IRNG = 0;      // 電流値セット
            time = 100;
            break;
        case 3:
            CTMUICONbits.IRNG = 3;      // 電流値セット
            time = 100;
            break;
        case 2:
            CTMUICONbits.IRNG = 2;      // 電流値セット
            time = 100;
            break;
        case 1:
            CTMUICONbits.IRNG = 1;      // 電流値セット
            time = 10;
            break;
        default:
            break;
    }
    CTMUICONbits.ITRIM = 0x28;          // 電流調整
    ADTBL0bits.ADCH = chan;             // チャネル選択
    ADTBL0bits.DIFF = 0;
    ADCON1bits.ADON = 1;                // ADC Enable
```

注釈:
- 電流レンジ指定により電流レンジ設定と充電時間の指定
- 小容量の場合なので充電時間が短い
- 電流値の微調整
- 測定チャネルの指定

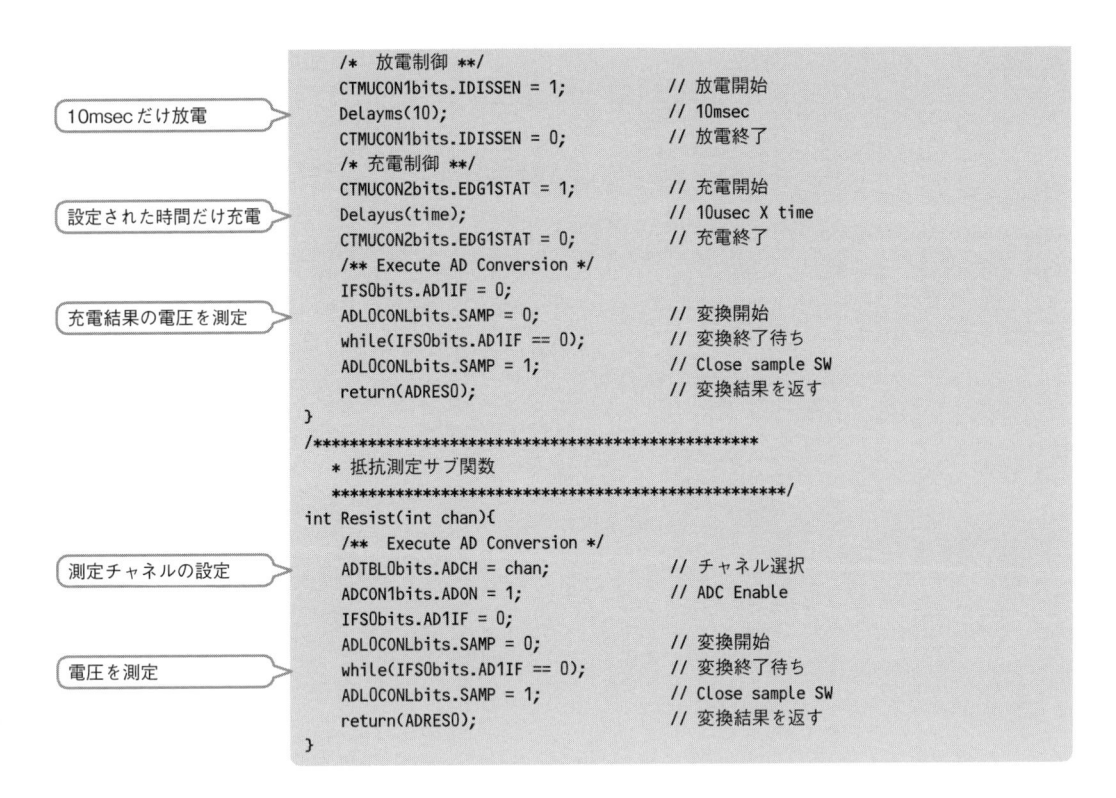

```
                    /*  放電制御  **/
                    CTMUCON1bits.IDISSEN = 1;        // 放電開始
10msecだけ放電        Delayms(10);                     // 10msec
                    CTMUCON1bits.IDISSEN = 0;        // 放電終了
                    /*  充電制御  **/
                    CTMUCON2bits.EDG1STAT = 1;       // 充電開始
設定された時間だけ充電  Delayus(time);                   // 10usec X time
                    CTMUCON2bits.EDG1STAT = 0;       // 充電終了
                    /** Execute AD Conversion */
                    IFS0bits.AD1IF = 0;
充電結果の電圧を測定   ADL0CONLbits.SAMP = 0;           // 変換開始
                    while(IFS0bits.AD1IF == 0);      // 変換終了待ち
                    ADL0CONLbits.SAMP = 1;           // Close sample SW
                    return(ADRES0);                  // 変換結果を返す
                  }
                  /************************************************
                   *  抵抗測定サブ関数
                   ************************************************/
                  int Resist(int chan){
                    /**  Execute AD Conversion */
測定チャネルの設定    ADTBL0bits.ADCH = chan;          // チャネル選択
                    ADCON1bits.ADON = 1;             // ADC Enable
                    IFS0bits.AD1IF = 0;
                    ADL0CONLbits.SAMP = 0;           // 変換開始
電圧を測定           while(IFS0bits.AD1IF == 0);      // 変換終了待ち
                    ADL0CONLbits.SAMP = 1;           // Close sample SW
                    return(ADRES0);                  // 変換結果を返す
                  }
```

7 モジュール初期化関数

内蔵モジュールの初期化を行うサブ関数がリスト8-4-7となります。

最初にLCDモジュールの初期化を行っています。ここでは液晶パネルに合わせてスキャンモードとバイアスを決め、使用するセグメントを指定しています。次にコントラスト関連の設定を行ってから表示を有効化していますが、コントラストは実際の表示を見ながら調整する必要がある場合があります。

次に高分解能A/Dコンバータの初期設定です。PGAのゲインは1とし、リファレンスは電源としています。丸めは16ビットで毎回書き込みとし、クロックは最速の4MHzでオーバーサンプリング倍率は1,024として最高精度としています。最後に割り込みを変換ごとにして有効化しています。

次がCTMUモジュールの初期設定ですが、エッジ機能を使わないので簡単な設定となります。

次に高速A/Dコンバータで使う定電圧リファレンスの初期設定で、3.072Vの出力電圧に指定しています。

最後に高速A/Dコンバータの初期設定で、シングルエンドの1チャネルのみの入力としています。最後に較正を実行して使用準備完了です。

リスト 8-4-7　初期化サブ関数部

```c
/***************************************************
 *  ハードウェア初期化
 *    ADC、LCD
 ***************************************************/
void Init(void){
    /*** LCD ドライバ関連 ****/
    LCDCONbits.SLPEN = 1;         // Enable during sleep
    LCDCONbits.CS = 1;            // Clock is LPRC  31kHz
    LCDCONbits.LMUX = 2;          // 1/3 MUX Mode COM0,1,2
    LCDREGbits.CPEN = 0;          // Disable Charge Pump
    LCDREGbits.BIAS = 7;          // Max (3.3V)
    LCDREGbits.MODE13 = 0;        // 1/3 Bias Output Disable
    LCDREGbits.CKSEL = 1;         // Select Clock LPRC
    LCDPSbits.WFT = 0;            // Type A
    LCDPSbits.BIASMD = 0;         // 1/3 Bias Mode
    LCDPSbits.LP = 4;             // Prescaler 1/5
    LCDSE0 = 0;
    LCDSE0bits.SE14 = 1;          // SEG14
    LCDSE0bits.SE15 = 1;          // SEG15
    LCDSE1 = 0x0FF3;              // SEG16,17 SEG20-SEG27
    LCDREFbits.LCDIRE = 1;        // Enable Contrast Control
    LCDREFbits.LCDCST = 0;        // Contrast Max
    LCDREFbits.LRLAP = 0;         // Off A
    LCDREFbits.LRLBP = 3;         // High Power Mode
    LCDREFbits.LRLAT = 0;         // Allways B Power
    LCDDATA0 = 0;                 // Clear All Segment
    LCDDATA1 = 0;                 // Clear All Segment
    LCDDATA4 = 0;
    LCDDATA5 = 0;
    LCDDATA8 = 0;
    LCDDATA9 = 0;
    LCDCONbits.LCDEN = 1;         // Enable LCD Module
    /*** デルタシグマA/Dコンバータ初期化 ***/
    SD1CON1bits.PWRLVL = 0;       // normal Band width
    SD1CON1bits.SDGAIN = 0;       // GAIN 1
    SD1CON1bits.DITHER = 1;       // Dither Low
    SD1CON1bits.VOSCAL = 0;       // Normal Operation
    SD1CON1bits.SDREFN = 0;       // REF- = SVSS
    SD1CON1bits.SDREFP = 0;       // REF+ = SVDD
    SD1CON2bits.CHOP = 3;         // Chop Enable
    SD1CON2bits.SDWM = 1;         // update Enable Every INT
    SD1CON2bits.RNDRES = 2;       // 16bits
    SD1CON3bits.SDCS = 0;         // Fcy = 1MHz
    SD1CON3bits.SDDIV = 0;        // 1MHz/1 = 1MHz
    SD1CON3bits.SDOSR = 0;        // 1024
    SD1CON3bits.SDCH = 0;         // CH0+ - CH0-
    SD1CON2bits.SDINT = 3;        // Int Every Convert
    IFS6bits.SDA1IF = 0;          // Int Flag Clear
    /*** CTMU初期設定 ****/
    CTMUCON1 = 0;                 // No edge trigger
    CTMUCON2 = 0;                 // No trigger
    CTMUICON = 0;                 // Normal current
    CTMUICONbits.IRNG = 1;        // 0.55uA
    CTMUCON1bits.CTMUEN = 1;      // CTMU Enable
    /** BGBUF1 Setting ***/
```

- LCDモジュールの初期化
- クロックとバイアスの設定
- セグメントの指定
- コントラストの設定
- 初期表示クリア
- 表示開始
- 高分解能ADCの初期設定
- ゲイン1
- リファレンスは電源
- 16ビット幅で毎回書き込み
- クロック設定
- OSR設定
- 毎回割り込み
- CTMUの初期設定 エッジ機能なし
- CTMUの動作開始

8-4 デジタルマルチメータのファームウェアの製作

```c
    ANCFGbits.VBG2EN = 1;
    BUFCON1bits.BUFREF = 3;        // 3.072V
    BUFCON1bits.BUFOE = 0;         // Output Disable
    BUFCON1bits.BUFEN = 1;
    /*** ADC Setting ***/
    ADCON1 = 0;                    // All Clear
    ADCON2 = 0;
    ADCON3 = 0;
    ADCON1bits.FORM = 0;           // unsigned Integer
    ADCON1bits.PWRLVL = 1;         // Full Power
    ADCON2bits.ADPWR = 3;          // Always powered
    ADCON2bits.PVCFG = 2;          // VREF+ = BGBUF1 3.072V
    ADCON2bits.NVCFG = 0;          // VREF-=VSS
    ADCON2bits.BUFORG = 1;         // Use Indexed Buffer
    ADCON2bits.BUFINT = 0;         // No buffer Interrupt
    ADCON3bits.ADRC = 0;           // Select Fsys = 16MHz
    ADCON3bits.ADCS = 3;           // Tad = 16Tsys = 4MHz
    /** Sample List #0 setting**/
    ADL0CONH = 0;
    ADL0CONHbits.ASEN = 0;         // disable auto-scan
    ADL0CONHbits.SLINT = 1;        // Interrupt after every convert
    ADL0CONHbits.SAMC = 15;        // aquisition time = 16Tad
    ADL0CONL = 0;
    ADL0CONLbits.SLSIZE = 0;       // 1 channel in the List
    ADL0CONLbits.SLTSRC = 0;       // Manual Trigger SAMP = 0
    ADL0PTR = 0;                   // Start from first
    /** Select Channel **/
    ADTBL0bits.ADCH = 2;           // AN17-REF- Single
    ADTBL0bits.UCTMU = 0;          // CTMU enable
    ADTBL0bits.DIFF = 0;           // Single End
    /** Execute Calibration ADC **/
    ADCON1bits.ADON = 1;           // ADC Enable
    while(ADSTATHbits.ADREADY == 0);
    ADCON1bits.ADCAL = 1;          // Calibration Start
    while(ADSTATHbits.ADREADY == 0);
    ADL0CONLbits.SAMP = 1;         // Start Sample
    ADL0CONLbits.SLEN = 1;         // Enable sample list
}
```

- 定電圧モジュールの初期設定 3.072Vで設定
- 高速ADCの初期設定
- リファレンスは内蔵定電圧
- 変換クロック4MHz
- 毎回割り込み
- 1チャネルのみ
- シングルエンド
- 較正実行

　以上がデジタルマルチメータのPICマイコンのファームウェアの全体です。これ以外にLCDモジュール用の関数や遅延関数やスイッチ割り込み処理部がありますが、ここでは省略します。LCDモジュールについては、8-4-2節で説明した内容と同じとなっています。

　これをPICマイコンに書き込めばすぐ動作を開始します。

8-5 デジタルマルチメータの使い方　ANALOG

電源を接続すれば、液晶表示パネルに何らかの数値が表示されます。

最初は電圧測定のモードになっています。スイッチS2を押すごとに、

　電圧測定 → 電流測定 → 抵抗測定10kΩ → 抵抗測定1MΩ → 容量オフセット測定
　→ 容量測定 → 表示テスト　の順にサイクリックに切り替わります。

またS1を押すと、容量オフセット測定になります。

各測定モードで、表8-1-1の仕様どおりの表示になるかどうかを確認します。
電圧は最大2V、電流は最大2Aなので注意してください。また電流測定で1A以上の場合には1Ωの抵抗が発熱するので、こちらも要注意です。

コンデンサ容量の測定手順は、まず入力に何も接続しない状態で、容量オフセットモードに切り替えてオフセット値取得を実行します。このあと、容量測定モードに切り替えてから、被測定コンデンサを入力ピンに接続すれば計測結果を表示します。
容量測定は自動レンジ切り替えで動作するので、数10pFから1μFまでの測定が可能です。

液晶表示パネルの数字だけの表示でこれだけの多機能を表示させると、実際には使いにくいものとなってしまいました。液晶表示器にキャラクタ表示のものを使えばグッと使いやすいものになると思います。

Peripheral Interface Controller

第9章
ファンクションジェネレータの製作

PIC24 GCファミリに内蔵されている高速D/Aコンバータを使って、正弦波、三角波、鋸状波、方形波を出力するファンクションジェネレータを製作します。10Hzから200kHz程度までの周波数を生成できます。

9-1 ファンクションジェネレータの概要

ANALOG

　PIC24 GCファミリに内蔵されている高速D/Aコンバータを使って、正弦波、三角波、鋸状波、方形波を出力するファンクションジェネレータを製作します。完成したファンクションジェネレータの外観は写真9-1-1のようになります。

　単体のボードだけで動作し、波形の変更はスイッチで行い、周波数の変更は右下にあるつまみ付きのロータリーエンコーダで上下させます。

　出力は基板端にある2個のRCAジャックとなり、2個のボリュームで出力レベル調整ができます。つまり2種類の信号が同時に出力できます。

●写真9-1-1　ファンクションジェネレータの外観

9-1-1 ファンクションジェネレータの機能仕様

製作するファンクションジェネレータの機能仕様は表9-1-1のようにしました。D/Aコンバータは2組実装されているので、これを有効活用して、同時に2チャネルの波形が出力できるようにします。

これらの波形はプログラムで生成しているだけなので、プログラムを追加変更すれば任意の波形を作れます。

▼表9-1-1　ファンクションジェネレータの機能仕様

機能項目	機能・仕様の内容	備考
電源	DC5VのACアダプタまたは 電池（単3×4本）かリチウム電池 消費電流：約30mA～50mA	3.7V以上であれば使用可能
波形出力	2チャネル　RCAジャック 出力振幅は半固定抵抗で調整 出力波形種類 　SIN波＋COS波 　相補の三角波 　相補の鋸状波 　相補の矩形波 出力周波数範囲 　10Hz～100kHz　1/10ステップ 出力電圧 　0～2.4V	タクトスイッチを押すごとに順次切り替え 基板上の半固定抵抗で調整
周波数設定	ロータリースイッチによる 設定ステップは1/10	上昇時赤LED点滅 下降時緑LED点滅
液晶表示	波形種別 設定周波数と出力周波数	設定周波数と出力周波数が異なる場合がある

9-1-2 ファンクションジェネレータの構成

製作するファンクションジェネレータの構成は図9-1-1のようにしました。

電源は5Vから6V程度のACアダプタか、単3が4本の電池か、リチウムイオン電池のいずれかで供給し、3端子レギュレータで3.3Vにして全体に供給します。したがって、出力バッファとなる内蔵オペアンプも単電源構成となるため、出力には直流オフセットが含まれているので、大容量コンデンサで出力のDCをカットして出力します。

周波数可変にはロータリーエンコーダを使って簡単に素早く周波数が変えられるようにします。このロータリーエンコーダには2色のLEDを内蔵したものを使ったので、上昇時と下降時で異なる色のLEDを点滅させています。

出力振幅はD/Aコンバータの出力を可変抵抗で調整してから、ゲイン1のバッファアンプを通して外部出力としています。

クロックには周波数安定度と精度をよくするため8MHzの外部発振器を使いました。

液晶表示器にはI²Cインターフェースのものを使ったので、2本の信号だけで制御ができます。

●図9-1-1　ファンクションジェネレータの構成

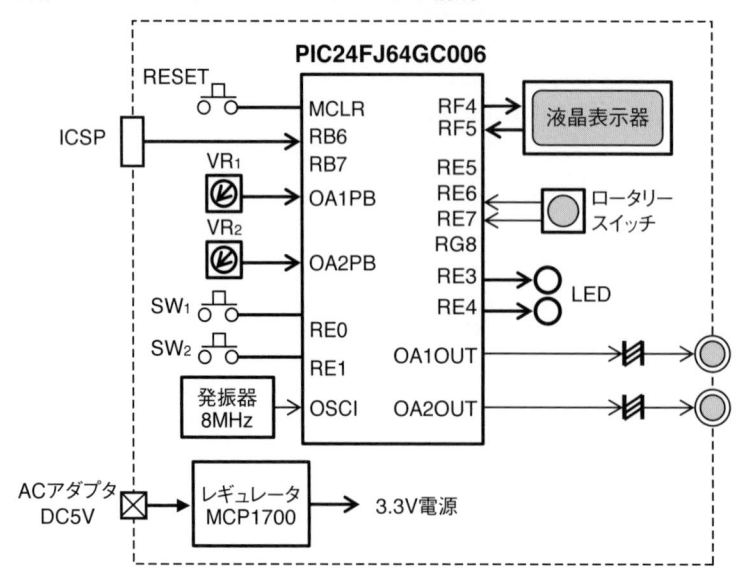

9-2 周辺モジュールの使い方

ファンクションジェネレータで使うアナログモジュールは、オペアンプと10ビットの高速D/Aコンバータなので、このD/Aコンバータの使い方を説明します。

9-2-1 高速D/Aコンバータの使い方

このD/Aコンバータは、D/A変換を抵抗ラダーで行う一般的なD/Aコンバータとなっています。

❶ 特徴

この高速D/Aコンバータの特徴は次のようになっています。

❶分解能は10ビットでレールツーレールの出力

$AV_{SS}+20mV$ から $AV_{DD}-20mV$ の範囲の出力が可能なので、ほぼ0Vから電源電圧までフルスイングできます。

❷セトリングタイムが0.9μsecなので1Mspsのサンプルレートに追従可能

このセトリングタイムは出力電圧がフルスケールの1/4から3/4、つまり振幅がフルスイングの半分だけ変化する時間なので、小さな変化ならばこれより高速で可変することができます。

❸最大出力が6mAまで可能なので、直接外部出力可能

軽い負荷であればオペアンプなどを追加する必要がありません。

❹3種類の電圧リファレンスを選択可能

外部、電源、内蔵定電圧から選択できます。内蔵定電圧リファレンスとすれば電源電圧などの変動の影響を回避することができます。

❺DMAを含む多種類のトリガで出力設定可能

最高速度での動作はDMAが必須です。

❷ 内部構成

このD/Aコンバータの内部構成は図9-2-1のようになっています。

10ビット抵抗ラダーで電圧に変換された信号を、ユニティゲインのバッファアンプでインピーダンス変換をして外部出力としています。このとき電圧範囲を電圧リファレンスとして、指定された電圧を最大値として10ビット分解能で出力します。出力にはバッファがあるので直接外部でアナログ信号として使うことができます。

抵抗ラダーへのデータは多くの選択肢があるトリガ信号により、データバスからレジスタに取り込まれ出力となります。

DMA動作とした場合には、D/Aコンバータ側のトリガは使わず、DMA側のトリガによりDMAバス経由でデータが送り込まれ出力されます。

● 図9-2-1　D/Aコンバータの内部構成

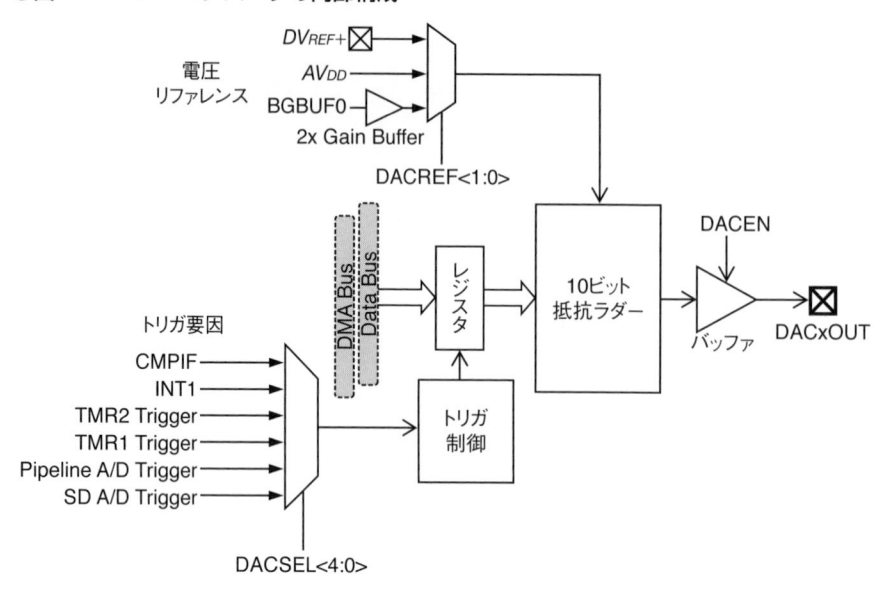

3 波形生成

このD/Aコンバータを使った波形生成機能は図9-2-2の構成で実現しました。

基本となるトリガ要因をタイマ3とし、これでDMA転送を一定周期でトリガします。DMAは、メモリ内に格納されている波形データを順に取り出してD/Aコンバータに転送します。これで一定周期の波形が出力されることになります。さらに、D/Aコンバータの出力に可変抵抗を接続し、これで電圧を可変したあと、内蔵オペアンプのバッファを経由して外部出力としています。オペアンプのマイナス側入力は内部で出力に接続できるので、外部ピンは使わないで済みます。

D/Aコンバータ、オペアンプともに2組ずつ内蔵されているので、2系統の波形生成を同時に実行させています。

出力電圧はD/Aコンバータの電圧リファレンスを1.2Vの内蔵定電圧リファレンス（BGBUF0）としたので、この2倍の2.4Vが最大振幅となります。

D/AコンバータはDMAを使って最高2Mspsで駆動し、波形データの配列（PatternA[ ]かPatternB[ ]）を順番に出力することで波形を生成します。D/Aコンバータの性能としては1Mspsとなっていますが、2Mspsでも動作したのでここでは2Mspsで使っています。

●図9-2-2　波形生成部の内部構成

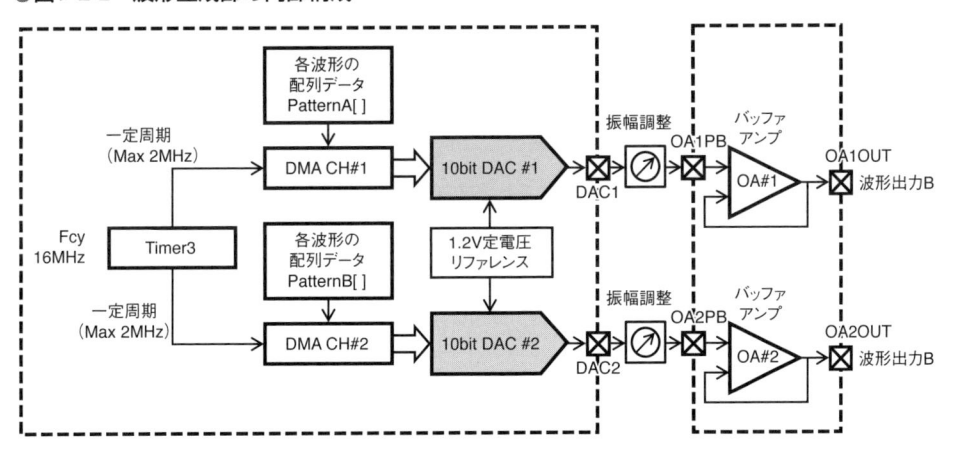

4 周波数の設定

次に波形の周波数の可変方法ですが、このD/Aコンバータは10ビット分解能なので、最大1,000分解能の正弦波を生成することにしました。これで、2Msps÷1,000＝2kHzとなるので、2kHz以下の場合はすべて1,000分解能の波形とし、タイマ3の周期を長くして周波数を変更します。つまりタイマ3のクロックが16MHzなので、PR3＝(16,000÷f)－1　としてタイマ3の周期レジスタPR3の値を変更します。この場合のfはHzの単位とします。

2kHzより高い周波数の場合はタイマ3を最高周波数の2MHz一定とし、分解能を下げることにします。つまり、分解能R＝2,000÷fとして分解能を少なくしていきます。この場合のfはkHzの単位とします。これで例えば100kHzの場合で20分解能となるので、これくらいの周波数が正弦波の形を留める限界となります。

このように周波数を決めたので、式中の割り算が割り切れる場合はぴったりの周波数になりますが、割り切れない場合はずれることになります。

設定変更の都度、分解能Rを求め、例えば正弦波の場合、次の式により波形の配列データPatternA[ ]とPatternB[ ]を生成し、これをタイマ3の周期で繰り返しD/Aコンバータに出力します。

$$\text{PatternA}[i] = 512 + 500 \times \sin(2\pi \times i \div R) \quad (i は 0 から R-1 まで)$$
$$\text{PatternB}[i] = 512 + 500 \times \cos(2\pi \times i \div R) \quad (i は 0 から R-1 まで)$$

5 レジスタ

D/Aコンバータを使うために必要な制御レジスタは次のようになります。
- DACxCON　：基本の制御レジスタでトリガやリファレンスの選択
- BUFCON0　：定電圧リファレンス#0の制御レジスタ　電圧を設定

それぞれのレジスタの詳細は図9-2-3のようになっています。

● 図9-2-3　D/Aコンバータ制御レジスタ

DACxCONレジスタ

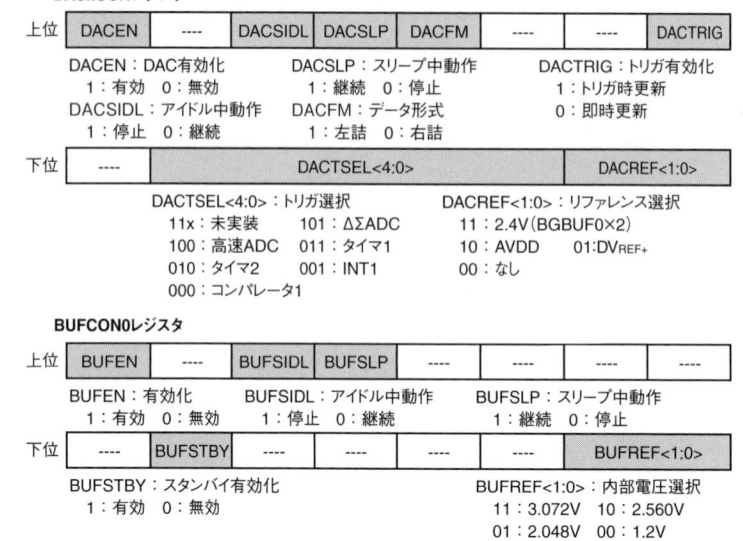

上位: | DACEN | ---- | DACSIDL | DACSLP | DACFM | ---- | ---- | DACTRIG |

DACEN：DAC有効化　　　　DACSLP：スリープ中動作　　　DACTRIG：トリガ有効化
　1：有効　0：無効　　　　　1：継続　0：停止　　　　　　1：トリガ時更新
DACSIDL：アイドル中動作　　DACFM：データ形式　　　　　0：即時更新
　1：停止　0：継続　　　　　1：左詰　0：右詰

下位: | ---- | DACTSEL<4:0> | DACREF<1:0> |

DACTSEL<4:0>：トリガ選択　　　　　　DACREF<1:0>：リファレンス選択
　11x：未実装　　101：ΔΣADC　　　　11：2.4V(BGBUF0×2)
　100：高速ADC　011：タイマ1　　　　10：AVDD　　01：DVREF+
　010：タイマ2　　001：INT1　　　　　00：なし
　000：コンパレータ1

BUFCON0レジスタ

上位: | BUFEN | ---- | BUFSIDL | BUFSLP | ---- | ---- | ---- | ---- |

BUFEN：有効化　　　　　BUFSIDL：アイドル中動作　　BUFSLP：スリープ中動作
　1：有効　0：無効　　　1：停止　0：継続　　　　　　1：継続　0：停止

下位: | ---- | BUFSTBY | ---- | ---- | ---- | ---- | BUFREF<1:0> |

BUFSTBY：スタンバイ有効化　　　　BUFREF<1:0>：内部電圧選択
　1：有効　0：無効　　　　　　　　11：3.072V　10：2.560V
　　　　　　　　　　　　　　　　　01：2.048V　00：1.2V

❻ 動作手順

　これらの制御レジスタを使って実際に動作させるときには、次の手順で行います。本章での使い方で説明します。

❶ データ形式を DACFM ビットで指定
　通常は右詰めで下位側から詰め込みます。

❷ トリガの有効無効を設定
　トリガ要因からのトリガを使う場合に有効としますが、DMAを使う場合にはDMA側のトリガで動作させるので、ここではトリガ無効として使わない設定とします。

❸ トリガ要因の選択
　トリガを有効とした場合には、トリガ要因を選択します。ここではトリガは使わないので、なしとしています。

❹ リファレンスの設定
　出力電圧の最大値をリファレンスで決めます。電源電圧までフルスイングさせる場合にはAV$_{DD}$を選択します。本章では内蔵リファレンスのBGBUF0を選択しています。

❺ DACENビットを有効として動作開始
　これでD/Aコンバータの出力が開始されます。

❻ リファレンスにBGBUF0を選択した場合には、BGBUF0の設定が必要
　BGBUF0を有効化し、出力電圧を選択します。この選択した電圧の2倍がD/Aコンバータのリファレンスとなるため、電源電圧に注意して選択する必要があります。電源電圧以上の電圧出力はできません。
　本章では3.3V電源なので、1.2Vしか選択できません。

9-3 ハードウェアの製作

完成したファンクションジェネレータの外観が写真9-3-1となります。

●**写真9-3-1　完成したファンクションジェネレータの外観**

1 回路図

図9-1-1の構成図を元にして作成したファンクションジェネレータの回路図が図9-3-1となります。

左側が波形の出力関連で、内蔵オペアンプ回路も含んでいます。右側は液晶表示器と電源と発振器です。

右上に電源のレギュレータがありますが、アナログ回路への電源供給には簡単なRCフィルタを経由して、PICマイコンなどのデジタル回路のノイズが伝わらないようにしています。グランドもアナログ系とデジタル系を分離してR4の一か所で接続するようにしています。

中央下側はPICマイコンのプログラム書き込み器を接続するコネクタで、6ピンのシリアルピンヘッダを使います。スイッチSW2、SW3のプルアップ抵抗はPICマイコン内蔵のプルアップを使うことにして、抵抗を省略しています。

左上にあるのがロータリーエンコーダで、2個の接点と2個のLEDで構成されています。接点はA、B直交エンコーダ方式で回転方向検出とパルスカウントを行います。つまりA接点とB接点のどちらが先にHighになるかで回転方向を検出し、エッジの数でカウントをします。

LEDは回転方向によりいずれかを接点パルス入力ごとに反転するようにしています。

●図9-3-1 ファンクションジェネレータの回路図

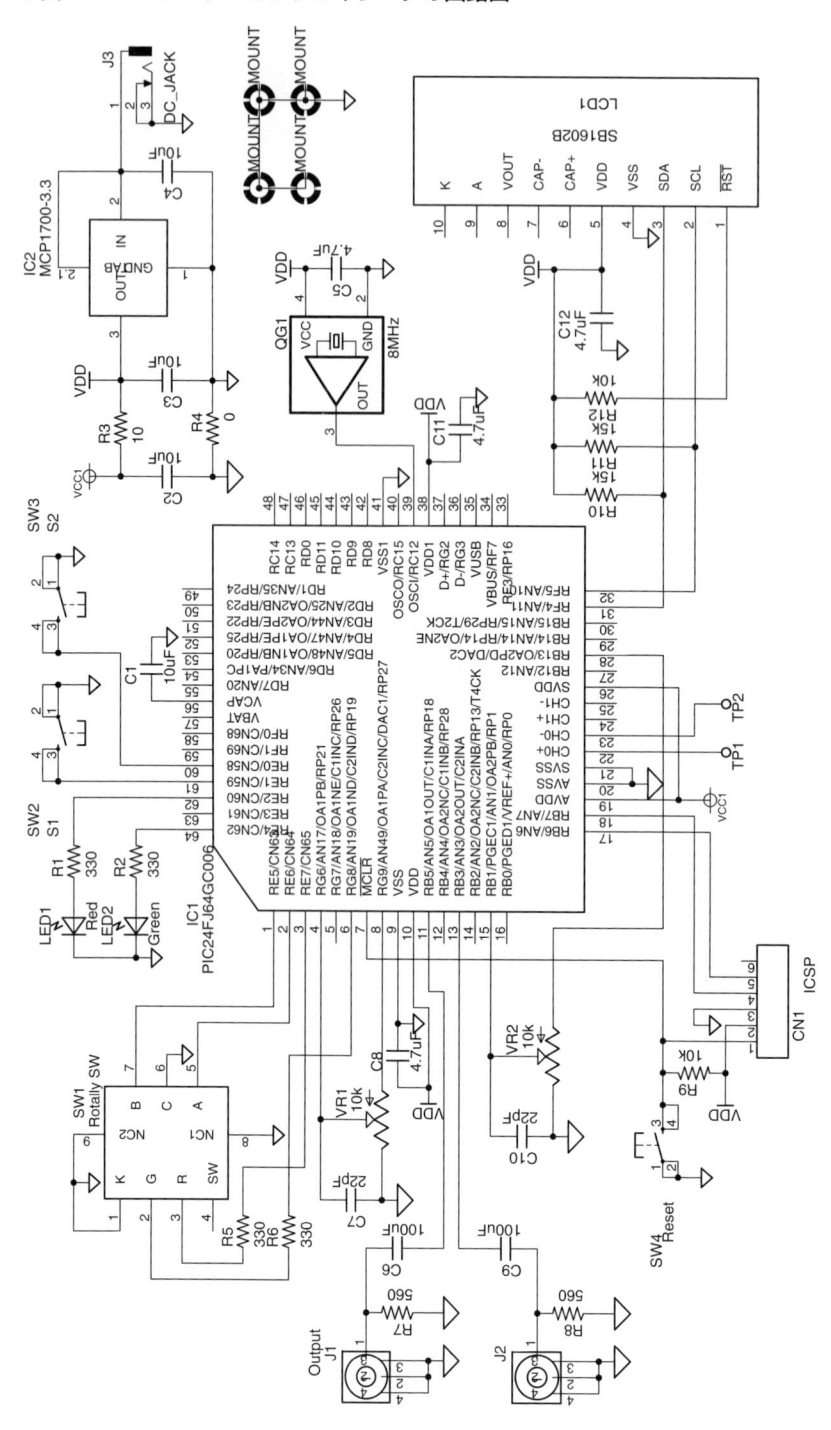

9-3 ハードウェアの製作

　出力振幅の調整は2個の半固定抵抗で行いますが、この可変抵抗の出力を22pFのコンデンサでGNDに接続することで簡単なローパスフィルタとして高い周波数のスイッチングノイズを低減しています。
　また出力アンプが単電源なので、大容量のコンデンサで出力のDC成分をカットしてから出力しています。このコンデンサの充電電圧をすぐ放電させるのと、出力インピーダンス設定用にR7とR8を負荷抵抗として挿入しています。

2 部品

　ファンクションジェネレータの組み立てに必要な部品は表9-3-1のようになります。

▼表9-3-1　ファンクションジェネレータの部品表

記号	部品名	品名	数量
IC1	PICマイコン	PIC24F64GC006-I/PT（マイクロチップ社）	1
IC2	250mAレギュレータ	MCP1700T-3302E/MB（マイクロチップ社）	1
OG1	クリスタル発振器	SG8002DC　8MHz　3.3V（EPSON）	1
LCD1	液晶表示器	SB1602B　I²C接続	1
LED1、LED2	発光ダイオード	3φ　赤、緑	各1
R1、R2、R5、R6	抵抗	330Ω　1/6W	4
R3	抵抗	10Ω　1/6W	1
R4	抵抗	ジャンパ	1
R7、R8	抵抗	560Ω　1/6W	2
R9、R10、R11、R12	抵抗	10kΩ　1/6W	4
VR1、VR2	可変抵抗	10kΩ　つまみつき基板用	2
C1、C2、C3、C4	チップ型セラミック	10μF　16Vまたは25V	4
C5、C8、C11、C12	チップ型セラミック	4.7μF　16Vまたは25V	4
C6、C9	チップ型セラミック	100uF　6.3Vまたは16V	2
C7、C10	セラミック	22pF	2
J1、J2	RCAジャック	基板用横型	2
J3	DCジャック	2.1φ	1
CN1	シリアルピンヘッダオス	6ピン（40ピンから切断）（角ピン）	1
SW1	ロータリーエンコーダ	EC12PLGRSDVF-D-25K-24-24C-31/0　つまみ付き（秋月電子）	1
SW2、SW3、SW4	スイッチ	基板用小型タクトスイッチ	3
	変換基板	ICB020	1
	IC用ピンヘッダ	18ピン2列（80ピンから切断）オス、メス両方（丸ピン）	4
	ピンヘッダ	10ピン　オスメス（LCD用）（丸ピン）	1
	基板	サンハヤト感光基板　P10K	1
	ねじ、ナット、ゴム足		少々

この回路図を元にCADのEagleでパターン図を作成してプリント基板を製作しました。

3 実装

基板と部品表の部品がそろったら組み立てを始めます。

この基板への実装は図9-3-2の実装図を元に行います。最初ははんだ面側の表面実装部品を取り付け、次にジャンパ線と抵抗を実装します。スイッチのジャンパ線はスイッチ本体で接続されるので不要です。

このあとはICソケットから背の低い順に実装していきます。出力の電解コンデンサは背が高いので最後に実装します。液晶表示器はシリアルピンヘッダを使ってソケット実装としました。

●図9-3-2　ファンクションジェネレータの実装図

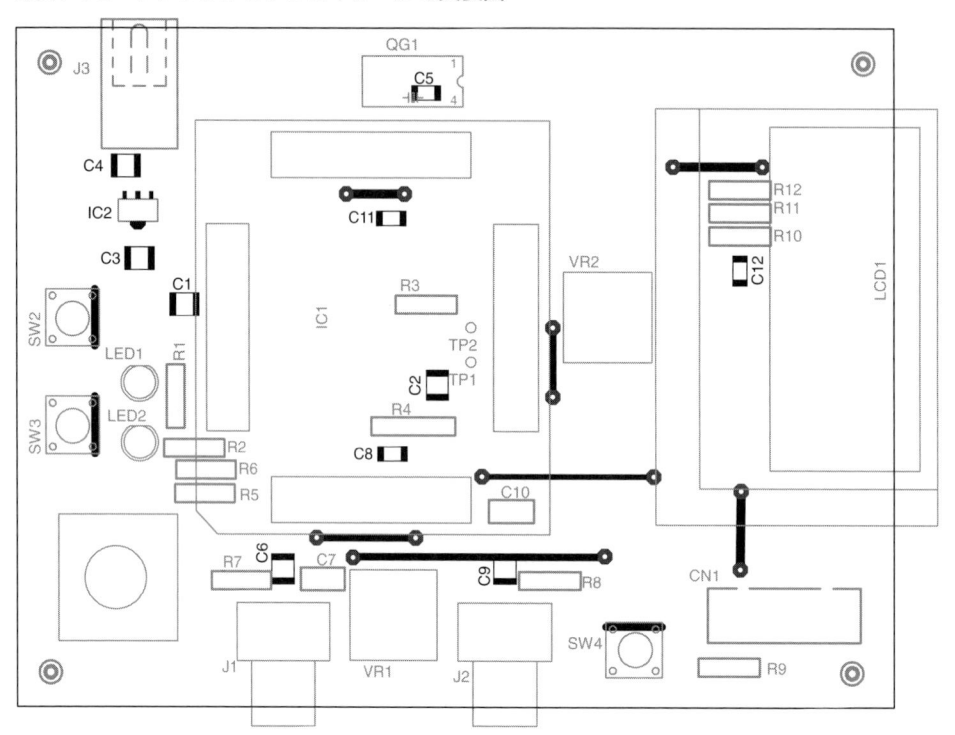

こちらもPICマイコンは64ピンのTQFPパッケージなので、変換基板に実装してコネクタ接続としました。この基板の組み立て方は第7-3-2項を参照してください。

こうして組み立て完了した基板の部品面が写真9-3-2、はんだ面が写真9-3-3となります。部品面の左下側にあるのがロータリーエンコーダで、つまみ付きです。

組み立てが完了したらとりあえず電源を接続し、正常に電圧が出ているかを確認しておきます。

●写真9-3-2　組み立て完了した部品面

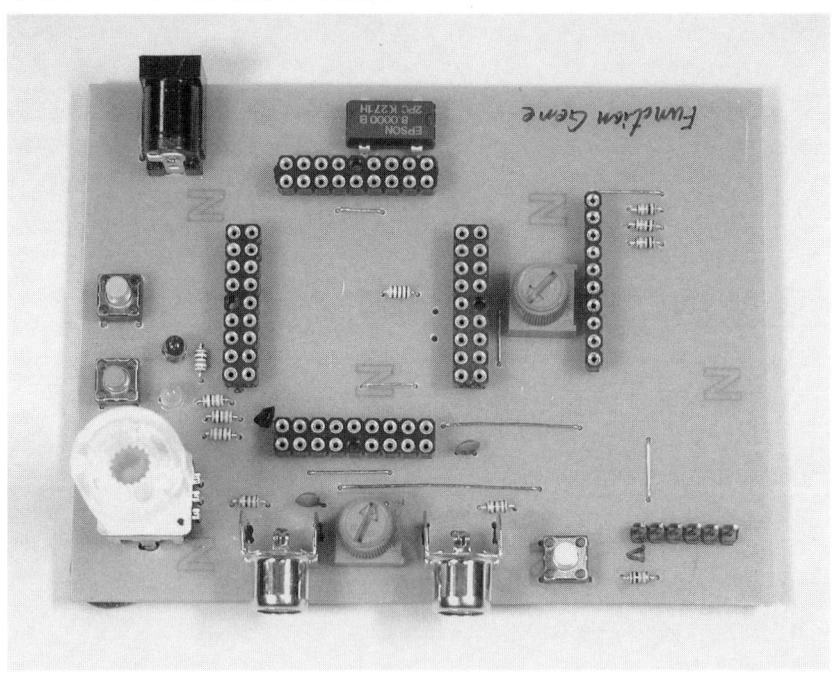

●写真9-3-3　組み立て完了したはんだ面

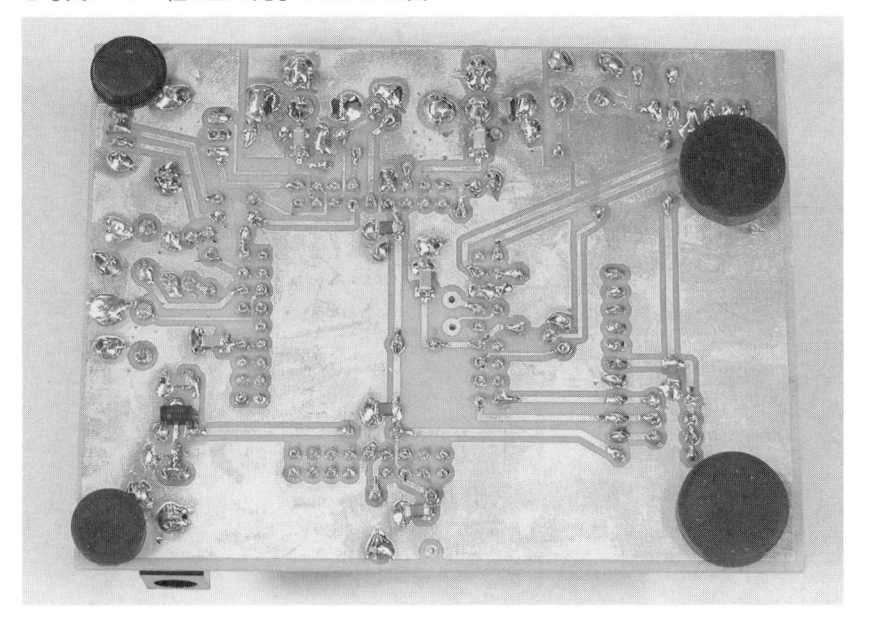

9-4 ファンクションジェネレータのファームウェアの製作

ANALOG

ハードウェアの製作が完了したら、次はPICマイコンのファームウェアの製作です。

9-4-1 ファームウェアの構成とフロー

ファンクションジェネレータのファームウェアの全体フローは図9-4-1のような構成としました。図のようにメインルーチンとロータリーエンコーダの割り込み処理だけで構成されています。

●図9-4-1 ファンクションジェネレータのメインプログラムフロー

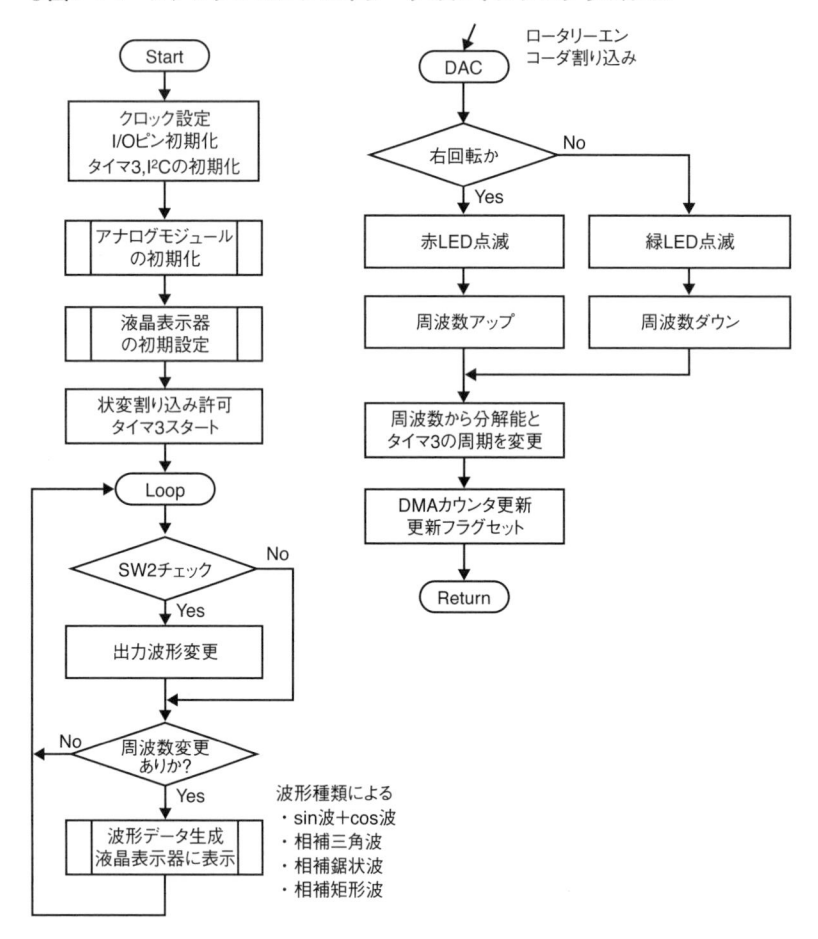

波形種類による
・sin波＋cos波
・相補三角波
・相補鋸状波
・相補矩形波

メインルーチンの最初で初期化を行います。アナログモジュールの初期化の中で、オペアンプ、D/Aコンバータ、定電圧リファレンス、2チャネルのDMAの各モジュールの初期設定を行います。ここでほぼ準備がすべて整います。

続いて、液晶表示器の初期化を行って開始メッセージを表示してからメインループに入ります。メインループでは最初にスイッチSW2のチェックをして、押されていたら波形の種類の変更をします。この変更はサイクリックに行います。種類を変更したら、周波数変更があったかどうかをチェックし、設定された周波数と波形種類に基づいて波形データを生成し、出力データを更新します。さらにその情報を液晶表示器に表示します。

ロータリーエンコーダの割り込み処理では、右回りの場合は赤LEDを点滅して周波数をアップし、左回りの場合は緑LEDを点滅して周波数をダウンさせます。そして更新した周波数に基づいて、分解能とDMAのカウント数を更新してから更新フラグをセットしてメインループに周波数変更があったことを通知します。

9-4-2 ファームウェアの詳細

作成したファームウェアの内容を詳しく見ていきます。

1 宣言部

まず、宣言部でリスト9-4-1となります。

最初のコンフィギュレーション部は省略していますが、クロック発振を外部発振器ECモードでPLLありとしています。このコンフィギュレーションはMPLAB X IDEで自動生成したものをそのままコピーして貼り付けたものです。MPLAB X上でコンフィギュレーションの設定ができるので間違いも少なくなり、便利になりました。

続いてグローバル変数の宣言です。ここに波形データ用の2組の配列バッファを用意しています。いずれも10ビットで最大1,000個なのでint型の1,000個の配列として確保します。

続いて液晶表示器用のメッセージの定義です。1行目は波形の種類の表示で文字列は固定なので、const修飾子でROM領域に確保しています。2行目は周波数の表示で、可変なのでRAM領域に確保しています。

リスト 9-4-1　宣言部の詳細

```
/*******************************************************
 *   ファンクションジェネレータ
 *   PIC24FJ64GC006の10bit高速D/Aの使用例
 *   Timer3でD/Aコンバータで各種波形出力　サンプリング周期2MHz
 *   ロータリーエンコーダで周波数を可変
 *******************************************************/
#include <xc.h>
#include <math.h>
#include "lcd_i2c_lib.h"
/* コンフィギュレーションの設定 */

（コンフィギュレーション部省略）
```

```
/* グローバル変数、定数定義 */
int i, temp, Func, Flag;
unsigned int MaxRes;                // アナログ出力最高分解能 //
unsigned int PatternA[1000], PatternB[1000];
unsigned long Freq, Outfreq, step;
float fstep;
/* LCD用メッセージ */
const unsigned char StatMsg[] = "Start Fuction!  ";
const unsigned char SineMsg[] = "SIN/COS Wave    ";
const unsigned char TriMsg[]  = "Triangle Wave   ";
const unsigned char SawMsg[]  = "Saw Type Wave   ";
const unsigned char SquMsg[]  = "Square Pair Wave";

unsigned char Line2[] = "xxxxxx xxxxxx Hz";
/* 関数プロトタイピング */
void Init(void);
void ltostring(char digit, unsigned long data, unsigned char *buffer);
```

- グローバル変数 波形データ配列バッファの定義
- LCD用メッセージ 1行目用
- LCD用メッセージ 2行目用

2 初期設定部

次がメイン関数の初期化部でリスト9-4-2となります。最初はクロックの初期設定で、コンフィギュレーションの設定だけで外部発振器の8MHzから32MHzが生成されるので、それを分周しないで32MHzのフルスピードで動作させます。

次がI/Oピンの初期設定で、スイッチ用の入力ピンは内蔵プルアップを有効化し、RB1のロータリーエンコーダだけ状態変化割り込みを許可しておきます。オペアンプのピンだけアナログピンとしておきます。ここでのオペアンプはゲイン1のバッファアンプとして使うので、マイナス側入力は内部で出力に接続するため、外部ピンは使いません。

続いて液晶表示器用のI^2Cモジュールの初期化とDMAトリガ用のタイマ3の初期設定です。

次にアナログモジュールの初期設定でInit()関数を呼び出し、一括で初期設定を実行しています。

次に波形の初期設定をしてから、液晶表示器を初期化して開始メッセージを表示したあと、状態変化割り込みを許可してからタイマ3をスタートさせています。これで波形出力が開始されます。このあとメインループに進みます。

リスト 9-4-2 初期化部の詳細

```
/********** メイン関数 ************************/
int main(void){
    /* クロックの設定  8MHz/2=4MHz*24=96MHz/3=32MHz */
    CLKDIVbits.CPDIV = 0;          //32MHz/1
    /* I/Oの初期設定 */
    TRISB = 0xE07E;                // RB3,4,5 Input
    TRISE = 0x0073;                // S1,2, SW input
    TRISF = 0x0030;                // RF4,5 input for I2C
    TRISG = 0x02C0;                // RG6,7,9 Input
    /* スイッチ関連設定 */
    CNPU4bits.CN58PUE = 1;         // RE0 SW Pullup
    CNPU4bits.CN59PUE = 1;         // RE1 SW Pullup
    CNPU4bits.CN63PUE = 1;         // RE5 Rotally Pullup
    CNPU5bits.CN64PUE = 1;         // RE6 Rotally Pullup
```

- クロック設定 32MHz動作
- I/Oピン初期設定
- スイッチのプルアップと状変割り込み許可

9-4 ファンクションジェネレータのファームウェアの製作

```
                        CNEN4bits.CN63IE = 1;         // RB1 状態変化割り込み許可
                        /* オペアンプピン設定 */
アナログピン設定         ANSB = 0x003E;                // RB1-5
                        ANSE = 0;
                        ANSF = 0;
                        ANSG = 0x00C0;                // RG6,7
                          // I2Cの初期設定
I²C初期化                I2C2BRG = 0x9C;              // 100kHz@16MHz
液晶表示器用             I2C2CON = 0x8000;            // I2Cイネーブル
                        /* タイマ3設定(DA変換トリガ用) */
タイマ3初期化            T3CON = 0;
                        TMR3 = 0;
                        PR3 = 7;                      // 500nsec(2MHz)
                        MaxRes = 1000;
                        /** OPA, DMA、D/A初期設定 **/
アナログモジュール       Init();
一括初期化               /* 変数初期化 */
                        Freq = 2000;
変数初期値設定           Func = 0;
                        Flag = 1;
                        /* 液晶表示器初期化 */
                        lcd_init();                   // 初期化
LCD初期化と              lcd_clear();                  // 全消去
開始メッセージ表示       lcd_cmd(0x80);                // 1行目指定
                        lcd_str(StatMsg);             // 開始表示
                        /*状態変化割り込み許可*/
                        IFS1bits.CNIF = 0;            // フラグクリア
割り込み許可             IEC1bits.CNIE = 1;            // 割り込み許可
タイマ3スタート          T3CONbits.TON = 1;            // タイマ3スタート
```

❸ メインループ部

次がメインループでリスト9-4-3となります。最初にスイッチのSW2をチェックして、押されていれば波形種類の変更をします。4種類の波形を順次変更し、変更フラグをセットしています。

次に変更フラグをチェックし、オンになっていたらいったんタイマ3を停止させて波形出力を止めます。そして波形種類に応じて波形データを生成します。この変更フラグはロータリーエンコーダで周波数が変更された場合にもセットされます。波形データの生成は、種類ごとに分岐し、設定された分解能の数だけの波形データを生成します。分解能は周波数に応じて変更されます。この周波数と分解能の決め方は第9-2-1項を参照してください。最後にタイマ3を再スタートさせて波形出力を再開します。

リスト 9-4-3 メインループ部の詳細

```
                        /************** メインループ *******************/
                        while(1){
SW2のチェック               if(PORTEbits.RE1 == 0){              // SW2オンの場合
波形種類を切り替える            Func++;                          // 出力モード変更
4種類でループ                   if(Func > 3)                     // 上限チェック
                                    Func = 0;                    // 最初に戻す
                                while(PORTEbits.RE1 == 0);       // チャッタ
変更フラグをセット              Flag = 1;                         // 変更フラグセット
                            }
```

```c
                    /*** 周波数が変更された場合のみ実行 ****/
                    if(Flag){                               // 変更フラグオンの場合
                        T3CONbits.TON = 0;                  // 波形出力停止
                        Flag = 0;                           // 周波数変更フラグクリア
                        if(Freq <= 2000)                    // 2kHz以下の場合
                            Outfreq = 16000 / (PR3+1);      // 設定値を求める
                        else                                // 2kHz 以上の場合
                            Outfreq = 2000000 / MaxRes;     // 設定値を求める
                        ltostring(6, Outfreq, Line2+7);     // LCDに出力周波数セット
                        ltostring(6, Freq, Line2);          // LCDに設定周波数セット
                        lcd_cmd(0xC0);                      // 2行目指定
                        lcd_str(Line2);                     // 周波数表示
                    /***** 波形種別で分岐 ***/
                        switch(Func){                       // 波形種別
                            case 0:                         // 正弦波出力モード
                                lcd_cmd(0x80);              // 1行目指定
                                lcd_str(SineMsg);           // 正弦波の表示
                                for(i=0; i<MaxRes; i++){    // 正弦波テーブル生成
                                    PatternA[i] = (unsigned int)(512 + 500 * sinf(6.28*i/MaxRes));
                                    PatternB[i] = (unsigned int)(512 + 500 * cosf(6.28*i/MaxRes));
                                }
                                break;
                            case 1:                         // 三角波出力モード
                                lcd_cmd(0x80);
                                lcd_str(TriMsg);
                                for(i=0; i<MaxRes; i++){    // 三角波テーブル生成
                                    fstep = 2000.0 / MaxRes;
                                    if(i <= (MaxRes / 2)){
                                        PatternA[i] = (unsigned int)(i * fstep + 12.0);
                                        PatternB[i] = (unsigned int)(1000.0-i*fstep);
                                    }
                                    else{
                                        PatternA[i] = (unsigned int)(1000.0-(i-MaxRes/2)*fstep);
                                        PatternB[i] = (unsigned int)((i- MaxRes/2)* fstep + 12.0);
                                    }
                                }
                                break;
                            case 2:                         // 鋸状波出力モード
                                lcd_cmd(0x80);
                                lcd_str(SawMsg);
                                for(i=0; i<MaxRes; i++){
                                    fstep = 1000.0 / MaxRes;
                                    PatternA[i] = (unsigned int)(i * fstep + 12.0);
                                    PatternB[i] = (unsigned int)(1000-(i * fstep + 12.0));
                                }
                                break;
                            case 3:                         // 矩形波出力モード
                                lcd_cmd(0x80);
                                lcd_str(SquMsg);
                                for(i=0; i<MaxRes; i++){
                                    if(i < MaxRes / 2){
                                        PatternA[i] = 12;
                                        PatternB[i] = 1000;
                                    }
                                    else{
                                        PatternA[i] = 1000;
```

- 変更フラグがオンの場合
- 波形生成いったん停止
- 2kHz以下の場合
- 2kHz以上の場合
- LCDに周波数表示
- 波形種別で分岐
- 正弦波の場合
- sin波とcos波の波形データ生成
- 三角波の場合
- 相補の三角波の波形データ生成
- 相補の三角波の波形データ生成
- 鋸状波の場合
- 相補の鋸状波の波形データ生成
- 矩形波の場合
- 相補の矩形波の波形データ生成
- 相補の矩形波の波形データ生成

```
                              PatternB[i] = 12;
                    }
                }
                break;
            default : break;
        }
        T3CONbits.TON = 1;              // 波形出力再開
    }
}
```
波形出力の再開

4 ロータリエンコーダ割り込み処理関数

次がロータリーエンコーダ割り込み処理関数部でリスト9-4-4となります。

まず、確かにRE5ピンがLowになっているかを確認します。そして500μsecだけ待ってRE6ピンのHigh、Lowをチェックします。これで回転方向がわかるので、正回転か逆回転かで分岐します。ロータリーエンコーダの出力がメカニカル接点なので、チャッタリングがあり、この待ち時間により微妙に増減の確実性が変わります。つまりロータリーエンコーダのつまみを回す速度により増減したりしなかったりという現象の現れ方が変わってきます。

本章のような使い方では、多少増減ステップが飛んだり、増減しなかったりしなくてもやり直せばよいだけなので、できる限り確実な値とすることでよしとしました。

正回転の場合は、赤LED側を反転表示させ、緑LEDは消灯しています。これで右回転すると赤く点滅します。逆回転の場合は赤LEDを消灯し、緑LEDを反転表示させているので、緑LEDが点滅します。

周波数増減は、現在周波数の1/10をステップとして増減させることにしたので、これを加減します。

続いて、増減結果の周波数から分解能とPR3の値を求めて変更します。この求め方は第9-2-1項で説明した方法としています。

次に、求めた分解能の値をDMAのカウンタにセットしてから変更フラグをセットして、割り込み処理を終了しています。この変更フラグセットにより、メインループの方で波形データ生成をやり直して波形を更新しています。

最後の1msecの待ち時間もチャッタリングの影響を回避するもので、最初の500μsecの待ち時間とからんで微妙に増減の確実性に影響を与えます。

リスト 9-4-4 割り込み処理関数部の詳細

```
/************************************************
 *   ロータリーエンコーダ割り込み処理関数
 *     出力周波数のアップダウン
 ************************************************/
void __attribute__((interrupt, no_auto_psv))  _CNInterrupt(void){
    if(PORTEbits.RE5 == 0){                     // Aパルス確認
        Delayus(500);                           // チャッタリング回避
        if(PORTEbits.RE6 == 0){                 // Bパルス  正回転の場合
            LATGbits.LATG8 = 0;
            LATEbits.LATE7 ^= 1;
```
正回転の場合
赤LED反転

```c
                    if(Freq < 100000){
                        if(Freq >= 10000)
                            step = 1000;
                        else if(Freq >= 1000)
                            step = 100;
                        else if(Freq >= 100)
                            step = 10;
                        Freq += step;                   // 周波数アップ
                    }
                }
                else{                                   // Bパルス  逆回転の場合
                    LATEbits.LATE7 = 0;
                    LATGbits.LATG8 ^= 1;
                    if(Freq > 10){
                        if(Freq > 10000)
                            step = 1000;
                        else if(Freq > 1000)
                            step = 100;
                        else if(Freq > 100)
                            step = 10;
                        Freq -= step;                   // 周波数ダウン
                    }
                }
            }
            /** 周波数から設定値を求める **/
            if(Freq <= 2000){                           // 2kHz以下の場合
                MaxRes = 1000;                          // 最大分解能で一定値
                PR3 = 16000 / Freq - 1;                 // PR3の周期を変更
            }
            else {                                      // 2kHz以上の場合
                MaxRes = (unsigned int) (2000000 / Freq);   // 分解能を変更
                PR3 = 7;                                // PR3は2MHzで一定
            }
            DMACNT1 = MaxRes;                           // DMA Counter MaxRes
            DMACNT2 = MaxRes;
            DMACH1bits.CHEN = 1;                        // Channel Enable
            DMACH2bits.CHEN = 1;                        // Channel Enable
            while(PORTEbits.RE5 == 0);                  // チャタリング回避
            Delayms(1);                                 // チャタリング回避
            IFS1bits.CNIF = 0;                          // フラグクリア
            Flag = 1;                                   // 変更フラグセット
        }
```

注釈（左側吹き出し）:
- 1/10ステップで周波数アップ
- 逆回転の場合
- 緑LED反転
- 1/10ステップで周波数ダウン
- 2kHz以下の場合
- 分解能1000でPR3を変更
- 2kHz以上の場合
- PR3一定で分解能を変更
- DMAカウンタを更新
- 変更フラグをセット

5 モジュール初期化関数

次がアナログモジュールの初期化の関数でリスト9-4-5となります。

この関数で、必要なアナログモジュールとDMAの初期化をすべてまとめて実行しています。

最初は2組のオペアンプの初期設定で、マイナス入力は内部で出力と接続します。プラス入力ピンと出力ピンは外部ピンに接続します。これでゲイン1のバッファとして独立に動作します。

次がDMAの初期設定で、チャネル1とチャネル2を使っています。いずれのチャネルも同じ動作として設定します。まず設定を自動的に再ロードすることで、1巡ごとに再設定するようにしています。転送元をチャネル1はPatternAに、チャネルBはPatternBにしてインクリメント

ありとします。転送先は、それぞれD/Aコンバータのデータレジスタ（DAC1DATかDAC2DAT）としてインクリメントはなしとします。転送回数をMaxResつまり分解能とし、トリガはいずれもタイマ3としています。これで最後にチャネルを有効化してトリガ待ちとします。

次が定電圧リファレンスの設定で、1.2Vの出力として設定しています。

最後が2つのD/Aコンバータの初期設定で、両方とも同じ設定で、即時出力更新モードでトリガなしとし、リファレンスを1.2Vの2倍としています。最後にD/Aコンバータを有効化して動作状態とします。

これで、タイマ3がスタートすれば一定周期でDMAによりメモリからD/Aコンバータにデータが転送され、波形出力が行われることになります。

リスト 9-4-5 アナログモジュール初期化関数の詳細

```
/***************************************************
 *   アナログモジュール初期化サブ関数
 *   OpeAMP, DMA CH0, CH1, DAC1, DAC2
 ***************************************************/
void Init(void){
    /*** OP AMP#1 Setting ****/
    AMP1CONbits.AMPOE = 1;              // Output Enable
    AMP1CONbits.NINSEL = 6;             // OA1NE OA1 Output
    AMP1CONbits.PINSEL = 2;             // OA1PB select(RG6)
    AMP1CONbits.SPDSEL = 1;             // High Power
    AMP1CONbits.CMPSEL = 0;             // AMP select
    AMP1CONbits.AMPEN = 1;              // AMP Enable
    /*** OP AMP#2 Setting ****/
    AMP2CONbits.AMPOE = 1;              // Output Enable(RB3)
    AMP2CONbits.NINSEL = 6;             // OA2NC OA2 Output
    AMP2CONbits.PINSEL = 2;             // OA2PB select(RB1)
    AMP2CONbits.SPDSEL = 1;             // High Power
    AMP2CONbits.CMPSEL = 0;             // AMP select
    AMP2CONbits.AMPEN = 1;              // AMP Enable
    /** D/Aコンバータ関連初期化 ***/
    /*** DMA CH1 Setting **/
    DMACONbits.DMAEN = 1;               // DMA Enable
    DMACONbits.PRSSEL = 0;              // Fixed Priority
    DMAH = 0x2000;                      // Upper Limit
    DMAL = 0x800;                       // Lower Limit
    DMACH1 = 0;                         // Stop Channel #1
    DMACH1bits.RELOAD = 1;              // Reload DMASRC, DMADST, DMACNT
    DMACH1bits.TRMODE = 1;              // Repeat Oneshot
    DMACH1bits.SAMODE = 1;              // Source Addrs Increment
    DMACH1bits.DAMODE = 0;              // Dist Addrs Not Increment
    DMACH1bits.SIZE = 0;                // Word Mode(16bit)
    DMASRC1 = (unsigned int)&PatternA;  // From sine data
    DMADST1 = (unsigned int)&DAC1DAT;   // To D/A
    DMACNT1 = MaxRes;                   // DMA Counter MaxRes
    DMAINT1 = 0;                        // All Clear
    DMAINT1bits.CHSEL = 0x34;           // Select Timer3 trigger
    DMACH1bits.CHEN = 1;                // Channel Enable
    IFS0bits.DMA1IF = 0;                // Flag Reset
    /*** DMA CH2 Setting **/
    DMACH2 = 0;                         // Stop Channel #2
```

- OPA#1の初期設定
- マイナス入力は出力に接続
- OPA#2の初期設定
- マイナス入力は出力に接続
- DMAのCH1設定
- 自動再設定
- 1回ごと動作 SRCアドレス＋1
- Sourceを配列にDistをD/Aバッファに指定
- 分解能回指定
- トリガにタイマ3指定
- CH1を有効化
- DMAのCH2設定

```
        DMACH2bits.RELOAD = 1;                  // Reload DMASRC, DMADST, DMACNT
        DMACH2bits.TRMODE = 1;                  // Repeat Oneshot
        DMACH2bits.SAMODE = 1;                  // Source Addrs Increment
        DMACH2bits.DAMODE = 0;                  // Dist Addrs Not Increment
        DMACH2bits.SIZE = 0;                    // Word Mode(16bit)
        DMASRC2 = (unsigned int)&PatternB;      // From sine data
        DMADST2 = (unsigned int)&DAC2DAT;       // To D/A
        DMACNT2 = MaxRes;                       // DMA Counter MaxRes
        DMAINT2 = 0;                            // All Clear
        DMAINT2bits.CHSEL = 0x34;               // Select Timer3 trigger
        DMACH2bits.CHEN = 1;                    // Channel Enable
        IFS1bits.DMA2IF = 0;                    // Flag Reset
        /* BandGap BUF0 Setting */
        BUFCON0 = 0;
        BUFCON0bits.BUFSTBY = 0;                // normal mode
        BUFCON0bits.BUFREF = 0;                 // 1.2V
        BUFCON0bits.BUFEN = 1;                  // BG0 Enable
        /**** DAC1 Setting ****/
        DAC1DAT = 0;
        DAC1CONbits.DACFM = 0;                  // Right Justfied
        DAC1CONbits.DACTRIG = 0;                // Immediate Update
        DAC1CONbits.DACTSEL = 7;                // None Trigger
        DAC1CONbits.DACREF = 3;                 // Ref = BGBUF0  1.2V×2=2.4V
        DAC1CONbits.DACEN = 1;                  // Enable
        /**** DAC2 Setting ****/
        DAC2DAT = 0;
        DAC2CONbits.DACFM = 0;                  // Right Justfied
        DAC2CONbits.DACTRIG = 0;                // Immediate Update
        DAC2CONbits.DACTSEL = 7;                // None Trigger
        DAC2CONbits.DACREF = 3;                 // Ref = BGBUF0  1.2V×2=2.4V
        DAC2CONbits.DACEN = 1;                  // Enable
}
```

注釈（左側の吹き出し）:
- 自動再設定
- 1回ごと動作 SRCアドレス＋1
- Sourceを配列にDistをD/Aバッファに指定
- 分解能回指定
- トリガにタイマ3指定
- CH2を有効化
- 1.2V指定
- 定電圧リファレンス有効化
- DAC1初期化
- 右詰め即時更新指定
- トリガなし指定
- リファレンス1.2Vの2倍に設定
- DAC2初期化
- 右詰め即時更新指定
- トリガなし指定
- リファレンス1.2Vの2倍に設定

　以上がファンクションジェネレータのPICマイコンのファームウェアの全体です。これをPICマイコンに書き込み、電源を接続すれば動作を開始します。

9-5 ファンクションジェネレータの使い方

電源を接続すれば、液晶表示器に正弦波で2kHz出力のメッセージが出るはずです。
　このとき出力を7章で製作したワイアレスオシロスコープか、通常のオシロスコープで確認します。ヘッドフォンなどを接続すればピーという音で確認することもできます。
　ロータリーエンコーダを回したとき周波数表示が更新され、波形が変化すれば周波数変更も正常です。
　SW2を押すごとに波形種類が変わった表示が出て、実際の波形出力が変化していれば基本の動作は正常です。
　ボード上の可変抵抗を回して、出力電圧が可変できることを確認します。

以上で動作確認は終了です。

　波形は、単純にPatternAとPatternBに格納されたデータを出力しているだけなので、このデータを書き換えれば自由に変更できます。種類も特に制限はないので、追加も自由です。
　プログラムサイズは小さくROMは一杯余っているのでまだまだ多くの機能追加が可能です。

●写真9-5-1　実行中の状態

Peripheral Interface Controller

第10章 WAVプレーヤの製作

dsPICファミリに内蔵されているオーディオ用D/Aコンバータを使って、SDカード内のWAVファイルを高音質で再生するボードを製作します。
　出力にオペアンプを使うので、ヘッドホンを駆動できますし、ステレオアンプなどの入力とすることもできます。
　SDカードのFAT構成のファイルを扱うため、マイクロチップから提供されているファイルシステムを使います。

10-1 WAVプレーヤの概要

本章では、dsPIC33ファミリの中で「オーディオ用D/Aコンバータ」を内蔵しているdsPIC33FJ64GP802という28ピンのdsPICマイコンを使って、高音質でWAVファイル(第10-4-3項参照)の音楽を再生するWAVプレーヤを製作します。クリスタル発振の安定なクロックにより16ビット、44.1kHzでSDカードのWAVファイルを再生するので、CDドライブよりも高音質で再生できます(CDはメカニカルな回転によるクロック再生なので、ジッタがあって高音がきれいに再生されません)。

完成した高音質WAVプレーヤの外観は写真10-1のようになります。1枚のボードだけで構成されています。

dsPICマイコンで大部分構成できてしまうので、外付けはSDカードとオペアンプと液晶表示器だけです。これでヘッドフォンを直接駆動できますし、ステレオアンプや、アクティブスピーカなどに直接接続して聴くことができます。

● 写真10-1　高音質WAVプレーヤの外観

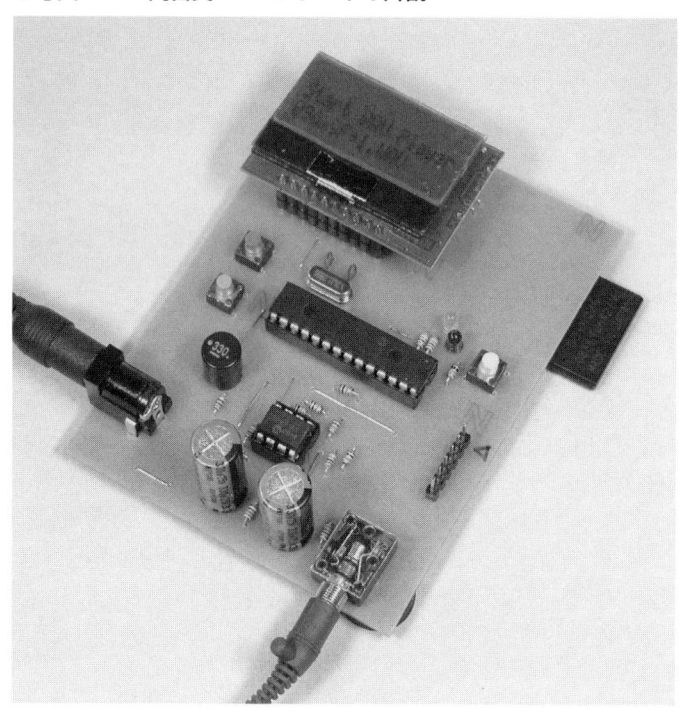

10-1-1 WAVプレーヤの機能仕様

　WAVプレーヤの機能仕様は表10-1-1のようにすることにしました。単純にSDカードに格納されたWAVファイルから音楽データを読み込んで、それをオーディオDACに転送するという単純な機能です。SDカードへのWAVファイルの書き込みはパソコンで行うものとします。

▼表10-1-1　WAVプレーヤ本体の機能仕様

機能項目	機能・仕様の内容	備考
電源	DC5VのACアダプタまたは 電池（単3×4本）かリチウム電池 消費電流：約30mA〜50mA	3.7V以上であれば使用可能
再生機能	44.1ksps でステレオの出力 ヘッドフォン直接駆動可能 再生中にS1オンで次の曲送り	ミニジャックで出力 音量調整はなし 最後のファイル終了で最初に戻る
SDカード 読み込み	ディレクトリは扱わない ロングファイルネーム可能 標準サイズのSDカードとする	ファイル名にロングネームを使うことは可能だが、液晶表示器に表示されるファイル名は自動的に8.3形式に圧縮される 日本語のファイルネームも使えるが、液晶表示器への表示は日本語にはならない
液晶表示	選択したファイル名を表示	英文字のみで、8.3形式のみ

10-1-2 WAVプレーヤの構成

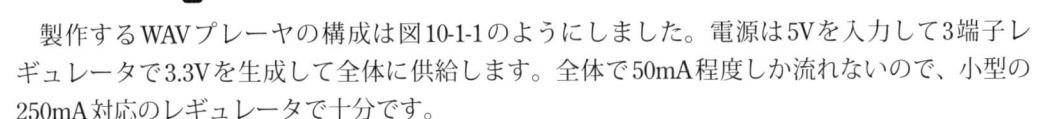

　製作するWAVプレーヤの構成は図10-1-1のようにしました。電源は5Vを入力して3端子レギュレータで3.3Vを生成して全体に供給します。全体で50mA程度しか流れないので、小型の250mA対応のレギュレータで十分です。
　全体を制御するのがdsPICマイコンで、SDカードは直接dsPICの入出力ピンに接続してSPIモジュールで制御します。
　SDカードの制御プログラムには、マイクロチップのライブラリとして無料提供されているファイルシステムを実装してFAT対応とします。
　液晶表示器はI²Cで接続するので2本だけで接続ができます。スイッチとLEDも直接dsPICマイコンの入出力ピンに接続しています。
　あとはオーディオDAC関連で、11.2896MHzのクリスタルをオーディオDAC専用の発振回路のピンに接続します。この周波数は44.1kHzの256倍の周波数となっていて、クリスタル発振子の標準周波数に含まれているので容易に入手できます。
　オーディオ出力は差動になっているので、ヘッドフォンを駆動するため、オペアンプを外付けして、差動からシングルエンドに変換しながら出力のインピーダンス変換も行います。このオペアンプ回路は3.3Vの単電源回路で動作させるため直流のオフセットがあるので、オーディオ出力はコンデンサで直流カットします。低域が減衰しないよう、大容量のコンデンサを使っています。

●図10-1-1　WAVプレーヤの全体構成

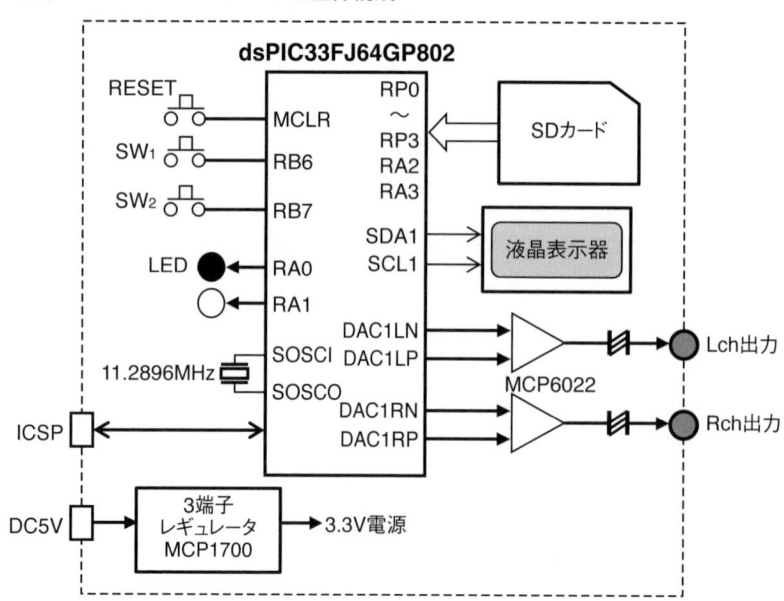

10-2 周辺モジュールの使い方

WAVプレーヤで新たに使う内蔵アナログモジュールは16ビット分解能のオーディオD/Aコンバータだけなので、これの使い方を説明します。
またアナログモジュールではないのですが、SDカードを使うので、このカードの使い方を説明します。

10-2-1 オーディオD/Aコンバータの使い方

■1 特徴
オーディオ用のD/Aコンバータの特徴は次のようになります。

- D/A変換方式　　　　　　：2次デルタシグマ変調方式
- 再構成フィルタ　　　　　：128タップFIRフィルタ
- オーバーサンプリング比　：256倍
- 最大サンプリングレート　：100ksps
- 分解能　　　　　　　　　：16ビット
- オーディオ出力　　　　　：差動出力（センターゼロ端子あり）
- DMA　　　　　　　　　　：16ビット幅
- 専用クロック発振回路内蔵：外付けクリスタルで最高25.6MHz（100ksps）
  　　　　　　　　　　　　　44.1kspsの場合11.2896MHzのクリスタルを使用

■2 内部構成
このオーディオ用D/Aコンバータモジュールの内部構成は、図10-2-1のようになっています。
プログラムにより、音楽データの16ビット幅のデータが連続的にFIFOに書き込まれます。これを一定周期、本稿の場合は44.1kHzの周期でFIFOから取り込み、補間フィルタで256倍のサンプリングレートにオーバーサンプルしながら、次のデルタシグマ変調器に渡します。オーバーサンプルすることで、量子化誤差によるノイズを広い周波数領域に広げるため、可聴域のノイズが低減できます。
次のデルタシグマ変調器では、フィードバックをしながら次の再構成フィルタに16ビットのシリアルデータに変換して渡します。このフィードバックにより、低域のノイズが高い周波数領域に追いやられ、可聴域のノイズが大幅に低減されます。
さらに次の再構成フィルタでは、128タップのFIRフィルタによる非常にシャープなローパスフィルタで可聴域だけを通過させることでアナログ信号に変換しています。このとき差動のアナログ信号に変換して、次のアナログアンプに渡します。アナログアンプでは差動のままこれ

を増幅してアナログ信号として出力します。

このように、デジタルフィルタによるシャープなローパスフィルタを通過するため、可聴域外のノイズがなくなってノイズが非常に少ない出力となりますし、D/Aコンバータ内部でローパスフィルタを構成しているので、外部のローパスフィルタは不要になります。

●図10-2-1　オーディオ用D/Aコンバータの内部校正

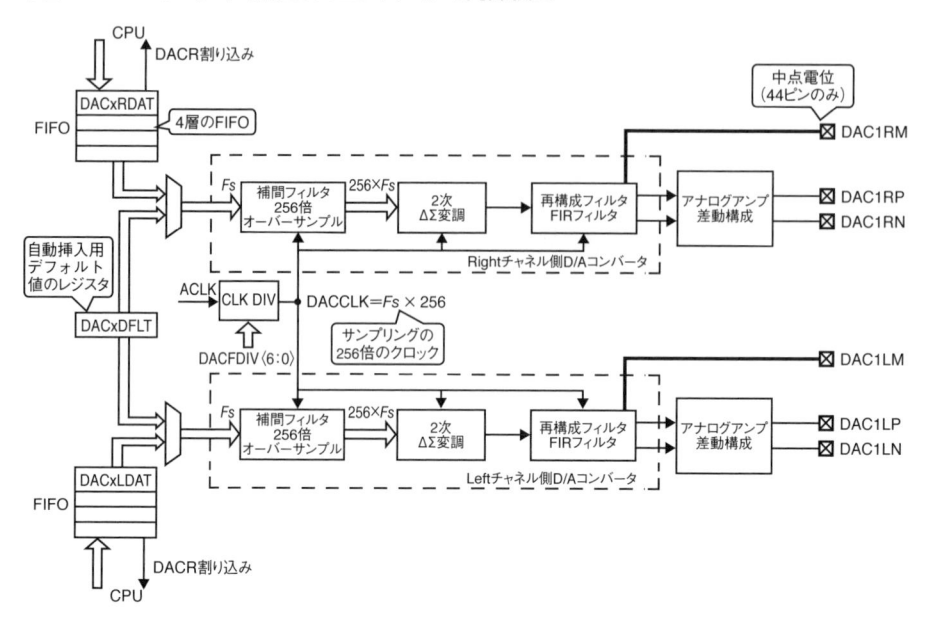

3 仕様

オーディオD/Aコンバータの電気的仕様は表10-2-1のようになっています。出力電圧は±1.15Vが標準なので、ピーク・ピークで考えればほぼ0dBVの出力電圧ということになります。

▼表10-2-1　D/Aコンバータの電気的仕様

項　目	Min	Typ	Max	単　位	備　考
電源電圧	3.0		3.6	V	
正側出力電圧（$V_{DACH} - V_{DACL}$）	1	1.15	2	V	15μA負荷の場合
負側出力電圧（$V_{DACL} - V_{DACH}$）	−2	−1.15	−1	V	
分解能		16		bit	
ゲイン誤差		3.1		%	
クロック周波数			25.6	MHz	100ksps×256倍
サンプルレート	0		100	kHz	
入力周波数	0		45	kHz	100kspsの場合
初期化期間	1,024			クロック	
S/N比		61		dB	96kspsの場合

4 使い方

実際の使い方としては、例えば44.1kHzで使った場合、約22.7μsec周期でL/R両チャネルからの割り込みが発生します。この割り込みの都度、次のデータをFIFOに書き込めばあとは自動的に一定の間隔で音楽として出力されます。FIFOが4層になっているので、書き込むタイミングが多少ずれても問題なく一定間隔で出力してくれます。

FIFOに書き込むデータと出力電圧の関係は図10-2-2のようになります。書き込むデータは、符号付きと符号なしが選択できるようになっているので、それぞれの場合により値と出力電圧との関係が異なります。WAVファイルの場合は通常符号付きなので、0x0000のときに出力が正側も負側も中点のため、差動出力では出力0Vとなります。

●図10-2-2　DACデータと出力電圧の関係

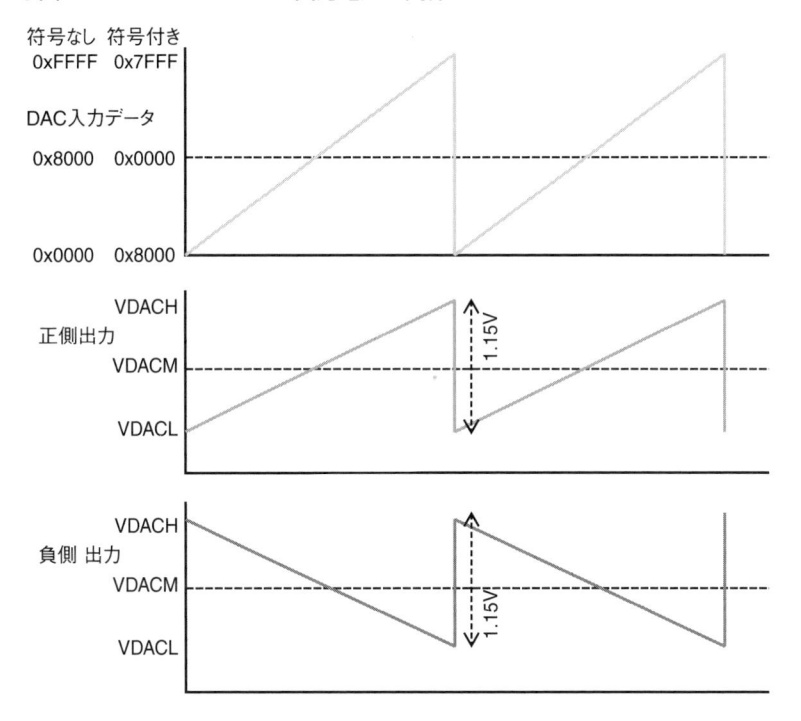

5 レジスタ

このオーディオD/Aコンバータを使うための制御レジスタは次のようになります。

・DAC1CON　：DACの有効化、データ形式、クロック設定
・DAC1STAT：DAC出力有効化、割り込みの生成条件、各種状態
・DAC1DFLT：デフォルトで挿入するデータ値
・DAC1LDAT：Lチャネル用データ
・DAC1RDAT：Rチャネル用データ
・ACLKCON　：補助クロックの動作設定

これらのレジスタの詳細は図10-2-3のようになっています。

●図10-2-3　オーディオD/Aコンバータ用制御レジスタの詳細

DAC1CONレジスタ

上位	DACEN	----	DACSIDL	AMPON	----	----	----	FORM

DACEN：DAC有効化　　　　　AMPON：出力アンプ　　　　FORM：データ形式
　1：有効　0：無効　　　　　　　　　スリープ中動作　　　1：符号付き整数　0：正整数
DACSIDL：アイドル中動作　　　1：継続　0：停止
　1：停止　0：継続

下位	----	DACFDIV<6:0>

DACFDIV<6:0>：DAC用クロック分周比
　1111111：1/128　　－－－－－－　　0000101：1/6
　－－－－－－　　0000001：1/2　　0000000：1/1

DAC1STATレジスタ

上位	LOEN	----	LMVOEN	----	----	LITYPE	LFULL	LEMPTY

LOEN：Lch有効化　　　　　　LITYPE：Lch割り込み　　　LFULL：Lchバッファ状態
　1：有効　0：無効　　　　　　1：FIFO全空　　　　　　　1：FIFO一杯　0：FIFO空き
LMVOEN：Lchセンターゼロ　　0：FIFO空きあり　　　　　LEMPTY：Lchバッファ状態
　1：出力有効　0：無効　　　　　　　　　　　　　　　　　1：FIFO空き　0：FIFO空でない

下位	ROEN	----	RMVOEN	----	----	RITYPE	RFULL	REMPTY

ROEN：Rch有効化　　　　　　RITYPE：Rch割り込み　　　RFULL：Rchバッファ状態
　1：有効　0：無効　　　　　　1：FIFO全空　　　　　　　1：FIFO一杯　0：FIFO空き
RMVOEN：Rchセンターゼロ　　0：FIFO空きあり　　　　　REMPTY：Rchバッファ状態
　1：出力有効　0：無効　　　　　　　　　　　　　　　　　1：FIFO空き　0：FIFO空でない

ACLKCONレジスタ

上位	----	----	SELACLK	AOSCMD<1:0>		APSTSCLR<2:0>		

SELACLK：クロック選択　　　AOSCMD：補助発振モード　　APSTSCLR：補助分周比
　1：補助クロック　　　　　　11：EC　10：XT　　　　　　111：1/1　　110：1/2
　0：PLL出力　　　　　　　　01：HS　00：無効　　　　　101：1/4　　100：1/8
　　　　　　　　　　　　　　　　　　　　　　　　　　　　011：1/16　010：1/32
　　　　　　　　　　　　　　　　　　　　　　　　　　　　001：1/64　000：1/256

下位	ASRCSEL	----	----	----	----	----	----	----

ASRCSEL：クロック選択
　1：主クロック　0：補助クロック

6 動作手順

これらの制御レジスタを使って、本章のような動作をさせる場合のオーディオDACを使う手順は次のようになります。

❶ACLKCONレジスタでADC用クロックの選択と発振のさせ方を設定

本章ではクロックとして補助クロックを選択し、外付けのクリスタルを使ってHSモードで発振させます。分周比はデフォルトの1/256としています。

❷DAC1CONレジスタで基本的な動作を決める
　データ形式は符号付き整数とし、クロック分周は1/1とします。
❸DAC1STATレジスタで出力を有効化する
　Lチャネル、Rチャネルともアンプ出力をオンとし、割り込みはバッファが空きありのとき生成させるようにします。28ピンのデバイスなのでセンターゼロ出力ピンがないのでこちらはオフとします。
❹DAC1DFLTで挿入用デフォルト値を設定
　データが間に合わなかったような場合の挿入は0として、無音の状態とします。
❺DAC1LDAT、DAC1RDATに初期値を設定
　最初は0にして無音の状態とします。
❻DACENをオンとする
　最後にDACを有効化して動作を開始させます。割り込みを使う場合には、割り込み許可をしておく必要があります。
　割り込みはステレオであれば、基本的にほぼ同時にバッファが空くことになるので、いずれか片方のバッファ空きの割り込みで両方のチャネルにデータを送っても問題はありません。

10-2-2　SDカードの使い方

　次に、音楽データのファイル保存に使うSDカードの使い方を説明します。
　SDカードはマルチメディアカードに属しますが、著作権保護機能を持っています。仕様はSDアソシエーションが管理していて、SDアソシエーションに入会すると仕様を入手することが可能となります。
　本書では、公開されているマルチメディアカードの仕様から推定して設計しました。さらに、ハードウェアだけ設計すれば、あとはマイクロチップ社製のFATファイルシステムがあり、SPIの制御はこのファイルシステム内に含まれているので、ファイルを扱うソフトウェアは新たに製作する必要はなく、SPIの信号のピンを指定するだけです。

　SDカードのピン配置と信号は図10-2-4のようになっています。基本的にはマルチメディアカードと同じですが、ピン8と9が追加されています。これらは著作権保護用に追加されたものと思われますが、本書ではこれらのピンは使っていません。このSPIインターフェース以外に必要な信号は、カード有無の信号(CD)とプロテクトの信号(WP)だけで、これらはSDカードソケット側から供給されます。この2つの信号は状態の入力になるので、通常のI/Oピンに接続してデジタル入力ピンとして使います。

●図10-2-4　SDカードのピン配置

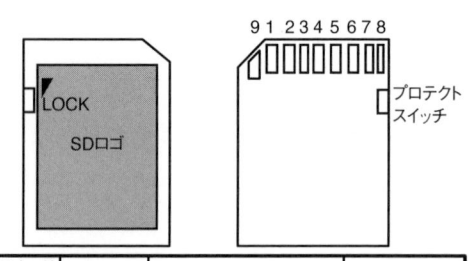

SDカード ピン番号	略号	信号種別	PIC側信号名
1	CD/DAT3	チップセレクト	CS
2	CMD	コマンド入力（SPI入力）	SDO
3	V_{SS}	GND	GND
4	V_{DD}	電源	V_{DD}
5	CLK	SPIクロック	SCK
6	V_{SS}	GND	GND
7	DAT0	データ出力（SPI出力）	SDI
8	DAT1	未使用	---
9	DAT2	未使用	---
10	WP	書き込みプロテクト （プロテクト時Low）	WP
11	CDI	カード挿入（挿入時Low）	CD

　SDカードを実装するためにはSDカード用ソケットが必要ですが、これは容易に入手できます。これにはスタンダードタイプとリバースタイプという2種類があり、SDカードを挿入する向きの裏表が逆になり、ソケットのピン配置も逆になるので、入手したソケットがどちら側か確認してからパターン設計をする必要があります。
　今回使用したSDカード用ソケットは図10-2-5のような配置で、写真10-2-1のような外観となっています。表面実装のタイプのピンになっているので、片面基板の場合にははんだ面側に実装することになります。また裏面に位置合わせ用と思われる突起がありますが、これはカッターナイフ等でカットして使います。

●図10-2-5　SDカード用ソケットのピン配置

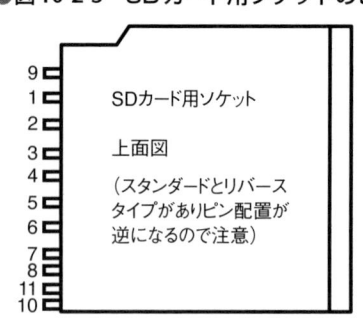

10-2 周辺モジュールの使い方

●写真10-2-1　SDカード用ソケットの外観

　dsPICマイコンとの接続方法は図10-2-6のようにしています。データやコマンドはSPI通信で行うので、SPIモジュールと接続します。このdsPICマイコンにはピン割り付け機能があって、SPIモジュールの信号はRPxピンに自由に割り付けできます。したがってファームウェアの初期化時に割り付けを設定する必要があります。

　CSはチップセレクト信号で、SPI通信の開始時にLowとし、終了時にHighとする単純なオンオフ制御なので、汎用出力ピンとして接続します。

　WPとCDIは状態を表す信号なので、汎用の入力ピンに接続します。この場合、両方とも単純なメカニカル接点の信号なので、プルアップ抵抗が必要となります。

●図10-2-6　SDカードとdsPICとの接続

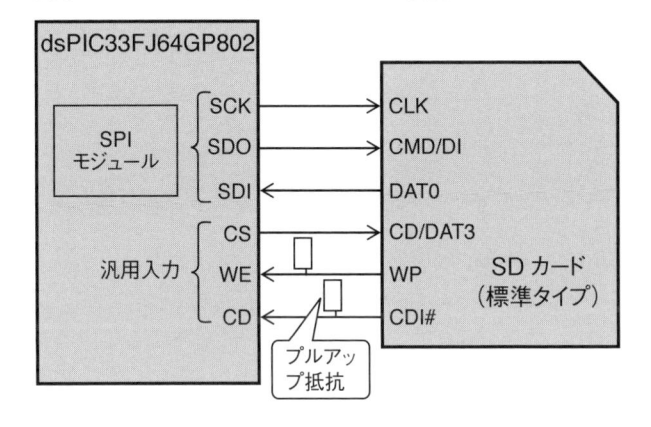

　SDカードを使う場合には、パソコンと共有してデータを扱えるようにするため、データをFATファイルシステムとしてファイルの形式で扱う必要があります。このFATファイルシステムとして扱えるようにマイクロチップ社からフリーのファイルシステムライブラリが提供されています。

　このライブラリの使い方はファームウェアの章で説明します。

10-3 ハードウェアの製作　ANALOG

　完成したWAVプレーヤボードの外観が写真10-3-1となります。右上側の大きな部品は出力用コンデンサで、大容量なので大きなサイズとなります。

●写真10-3-1　完成したWAVプレーヤボードの外観

1 回路図

　図10-1-1の構成図を元にして作成したWAVプレーヤの回路図が図10-3-1となります。
　右側はオペアンプを使った差動からシングルエンドへの変換回路で、一般的な1個のオペアンプによる差動入力回路となっているだけです。ゲインは1倍でインピーダンス変換をしているだけです。ステレオなので同じ回路が2回路となります。単電源動作なので、プラス入力側に電源の1/2のオフセット電圧を接続しています。これで出力は電源電圧の1/2を中心にして上下に振れる出力となります。このため直流成分を外部に出さないようにするためコンデンサC4、C5が必要になりますが、低域の減衰をできるだけ少なくするため大容量のコンデンサを使います。
　出力回路に直列に挿入されているR10とR15の抵抗は、出力保護とヘッドフォンの音量調整とを兼ねています。この抵抗を小さくすれば音量が大きくなりますが、このオペアンプの出力は最大30mAとなっているため、100Ω以下にすると過負荷となります。

10-3 ハードウェアの製作

●図10-3-1　WAVプレーヤの回路図

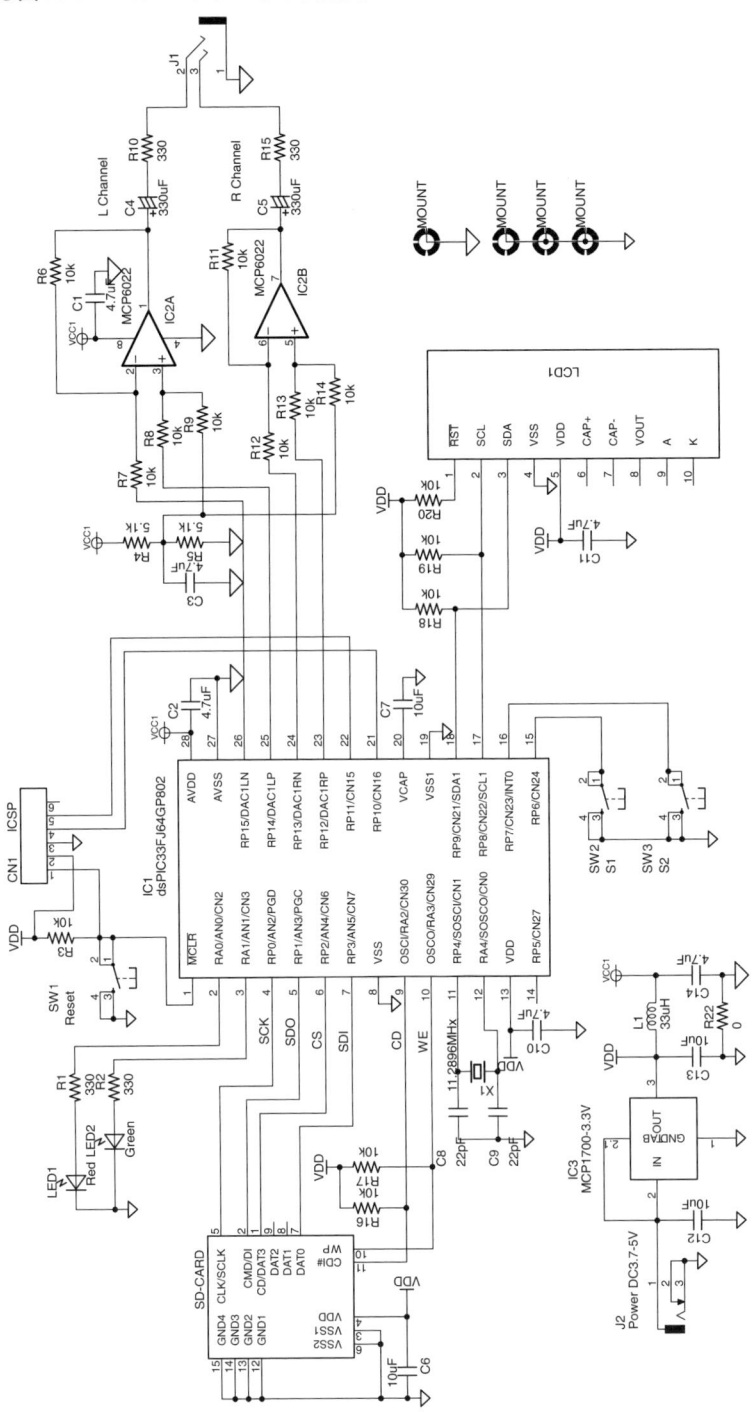

左側がSDカードで、SPIによる接続以外にCDIというカード有無の信号と、WPという書き込みプロテクトの信号も入力ピンに接続して状態がわかるようにしています。
　左下に電源のレギュレータがありますが、アナログ回路への電源供給にはコイルによるフィルタを経由して、dsPICマイコンなどのデジタル回路のノイズが伝わらないようにしています。グランドもアナログ系とデジタル系を分離してR22の一か所で接続するようにしています。
　中央上側はdsPICマイコンのプログラム書き込み器を接続するコネクタで、6ピンのシリアルピンヘッダを使います。スイッチSW2のプルアップ抵抗はdsPICマイコン内蔵のプルアップを使うことにして、抵抗を省略しています。

2 部品

　WAVプレーヤの組み立てに必要な部品は表10-3-1のようになります。

▼表10-3-1　部品表

記号	部品名	品名	数量
IC1	PICマイコン	dsPIC33FJ64GP802-I/P（マイクロチップ社）	1
IC2	オペアンプ	MCP6022-I/P（マイクロチップ社）	1
IC2	250mAレギュレータ	MCP1700T-3302E/MB（マイクロチップ社）	1
X1	クリスタル発振子	11.2896MHz　HC49USタイプ	1
LCD1	液晶表示器	SB1602B　I^2C接続（ストロベリーリナックス社）	1
LED1、LED2	発光ダイオード	3φ　赤、緑	各1
R1、R2、R10、R15	抵抗	330Ω　1/6W	4
R3、R6、R7、R8、R9、R11、R12、R13、R14、R16、R17、R18、R19、R20	抵抗	10kΩ　1/6W	14
R4、R5	抵抗	5.1kΩ　1/6W	2
R21	抵抗	ジャンパ	1
L1	コイル	33uH	1
C1、C2、C3、C10、C11、C14	チップ型セラミック	4.7μF　16Vまたは25V	6
C4、C5	電解コンデンサ	330μF　16V	2
C6、C7、C12、C13	チップ型セラミック	10μF　16Vまたは25V	4
C8、C9	セラミック	22pF	2
J1	ステレオジャック	基板用横	1
J2	DCジャック	2.1φ	1
SD-CARD		標準SDカードソケット	1
CN1	シリアルピンヘッダオス	6ピン（40ピンから切断）（角ピン）	1
SW1、SW2、SW3	スイッチ	基板用小型タクトスイッチ	3
	ICソケット	28ピンスリム	1
	ICソケット	8ピン	1
	ピンヘッダ	10ピン　オスメス（LCD用）（丸ピン）	1
	基板	サンハヤト感光基板　P10K	1
	ねじ、ナット、ゴム足		少々

この回路図を元にCADのEagleでパターン図を作成してプリント基板を製作しました。

3 実装

基板と部品表の部品がそろったら組み立てを始めます。

この基板への実装は図10-3-2の実装図を元に行います。最初ははんだ面側の表面実装部品を取り付け、次にジャンパ線と抵抗を実装します。表面実装にはSDカードソケットも含まれます。

スイッチのジャンパ線はスイッチ本体で接続されるので不要です。このあとはICソケットから背の低い順に実装していきます。出力の電解コンデンサは背が高いので最後に実装します。液晶表示器はシリアルピンヘッダを使ってソケット実装としました。

●図10-3-2　WAVプレーヤの実装図

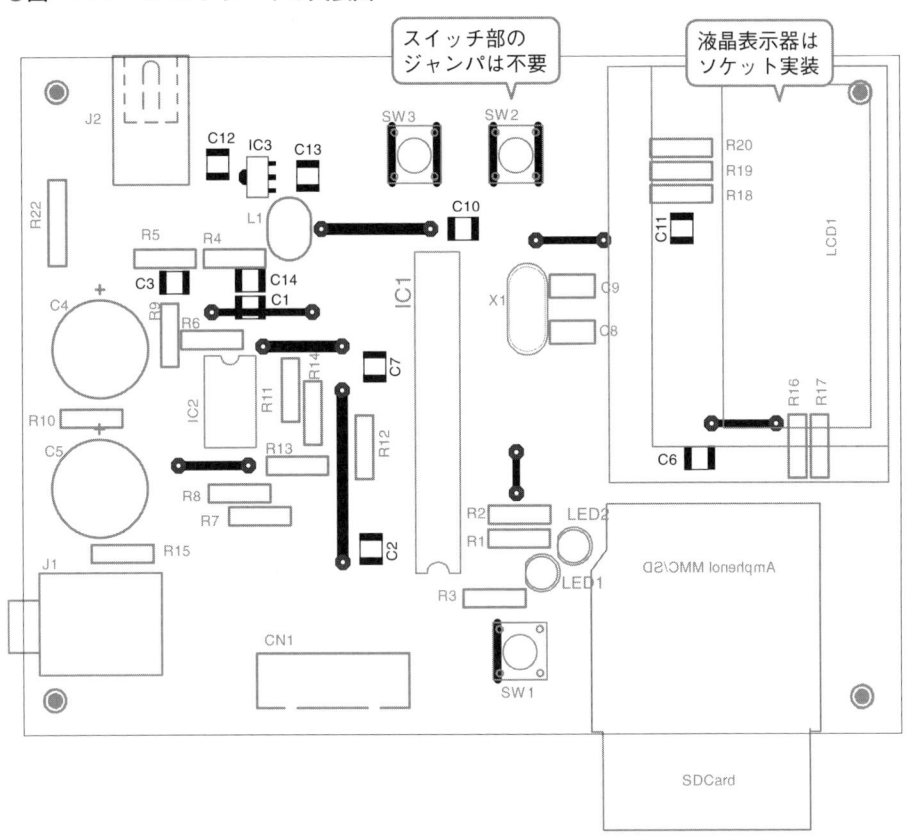

こうして組み立て完了した基板の部品面が写真10-3-2、はんだ面が写真10-3-3となります。

部品面では、電源フィルタ用のコイルは手持ちのものを使ったのでちょっと大きめのものとなっています。出力の大容量電解コンデンサにはオーディオ用のちょっと良いものを使いました。オペアンプはICソケットを使って実装していますが、これは、オペアンプを交換して音質などが試せるようにするためです。確かにオペアンプにより音色が変わるので、これらを楽しむこともできます。

●写真10-3-2　組み立て完了した部品面

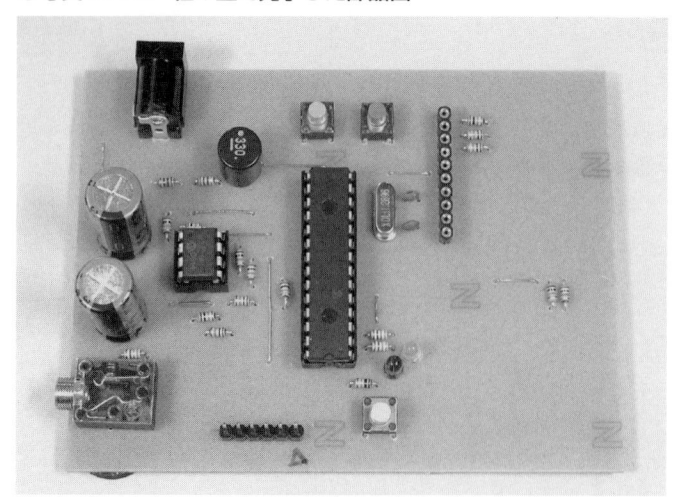

　はんだ面側にはSDカードソケットとレギュレータ、コンデンサが実装されています。四隅の黒いものはゴム足です。ちょっと大きかったので半分に切って使いました。
　組み立てが完了したらとりあえず電源を接続し、正常に電圧が出ているかを確認しておきます。

●写真10-3-3　組み立て完了したはんだ面

10-4 WAVプレーヤの
ファームウェアの製作

ハードウェアの製作が完了したら、次はdsPICマイコンのファームウェアの製作です。

10-4-1 ファームウェアの構成とフロー

WAVプレーヤのファームウェアの全体構成は図10-4-1のようになっています。全体を制御するのがメインプログラム(WAVPlayer.c)で、この中でオーディオDACの制御も実行しています。

SDカードを扱うためファイルシステムが必要になります。これにはマイクロチップ社から提供されているファイルシステム(FSIO.c)を使います。このライブラリにはSPIモジュールのドライバ(SD-SPI.c)も含まれているので、使用する入出力ピンを指定するだけでSDカードをFATファイルシステムとして使うことができるようになります。

液晶表示器とはI²Cで通信しますが、これにはI²Cライブラリを使っています。

メインプログラムの全体フローは図10-4-2のような構成としました。

図のようにメインのループとオーディオDAC割り込み処理とSW割り込み処理の3つの部分で構成されています。

メインでは最初に各モジュールの初期化を行います。I²Cの初期化では、速度を100kbpsとしています。SPIはピン割り付けのみしています。実際の初期化はファイルシステム側で行っています。

次に液晶表示器の初期化を行い、開始メッセージを表示しています。

次にオーディオDACの初期設定を行います。最初は補助クロックの設定で11.2896MHzの発振設定をしています。あとは、データ形式と割り込みタイミングを設定し割り込みを許可します。

続いてテスト用の正弦波データを生成して配列データとして格納しています。

最後にファイルシステムの初期化を行いますが、これにはライブラリで用意されている初期化関数(FSInit())を実行するだけです。この中でSPIモジュールの初期化も実行されます。

初期化が完了したらメインループに入ります。メインループはMode変数を使ったステートマシンになっています。

モードが1の場合はテストモードで、一定周波数の正弦波データをオーディオDACに出力します。

モードが2か3の場合はSDカードからの再生処理となります。オーディオ再生は途切れることが許されないので、4kバイトずつのバッファAとバッファBのダブルバッファを用意しています。このダブルバッファに交互にSDカードから読み出したデータを保存し、そこからオーディ

オDACの割り込みごとに1ワードずつ取り出してオーディオDACのFIFOに書き込みます。このdsPICマイコンには16kバイトという大容量のRAMがあるので有効活用します。

モードが2の場合は、再生を初めて開始する場合で、まずSDカードのファイルを検索します。ファイルを発見できたらオープンしてバッファAに最初の部分をロードします。

ロード後、WAVファイル内の「dataチャンク」（第10-4-3項参照）を探してポインタをセットしてからモードを3にします。こちらでオーディオDACの割り込みごとにバッファAからデータを出力し音楽再生を実行します。

オーディオDACの割り込み処理内でバッファのデータをすべて出力して空になったら空フラグ（SDFlag）がセットされバッファが切り替えられるので、モード3ではそれを待ちます。空フラグがオンになったら、空になった側のバッファに次のデータをSDカードから読み出し格納します。

●図10-4-2　WAVプレーヤのメインプログラムフロー

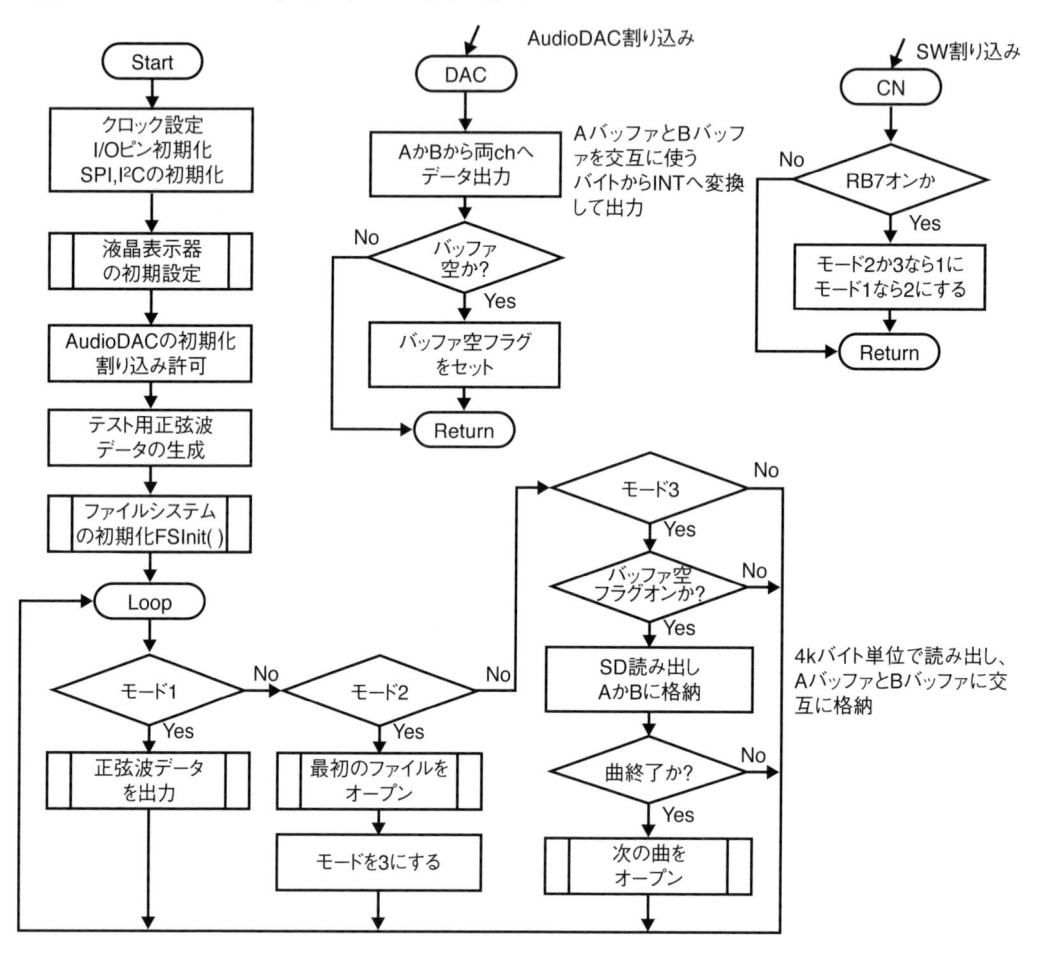

すべてのデータの読み出しが終わったら曲の再生完了なので、バッファをクリアして完了処理をしてから、次のファイルを探し、最初の部分を読み出してから、モードを2に戻して次の曲の再生を始めます。

この再生中にSW2をチェックし、オンになっていたら、現在再生中の曲を強制終了し、次の曲再生に移行します。

オーディオDACの割り込み処理では、Lチャネル側の割り込みだけ使い、このタイミングでL、R両方のチャネルのFIFOにデータを出力しています。AかBどちらかのバッファからの取り出しが完了したらバッファ空フラグをオンにしてSDカードからの読出しを要求し、バッファを切り替えます。

この他にスイッチの割り込み処理があります。テストモードと再生モードの切り替えスイッチです。スイッチがオンの場合、モードが2か3で再生中の場合にはテストモードにし、モードが1なら2にしてSDカードからの再生モードに切り替えます。

10-4-2 ファイルシステムの使い方

WAVプレーヤでは、SDカード内のファイルを扱うソフトウェアとして、マイクロチップ社製の「ファイルシステム」を使っているので、この使い方を説明します。

このファイルシステムは、基本はFAT16対応ですが、拡張してFAT32にも対応できるので2GB以上のSDカードも使えますし、ロングファイルネームにも対応しています。

❶ 全体構成

ファイルシステムの全体構成は、図10-4-3のようになっています。基本となるファイルシステム本体がFSIO.cで、ここでファイルのディレクトリと、格納するファイルの配置の管理を行っています。さらに、アプリケーションに対してAPI関数を提供し、アプリケーションから簡単にファイルを生成し、読み書きができるようにします。

このFSIOの構成を設定するのが、FSconfig.hで、フォーマット機能やFAT32対応などを含めるかどうかなどの機能範囲を決めています。

SD-SPI.cがSDカードと物理的な接続と通信を行うドライバ部分で、HardwareProfile.hというヘッダファイルで定義されたSPI関連のI/Oピンに対してアクセスを実行します。したがって、このファイルシステムを実装する際に変更が必要になるのは、FSconfig.hとHardwareProfile.hだけになるようになっています。

❷ メモリ構成

このファイルシステムにより、SDカードのメモリ内容は、図10-4-4のように分割マッピングされて使われます。

●図10-4-3　ファイルシステムの全体構成

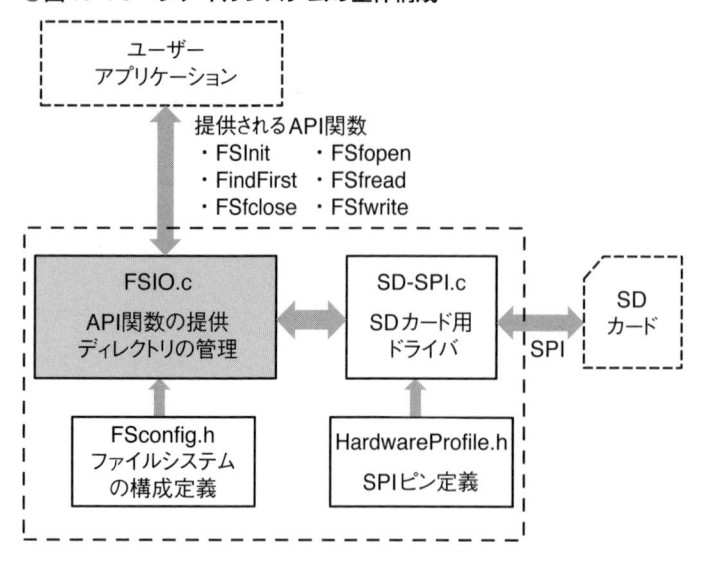

●図10-4-4　SDカード内のメモリ構成

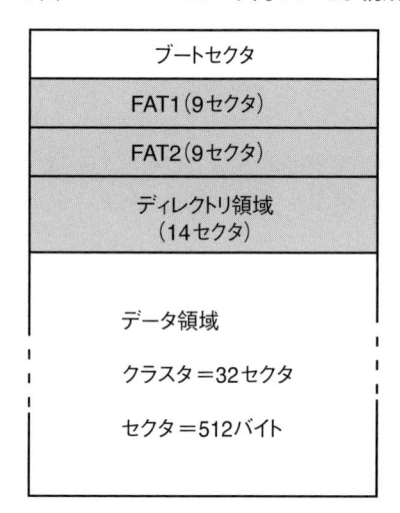

❶ブートセクタ
　フロッピディスクから起動する場合のように、起動のために使用する領域ですが、SDカードから起動することはないので、この領域は未使用になっています。

❷FAT領域

次がFAT（File Allocation Table）領域で、ファイルのリンクテーブルとなります。SDカードを読み書きするデータ領域の最小単位は「セクタ」で、通常512バイトとなっています。これを管理しやすいように数セクタ単位でまとめて「クラスタ」という単位で扱います。

FATには、ファイルの格納されているクラスタ番号のリンクが格納されます。ファイルシステムをFAT16と指定して使った場合、このFATのクラスタ番号を示す領域が2バイト（16ビット）で構成されます。したがって指定できるクラスタ数の最大値が65,535個までということになり、これがファイルシステムとして管理できるメモリの最大値を制限します。実際のサイズは、クラスタ内セクタ数×65,536×512バイトが最大値となります。このクラスタ内セクタ数として指定できる最大値が64となっているので、最大64×64k×0.5kバイト＝2Gバイトが最大サイズです。

ファイルシステムでFAT32と指定した場合には、クラスタ番号が最大4バイト（32ビット）で構成されるので、最大2テラバイトまで拡張されます。

❸ディレクトリ領域

次がディレクトリ領域で、FAT16の場合、ファイル名やファイルサイズ、最初の格納クラスタ番号などのファイル単位の管理データが32バイトごとで格納されます。したがって1セクタあたり512÷32＝16個のディレクトリが格納できるので、14セクタのディレクトリ領域のサイズとすると、最大16×14＝224個のファイルが扱えることになります。

マイクロチップ社のファイルシステムでは、ロングファイルネームを使う設定として拡張すれば自由なフィル名が扱えますが、拡張しないとファイル名は「8.3」形式のみの扱いで長い名称は扱えません。またこのときファイル名に使える文字は、大文字のアルファベットと記号のみに制限されています。

このディレクトリとFATによるファイルの格納方法は、FAT16の場合図10-4-5のように表されます。

例えばFile1はディレクトリ情報からNo3クラスタから始まり、FATのNo3の位置には0xFFFFの終端番号が書かれているので1クラスタだけのサイズのファイルとなります。同様にFile2はNo4クラスタから始まりFATでリンクされてNo4 → No5 → No7 → No8とつながった4クラスタのサイズのファイルということになります。

●図10-4-5　ファイルシステムのクラスタのリンク

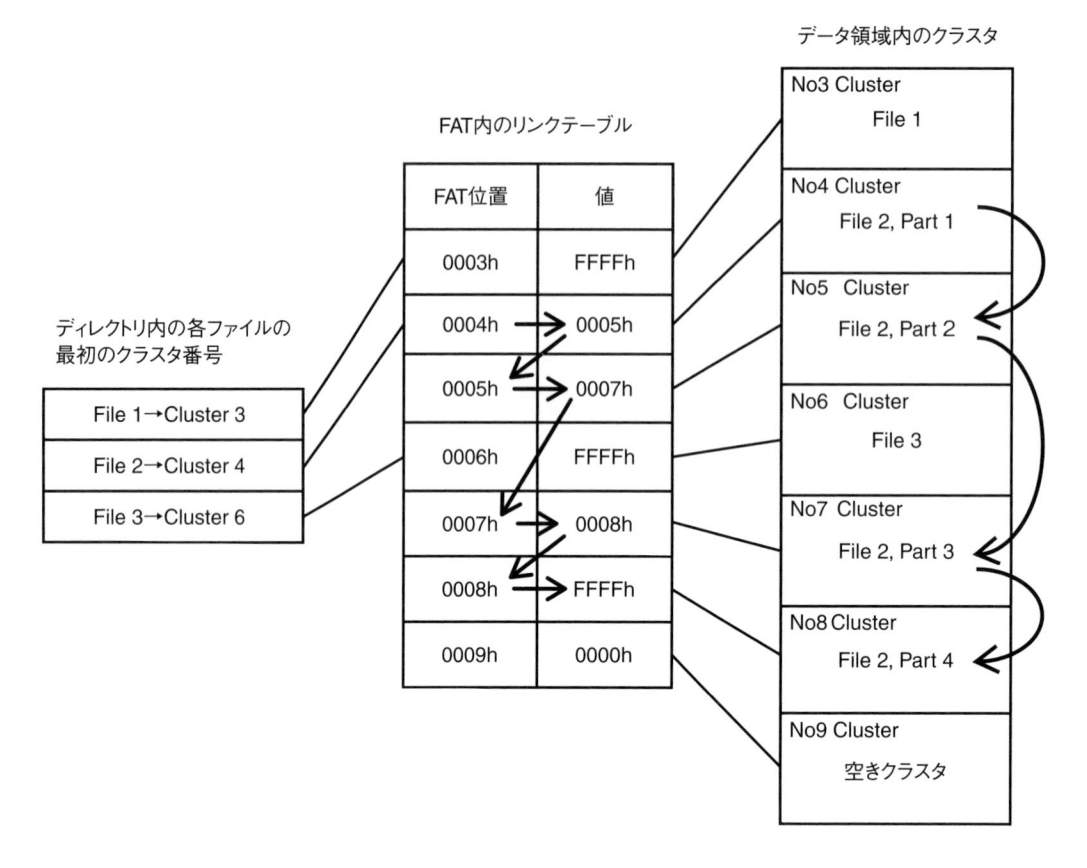

❸ API関数

このファイルシステムを使うときには、提供されるAPI関数を使います。提供されるAPI関数と書式は、ここで使用しているものに限定すると表10-4-1のようになります。API関数を使うことでファイルシステムを容易に扱うことができます。

10-4 WAVプレーヤのファームウェアの製作

▼表10-4-1　ファイルシステムの主要API関数一覧

関数名	機能と使用例
FSInit	ハードの初期化、カードの実装チェックとマウントをする 《書式》 int FSInit(void); 　　　　戻り値 　　　　　TRUE　：カードが実装されていてフォーマット済みの場合 　　　　　FALSE：カードが未実装の場合 《例》 if(FSInit() != TRUE) 　　　　printf("Not Mount!");
FSfopen	カード内のファイルを開く、もし同じ名前のファイルがなければ新規ファイルとして生成する 《書式》 FSFILE * FSfopen(const char *filename, const char *mode); 　　　　*filename：8.3形式ファイル名の文字列へのポインタ 　　　　　　　　　ロングファイルネームを許可した場合は自由 　　　　*mode：動作を表す文字列へのポインタ 　　　　　FS_READ　：読み出しのみ 　　　　　FS_WRITE　：書き込み(同一ファイル名は上書き) 　　　　　FS_APPEND：追加書き込み(ファイルは存在すること) 　　　　戻り値 　　　　　FILE構造体へのポインタ：正常にオープンできた場合 　　　　　NULL：正常にオープンできなかった場合 《例》 FSFILE　*fptr 　　　　fptr = FSfopen("LOGGER0.TXT", FS_ERITE);
FSfclose	ファイルを閉じる 《書式》 int FSfclose(FSFILE *fo); 　　　　*fo：FSfopenで取得したFILE構造体のポインタ 　　　　戻り値 　　　　　0：正常にクローズした場合 　　　　　EOF(-1)：クローズできなかった場合 《例》 if(FSfclose(fptr) == EOF) 　　　　printf("File Close Error!");
FindFirst	名前と属性が一致する最初のファイルを現在ディレクトリ内で探す 《書式》 int FindFirst(const char *fileName, unsigned int attr, SerchRec *rec); 　　　　*fileName：探すファイル名、ワイルドカードが使える 　　　　　*.*　= 任意ファイル　　　　FILENAME.* = 名前のみ一致 　　　　　*.ext = 拡張子のみ一致　　　FI*.E* = 名前、拡張子一部一致 　　　　attr：属性の指定 　　　　　ATTR_READ_ONLY　ATTR_HIDDEN　ATTR_SYSTEM　ATTR_VOLUME 　　　　　ATTR_DIRECTRY　ATTR_ARCHIVE　ATTR_MASK(任意) 　　　　*rec：見つかったファイルの属性格納用構造体のポインタ 　　　　戻り値：0 = 成功　　　-1 = 失敗 《例》 SerchRec　Record; 　　　　SerchRec　*rptr = & Record; 　　　　if(FindFirst("*.*" , ATTR_ARCHIVE, rptr);
FindNext	名前と属性が一致する次のファイルを現在ディレクトリ内で探す 《書式》 int　FindNext(SerchRec　*rec); 　　　　*rec：見つかったファイルの属性格納用構造体のポインタ 　　　　戻り値：0 = 成功　　　-1 = 失敗 《例》 result = FindNext(rptr);

関数名	機能と使用例
FSfread	ファイルからの読み出し、バイト単位 《書式》size_t FSfread(void *ptr, size_t size, size_t n, FSFILE *stream); 　　　　*ptr　：読み出しデータを格納するバッファポインタ 　　　　size　：項目の長さのバイト数 　　　　n　　：読み出す回数 　　　　*stream：オープンファイルのファイル名 　　　　戻り値 　　　　　読み出し回数：正常に読み出した場合 　　　　　0：EOF検出か読み出せなかった場合 《例》result = FSfread(Buffer, 1, 512, fptr); 　　　（fptrで指定されたファイルから512バイトを読み出す）
FSfwrite	データをファイルに書き込む　バイト単位 《書式》size_t FSfwrite(const void *ptr, size_t size, size_t n, FSFILE *stream); 　　　　*ptr　：書き込みデータのバッファポインタ 　　　　size　：項目の長さ　バイト単位 　　　　n　　：項目を書き込む回数 　　　　*stream：オープンファイルのファイル名 　　　　戻り値 　　　　　書いた回数：正常に書き込み完了した場合 　　　　　少ない回数か0：正常に最後まで書き込めなかった場合 《例》if(FSfwrite(ptr, 100, 20, pFile) != 20) 　　　　printf("Write Error!"); 　　　（100バイト構成のパケットを20回書き込む）

10-4-3　WAVファイルのフォーマット

　本章ではWindowsの標準フォーマットであるWAVファイルを音楽ファイルのフォーマットとして使います。このWAV形式はファイルを圧縮していないので、音楽の品質を落とすことなくオリジナルのままで再生ができます。その代わり、容量が大きくなります。およそ1分当たり10Mバイトになるので、通常の音楽ですと1曲あたり30から60Mバイトになります。

　このWAVファイルの標準的なフォーマットは図10-4-6のようになっています。

　最初のほうにはチャンクと呼ばれる各種情報が格納されていますが、本稿では、ステレオの44.1kHz　16ビットの音楽データと限定して扱っています。

　そして目的の音楽データは「DATAサブチャンク」と呼ばれる部分以降にあります。このチャンクの最初には「data」という文字データがあり、そのあと4バイトでデータバイト数が格納され、そのあとに音楽のデータが続いています。したがって、とにかく「data」という文字コードを見つけてそのあとから取り出せばよいようになっています。オプション部がなければ標準で36バイト目がdataの始まりとなっているので、この36バイト目からdataを探し始めます。

　音楽データそのものはバイト単位で、Lチャネル下位バイト、Lチャネル上位バイト、Rチャネル下位バイト、Rチャネル上位バイトの順で繰り返されているので、これらを16ビットのデータに変換して、LチャネルとRチャネルに交互に取り出してオーディオDACに送ります。

● 図 10-4-6　WAV ファイルのフォーマット

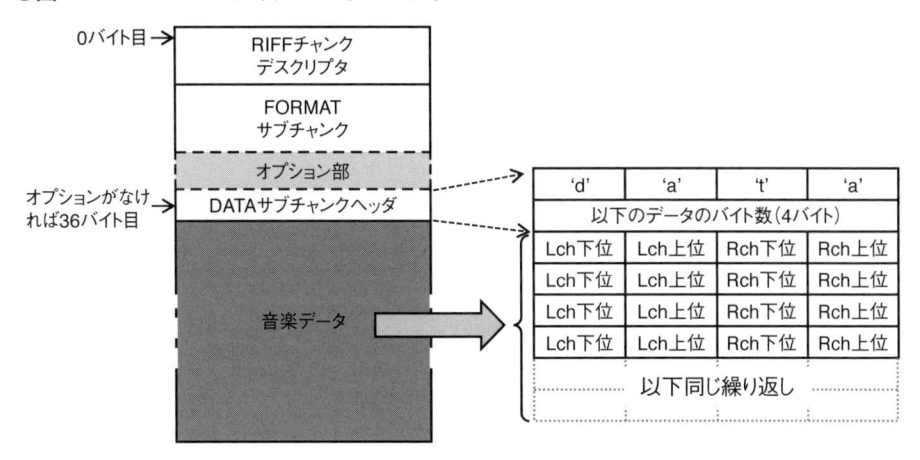

10-4-4 ファームウェアの詳細

作成したファームウェアの内容を詳しく見ていきます。

1 宣言部

まず、宣言部でリスト 10-4-1 となります。

最初のコンフィギュレーション部は省略していますが、クロック発振を内蔵クロックでPLLありとしています。このコンフィギュレーションは、MPLAB X IDEで自動生成したものをそのままコピーして貼り付けたものです。

続いてファイルシステム用の変数と音楽データ用のダブルバッファの定義、さらにテスト用の正弦波データのバッファを用意しています。いずれも大きなサイズなのでattribute修飾でfar属性として定義しています。

続いてグローバル変数宣言定義と液晶表示器用のメッセージの定義です。この文字列は固定なので、const修飾子でROM領域に確保しています。

リスト 10-4-1　宣言部の詳細

```
/**************************************************************
 *   WAVオーディオプレーヤ
 *   dsPIC33FJ64GP802のオーディオDACの使用例
 *    SDカード内のWAVファイルを再生する、
 **************************************************************/
#include <xc.h>
#include "lcd_i2c_lib.h"
#include "GenericTypeDefs.h"
#include "FSIO.h"
#include <math.h>
/* コンフィギュレーションの設定 */
(コンフィギュレーション部省略)
```

ファイルシステム用変数、バッファの宣言定義
```
/* MDDファイル用構造体のポインタ変数  */
FSFILE *fptr;
size_t result, count;
SearchRec Record;
SearchRec *rptr = &Record;
__attribute__((far)) unsigned char BufferA[4096];    // バッファA
__attribute__((far)) unsigned char BufferB[4096];    // バッファB
__attribute__((far)) int Pattern[512];               // 正弦波データ
```

グローバル変数の宣言定義
```
/* グローバル変数、定数定義 */
int i, Mode, Flag, SDFlag, EndFlag;
unsigned int ptr, ptrA, ptrB;
```

LCD用メッセージ
```
/* LCD用メッセージ */
const unsigned char StatMsg[] = "Start WAV Player";
const unsigned char FerrMsg[] = "File Open error!";
/* 関数プロトタイピング */
void DispFile(void);
unsigned int Chunk(unsigned char *buf);
```

2 初期設定部

　次がメイン関数の初期化部でリスト10-4-2となります。最初はクロックの初期設定で、内蔵クロックをPLLで44倍して162MHzを生成し、それを1/2にして約80MHzとして40MIPSの処理能力としています。

　次がI/Oピンの初期設定で、すべてデジタルピンとしています。スイッチ用の入力ピンは内蔵プルアップを有効化しておきます。

　次に液晶表示器用のI²Cモジュールの初期設定で、100kspsの速度に設定しています。

　次にファイルシステムで使うSPIのピンの割り付けをしています。初期化はファイルシステム内で行われます。

　次がオーディオDAC用の補助クロックの設定で、外部クリスタル発振で分周比は1/1としています。

　次がオーディオDACの初期化です。データ形式を符号付き16ビットとし、割り込みはFIFOが空いた都度発生するようにしています。またデフォルトで挿入するデータを0x0000としています。これで、割り込み発生時にデータが何もないときには自動的に0のデータが出力され無音状態となります。

　続いてテスト用の一定周波数の正弦波を生成して配列バッファに格納しています。

　初期化部の最後にファイルシステム初期化のFSInit()関数を実行してから、グローバル変数を初期化し、スイッチの割り込みを許可してメインループに進みます。

10-4 WAVプレーヤのファームウェアの製作

リスト 10-4-2 初期化部の詳細

```c
/*********** メイン関数 ************************/
int main(void){
    /* クロックの設定  7.37MHz*4=32MHz */
    CLKDIVbits.PLLPRE = 0;              // 7.37MHz /2=3.685
    PLLFBDbits.PLLDIV = 42;             // 3.685MHz * 44 = 162
    CLKDIVbits.PLLPOST = 0;             // 162mHz / 2 = 81MHz -> 40MIPS
    /* I/Oの初期設定 */
    AD1PCFGL = 0xFFFF;                  // すべてデジタルにセット
    TRISA = 0x001C;                     // RA2,3 input
    TRISB = 0xFFD4;                     // RB2,3,5 Output
    /* スイッチ関連設定 */
    CNPU2bits.CN24PUE = 1;              // RB6 Pullup
    CNPU2bits.CN23PUE = 1;              // RB7 Pullup
    CNEN2bits.CN23IE = 1;               // RB7 状態変化割り込み許可
    // I2Cの初期設定
    I2C1BRG = 0x9C;                     // 100kHz@16MHz
    I2C1CON = 0x8000;                   // I2Cイネーブル
    /* SPIのピン割り付け */
    RPINR20bits.SDI1R = 3;              // SDI1 を RP3に
    RPOR0bits.RP0R = 8;                 // SCK1 を RP0に
    RPOR0bits.RP1R = 7;                 // SDO1 を RP1に
    /* 液晶表示器初期化 */
    lcd_init();                         // 初期化
    lcd_clear();                        // 全消去
    lcd_cmd(0x80);                      // 1行目指定
    lcd_str(StatMsg);                   // 開始表示
    /* 補助クロック初期化 */
    ACLKCONbits.SELACLK = 1;            // Select SOSC 11MHz
    ACLKCONbits.AOSCMD = 1;             // HS mode
    ACLKCONbits.APSTSCLR = 7;           // 1/1
    ACLKCONbits.ASRCSEL = 0;            // Select SOSC
    /* オーディオDACの初期化 */
    DAC1CONbits.FORM = 1;               // signed int
    DAC1CONbits.DACFDIV = 0;            // No divide
    DAC1STATbits.LOEN = 1;              // Left Out Enable
    DAC1STATbits.LITYPE = 0;            // Interrupt not full
    DAC1STATbits.ROEN = 1;              // Right Out Enable
    DAC1STATbits.RITYPE = 1;            // Interrupt not full
    DAC1DFLT = 0;                       // default out
    DAC1LDAT = 0;                       // out off
    DAC1RDAT = 0;                       // out off
    DAC1CONbits.DACEN = 1;              // DAC Enable
    IFS4bits.DAC1LIF = 0;               // Left Flag Clear
    IFS4bits.DAC1RIF = 0;               // Right Flag Clear
    /** テスト用正弦波生成 **/
    for(i=0; i<512; i++)                // 正弦波テーブル生成
        Pattern[i] = (int)(0x7FFF * sinf(6.28*i/32));
    /* カードの実装確認とディレクトリ読み込み（永久待ち）*/
    while(!FSInit());                   // FATの初期化
    /* 変数の初期化 */
    Mode = 2;
    Flag = 0;
    SDFlag = 0;
    EndFlag = 0;
    IEC1bits.CNIE = 1;                  // 状態変化割り込み許可
```

- クロックの設定
- I/Oの初期設定
- スイッチ用プルアップ指定
- I²Cの初期化
- SPI用ピン割り当て
- LCD初期化と開始メッセージ表示
- 補助クロックの設定
- オーディオDACの初期設定
- オーディオDACの初期設定
- テスト用正弦波の生成
- ファイルシステムの初期化
- 変数初期化
- スイッチ割り込み許可

3 メインループ部

次がメインループでリスト10-4-3となります。Modeの値によるステートマシンとして構成しています。

Modeが1の場合はテストモードで正弦波の1周期分のデータを出力します。出力完了してもModeを変更しないので同じことを繰り返します。テストモードの終了はSW1の操作により行います。

Modeが2の場合は、最初の再生処理開始の場合で、まずファイルを見つけます。ファイルが見つかったらオープンし、最初のデータの4kバイトを読み出してバッファAに格納します。

そしてこの中のdataチャンクをサーチします。見つかったらそのあとに続く音楽データの最初の位置をポインタにセットし、バッファ空フラグをオンにし、Modeを3にしてからオーディオDACの割り込みを許可します。これでオーディオDACへの転送が割り込みで始まり、次にループの最初に戻ったときはModeの3に進み、そこでバッファ空フラグがオンなのでバッファBに次のデータを読み出します。

Modeが3の場合は再生継続中のステートの場合で、バッファが空になって読み込み要求があるかをチェックします。要求がある場合には、どちらのバッファが空きかを調べ、空いているほうへ次の4kバイトを読み出して格納します。

次にスイッチS1による手動曲送りがあったかをチェックし、あればフラグをセットします。

続いてファイル読出しが完了したか、手動曲送りがあったかをチェックし、あれば現在の再生を終了させてから、次のファイルをサーチします。ファイルが発見できたら、最初のときと同じようにdataチャンクを見つけてポインタをセットして再生を開始します。

ファイルが最後まで進んで次を発見できなかったら、Modeを2に戻して最初から繰り返します。これで曲の再生が継続します。

リスト 10-4-3 メインループ部の詳細

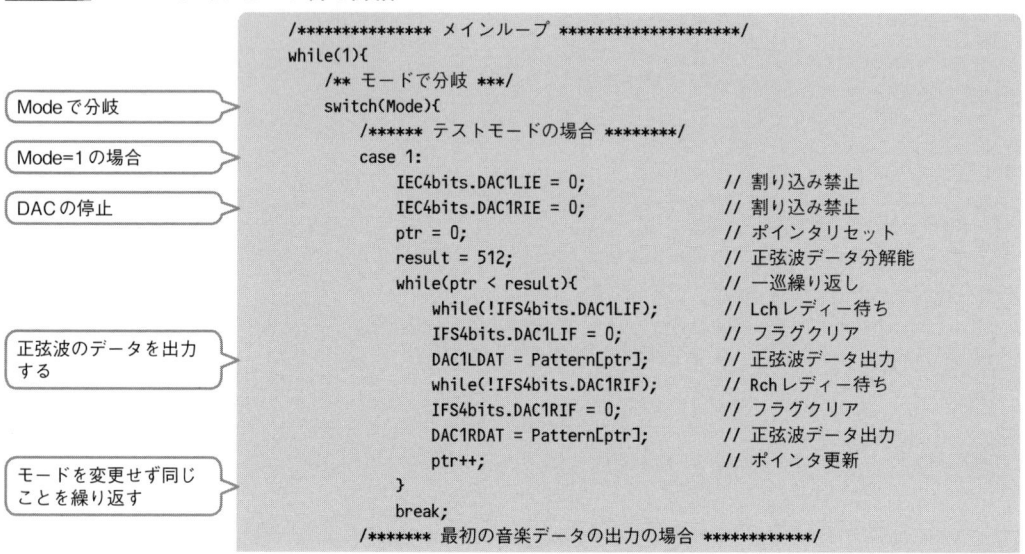

```
/*********** メインループ ******************/
while(1){
    /** モードで分岐 ***/
    switch(Mode){
    /****** テストモードの場合 ********/
    case 1:
        IEC4bits.DAC1LIE = 0;          // 割り込み禁止
        IEC4bits.DAC1RIE = 0;          // 割り込み禁止
        ptr = 0;                       // ポインタリセット
        result = 512;                  // 正弦波データ分解能
        while(ptr < result){           // 一巡繰り返し
            while(!IFS4bits.DAC1LIF);  // Lchレディー待ち
            IFS4bits.DAC1LIF = 0;      // フラグクリア
            DAC1LDAT = Pattern[ptr];   // 正弦波データ出力
            while(!IFS4bits.DAC1RIF);  // Rchレディー待ち
            IFS4bits.DAC1RIF = 0;      // フラグクリア
            DAC1RDAT = Pattern[ptr];   // 正弦波データ出力
            ptr++;                     // ポインタ更新
        }
        break;
    /******* 最初の音楽データの出力の場合 ************/
```

- Modeで分岐
- Mode=1の場合
- DACの停止
- 正弦波のデータを出力する
- モードを変更せず同じことを繰り返す

10-4 WAVプレーヤのファームウェアの製作

- Mode=2の場合
- 最初のファイルを検索
- 発見できたらオープン
- ファイル名表示
- 正常オープンの場合

- 最初の4kバイト読出し
- データチャンクにポインタセット
- バッファ空フラグオン
- DAC割り込み許可し再生開始

- オープンできなかった場合メッセージ表示

- Mode=3の場合
- バッファ空の場合
- A、Bの判定
- バッファBに読み出す

- バッファAに読み出す

- SW2が押されていた場合曲送りオン

- 曲送りの場合
- 再生中止

- バッファクリア

- ファイルクローズ
- 曲の間

```c
    case 2:
        /* 最初のファイルのサーチ（ルートだけにWAVファイルがあることが前提） */
        result = FindFirst("*.*", ATTR_ARCHIVE, rptr);
        if(result == 0){
            fptr = FSfopen(Record.filename, FS_READ);  // ファイルのオープン
            DispFile();                    // ファイル名表示
            if(fptr != 0){                 // 正常オープンの場合
                Flag = 0;                  // BufferA指定
                SDFlag = 0;                // SD読み出しフラグクリア
                /** 最初のデータ読み出し ***/
                count = FSfread(BufferA, 1, 4096, fptr); // 最初の読み出し
                ptrA = Chunk(BufferA);     // WAVファイルの先頭指定
                ptrB = 0;                  // ポインタリセット
                SDFlag = 1;                // BufferBへも可能させる
                Mode = 3;                  // 次のモードへ
                IEC4bits.DAC1LIE = 1;      // Lch割り込み許可
            }
        /** ファイルオープンできなかった場合 **/
        else{
            lcd_cmd(0xC0);
            lcd_str(FerrMsg);              // メッセージ表示
        }
        break;
    /******** ファイルの再生継続の場合 *************/
    case 3:
        if(SDFlag){                        // 読み出しフラグオンの場合
            SDFlag = 0;                    // 読み出しフラグクリア
            if(Flag == 0){                 // バッファ切り替えフラグ確認
                /* 4kバイト単位 バッファB側に格納 */
                count = FSfread(BufferB, 1, 4096, fptr);
                                           // バッファBに読み出し
                ptrB = 0;                  // ポインタBリセット
            }
            else{                          // バッファA側に格納の場合
                count = FSfread(BufferA, 1, 4096, fptr);
                                           // バッファAに読み出す
                ptrA = 0;                  // ポインタAリセット
            }
        /******* SW2のチェック 曲送り *********/
        if(PORTBbits.RB6 == 0){            // SW2オンの場合
            EndFlag = 1;                   // 終了フラグセット
        }
        /***** 曲終了か曲送りスイッチの処理 **/
        if((count == 0) || (EndFlag)){
                                           // ファイル終了か終了フラグオンの場合
            IEC4bits.DAC1LIE = 0;          // Lch割り込み禁止
            /***** 再生完了処理 *****/
            /* バッファクリア */
            for(i=0; i<4096; i++){
                BufferA[i] = 0;
                BufferB[i] = 0;
            }
            FSfclose(fptr);                // ファイルのクローズ
            Delay_ms(1000);                // 曲の間
            /* 連続再生のため次のファイルサーチ */
```

```
                                    result = FindNext(rptr);      // 次のファイルへ
                                    if((result==0)&&(Record.attributes==ATTR_ARCHIVE)){
                                                                   // ファイルがあった場合
                                        fptr = FSfopen(Record.filename, FS_READ);
                                                                   // ファイルをオープン
                                        /** 最初のデータ読み出し ***/
                                        count = FSfread(BufferA, 1, 4096, fptr);
                                                                   // 最初の読み出し
                                        Flag = 0;
                                        ptrA = Chunk(BufferA);     // WAVファイルの先頭指定
                                        ptrB = 0;                  // バッファポインタリセット
                                        DispFile();                // ファイル名表示
                                        if(EndFlag){               // スイッチ曲送りの場合
                                            EndFlag = 0;           // 終了フラグクリア
                                        }
                                        SDFlag = 1;                // BufferBにも格納させる
                                        IEC4bits.DAC1LIE = 1;      // Lch割り込み許可
                                    }
                                    else    /* 全ファイル終了なら最初から繰り返し */
                                        Mode = 2;                  // モード2に戻る
                                }
                            }
                            break;
                default : break;                                   // どれでもない場合
            }
        }
    }
}
```

吹き出し（左側）:
- 次のファイル探索
- 発見できた場合
- 最初の4kバイト読出し
- データチャンクにポインタセット
- ファイル名表示
- 終了フラグクリア
- バッファ空フラグオン
- DAC割り込み許可し再生開始
- 発見できなかったら最初から再生

4 割り込み処理関数

次が割り込み処理関数部でリスト10-4-4となります。

最初はオーディオDACの割り込み処理関数部で、Lチャネルの割り込みですが、この中でLチャネルとRチャネル両方にデータを出力しています。

最初に現在使用中のバッファがAかBかで分岐してから、L、Rチャネルそれぞれのデータの2バイトを16ビットの値に変換してFIFOに出力します。そしてバッファが空になったら、バッファ空フラグをセットしてバッファをもう一方に切り替えます。

このバッファ空フラグをメインループでチェックしていて、オンになっていたら空いているほうのバッファに次の4kバイトを読み出して格納します。

リスト 10-4-4 割り込み処理関数部の詳細

```
/******************************************
 *   DACL割り込み処理関数
 ******************************************/
void __attribute__((interrupt, no_auto_psv)) _DAC1LInterrupt(void){
    IFS4bits.DAC1LIF = 0;                                      // 割り込みフラグクリア
    /******** バッファAの場合 ********/
    if(Flag == 0){                                             // バッファAの場合
        DAC1LDAT = BufferA[ptrA+1] * 256 + BufferA[ptrA];      // 次のLchデータ出力
        ptrA += 2;                                             // ポインタA更新
        while(DAC1STATbits.RFULL);                             // Rch空きまで待つ
        DAC1RDAT = BufferA[ptrA+1] * 256 + BufferA[ptrA];      // 次のRchデータ出力
```

吹き出し（左側）:
- A,Bの判定
- バッファAからLchを取り出し16ビットに変換して出力
- バッファAからRchを取り出し16ビットに変換して出力

10-4 WAVプレーヤのファームウェアの製作

```c
            ptrA += 2;                                    // ポインタA更新
            if(ptrA >= count){                            // バッファ終了の場合
                Flag = 1;                                 // バッファ切り替え
                SDFlag = 1;                               // SD読み出しフラグセット
                ptrA = 0;                                 // ポインタAリセット
            }
        }
        /********** バッファBの場合 ***********/
        else{                                             // バッファBの場合
            DAC1LDAT = BufferB[ptrB+1] * 256 + BufferB[ptrB];  // 次のLchデータ出力
            ptrB += 2;                                    // ポインタB更新
            while(DAC1STATbits.RFULL);
            DAC1RDAT = BufferB[ptrB+1] * 256 + BufferB[ptrB];  // 次のRchデータ出力
            ptrB += 2;                                    // ポインタB更新
            if(ptrB >= count){                            // バッファ終了の場合
                Flag = 0;                                 // バッファ切り替え
                SDFlag = 1;                               // SD読み出しフラグセット
                ptrB = 0;                                 // ポインタBリセット
            }
        }
    }
}
/******************************************
 *   スイッチ割り込み処理
 ******************************************/
void __attribute__((interrupt, no_auto_psv)) _CNInterrupt(void){
    IFS1bits.CNIF = 0;                                    // 割り込みフラグクリア
    /*** SW1の場合 ***/
    if(PORTBbits.RB7 == 0){                               // SW1オンの場合
        if((Mode == 2) || (Mode == 3))                    // モード2か3の場合
            Mode = 1;                                     // モード1にする
        else                                              // モード1の場合
            Mode = 2;                                     // モード2にする
        while(PORTBbits.RB7 == 0);                        // チャタ回避
        Delay_ms(30);
    }
}
```

- バッファ全部終了の場合
- バッファ空フラグセットしバッファを切り替え
- バッファBからLchを取り出し16ビットに変換して出力
- バッファBからRchを取り出し16ビットに変換して出力
- バッファ全部終了の場合
- バッファ空フラグセットしバッファを切り替え
- SW1がオンの場合
- Modeが2か3の場合は1にする
- Modeが1の場合は2にする

　以上がdsPICマイコンのファームウェアの全体です。これ以外にもdataチャンクサーチとファイル名表示の細かなサブ関数がありますが、説明は省略します。
　これをdsPICマイコンに書き込み、WAVファイルの書き込まれたSDカードをセットすれば、すぐ音楽の再生を開始します。再生中にSW2スイッチを押せば次の曲に進みます。

10-5 WAVプレーヤの使い方

　まず電源が正常に出ているかを確認したら、ジャックにヘッドフォンか、アクティブスピーカを接続します。このあと、SW1を押してピーという一定の音が聞こえてくればまずオーディオDACは正常に動作しています。

　次に音楽再生の動作確認には、SDカードにパソコンを使ってWAVファイルをコピーしておきます。
　WAVファイルはCDから変換して作成します。これには、Windows Media Playerで音楽の取り込みを実行すればWAVファイルに変換してディスクに書き出してくれます。
　生成されたWAVファイルをSDカードにコピーしたら、これをWAVプレーヤのSDカードソケットに挿入し、WAVプレーヤに5VのACアダプタを接続すれば、音楽が聴こえてくるはずです。スイッチSW2を押せば次の曲に移動します。
　以上で動作確認は終了です。ステレオアンプなどに接続して聴けば結構高音質で音楽が聴けるはずです。

●写真10-5-1　実行中の状態

参考文献

Microchip Technology　　　　http://www.microchip.com/

1. 「PIC16(L)F1704/8 14/20-Pin 8-Bit Advanced Analog Flash MCU」　　DS40001715B

2. 「PIC16(L)F1782/3 28-Pin 8-Bit Advanced Analog Flash MCUs」　　DS41579D

3. 「PIC24FJ128GC010 Family Data Sheet」　　DS30009312B

4. 「Section 33. Audio Digital-to-Analog Converter(DAC)」　　DS70211B

5. 「Section 62. 10-bit Digital-to-Analog Converter(DAC)」　　DS39615A

6. 「Section 65. 12-Bit,High-Speed Pipeline A/D Convertor」　　DS30686A

7. 「Section 66. 16-bit Sigma-Delta A/D Converter-PIC24F FRM」　　DS30687A

　PICのデータシートやMPLABの説明書については、Microchip Technology社が著作権を有しています。本書では、図表等を転載するにあたりMicrochip Technology社の許諾を得ています。Microchip Technology社からの文書による事前の許諾なしでのこれらの転載を禁じます。

索引 INDEX ANALOG

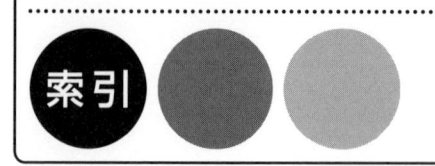

●数字●

- 1次フィルタ ……………………………… 79
- 2次フィルタ ……………………………… 79
- 2電源方式 …………………………… 53, 62

●アルファベット●

- A/D コンバータ …………………………… 30
  - PIC内蔵モジュール ……… 96, 144, 203, 255
- A/D 変換 ………………………… 13, 25, 30
- Bluetoothモジュール …………………… 151
- CMRR ……………………………………… 48
- COGモジュール …………………… 109, 122
- CTMU …………………………………… 102
- CTMUモジュール ……………………… 260
- D/A コンバータ …………………………… 35
  - PIC内蔵モジュール ………… 100, 118, 295
  - PIC内蔵オーディオ用 ………… 101, 319
- D/A 変換 ………………………… 13, 35
- dB ………………………………………… 21
- dBm ……………………………………… 21
- dBs ……………………………………… 21
- dBv ……………………………………… 21
- dBV ………………………………… 21, 22
- DMAモジュール ……………………… 209
- D級アンプ ……………………………… 37
- FilterLab ………………………………… 82
- FIRフィルタ …………………………… 29
- f特 ……………………………………… 24
- GBWP …………………………………… 50
- GB積 …………………………………… 50
- LCDモジュール ……………………… 264
- MCP73837 …………………………… 149
- MOSFET ……………………………… 23
- PICマイコン …………………………… 88
- PSRR …………………………………… 48
- PWM …………………………………… 37
- PWMモジュール …………………… 119
- RN42XVP …………………………… 151
- sps ……………………………………… 26
- UPR1612MPR ……………………… 107
- UT1612MPR ………………………… 107
- WAVプレーヤ ……………………… 316

●あ行●

- アクイジションタイム ……………… 144
- アクチュエータ ……………………… 12
- アクティブフィルタ ………………… 80
- アナログ・デジタル変換→A/D変換
- アナログ信号 ………………… 15, 20
- アンチエリアシングフィルタ ……… 27
- 位相遅れ ……………………………… 51
- 位相余裕 ……………………………… 51
- イマジナルショート ………………… 43
- インスツルメンテーションアンプ … 58
- エリアシング ………………………… 27
- オーバーサンプリング ………… 28, 37
- オフセット誤差 ……………………… 71
- オフセットドリフト ………………… 71
- オフセットバイアス ………………… 57
- オペアンプ …………………… 23, 42
  - AC特性 …………………………… 50
  - DC特性 …………………………… 46
  - PIC内蔵モジュール ………… 93, 112
  - インスツルメンテーションアンプ … 58
  - オフセットバイアスを加えた回路 … 57
  - 温度特性 ………………………… 52
  - 加算回路 ………………………… 59
  - 高精度増幅回路 ………………… 70
  - 交流増幅回路 ……………… 62, 72
  - コンパレータ回路 ……………… 60

INDEX

  差動増幅回路 56
  周波数特性 50
  絶対最大定格 45
  増幅回路 43
  直流増幅回路 64
  定電流回路 61
  電源供給方法 53
  バッファアンプ回路 55
  フィルタ 80
 温度センサ 65

● か行 ●

 開ループゲイン 49
 加算回路 59
 カップリングコンデンサ 62
 可変抵抗 65
 クオリティファクタ 81
 計装アンプ 58
 経年変化 16
 ゲインバンド幅積 50
 減衰回路 23
 減衰器 23
 高域遮断周波数 24
 高精度増幅回路 70
 高精度容量計測モジュール 102
 高調波 27
 交流増幅回路 62, 72
 誤差 38
 コモンモード電圧 56
 コモンモードノイズ 84
 コントローラ 13
 コンパレータ 60, 94
  PIC内蔵モジュール 114

● さ行 ●

 差動増幅 42
 差動増幅回路 56
 差動入力 42
 差動入力電圧 46
 サンプリング 25
 サンプリング時間 26
 サンプリング定理 26

 サンプリングノイズ 27
 サンプルホールド 31
 シグナルコンディショニング 13, 14
 遮断周波数 79
 周波数特性 24
 シュミット回路 60
 シュミットトリガバッファ 18
 ショットキーバリアダイオード 75
 信号変換 16
 スルーレート 51
 スレッショルド 18
 正確さ 38
 正帰還 60
 制御器 12
 制御装置 13
 制御部 13
 精度 16, 38
 精密さ 38
 セトリングタイム 100
 ゼロオフセットオペアンプ 48
 センサ 12
 操作設定部 12
 増幅 22
 増幅度 42
 増幅率 23

● た行 ●

 ダーリントントランジスタ 61
 帯域幅 24
 単電源方式 54, 63
 遅延時間 102
 逐次変換方式 31
 超音波距離計 106
 超音波センサ 75, 107
 直流増幅回路 64
 低域遮断周波数 24
 低オフセット 71
 抵抗ストリング型変換方式 35
 抵抗ラダー型変換方式 36
 定電圧リファレンス 95
  PIC内蔵モジュール 116
 定電流回路 61

索引

デジタル・アナログ変換→D/A変換
デジタル信号 ································· 15, 18
デジタル制御システム ·························· 13
デジタルフィルタ ································ 28
デジタルポテンショメータ ···················· 35
デジタルマルチメータ ························· 252
デシベル ·· 21
デシメーション ··································· 29
デルタシグマ型変換方式 ················· 33, 37
電圧増幅 ·· 22
電源除去比 ·· 48
電源フォロワ ······································ 55
電子ボリューム ··································· 35
電力増幅 ·· 22
同相除去比 ·· 48
同相入力電圧 ····································· 46
トランジスタ ······································ 22
ドリフト ·· 47

● な行 ●

ナイキスト周波数 ································ 27
ナイキスト定理 ··································· 26
入力オフセット電圧 ····························· 47
入力オフセット電流 ····························· 48
入力換算雑音 ····································· 52
入力バイアス電流 ································ 48
ネガティブフィードバック ····················· 43
熱抵抗 ··· 52
ノイズ ··· 16, 83
ノイズシェーピング ····························· 34
ノイズ対策 ·· 83
ノッチフィルタ ··································· 78

● は行 ●

ハイパスフィルタ ······················· 78, 80, 81
パイプライン型逐次変換方式 ················· 31
パッシブフィルタ ································ 79
バッテリ充電制御IC ··························· 149
バッテリ充放電マネージャ ··················· 138
バッファアンプ ··································· 55
パルス幅変換 ····································· 13
パルス幅変調型変換方式 ······················ 37

反転増幅回路 ····································· 43
バンドエリミネートフィルタ ··················· 78
バンドストップフィルタ ························ 78
バンドパスフィルタ ························ 78, 82
ヒステリシス回路 ································ 60
非反転増幅回路 ·································· 44
標本化 ·· 25
ファンクションジェネレータ ················· 292
フィードバック ··································· 43
フィードバック制御 ····························· 13
フィードバックループ ·························· 13
フィルタ ·· 78
負帰還 ·· 43
プッシュプル ···································· 110
フラッシュ型変換方式 ·························· 32
プログラマブルゲインアンプ ·················· 99
分解能 ·· 25, 38
平衡回路 ··· 84
変換速度 ··· 26
ホールセンサ ····································· 67
ポジティブフィードバック ····················· 60

● ま行 ●

マイク ··· 73

● や行 ●

有限インパルス応答フィルタ ·················· 29
ユニティゲイン ··································· 50

● ら行 ●

量子化 ·· 25
量子化誤差 ·· 26
レール・ツー・レール ·························· 49
ローパスフィルタ ························· 78, 80

● わ行 ●

ワイヤレスオシロスコープ ··················· 196

■ **プログラムなどのダウンロード**

以下のWebサイトから、本書で使用した例題プログラムや、製作例の回路図・パターン図・実装図がダウンロードできます。

　　　http://gihyo.jp/book/2014/978-4-7741-6596-7/support

ダウンロードファイルを解凍すると、下記のような内容になっています。

(1) Firmwareフォルダ

PICマイコンのファームウェアのソースファイルや実行ファイルなどが格納されています。

(2) Hardwareフォルダ

製作例の図面のPDFファイルが格納されています。

　　xxxSCH.pdf：回路図　　拡大
　　xxxBRD.pdf：実装図　　拡大
　　xxxPTN.pdf：プリント基板のパターン図　　実寸

パターン図のPDFファイルについては、原寸のままで印刷すれば、感光用のパターン図として使えるようになっています。インクジェットプリンタ用フィルムにインクジェットプリンタで濃い目に印刷すると、きれいに感光できます。

(3) Softwareフォルダ

Androidタブレットで使うソフトウェアのソースファイルや実行ファイルなどが格納されています。

なお、本文に記載または上記Webサイトからダウンロードしたプログラムについては、すべて使用者の責任においてご使用ください。

使用したことで生じた、いかなる直接的、間接的損害に対しても、弊社、著者、編集者、その他書籍製作に関わったすべての個人、団体、企業は、一切の責任を負いません。あらかじめご承知おきください。

■著者紹介
後閑 哲也　Tetsuya Gokan

1947年　愛知県名古屋市で生まれる
1971年　東北大学　工学部　応用物理学科卒業
1996年　ホームページ「電子工作の実験室」を開設
　　　　子供のころからの電子工作の趣味の世界と、仕事として
　　　　いるコンピュータの世界を融合した遊びの世界を紹介
　　　　「PIC活用ガイドブック」「誰でも手軽にできる電子工作入門」
　　　　「C言語によるPICプログラミング入門」
2003年　有限会社マイクロチップ・デザインラボ設立

Email　gokan@picfun.com
URL　　http://www.picfun.com/

● カバーデザイン　　　平塚兼右 (PiDEZA)
● カバーイラスト　　　石川ともこ
● 本文デザイン　　　　SeaGrape
● DTP　　　　　　　　(有)フジタ
● 編集　　　　　　　　藤澤奈緒美

PICではじめるアナログ回路

2014年 8月 1日　初版　第1刷発行
2023年 8月22日　初版　第2刷発行

著　者　後閑　哲也
発行者　片岡　巖
発行所　株式会社技術評論社
　　　　東京都新宿区市谷左内町21-13
　　　　電話　03-3513-6150　販売促進部
　　　　　　　03-3513-6166　書籍編集部
印刷／製本　昭和情報プロセス株式会社

定価はカバーに表示してあります。

本書の一部または全部を著作権の定める範囲を超え、無断で複写、複製、転載、テープ化、ファイルに落とすことを禁じます。

©2014　後閑哲也

造本には細心の注意を払っておりますが、万一、乱丁(ページの乱れ)、落丁(ページの抜け)がございましたら、小社販売促進部までお送り下さい。送料小社負担にてお取替えいたします。

ISBN978-4-7741-6596-7 C3055
Printed in Japan

■注意
　本書に関するご質問は、FAXや書面でお願いいたします。電話での直接のお問い合わせには一切お答えできませんので、あらかじめご了承下さい。また、以下に示す弊社のWebサイトでも質問用フォームを用意しておりますのでご利用下さい。
　ご質問の際には、書籍名と質問される該当ページ、返信先を明記してください。e-mailをお使いになれる方は、メールアドレスの併記をお願いいたします。

■連絡先
〒162-0846
東京都新宿区市谷左内町21-13
(株)技術評論社　書籍編集部
「PICではじめるアナログ回路」係
　FAX番号：03-3513-6183
　Webサイト：http://gihyo.jp